U0233982

建筑工程质量管理与检测

主　编　巫英士　朱红梅　王仪萍
副主编　傅　佳　陈　耕　何君莲
参　编　王汁汁　洪　丹　刘　娜　吴　思
　　　　杨　婷　巫昊燕　王　伟　郑杰珂
　　　　王　颖
主　审　华建民

北京理工大学出版社
BEIJING INSTITUTE OF TECHNOLOGY PRESS

内 容 简 介

　　《建筑工程质量管理与检测》是应用型本科土木工程专业、工程管理专业等建筑类专业的一门核心课程，在建筑领域占有非常重要的地位。为了进一步适应建筑行业发展变化的需要和培养建筑本科综合应用型的人才，本书首次将建筑工程质量管理、质量检测与安全管理三部分内容结合，并把理论知识与实训课程进行有机结合，是一本新型的应用型本科综合型教材。

图书在版编目（C I P）数据

建筑工程质量管理与检测／巫英士，朱红梅，王仪
萍主编. -- 北京：北京理工大学出版社，2016.12（2024.2 重印）
　ISBN 978-7-5682-1836-8

　Ⅰ.①建⋯　Ⅱ.①巫⋯　②朱⋯　③王⋯　Ⅲ.①建筑工
程–工程质量–质量管理–高等学校–教材　Ⅳ.
①TU712

　　　中国版本图书馆 CIP 数据核字（2017）第 008937 号

责任编辑：陆世立	**文案编辑**：赵　轩
责任校对：周瑞红	**责任印制**：李志强

出版发行 /	北京理工大学出版社有限责任公司
社　　址 /	北京市丰台区四合庄路 6 号
邮　　编 /	100070
电　　话 /	（010）68914026（教材售后服务热线）
	（010）68944437（课件资源服务热线）
网　　址 /	http://www.bitpress.com.cn

版 印 次 /	2024 年 2 月第 1 版第 4 次印刷
印　　刷 /	北京国马印刷厂
开　　本 /	787 mm×1092 mm　1/16
印　　张 /	22
字　　数 /	510 千字
定　　价 /	58.00 元

前　言

　　《建筑工程质量管理与检测》是应用型本科土木工程专业、工程管理专业等建筑类专业的一门核心课程，在建筑领域占有非常重要的地位。在高职高专的教育中，更多的是采用《建筑工程质量与安全管理》和《建筑工程施工试验与检测》单一型的教材，只能单独解决一方面的实际问题，没有综合应用型的教材，为了进一步适应建筑行业发展变化的需要和培养建筑本科综合应用型的人才，本书首次将建筑工程质量管理、质量检测与安全管理三部分内容结合，并把理论知识与实训课程进行有机结合，是一本新型的应用型本科综合型教材。本书努力实现"严谨的内容，丰富的实训，正规的教育，快乐的学习"这一编写目标。本书以任务驱动的形式编排了相关内容，内容涵盖建筑工程质量管理、质量检测和安全管理三个方面。

　　本教材在编写过程中重点突出以下特色：

　　1．注重培养综合能力，全面提升学生素质

　　本书内容覆盖建筑工程质量、安全和检测要求的知识点，注重实践性教学环节，培养学生理论联系实际、解决实际问题的能力。从完成特定工程的需要设置课程，强调扎实，在满足完成特定工程需要的前提下尽量保持知识体系的完整，用大量"施工现场实际案例"贯穿于探究过程的每一个环节，挖掘本门课程的现场实用性，满足和适应经济与社会发展需要，强调专业知识的来源，并从中体验出基础知识在解决专业问题时的应用方法、途径和规律，强调专业知识的实用性、指导性，为学生提供自由的学习空间，让学生自觉地去探索、补充自身需要的知识，增强学生动手动脑、亲自实践，在培养能力、学习知识的同时，内化科学的情感态度与价值观。

　　2．遵循学生认知规律，逐步提高实践能力

　　本书编写重视探究过程和实践应用能力发展的逻辑关系，通过完整的实训活动，培养适应生产、建设、管理、服务第一线需要的高等技术应用型人才，强化每个"施工现场实际案例"活动过程中的能力，以"应用"为主旨和特征构建课程和教学内容体系，重视学生的技术应用能力的培养，改变以往"老师教、学生学"单一授课模式，转为"老师教、学生学、如何学、怎样做"，强化学生实际动手能力；与实际应用相贴近，在应用中学习知识；结合鸥鹏集团房地产开发的实际项目，以任务驱动为导向，增加开放式的实训内容，培养学生自己思考、动手、操作的能力，从而实现学生实际解决问题能力的稳步提高。

　　3．注意加强学科联系，培养学生综合素质

　　现代的课程理论越来越强调学科间的联系与渗透，以增强各门类知识间的综合运用。作为一本新型的应用型本科综合型教材，本书的编写在内容组织和实训课程中，切实加强理论与实际联系相衔接，在着重培养学生科学素养的基础上，提高学生的综合素质。特别是重视渗透环境教育的思想，使学生从实践教学中，逐步提升对知识的理解与运用。

　　4．实用性

　　本书注重实务操作，结合施工现场编写实训手册。本书可作为建筑工程技术专业、建筑工程管理专业、材料工程技术专业、工程监理专业、土木工程专业、工程管理专业应用型本科和高职高专院校的教材，也可作为建设单位、施工单位和监理单位的监理人员、见证人员、材料取样员、施工员、资料员和质检员的培训教材以及从事现场施工和管理的技术人员的参考用书。

本书由巫英士、朱红梅、王仪萍主编，共分4个项目。质量篇：第1章由王颖老师编写，第2章由杨婷老师编写，第3章由吴思老师编写，第4章由洪丹老师编写；安全篇：第5章由王汁汁、巫昊燕老师编写，第6章由朱红梅老师编写，第7章由何君莲老师编写；检测篇：第8章由王仪萍老师编写，第9章由刘娜老师编写，第10章由郑杰珂、王伟老师编写；实训篇：第11章由陈耕老师编写，第12章由傅佳老师编写。编写团队教学和实践经验丰富，同时参与对《建筑工程质量管理与检测》微课课题的研究，是一支具有高水平高专业水准的教师。该书是集体智慧的结晶，在这里，向所有对本书出版付出了心血的朋友们致以最诚挚的谢意。

本书编写过程中参考和引用了国内外大量文献资料，互联网博客，建筑工程安全与管理、建筑检测类专业论文，在此谨向原作者表示衷心感谢。由于编者水平有限，书中难免有不足之处，敬请各位读者批评指正。

巫英士 朱红梅 王仪萍

重庆市（虎溪）大学城

2015年10月

目　录

建筑工程安全篇

建筑施工检测篇

建筑工程质量与安全实训篇

绪　论

[引言]

　　社会的发展进步使得人们的生产和生活对建筑的需求在不断增加，建筑行业是我国国民经济发展的重要组成部分，具有巨大的发展潜力和广阔的市场前景。建筑行业市场是一个充满活力的市场，随着我国经济发展的步伐不断加快，带动了其他行业的快速发展，也使建筑企业的发展取得令人瞩目的成绩。在建筑行业发展中，建筑工程的质量与安全是建筑业永恒的主题，是百年大计的事情，是建筑工程的核心内容，也是决定建筑工程项目成败的关键。由于全民质量与安全意识的提高，质量检测也越来越受到重视。目前，随着国家基础设施建设投资继续保持增长和西部大开发的步伐，建设工程质量检测行业正处在快速发展的阶段，诸多国外检测单位进入中国检测行业市场，为检测行业提供了技术成熟、全面蜕变的舞台。

　　本章通过目前建筑工程质量、安全与检测三个方面的现状及存在的问题进行系统的阐释。

[学习目标]

　　1）了解我国建筑行业的发展现状；
　　2）熟悉建筑工程质量管理的现状；
　　3）熟悉建筑工程安全管理的现状；
　　4）熟悉建筑工程施工检测的现状。

[能力目标]

　　1）培养学生具有初步进行建筑施工质量控制与管理的能力；
　　2）培养学生具有建筑施工安全技术与初步进行管理的能力。

0.1　建筑工程行业现状概述

　　城市建筑是构成城市的一个重要部分，而建筑不仅仅只是一个供人们住宿休息，娱乐消遣的人工作品，同时它在很大的方面与我们的经济、文化和生活相关联。城市建筑以其独特的方式传承文化，散播着生活的韵味，不断地渗透进人们的日常生活中，为人们营造一个和谐安宁的精神家园。目前，国家处于建设阶段，建筑行业的发展来势迅猛，遍及全国各个区域，建筑风格新颖多样，尤其是一些公共建筑，以其独特的造型和结构显示出城市特有的个性与风采，也因此成了城市的地标性建筑物，形成了该地区经济与文化的独特魅力。

0.1.1　我国建筑行业概述

建筑行业包括的范围广，建筑企业数量众多，但集中度不高。在我国众多的建筑企业中，仅上市公司就达三四十家，小型企业尤其是承包队更是数不胜数，仅就这一点来，行业内现有企业之间的竞争就足够激烈，但由于规模的不同，企业之间竞争的项目或者环节也不同。研究认为大型上市公司主要竞争于房地产建设、基础设施建设等大型项目的承包，小型企业主要竞争于建筑装饰装潢等子行业或者大型项目的分包项目等。

1. 我国建筑业行业市场概况分析

伴随着我国经济建设的快速发展和固定资产投资的大规模增长，建筑行业在国民经济中的支柱地位越来越明显。按 2005 年的数据分析，在国民经济 20 个行业中，建筑业排名第五，占我国国内生产总值 5.4%的份额。从历史数据看，建筑业增加值从 1978 年的 138.2 亿元发展到 2013 年 38 995 亿元，成为国民经济重要的支柱产业。除了 20 世纪 90 年代初有短期的波动外，建筑行业的增加值在国内生产总值中一直保持着 5%～6%的份额，支柱产业的地位十分稳定。此外，建筑行业每年还为国家创造 300 亿美元左右的外汇收入，是我国对外贸易和经济合作的一支重要力量。未来建筑行业发展热点将集中在以下几个方面。

（1）绿色建筑正成为政府推进环保节能的重要武器

在国务院印发《国务院关于加快发展节能环保产业的意见》，绿色建筑着墨不少。2014 年绿色建筑成为各级政府推进环保节能的重要武器。在国务院印发《国务院关于加快发展节能环保产业的意见》中提到"2015 年，新增绿色建筑面积 10 亿平方米以上，城镇新建建筑中二星级及以上绿色建筑比例超过 20%；建设绿色生态城（区）。提高新建建筑节能标准，推动政府投资建筑、保障性住房及大型公共建筑率先执行绿色建筑标准，新建建筑全面实行供热按户计量；推进既有居住建筑供热计量和节能改造；实施供热管网改造 2 万公里；在各级机关和教科文卫系统创建节约型公共机构 2 000 家，完成公共机构办公建筑节能改造 6 000 万平方米，带动绿色建筑建设改造投资和相关产业发展。大力发展绿色建材，推广应用散装水泥、预拌混凝土、预拌砂浆，推动建筑工业化。积极推进太阳能发电等新能源和可再生能源建筑规模化应用，扩大新能源产业国内市场需求。"这些目标，不仅是对建筑企业的一种激励，更是一种责任，建筑企业应积极加大对绿色建筑的设计、研发和建设力度。

（2）节能建筑是建筑行业的重要课题

建筑业约消耗了全球 40%的原材料、40%的能量（消耗了美国电力能源的 65.2%），建筑业排放约占大气污染排放量的 40%，建设用地达到土地供应的 20%。随着世界各国对可持续发展的重视，联合国对碳排放的硬性要求，低碳时代建筑业面临严重危机。目前，我国建筑行业能耗高、能效低，建筑用能造成的污染严重是建筑业可持续发展面临的一个重大课题。我国现有城乡建筑面积 400 多亿平方米，其中，95%左右是高耗能建筑。建筑垃圾也是建筑行业难以清除的顽疾。工信部（全称：中华人民共和国工业和信息化部）2010 年的综合调查显示，我国每年产生的建筑垃圾达到了15亿吨以上，建筑垃圾占垃圾总量50%以上。初步统计测算，城市建成区用地的30%用于住宅建设，城市水资源的32%在住宅中消耗，建筑能耗占全国总能耗27.5%左右，住宅建设耗用的钢材占全国用钢量的20%，水泥用量占全国总用量的17.6%。与国外发达国家相比，我国住宅施工周期长，能源消耗、原材料消耗、土地资源消耗高。根据万公司科的相关测算，实施"工业化住宅"后，建筑垃圾减少83%，材料损耗减少60%，可回收材料66%，建筑节能50%以上。建筑工程是人类改造大自然的重要方式，但也要学会与大自然更和谐地相处。建筑企业需要积极主动地贯彻可持续发展理念。项目管理过程实行精细化管理，提升自然资源利用率、减少材料浪费，并进行标准化推广；研发减少污染与排放、应用与环境更和谐的新技术与新材料。采用先进信息化技术系统，如BIM技术，提高项目精细化管理水平。尽量将承包绿色建筑、节能建筑、生态建筑等绿色项目打造为企业品牌等方式，将可持续发展打造成为企业的竞争优势。

（3）业务全球化推动我国建筑行业走向世界

虽然我国加入WTO已有10余年时间，但我国建筑业依然没有完全放开，资质就是一条过不去的坎。虽然日本清水、瑞典斯堪雅等外资建筑业巨头在国内拥有代表处或公司，小规模开展业务，但以与国内公司合作项目居多。目前，这些外资建筑企业对我国建筑企业并不构成威胁，但随着建筑业的进一步开放，难保外资建筑企业巨头不会凭借资本、技术、信息、装备等优势，通过融投资与承建的联动，参与部分大型项目的竞争，抢占高端市场份额。

在其他国际工程承包市场，国际大型承包商纷纷通过兼并重组瓜分和抢占市场。从1978年国家建委和外经贸部递交报告建议我国建筑业"走出去"之后，30余年来，我国建筑企业已经在国际工程承包市场占领一席之地。"走出去"成绩不少，但失利也不少。中铁建沙特亏损41亿美元，中海外波兰遭遇25亿美元索赔，利比亚战乱使我国承包商损失近200亿美元……受欧美主权危机的影响，当地建筑业低迷，发达国家承包商将转战非洲、亚洲等中低端海外市场，挤压我国海外承包商生存空间；中东、北非地区动荡可能继续存在并有蔓延趋势，对我国海外工程市场安全造成威胁；个别地区地方民族主义、贸易保护主义等思想抬头，海外承包商面临挑战。外部挑战虽多，关键是中国建筑企业需练好内功，加强管理、技术的创新，加强法律、金融、外贸、保险等人才的培养，打造全球供应链，开展广泛的全球合作，并且员工聘用国际化，才能有效提升企业竞争力。

（4）全产业链综合服务化为我国建筑企业提供机遇

随着国内国际市场的进一步接轨，工程建设市场正在发生巨大变化。国际工程项目日趋大型化，高技术含量、高复杂性的项目日趋增多，风险也加大，业主对建设工程服务需求的综合性和集成性要求越来越高，同时希望转移风险。传统的承包模式正逐步被工程总承包、国际投资、项目融资、国际信贷等相结合的综合性合作方式所取代，EPC总承包和BOT等承包方式越来越多。业主要求承包商提供全方位解决方案，从项目的前期策划、项目融资、规划设计，到设备采购、施工建设、运营管理等几乎所有环节，都希望承包商能给予一揽子解决方案，工程总承包模式将成为未来建筑业发展的趋势。

未来建筑企业必须拥有全生命周期理念，基于传统施工业务，纵向整合价值链资源，前端介入项目融投资，后端介入施工后的项目运营，贯穿项目的全生命周期。这不仅来自业主的压力，也是未来建筑业发展的需要。不少企业已开辟成立了"特许经营"部门并成为新的利润来源。对于企业自身而言，一方面，可以增强产品与服务的协同效应，开拓更大的市场与利润空间；另一方面，由于后期项目运营可获得稳定的现金流收入，可以有效削弱建筑业周期波动产生的影响。

（5）工业产业化是我国建筑业市场开拓的新的投资领域

当前我国建筑业处在工业化过程中，手工作业、粗放经营与信息社会的少数高新技术应用同时并存。当发达国家在如火如荼地进行建筑工业化时，虽然1995年建设部（2008年改为住房和城乡建设部）发布《建筑工业化发展纲要》，但多年来，我国建筑业一直发挥人口红利的优势，沿袭传统的建造方式。随着建筑业规模的持续扩大，既有的建造方式效率提升不高，整体技术进步缓慢，浪费问题严重，走建筑工业产业化的道路是转变经济发展方式、发展循环经济、建设资源节约型社会的必然要求。

建筑工业化是通过现代化的制造、运输、安装和科学管理的大工业的生产方式来代替传统建筑业中分散的、低水平的、低效率的手工业现场生产方式，尤其适用于住宅建筑工业化。建筑工业化将是未来建筑业发展的趋势，建筑企业必须以科技创新为依托，以工业化的住宅结构体系和部品体系为基础，以标准化设计为龙头，运用科学的组织和现代化的管理，将住宅生产全过程中的设计、开发、施工、部品生产、管理和服务等环节集成为一个完整的产业系统。建筑工业化中尤其注重信息化技术的应用，实现施工组织信息化、工作流程科学化、技术管理规范化，有效实现精细化管理并提高建筑质量。

2. 我国建筑业市场现状分析

根据宇博智业市场研究中心发布的《2010—2015年中国建筑业市场发展趋势与投资前景分析报告》显示，建筑业是国民经济的重要物质生产部门，它与整个国家经济的发展、人民生活的改善有着密切的关系。2001年以来，中国宏观经济步入新一轮景气周期，与建筑业密切相关的全社会固定资产投资总额增速持续在15%以上的高位运行，使得建筑业总产值及利润总额增速也在20%的高位波动。随着建筑业的快速发展，经过多年的市场整顿、制度建设及有效监管，我国建筑市场正在进入健康的发展轨道，可谓亮点频闪。

2013年，我国建筑业总产值为159 313亿元，同比增长16.1%；全国建筑业房屋建筑施工面积为113亿平方米，同比增长14.6%。2014年，中国建筑行业利润最高的"中国建筑"前三季财务报告显示强劲增长，营业收入5 660亿元，利润达到169亿元，我们熟悉的中建三局、中建八局保持着收入、利润同幅度增长，而其他建筑类上市公司的业绩也同样保持增长。

尽管我国建筑行业竞争激烈，但也形成了一些行业龙头企业。从企业来看，中国建筑股份有限公司无疑是行业龙头企业。不管是在国内还是在海外市场，该公司的竞争优势是国内其他企业无法企及的。按总承包收入排名前十的建筑企业有：中国建筑股份有限公司、上海建工集团（总）公司、上海城建集团公司、广厦建设集团有限责任公司、浙江省建设投资集团有限公司、湖南省建筑工程集团总公司、成都建筑工程集团总公司、中天建设集团有限公司、四川华西集团有限公司、广州建筑股份有限公司。

未来50年，中国城市化率将提高到76%以上，城市对整个国民经济的贡献率将达到95%以上。都市圈、城市群、城市带和中心城市的发展预示了中国城市化进程的高速起飞，也预示了建筑业更广阔的市场即将到来。

0.1.2 我国建筑企业的问题

党的十八届三中全会通过了全面深化改革若干重大问题的决定，确定了今后深化改革的总体目标和架构。当前，我国经济社会发展模式、环境条件都发生了深刻变化，特别是新型工业化、城镇化进入了提质加速阶段，建筑业发展已到了重要的转型期、突破期和攻坚期，必须进行一次根本性的改革和创新，以提高产业发展的质量和效益，增强市场竞争力和产业优势。

我国建筑业目前存在以下五大方面的深层次矛盾和问题：

1. 行业可持续发展能力严重不足

建筑业发展很大程度上仍依赖高速增长的固定资产投资，发展模式粗放、生产方式落后、管理手段落后；建造过程中资源耗费多，碳排放量大，企业始终在低层面上发展。不少企业看似规模不小，而且产值逐年提升，但企业的技术创新不足、管理实力很弱，表现出企业的规模扩张与企业管理实力、人员素质严重脱节。

2. 市场各方主体行为不规范

建设单位违反法定建设程序、规避招标、虚假招标、任意压缩工期、恶意压价、不严格执行工程建设强制性标准规范等情况较为普遍；建筑企业出卖、出借资质，围标、串标、转包、违法分包情况依然突出；建设工程各方主体责任不落实，有些施工企业质量安全生产投入不足，工程质量安全事故时有发生。

3. 建筑企业技术开发资金投入普遍偏少，特别是中小企业基本没有投入

据不完全统计，我国企业用于技术研究与开发的投资仅占营业额的 0.3%～0.5%，而发达国家一般为 3%，高的接近 10%，差距很大。在技术贡献率方面，我国建筑业仅为 25%～35%，而发达国家已达到 70%左右，差距比较明显。

4. 建筑企业技术工人严重匮乏

目前，我国建筑业从业者多达 4 100 万人，其中，农民工占相当大的比重，但有素质、有技能的操作人员比例很低，而且呈逐年下降趋势。另外，随着近年来不少企业效益呈现滑坡状态，施工生产环境恶劣、福利待遇差，人员外流情况加剧，人工成本将大幅上升，竞争势必更加激烈。

5. 我国建筑企业与国外相比存在较大差距，处于劣势地位

我国建筑企业与国外相比，无论是资产规模、营业收入、劳动生产率，还是获利能力，都处于追赶状态。2012 年，我国对外承包工程新签合同额仅占全球建筑市场份额的很小部分，这与我国 4 100 万人的庞大建筑队伍明显不成比例。

综上所述，以体制改革、科技创新为先导，加快完成以集约化为方向的产业发展方式转变、以工业化为标志的建筑施工方式变革、以精细化为特征的企业管理方式创新三大转型任务，努力营造公平竞争的市场环境，是当前全行业转型升级的重要内容，也是今后一个时期建筑业转型发展的方向与使命。

在很长一段时间里，我国建筑业转型要重点加快"四个转变"：一是由传统行业向高科技行业转变。用科技进步和信息技术改造传统建筑业，提高建筑工业化应用水平，提升企业竞争力；二是由单一产业向复合型产业转变。把建筑业与房地产业、建材业等上、下游产业结合起来，通过拉伸产业链，提高利润率和抗风险能力；三是由粗放型管理向精细化管理转变。改变传统落后管理方式，通过实行规范化、标准化、精细化、特色化管理，实现资源整合、管理升级，四是由单一市场向多元化市场转变。把省内和省外市场、国内和国外市场结合起来，把"引进来"和"走出去"战略结合起来，拓展市场空间。

0.2　建筑工程质量管理

0.2.1　建筑工程质量管理概述

建筑工程质量简称工程质量。工程质量是指工程满足业主需要的，符合国家法律、法规、技术规范标准、设计文件及合同规定的特性综合。

20 世纪 70 年代末，中国建筑业开始推行全面质量管理（TQC）。TQC 是 20 世纪 60 年代美、日等国在统计质量管理（也称统计质量控制）的基础上发展起来的。TQC 以管理质量为核心，要求企业全体人员对生产全过程中影响产品质量的诸因素进行全面管理，变事后检查为事前预防，通过计划（Plan）—实施（Do）—检查（Check）—处理（Action）的不断循环，即 PDCA 循环，不断克服生产和工作中的各个薄弱环节出现的困难，从而保证工程质量的不断提高。全面质量管理的要点是：①全面，即广义的质量概念，除建筑产品本身的质量以外，还应综合考察工程量、工期、成本等，四者结合，构成建筑工程质量的全面概念。②全过程的管理，即从研究、设计、试制、鉴定、生产设备、外购材料以及产品销售等环节都进行质量管理。③全员管理，即企业全体人员在各自的岗位上参与质量管理，以自己的工作质量保证产品质量。④全面性管理，即包括计划、组织、技术、财务和统计各项管理工作直至使用阶段的维修、保养，形成一个完整有效的质量管理体系。

建筑工程质量关系建筑物的寿命和使用功能，对近期和长远的经济效益都有重大影响，美国质量管理专家朱兰博士曾说："20 世纪是生产力的世纪，21 世纪是质量的世纪。"朱兰博士精辟地阐释了在 21 世纪由于科学技术迅速发展，建筑产品品种越来越多，随着建筑新产品不断涌现，消费者的自我保护观念不断加强，质量竞争成为企业之间竞争的一种重要手段。因此，质量问题应该作为建筑工程项目进行过程的关键因素引起施工企业重视。

建筑工程质量的特性主要表现在以下五个方面：

（1）适用性

适用性是指建筑产品的功能，指工程满足使用目的的各种性能。

（2）耐久性

耐久性是指建筑产品的寿命，指工程在规定的条件下，满足规定功能要求使用的年限，也就是工程竣工后的合理使用寿命周期。

（3）安全性

工程建成后在使用过程中保证结构安全、保证人身和环境免受危害的程度。

（4）经济性

工程从规划、勘察、设计、施工到整个产品使用寿命周期内的成本和消耗的费用。

（5）与环境的协调性

工程与其周围生态环境协调，与所在地区经济环境协调以及与周围已建工程相协调，以适应可持续发展的要求。

以上五个方面的质量特性彼此之间是相互依存的，总体而言，每个特性都必须达到基本要求，缺一不可。但是对于不同门类的工程，如工业建筑、公共建筑、住宅建筑等可根据其所处的特定地域环境、技术经济条件而有所差异。

随着我国建筑业的发展，施工的工程项目也越来越多。建筑项目施工条件较为复杂，现场情况多变，作业时间紧迫，且项目建成后，要求有较长的使用寿命。因此，在做建筑工程的质量管理时，要仔细分析影响因素，制定可行的工程质量管理措施，突出质量管理的重点，在建筑工程各个阶段完善工程质量管理措施，使质量管理切合实际。要落实制定的措施，以使质量管理在施工中显现更大的作用。

0.2.2　我国建筑工程质量管理现状

目前，我国正处于发展中国家行列，在进入发达国家之前，各类建筑工程项目也在与日俱增，由此产生的建筑工程质量管理问题也日渐严重，具体问题如下所述。

1．建筑工程设计控制不严

在建筑工程设计时，设计者的质量意识差。在设计上敷衍，不分析设计的内容是否与工程现场实际相符，只是参照以往同类项目的设计经验进行设计，因此，设计的内容许多地方在现场施工中是行不通的，与现场实际情况出入很大。在作业过程中，操作人员不能与图纸设计人员就现场的实际情况进行有效的沟通，施工与设计双方在项目进行过程中缺乏必要的交流，致使出现许多质量问题。另外，对于项目的设计变更，项目有关方面也未按照要求进行仔细地审核。往往是施工提出设计意见，设计方不经考察就进行更改，在设计更改的过程中，并没有征求监理与甲方的看法。因此，虽然设计变更后施工可以进行，但是建筑物的使用功能或许会发生改变，与业主要求的功能可能不一致，从而影响了其使用。

2．质量责任制不健全

项目质量管理是一项复杂的工作，要求所有项目参与人员一起努力，才能实现目标。而目前有的建筑施工管理人员，只重视工程进度，不重视工程质量，员工的质量责任不明确，不利于工程质量管理。

3．质量管理人员素质参差不齐

许多施工队伍人员不稳定，相互之间素质相差较大。部分人员业务不过硬，对建筑专业知识理解不深，还有的质量管理人员没有相应的从业资格证书，以致不能有效地进行质量管理。

4．材料控制不严

在建筑材料采购中，材料采购人员为了自身的利益，往往与材料供应厂商相互串通，以次充好，收取材料供应厂商的好处费，在材料进场时不认真检测，对进场后需要二次试验的材料也不进行试验，以致存有破损、缺陷的材料在房建工程上使用。

5．无适合的施工指导书

施工指导书是指导建筑工程施工的文件，是建筑工程科学合理施工的有力保证。但有的施工单位编制的施工作业计划不够详细，在工程施工过程中实际施工情况多与方案不符，使施工作业计划失去了指导的意义。施工者由于没有好的指导与约束，操作很不规范，施工现场材料散乱放置，非常混乱，不利于质量管理。

6. 监理监督不力

我国监理单位人员水平不一，相关监理制度不够健全，在监理过程中难以充分发挥应有的作用。为了尽快完工，有的施工队伍边设计边施工，不讲施工程序，只求早完工。这种错误做法与施工的规定相违背，监理对此也漠然视之。

0.3 建筑工程安全管理

0.3.1 建筑工程安全管理概述

建筑工程安全生产管理是指建设行政主管部门、建筑安全监督管理机构、建筑施工企业及有关单位对建筑安全生产过程中的安全工作进行计划、组织、指挥、控制、监督、调节和改进等一系列致力于满足生产安全的管理活动。

建筑业是一个危险性高、安全事故频发的行业，在生产过程中，存在许多不可控制的影响因素。建筑工程施工工地因施工人员复杂、工程工期紧、作业环境差、施工过程危险源多、作业人员的安全意识偏低等，安全事故时有发生，如高空坠落、坠物伤人、触电、土方坍塌、机械倾覆等，造成人员伤亡，给施工企业造成不同程度的经济和财产损失。近年来，虽然建筑业的安全管理逐渐走向成熟与完善，但建筑领域伤亡事故多发的状况尚未根本扭转。建筑安全施工不但关系到工人的生命安全、财产安全，同时，也严重地关系到建筑企业未来发展的空间，所以，安全施工的意义重大。

建筑施工安全性评价把施工现场看作是一个由若干要素组成的系统，而每个要素的变化若存在异常和危险都会引发事故，进而危及整个系统的安全；每个要素存在的异常和危险得到调整和控制，又都会使系统的安全基础得以巩固。从整体上评价施工现场的安全状况，体现了系统论的基本要求，施工安全无小事，凡是涉及建筑施工人员切身安全和利益的事情，再小的安全问题，也要竭尽全力去解决。党的十六届三中全会上强调："各级党委和政府要牢牢树立'责任重于泰山'的观念，坚持把人民群众的生命安全放在第一位，进一步完善和落实安全生产的各项政策措施，努力提高安全生产水平"，所以，坚持施工安全无小事，就是要坚持把广大建筑施工人员的根本安全和利益，作为建筑主管机构工作的出发点和归宿，当前，安全生产已成为构建社会主义和谐社会的重要内容之一，建筑业作为国民经济的支柱产业，其安全生产问题一直困扰着业界人士和广大学者。建筑企业安全管理的重心在施工现场，由于长期以来施工现场的安全管理以传统的"经验型"的事后管理为主，难以有效地对施工过程的危险源实施较为全面的预控，这也是建筑施工安全事故频繁发生的主要原因。

0.3.2 我国建筑工程安全管理现状

多年来，我国在建筑安全方面作了大量工作，取得了显著的成绩。特别是制定了许多安全技术标准、规范和规程，有效地预防和控制了安全事故的发生。安全生产形势总体上稳定好转。但安全形势依然严峻，随着建筑规模的成倍扩大，相应的安全技术与管理资源增长速度远远赶不上承接工程规模的增长速度，安全水平一直较低。事故数量和伤亡人数仍然比较大；较大及以上事故数量和伤亡人数出现反弹，2010年全国房屋建筑及市政工程生产安全较大及以上事故共29起，2011年25起，2012年29起；近年来，重大恶性事故频发，如2011年10月8日，由大连阿尔滨集团有限公司承接辽宁省大连市旅顺口区蓝湾三期工程工地在进行地下车库顶板混凝土浇筑作业时发生模板脚手架支撑体系整体坍塌事故。地区不平衡的情况仍然存在，部分地区的事故数量和伤亡人数同比上升。较低的安全管理水平成为阻碍国家建设和社会发展的重要因素。

我国建筑安全领域主要存在的问题有以下几个方面：

1. 从业人员安全意识淡薄

1）我国从事建筑行业的人员大多数为农民工，这些农民工文化水平偏低，安全知识和应急处置能力比较欠缺，安全意识相对淡薄，自我防护能力也比较差，在长期的生活中形成了很多违章习惯，短时间很难改掉，他们很容易受到意外事故伤害。

2）安全培训不到位。根据建筑行业相关规定，新进场、转场等员工应进行安全教育，考核合格后方允许上岗，目前，工地安全教育多流于形式，基本未培训或培训时间太短，导致培训效果差。特别是对农民工的培训，由于他们的流动性大、更换岗位频繁，进行有效的安全培训难度较高。

2. 企业对安全工作重视不够

1）一些单位、企业领导没有将安全人才培养纳入企业发展计划，缺乏对安全工作紧迫性的认识，造成建筑行业的安全管理人员数量普遍不足。安全管理是一个新兴行业，安全管理人员非常紧缺，每年安全管理专业的毕业生是有限的，市场上很多安全管理人员是从其他行业或部门转行半路出家，学历相差悬殊，部分安全管理人员仅经过简单和基本的安全知识培训就上岗，缺乏必要的安全专业知识和管理知识，很难发现安全技术方案和措施中存在的问题，还有部分安全管理人员身兼数职，起不到应有的安全监督管理作用。

2）安全检查流于形式，很多建筑施工企业没有制订适合项目的安全检查计划，组织安全检查也是走走过场，没有认真做好自查自纠工作，纯粹应付上级的检查，而监理单位也只将安全监理作为质量控制工作内容的一个分项，在安全工作上投入精力少，该检查时不检查，该旁站时不旁站，安全监理不能有效地发挥作用。

3）安全投入不足，长期以来，很多企业一直认为安全只会耗费成本，不会带来任何效益，在建设工程过程中尽量节约和减少安全开支。在建筑工程施工期间未给高处作业设立可靠的安全平台和防护栏杆、危险区进行隔离等；未对安全防护设施进行定期地维修、检验、测试；未对从事有毒有害作业岗位的人员进行职业性体检，未对已发生的职业损害和职业病患者给予治疗和赔偿；未安排日常的安全知识和技术培训，开展安全知识竞赛，建立安全档案台账等。

3. 政府监督管理力度不够，安全监管信息化水平不高

目前，政府对建筑行业安全生产行为的监督管理仍较薄弱，主要表现在：监督手段运用不够多样化，检查流程基本是下发文件、召开会议听取汇报、安全生产检查、总结，缺少日常有效的监督管理和相应措施，监管体系不完善；监督检查的不够深入，执法人员很少深入施工现场，明察多，暗访少；跟踪督查不到位，在一定程度上存在着"查过了就行"的现象，特别是对一些重点工程的建设，人手不够，难以做到严格按程序实施有效的全过程、全方位监督；工程监管中存在轻查处、轻处理的现象，失之于宽，失之于软，致使不少违法发包、挪用安全费用等行为没有得到及时纠正和处理，使相应企业及个人逍遥法外。建筑行业安全监管信息化水平不高。当前，建筑工程信息化应用还仅仅局限于工程信息的登记、检索和查询，未能完全实现数据整合、分析和动态监管，缺乏统一的建筑工程信息化标准规范，信息化监管未能覆盖工程建设全过程，信息化的应用主要集中在工程项目的前端和末端管理，例如，招投标环节、工程报监环节和工程竣工档案管理环节等，而对于在施工过程中的实体质量监管，各方责任主体及检测机构的行为监管方面却涉及甚少。

0.4　建筑工程施工检测

0.4.1　建筑工程施工检测概述

建筑工程的质量是保证建筑物有效使用的基本条件，保证建筑物主体工程结构的质量是结构可靠性控制的中心问题。长期以来，这一问题并不为人们真正重视，更错误地认为提高效益、确保利润是主要任务，质量控制是具体措施，而无"理论"意义。殊不知，理论是实践经验的总结和提炼，建筑工程学科的发展正是在成功的经验和失败的教训中积累发展起来的，往往失败的教训对学科有极大的推动作用。

建筑工程质量控制、质量检验和可靠性鉴定，涉及能否保证建筑物安全、正常使用、耐久程度等问题，同时，还受其施工过程、地质条件、使用环境状况以及工程造价等多种因素影响，所以，它是一项综合性很强的技术工作，难度较大。

目前，我国经济建设的发展已由计划经济转向社会主义市场经济，而社会主义市场经济必须建立并完善质量监督体系。工程质量检测工作是工程质量监督管理的重要内容，也是做好工程质量工作的技术保证。随着中国建设事业的飞速发展，各级领导和广大建设者增强了做好工程质量检测工作的责任感和紧迫感，把检测视为建设工程质监、安监、检测三大体系之一。

建设部（2008 年改为住房和城乡建设部）于 1985 年 10 月 21 日印发《建筑工程质量检测工作规定》和 1996 年 4 月 15 日印发《建设部关于加强工程质量检测工作的若干意见》的通知，从此，我国的建设工程质量检测工作走上了正轨。

《建筑工程质量检测工作规定》中规定，建筑工程质量检测工作是建筑工程质量监督的重要手段。建筑工程质量检测机构在城乡建设主管部门的领导和标准化管理部门的指导下，开展检测工作。建筑工程质量检测机构是对建筑工程和建筑构件、制品以及建筑现场所用的有关材料、设备质量进行检测的法定单位，其所出具的检测报告具有法定效力。国家级检测机构出具的检测报告，在国内为最终裁定，在国外具有代表国家的性质，企业内部的试验室作为企业内部的质量保证机构，承担本企业承建工程质量的检测任务。在建设部（2008 年改为住房和城乡建设部）的领导下，各级检测单位加强了自身建设和内部管理，在人员素质、仪器设备、环境条件、工作制度和检测工作等方面都有了根本的提高，有力地保证了检测工作的公正性、科学性和权威性。

0.4.2　我国建筑工程施工检测现状

建筑工程质量检测行业在我国的发展也有30多年的时间了，随着社会整体发展的推动，建筑工程质量检测行业发展的规模和速度都有了突破性的进展，包括发展规模日益增大、检测内容上也越加丰富多样，在市场经济中也展现了其活跃性。

1．建筑工程质量检测行业具有政策依赖性

在我国，建筑工程质量检测行业是具有政策行政的一类行业。从建筑工程质量检测行业的发展来看，主要是依据国家有关建筑工程质量的相关管理规范，在检测行业发展的历程中，政策的指引一直都是十分重要的。无论是对于何种检测机构，检测机构的资格认证以及检测行业的资质管理都是国家行政管理的重要内容，也是政府进行建筑行业管理的重要手段。目前，建筑工程质量检测行业的市场规模也是受到政府政策影响的，可以说建筑工程质量检测行业的市场并不是完全开放化的，而是具有很强的政策性质的一个行业。

2．建筑工程质量检测行业呈现地域性发展态势

我国各地政府都有权根据当地发展实际制定与地方发展相适应的管理政策，因此，各地的建筑行业主管部门在检测机构的注册资质上都有显著的差别，这就决定了不同的地域之间检测机构的显著差别性。检测机构的服务也是以当地的建筑工程质量检测为主要业务，外地的检测机构在进入该地的市场时存在较大难度，也受到严格的限制。

3．建筑工程质量检测行业的类型化发展

据不完全统计，当前国内拥有建筑工程质量检测机构超过5 000家，这其中包括建筑企业自身建立的试验室，包括行政监督管理机构建立的检测机构，还包括各地的科研院所建立的检测组织和力量等。在所有的建筑工程质量检测组织机构中，行政监督管理机构建立的检测机构最为突出，这主要是由于监督管理机构是以政府政策支持发展的具有政策、财政和技术力量上的强大支持，这类行政性质的检测机构也是目前在整个建筑工程质量检测中最主要的检测力量。该类行政性质的检测机构虽然具有多方面的发展优势，但是由于长期处于政府的支持和保护下，在工作效率上会相对较低，在技术的研究和创新上也略显不足。由于占有绝对的优势地位，检测机构的工作人员服务意识淡薄以及态度上也存在不友好现象，在市场环境下来看，行政性质的建筑工程质量检测机构存在竞争力差的问题。

相比行政类的检测机构，科研院所的检测力量也具有独特性，科研院所在事业单位改革的背景下加大了对检测水平和技术的投入，很多的科研院所下的建筑工程质量检测机构都成为了其主要的业务部门，在发展市场的推动下也有一些科研院所的检测机构走上了独立法人的发展模式。由于具有原来事业单位的政策和资金支持，同时具有强大的科研科学技术力量支持，这类建筑工程质量检测机构的发展具有迅猛的发展势头。

4．我国建筑工程质量检测行业当前的技术要求较低

我国建筑工程质量检测行业当前的技术要求较低，这与检测行业长期受到行政类检测机构垄断有很大的关系。在政府主导下，市场化的检测行业发展就会变慢，同时，由于缺少市场的调整，检测机构的管理上也会存在一些缺陷和问题。以占有主导性的行政类检测机构为例，他们就很少会投入力量进行检测设备、检测技术的更新，这就会导致我国建筑工程质量检测行业发展停滞不前，在检测力量进入市场的标准上也会降低门槛。

5. 建筑工程质量检测行业体制较为单一

由于我国建筑工程质量检测行业具有浓厚的政府行政因素，使得建筑工程质量检测行业往往与国有企业、事业单位紧密挂钩，很多的社会力量和外资力量往往无法进入到行业中。我国当前建筑工程质量检测行业在体制上较为单一，这也是制约我国建筑工程质量检测行业跨越发展的重要因素之一，也是市场经济改革以及进入国际化市场亟待突破的重要问题。

[思考]

论述当前我国建筑行业的质量、安全与检测的联系与发展。

建筑工程质量篇

第1章　建筑工程质量管理基本知识

[案例1]

2012年9月13日，湖北省武汉市"东湖景园"在建住宅发生载人电梯从33层坠落事故（图1.1）。当日下午13时许，武汉长江二七大桥与欢乐大道交界处东湖景园小区工地上，一载满粉刷工人的电梯，在上升过程中突然失控，直冲到33层顶层后，电梯钢绳突然断裂，厢体呈自由落体直接坠到地面，梯笼内的作业人员随梯笼坠落。据现场目击者称，当升降机下坠至十几层时，先后有6人从梯笼中被甩出。随即一声巨响，整个梯笼坠向地面。附近工人赶至现场时，看到铁制梯笼已完全散架，梯笼内工人遗体散落四处。本次事故造成19人身亡，其中有4对夫妻遇难。

图1.1　湖北省武汉市"东湖景园"载人电梯坠落现场

[案例2]

2014年8月25日上午12点左右，广元市朝天区锦绣家园建筑工地5名工人在拆除塔式起重机的过程中，因塔式起重机坍塌（图1.2）导致1人当场死亡、3人重伤、1人轻伤，4名受伤人员当即送往当地医院抢救，其中，两名重伤者经抢救无效于当日 13 点 15 分左右死亡。

图 1.2　广元市朝天区锦绣家园塔式起重机坍塌现场

[案例 3]

2013 年 3 月 21 日 20 时 30 分许，桐城市市区内的盛源财富广场在建楼房工地突然发生坍塌事故（图 1.3），波及在建楼房周边的脚手架。由于事发时，有 10 余名施工人员正在在建楼房上浇筑混凝土，事故导致多人被埋压。

图 1.3　桐城市盛源财富广场在建楼房坍塌事故现场

质量是建筑本身的真正生命，也是社会关注的热点。在科学技术日新月异和经济建设高速发展的今天，建筑工程的质量关系到国家经济发展和人民生命财产安全，所以，建筑工程质量管理的工作就显得尤为重要，在建筑工程施工的过程中，任何一个环节、任何一个部位出现问题，都会给工程的整体质量带来负面的影响，甚至是严重的后果。而建筑工程作为建筑业的产品，其质量的特征与其他产品而言却大不相同，它不像其他产品具有包退、包换、包修的特性，也不像其他的产品在质量检测时可以拆卸或者解体。因为，建筑产品具有一次性，要确保建筑工程质量必须要先明确工程质量的控制原则、内容与方法。

[学习目标]

1）了解质量和质量管理的基本概念；
2）了解工程项目设计阶段对工程质量的影响；
3）掌握工程质量的控制原则、内容与方法。

[能力目标]

1）培养学生认识质量和质量管理的重要意义；
2）培养学生具有建筑工程质量管理的基本能力。

1.1 质量和质量管理

在工程建设过程中，加强工程质量管理，确保国家和人民的生命财产安全是施工项目管理中的头等大事。"百年大计，质量第一"，这是我国建筑业多年来一贯奉行的质量方针。目前，许多建筑施工企业经常强调"以质量求生存，以信誉求发展"。由此可见，加强建筑工程质量管理有着十分重要的意义。

1.1.1 质量

质量的概念有广义和狭义之分，狭义的质量通常指的是产品质量，产品质量是指产品适应社会生产和生活消费需要而具备的特性，它是产品使用价值的具体体现。而广义的质量除产品质量之外，还包括工作质量。在国际标准 ISO 9000：2000 中对质量作了比较全面和准确的定义："一组固有特性满足要求的程度。"这里"要求"是指"明示的、通常隐含的或必须履行的需求或期望"。要求不仅是指顾客的要求，还应包括社会的需求，应符合国家的法律、法规和现行的相关政策。就建筑工程而言，施工现场的质量就是施工现场的各个部门、各个环节，乃至各个工人和技术人员、管理人员所做的工作的质量。由于每一个岗位都有明确的工作质量标准，对建筑工程现场施工质量起到保证与完善的作用。所以说，工作质量不仅是现场施工质量的保证，也是建筑工程质量的保证，它反映了与建筑工程直接有关的工作对于建筑工程质量的保证程度。也可以说，施工现场工作质量的优劣，反映出施工现场和企业管理质量水平的高低。

1.1.2 质量管理

质量管理是指确定和建立质量方针、目标和职责，并在质量体系中通过诸如质量策划、质量控制、质量保证和质量改进等手段来实施的全部管理职能的所有活动。质量管理的发展是与工业生产技术和管理科学的发展密切相关的。现代关于质量管理的概念可以分别归纳为对社会性、对经济性和对系统性这三个方面的认识。

1. 社会性

质量的好坏不仅关系到直接的用户，还要从整个社会的角度来进行评价，尤其关系到生产安全、环境污染、生态平衡等问题时更是如此。

（1）坚持按标准组织生产

标准化工作是质量管理的重要前提，是实现管理规范化的需要。企业的标准分为技术标准和管理标准。技术标准主要分为原材料辅助材料标准、工艺工装标准、半成品标准、产成品标准、包装标准、检验标准等。它是沿着产品形成这根线环环控制投入各工序物料的质量，层层把关设卡，使生产过程处于受控状态。在技术标准体系中，各个标准都是以产品标准为核心而展开的，都是为了达到产成品标准服务的。

（2）强化质量检验机制

质量检验在生产过程中发挥以下的职能：一是保证的职能，也就是把关的职能。通过对原材料、半成品的检验，鉴别、分选、剔除不合格品，并决定该产品或该批产品是否接收。保证不合格的原材料不投产，不合格的半成品不转入下道工序，不合格的产品不出厂；二是预防的职能。通过质量检验获得的信息和数据，为控制提供依据，发现质量问题，找出原因及时排除，预防或减少不合格产品的产生；三是报告的职能。质量检验部门将质量信息、质量问题及时向厂长或上级有关部门报告，为提高质量，加强管理提供必要的质量信息。

（3）实行质量否决权

产品质量靠工作质量来保证，工作质量的好坏主要是人的问题。因此，如何挖掘人的积极因素，健全质量管理机制和约束机制，是质量工作中的一个重要环节。质量责任制或以质量为核心的经济责任制是提高人的工作质量的重要手段。质量责任制的核心就是企业管理人员、技术人员、生产人员在质量问题上实行责、权、利相结合。作为生产过程质量管理，首先，要对各个岗位及人员分析质量职能，即明确在质量问题上各承担的责任，工作的标准要求。其次，要把岗位人员的产品质量与经济利益紧密挂钩，兑现奖罚。对长期优胜者给予重奖，对玩忽职守造成质量损失的除不计工资外，还处以赔偿或其他处分。

（4）抓住影响产品质量的关键因素，设置质量管理点或质量控制点

质量管理点的含义是生产制造现场在一定时期、一定的条件下对需要重点控制的质量特性、关键部位、薄弱环节以及主要因素等采取的特殊管理措施和办法，实行强化管理，使工厂处于很好的控制状态，保证规定的质量要求。加强这方面的管理，需要专业管理人员对企业整体作出系统分析，找出重点部位和薄弱环节并加以控制。质量是企业的生命，是一个企业整体素质的展示，也是一个企业综合实力的体现。伴随着社会的进步和人们生活水平的提高，人们对产品质量的要求也越来越高。因此，企业要想长期稳定发展，必须围绕质量这个核心开展生产，加强产品质量管理。

2. 经济性

质量不仅从某些技术指标来考虑，还从制造成本、价格、使用价值和消耗等几方面来综合评价。在确定质量水平或目标时，不能脱离社会的条件和需要，不能单纯追求技术上的先进性，还应考虑使用上的经济合理性，使质量和价格达到合理的平衡。

3. 系统性

质量是一个受到设计、制造、安装、使用、维护等因素影响的复杂系统。例如，汽车是一个复杂的机械系统，同时又是涉及道路、司机、乘客、货物、交通制度等特点的使用系统。

产品的质量应该达到多维评价的目标。费根堡姆认为，质量系统是指具有确定质量标准的产品和为交付使用所必需的管理上和技术上的步骤的网络。

质量管理发展到全面质量管理，是质量管理工作的又一个大的进步，统计质量管理着重于应用统计方法控制生产过程质量，发挥预防性管理作用，从而保证产品质量。然而，产品质量的形成过程不仅与生产过程有关，还与其他许多过程、许多环节和因素相关联，这不是单纯依靠统计质量管理所能解决的。全面质量管理相对更加适应现代化大生产对质量管理整体性、综合性的客观要求，从过去限于局部性的管理进一步走向全面性、系统性的管理。

1.2 建筑工程质量管理及其重要性

1.2.1 建设工程项目各阶段对质量形成的影响

对于一般的产品而言，顾客在市场上直接购置一个最终产品，是不会介入到该产品的生产过程的。而对于工程产品来说，由于工程建设过程的复杂性和特殊性，它的业主或者是投资者必须直接介入整个生产过程，参与全过程的、各个环节的、对各种要素的质量管理。要达到预期工程项目的目标，得到一个高质量的工程，必须要对整个项目的过程实施严格控制工程质量管理。工程质量管理必须达到微观和宏观的统一、过程和结果的统一。

由于项目施工是循序渐进的过程，因此，在建设工程项目质量管理过程中，任何一个方面出现问题，必然会影响后期的质量管理，进而影响整个工程的质量目标。而工程项目所具有的周期长的特点，使得工程质量不是旦夕之间形成的。工程建设各个阶段紧密衔接且相互制约影响，使得每一个阶段均对工程质量的形成产生十分重要的影响。一般来说，工程项目立项、设计、施工和竣工验收等阶段的过程质量应该为使用阶段服务，应该满足使用阶段的要求。工程建设的不同阶段对工程质量的形成起着不同的作用和影响，具体表现在以下几个方面。

1. **工程项目立项阶段对工程项目质量的影响**

项目建议书、可行性研究是建设前期必需的程序，是工程立项的依据，是决定工程项目建设成败的首要条件，它关系到工程建设资金保证、时效保证、资源保证，决定了工程设计与施工能否按照国家规定的建设程序、标准来规范建设行为，也关系到工程最终能否达到质量目标和被社会环境所容纳。在项目的决策阶段主要是确定工程项目应达到的质量目标及水平。对于工程建设，需要平衡投资、进度和质量的关系，做到投资、质量和进度的协调统一，达到让业主满意的质量水平。因此，项目决策阶段是影响工程质量的关键阶段，要充分了解业主和使用者对质量的要求和意愿。

2. **工程勘察设计阶段对工程项目质量的影响**

工程项目的地质勘察工作，是选择建设场地和为工程设计与施工提供场地的强度依据。地质勘察是决定工程建设质量的重要环节。地质勘察的内容和深度、资料可靠程度等将决定工程设计方案能否综合考虑场地的地层构造、岩石和土的性质、不良地质现象及地下水等条件，是全面合理地进行工程设计的关键，同时，也是工程施工方案确定的重要依据。

3. 工程项目设计阶段对工程项目质量的影响

工程项目设计质量是决定工程建设质量的关键环节，工程采用什么样的平面布置和空间形式，选用什么样的结构类型、材料、构配件及设备等，都直接关系到工程主体结构的安全可靠，关系到建设投资的综合功能是否能充分体现出规划意图。在一定程度上，设计的完美性也反映了一个国家的科技水平和文化水平。设计的严密性和合理性从根本上决定了工程建设的成败，是主体结构和基础安全、环境保护、消防、防疫等措施得以实现的保证。

4. 工程项目施工阶段对工程项目质量的影响

工程项目的施工是指按照设计图纸及相关文件，在建设场地上将设计意图付诸实现的测量、作业、检验并保证质量的活动。施工的作用是将设计意图付诸实施，建成最终产品。任何优秀的勘察设计成果，只有通过施工才能变成现实。因此，工程施工活动决定了设计意图能否实现，它直接关系到工程基础和主体结构的安全可靠、使用功能的实现以及外表观感能否体现建筑设计的艺术水平。在一定程度上工程项目的施工是形成工程实体质量的决定性环节。工程项目施工所用的一切材料，如钢筋、水泥、商品混凝土、砂石等以及后期采用的装饰装修材料都要经过有资质的检测部门检验合格后，才能用到工程上。在施工期间，监理单位要认真把关，做好见证取样送检及跟踪检查工作。确保施工所用材料、施工操作符合设计要求及施工质量验收规范规定。

5. 工程项目的竣工验收阶段对工程项目质量的影响

工程项目竣工验收阶段，就是对项目施工阶段的质量进行试车运转、检查评定，考核质量目标是否符合设计阶段的质量要求。这一阶段是工程建设向生产和使用转移的必要环节，影响工程能否最终形成生产能力和满足使用要求，体现工程质量水平的最终结果。因此，工程竣工验收阶段是工程质量管理的最后一个环节。

建筑工程项目质量的形成是一个系统的过程，是工程立项、勘察设计、施工和竣工验收各阶段质量的综合反映。建筑工程项目质量的优劣，不但关系到工程的使用性，而且关系到人民生命财产的安全和社会安定。由于施工质量低劣，造成工程质量事故或隐患，其后果是不堪设想的。因此，在工程建设过程中，加强各个阶段的质量管理，确保国家和人民生命财产安全是施工项目管理的头等大事。

1.2.2 建筑工程项目质量控制

建筑工程施工就是将设计图纸转变为工程项目实体的一个过程，也是最终形成建筑产品质量的重要阶段。因此，建筑工程施工阶段的质量控制自然就成为提高工程质量的关键。那么，在施工的过程中如何才能做好整个项目的质量控制呢？

1. 施工项目质量控制的原则

（1）坚持"质量第一，用户至上"原则

建筑产品是一种特殊商品，使用年限长，相对来说购买费用较大，直接关系到人民生命财产的安全。所以，工程项目施工阶段，必须始终把"质量第一，用户至上"作为质量控制首要原则。

（2）坚持"以人为核心"原则

人是质量的创造者，质量控制必须把人作为控制的动力，调动人的积极性、创造性，增强人的责任感，提高人的质量意识，减少甚至避免人为的失误，以人的工作质量来保证工序质量、促进工程质量的提高。

（3）坚持"以预防为主"原则

以预防为主，就是要从对工程质量的事后检查转向事前控制、事中控制；从对产品质量的检查转向对工作过程质量的检查、对工序质量的检查、对中间产品（工序或半成品、构配件）的检查。这是确保施工项目质量的有效措施。

（4）坚持"用质量标准严格检查，一切用数据说话"原则

质量标准是评价建筑产品质量的尺度，数据是质量控制的基础和依据。产品质量是否符合质量标准，必须通过严格检查，用实测数据说话。

（5）坚持"遵守科学、公正、守法"的职业规范

建筑施工企业的项目经理、技术负责人在处理质量方面的问题时，应尊重客观事实，尊重科学，正直、公正，不持偏见；遵纪守法、杜绝不正之风；既要坚持原则、严格要求、秉公办事，又要谦虚谨慎、实事求是、以理服人。

2. 施工项目质量控制的内容

（1）对人的控制

人，是指直接参与施工的组织者、指挥者和具体操作者。对人的控制就是充分调动人的积极性，发挥人的主导作用。因此，除了加强政治思想教育、劳动纪律教育、专业技术和安全培训，健全岗位责任制、改善劳动条件外，还应根据工程特点，从确保工程质量的角度出发，在人的技术水平、生理缺陷、心理活动、错误行为等方面来控制对人的使用。如对技术复杂、难度大、精度要求高的工序，应尽可能的安排责任心强、技术熟练、经验丰富的工人完成；对某些要求万无一失的工序，一定要分析操作者的心理活动，稳定人的情绪；对具有危险源的作业现场，应严格控制人的行为，严禁吸烟、打闹等。此外，还应严禁无技术资质的人员上岗作业；对不懂装懂、碰运气、侥幸心理严重的或有违章行为倾向的人员，应及时制止。总之，只有提高人的素质，才能确保建筑新产品的质量。

（2）对材料的控制

对材料的控制包括对原材料、成品、半成品、构配件等的控制，就是严格检查验收、正确合理地使用材料和构配件等，建立健全材料管理台账，认真做好收、储、发、运等各环节的技术管理，避免混料、错用和将不合格的原材料、构配件用到工程上去。

（3）对机械的控制

对机械的控制包括对所有施工机械和工具的控制。要根据不同的工艺特点和技术要求，选择合适的机械设备，正确使用、管理和保养机械设备，要建立健全"操作证"制度、岗位责任制度、"技术、保养"制度等，确保机械设备处于最佳运行状态。如施工现场进行电渣压力焊接长钢筋，按规范要求必须同心，如因焊接机械而达不到要求，就应立即更换或维修后再用，不要让机械设备或工具带病作业，给施工的环节埋下质量隐患。

（4）对方法的控制

对方法的控制主要包括对施工组织设计、施工方案、施工工艺、施工技术措施等的控制，

应切合工程实际，能解决施工难题，技术可行，经济合理，有利于保证工程质量、加快进度、降低成本。选择较为适当的方法，使质量、工期、成本处于相对平衡的状态。

（5）对环境的控制

影响工程质量的环境因素较多，主要有技术环境，如地质、水文、气象等；管理环境，如质量保证体系、质量管理制度等；劳动环境，如劳动组合、作业场所、工作面等。环境因素对工程质量的影响，具有复杂而多变的特点，如气象条件就千变万化，温度、湿度、大风、严寒酷暑都直接影响工程质量，有时前一工序往往就是后一工序的环境。因此，应对影响工程质量的环境因素采取有效的措施予以严格控制，尤其是施工现场，应建立文明施工和安全生产的良好环境，始终保持材料堆放整齐、施工秩序井井有条，为确保工程质量和安全施工创造条件。

3．施工项目质量控制的方法

（1）审核有关技术文件、报告或报表

具体内容：审核有关技术资质证明文件，审核施工组织设计、施工方案和技术措施，审核有关材料、半成品、构配件的质量检验报告，审核有关材料的进场复试报告，审核反映工序质量动态的统计资料或图表，审核设计变更和技术核定书，审核有关质量问题的处理报告，审核有关工序交接检查和分部分项工程质量验收记录等。

（2）现场质量检查

1）检查内容：工序交接检查、隐蔽工程检查、停工后复工检查、节假日后上班检查、分部分项工程完工后验收检查、成品保护措施检查等。

2）检查方法：检查的方法主要有目测法、实测法、试验法检查等。

因此，在项目施工的过程中只要严格按照上述施工项目质量控制的原则和质量控制的方法以及施工现场的质量检查等，对工程项目的施工质量进行认真的控制，就一定能建造出高质量的建筑产品。

4．监理单位如何在项目施工中控制工程质量

在建筑工程施工阶段，监理对于质量管理是以动态控制为主的，当监理方进入工程施工阶段，其主要工作内容为"三控、三管、一协调"，三控的内容包括质量控制、进度控制、投资控制，其中，以质量控制最为重要。那么，监理单位是如何对质量进行控制的呢？

首先审查施工现场质量管理是否有相应的技术标准。健全的施工质量管理体系、施工质量检验制度和综合施工质量水平评定考核制度，并督促检查施工单位落实到位。并仔细审查施工组织设计和施工方案，检查和审查工程材料、设备的质量，消除质量事故的隐患。

1）对工程所需的原材料、半成品的质量进行检查和控制。要求施工单位在人员配备、组织管理、检测程序、方法、手段等各个环节上加强管理，明确对材料的质量要求和技术标准。针对钢筋、水泥等材料多源头、多渠道，对进场的每批钢筋、水泥做到"双控"（既要有质保书、合格证，又要有材料复试报告），未经检验的材料不允许用于工程，质量达不到要求的材料，及时清退出场。

2）加强质量意识，实行"三检"。在工程施工前，监理方召开由施工单位技术负责人、质检员及有关各工程队组长参与的质量会议，加强质量管理意识，明确在施工过程中，每道工序必须执行"三检"制，且有公司质监部门专职质检员签字验收。然后经监理人员验收、签字认定，方可进行下道工序的施工。如果施工单位没有进行"三检"或专职质检员签字，监理人员拒绝验收。

3）严格把好隐蔽工程的签字验收关，发现质量隐患及时向施工单位提出整改。在进行隐蔽工程验收时，首先要求施工单位自检合格，再由公司专职质检员核定等级并签字，填写好验收表单，递交监理。然后由监理工程师组织施工单位项目专业质量（技术）负责人等进行验收。现场检查复核原材料保证资料齐全，合格证、试验报告齐全，各层标高、轴结也要层层检查，严格验收。

5. 政府部门对建设工程的质量监督管理

政府监督对于工程质量来说是一种国际惯例。建设工程项目的质量关系到社会公众的利益和公共安全。因此，无论是在发达国家，还是在发展中国家，政府均对工程质量进行监督管理。大多数发达国家政府的建设行政主管部门都把制定并执行住宅、城市、交通、环境建设等建设工程质量管理的法规作为主要任务，同时，把大型项目和政府投资项目作为监督管理的重点。政府对建设工程项目的质量监督，主要侧重于宏观的社会利益，贯穿于建设的全过程，其作用是强制性的，其目的是保证工程项目的建设符合社会公共利益，保证国家的有关法规、标准及规范的执行。

建设工程质量监督管理制度具有以下特点：第一，具有权威性。建设工程质量体现的是国家意志，任何单位和个人从事工程建设活动都应服从这种监督管理。第二，具有强制性。这种监督是由国家的强制力来保证实施的，任何单位和个人不服从这种监督管理都将受到法律的制裁。第三，具有综合性。这种监督管理并不局限于某一个阶段或某一个方面，而是贯穿于建设活动的全过程，并适用于建设单位、勘察单位、设计单位、施工单位、工程建设监理单位等。

1.3　建设工程质量监督管理现状分析

近年来，我国的经济得到了迅速发展，生产力和科学技术水平也得到了较大的提高，工程质量监督管理工作也变得愈发艰巨。现阶段，我国建设工程质量监督管理工作还存在许多不足之处，主要有以下几个问题：

1. 建设工程质量监督管理体系需要加以完善

目前，政府监管体系和社会监控体系是保障我国建设工程质量的两个重要体系。然而，工程质量监督机构虽然在工程质量监管工作中起到了关键作用，却没有与社会监督力量结合起来。

2. 工程质量检测市场较混乱

过去，国内工程质量检测机构多数有政府建设行政主管部门设立，工程质量检测市场较为规范，但是随着经济发展和建筑业的不断成长以及政府政策方针的优化，现阶段，国内工程质量检测市场私人检测机构不断涌现，在利益的驱动下，各个私人检测机构肆意竞争和恶意压价，导致工程质量检测市场出现比较混乱的情况。

3. 政府监督工作陷于微观管理

工程质量监督传统上过于重视单一的实物质量监督，但是建筑工程与工业流水线的产品相比较，其工期较长，专业较多、工种较多、材料设备品种较多、仅仅依靠质量监督机构的几次到现场，很有可能使监督工作的全面性降低，对工程质量进行全方位正确的核验评定和控制无法得到有力的保证。

4．工程质量监督抽查和巡查力度不足

我国建立工程监督抽查与巡查制度，以加强工程质量管理监督工作。但在实际工作中仍然存在工程质量监督抽查和巡查力度不足的情况，尤其是对一些需要加以重视的方面欠缺力度，如结构与环境质量、材料的质量、混凝土强度及浇筑过程等。此外，还有在发现问题后不能够第一时间进行处理、对做好检查记录的重视度不够等情况。

5．工程质量监督范围太过狭窄

现阶段，工程质量监督机构的监督范围还局限于工程施工阶段，仅仅只重视在施工阶段对建设工程责任主体质量行为和工程实体质量的监督，所以，虽然它对施工质量起到一定的监督作用，却不能对勘察设计阶段进行有力的质量监督，这将对政府对于建设工程质量宏观的、全面的监督与控制产生不利的影响。

6．监理单位违规行为严重

目前，监理单位常常出现以下违规行为：与建设单位签订虚假合同，收费不合理；没有按规范、标准及有关规定评定相关基础、主体工程以及对竣工工程质量的初验和评估；越级监理，默许一些单位或个人以单位名义承担监理业务，把监理业务转手给其他工程监理单位；监理资料不齐全、混乱，对于关键过程、重要部位以及隐蔽工程不能及时到位检查，签证不齐；制度不健全、责任不落实，推销建筑材料，介绍施工队伍，谋取非法利益；监理人员没有规范的执业资格，人员素质较低等。

［课后习题］

一、填空题

1．质量的概念有广义和狭义之分，广义的质量除产品质量之外，还包括____。

2．关于质量管理的概念可以分别归纳为对____、____和____这三方面的认识。

3．现场质量检查的检查方法主要有____、____和____等。

4．在建筑工程施工阶段，当监理方进入工程施工阶段，其主要工作内容为_____
_____。

二、选择题

1．建筑产品是一种特殊商品，所以，在工程项目施工阶段，必须始终把（　　　）作为质量控制首要原则。

A．以预防为主　　　　　　　　　B．用质量标准严格检查，一切用数据说话

C．质量第一，用户至上　　　　　D．以人为核心

2．在建筑工程施工阶段，施工单位必须加强质量意识，实行"三检"。下列选项不属于"三检"内容的是（　　　）。

A．实行操作者的"自检"　　　　B．专职检验人员的"专检"

C．质检部门的"抽样检"　　　　D．工人之间的"互检"

三、简答题

1．工程建设的不同阶段对工程质量的形成起着不同的作用和影响，具体表现在哪个

个方面？

2．建设工程质量监督管理制度具有哪些特点？

3．施工项目质量控制的原则是什么？

四、论述题

近年来，我国的经济得到了迅速发展，生产力和科学技术水平也得到了较大的提高，工程质量监督管理工作也变得愈发艰巨。现阶段，我国建设工程质量监督管理工作还存在许多不足，针对这些不足之处，应该如何加强建设工程质量监督管理？

第2章 建筑施工质量控制

[案例背景]

某大型公共建筑工程项目，建设单位为 A 房地产开发有限公司，设计单位为 B 设计研究院，监理单位为 C 工程监理公司，工程质量监督单位为 D 质量监督站，施工单位为 E 建设集团公司，材料供应为 F 贸易公司。该工程地下 2 层，地上 9 层，基底标高为－5.800 m，檐高为 29.970 m，基础类型为墙下钢筋混凝土条形基础，局部筏形基础，结构形式为现浇剪力墙结构，楼板采用无粘结预应力混凝土，该施工单位缺乏预应力混凝土的施工经验，对该楼板无粘结预应力施工有难度。

[问题]

1）为保证工程质量，施工单位应对哪些影响质量的因素进行控制？

2）什么是质量控制点？质量控制点设置的原则是什么？如何对质量控制点进行质量控制？该工程无粘结预应力混凝土是否应作为质量控制点？为什么？

3）施工单位对该工程应采用哪些质量控制的方法？

4）在施工过程中，A 房地产开发有限公司、B 设计研究院、C 工程监理公司、D 质量监督站、E 建设集团公司，哪个公司是自控主体？哪个公司是监控主体？

[学习目标]

1）熟悉掌握施工质量控制的概念、原则、措施；

2）掌握施工质量控制的方法与手段；

3）掌握施工质量五大要素的控制。

[能力目标]

1）能够运用施工质量的方法与手段对现场质量问题进行处理；

2）熟练掌握施工质量五大要素的控制并应用。

2.1 施工质量控制

2.1.1 施工质量控制的内涵

1. 施工质量控制的基本概念

（1）质量

质量是反映产品、体系或过程的一组固有特性满足要求，质量有广义与侠义之分。广义的质量包括工程实体质量和工作质量。工程实体质量不是靠检查来保证的，而是通过工程质量来保证的。狭义的质量是指产品的质量，即工程实体的质量。

（2）施工质量控制

根据《质量管理体系　基础和术语》（GB/T 19000—2008）质量管理体系的质量术语定义，施工质量控制是在明确的质量方针的指导下，通过对施工方案和资源配置的计划、实施、检查和处置，进行施工质量目标的事前控制、事中控制和事后控制的系统过程。

施工是形成工程项目实体的过程，也是形成最终产品质量的重要阶段。所以，施工阶段的质量控制是工程项目质量控制的重点。

2. 施工项目质量控制的特点

由于项目施工涉及面广，是一个极其复杂的综合过程，再加上项目位置固定、生产流动、结构类型不同、质量要求不同、施工方法不同、体型大、整体性强、建设周期长、受自然条件影响大等特点，因此，施工项目的质量比一般工业产品的质量更难以控制，主要表现在以下几个方面：

（1）影响质量的因素多

如设计、材料、机械、地形、地质、水文、气象、施工工艺、操作方法、技术措施、管理制度等，均直接影响施工项目的质量。

（2）容易产生质量变异

因项目施工不像工业产品生产，有固定的自动性和流水线，有规范化的生产工艺和完善的检测技术，有成套的生产设备和稳定的生产环境，有相同系列规格和相同功能的产品；同时，由于影响施工项目质量的偶然性因素和系统性因素都较多，因此，很容易产生质量变异。如材料性能微小的差异、机械设备正常的磨损、操作微小的变化、环境微小的波动等，均会引起偶然性因素的质量变异；当使用材料的规格、品种有误，施工方法不当，操作不按规程，机械故障，测量仪表失灵，设计计算错误等，均会引起系统性因素的质量变异，造成工程质量事故。因此，在施工中要严防出现系统性因素的质量变异，要把质量变异控制在偶然性因素的范围内。

（3）容易产生第一、二判断错误

施工项目由于工序交接多，中间产品多，隐蔽工程多，若不及时检查实际情况，事后再看表面，就容易产生第二判断错误，也就是说，容易将不合格的产品，认为是合格的产品；反之，若检查不认真，测量仪表不准，读数有误，则就会产生第一判断错误，也就是说容易将合格的产品，认为是不合格的产品。尤其在进行质量检查验收时，应特别注意。

（4）质量检查不能解体、拆卸

工程项目建成后，不可能像某些工业产品那样，再拆卸或解体检查内在的质量，或重新更换零件，即使发现质量有问题，也不可能像工业产品那样实行"包换"或"退款"。

（5）质量要受投资、进度的制约

施工项目的质量受投资、进度的制约较大。一般情况下，投资大、进度慢，质量就好；反之，质量则差。因此，项目在施工中，还必须正确处理质量、投资、进度三者之间的关系，使其达到对应的统一。

3．施工质量控制的依据

1）工程合同文件（包括工程承包合同文件、委托监理合同文件等）。

2）设计文件"按图施工"是施工阶段质量控制的一项重要原则。

3）国家及政府有关部门颁布的有关质量管理方面的法律、法规性文件。

4）有关质量检验与控制的专门技术法规性文件，这类专门的技术法规性的依据主要有以下四类：

① 工程项目施工质量验收标准。如《建筑工程施工质量验收统一标准》（GB 50300—2013）以及其他行业工程项目的质量验收标准。

② 有关工程材料、半成品和构配件质量控制方面的专门技术法规性依据；有关工程材料及其制品质量的技术标准；有关材料或半成品等的取样、试验等方面的技术标准或规程等；有关材料验收、包装、标识及质量证明书的一般规定等。

③ 控制施工作业活动质量的技术规程。

④ 凡采用新工艺、新技术、新材料的工程，事先应试验，并应有权威性技术部门的技术鉴定书及有关的质量数据、指标，在此基础上制定有关质量标准和施工工艺规程，以此作为判断与控制质量的依据。

4．施工质量控制的全过程

为了加强对施工项目的质量控制，明确各施工阶段质量控制的重点，可把施工项目质量分为事前质量控制、事中质量控制和事后质量控制三个阶段。

（1）事前质量控制

事前质量控制是指在正式施工前进行的质量控制，其控制重点是做好施工准备工作，且施工准备工作要贯穿于施工全过程。

1）施工准备的范围：

① 全场性施工准备，是以整个项目施工现场为对象而进行的各项施工准备。

② 单位工程施工准备，是以一个建筑物或构筑物为对象而进行的施工准备。

③ 分项（部）工程施工准备，是以单位工程中的一个分项（部）工程或冬雨期施工为对象而进行的施工准备。

④ 项目开工前的施工准备，是在拟建项目正式开工前所进行的一切施工准备。

⑤ 项目开工后的施工准备，是在拟建项目开工后，每个施工阶段正式开工前所进行的施工准备，如混合结构住宅施工，通常分为基础工程、主体工程和装饰工程等施工阶段，每个阶段的施工内容不同，其所需的物质技术条件、组织要求和现场布置也不同，因此，必须做好相应的施工准备。

2）施工准备的内容：

① 技术准备，包括项目扩大初步设计方案的审查；熟悉和审查项目的施工图纸；项目建设地点的自然条件、技术经济条件调查分析；编制项目施工图预算和施工预算；编制项目施工组织设计等。

② 物质准备，包括建筑材料准备、构配件和制品加工准备、施工机具准备、生产工艺设备的准备等。

③ 组织准备，包括建立项目组织机构、集结施工队伍、对施工队伍进行入场教育等。

④ 施工现场准备，包括控制网、水准点、标桩的测量；"五通一平"，生产、生活临时设施等；组织机具、材料进场；拟定有关试验、试制和技术进步项目计划；编制季节性施工措施；制定施工现场管理制度等。

（2）事中质量控制

事中质量控制是指在施工过程中进行的质量控制。事中质量控制的策略是全面控制施工过程，重点控制工序质量。其具体措施是：工序交接有检查；质量预控有对策；施工项目有方案；技术措施有交底；图纸会审有记录；配制材料有试验；隐蔽工程有验收；计量器具校正有复核；设计变更有手续；钢筋代换有制度；质量处理有复查；成品保护有措施；行使质控有否决（如发现质量异常、隐蔽未经验收、质量问题未处理、擅自变更设计图纸、擅自代换或使用不合格材料、无证上岗未经资质审查的操作人员等，均应对质量予以否决）；质量文件有档案（凡是与质量有关的技术文件，如水准、坐标位置，测量、放线记录，沉降、变形观测记录，图纸会审记录，材料合格证明、试验报告，施工记录，隐蔽工程记录，设计变更记录，调试、试压运行记录，试车运转记录，竣工图等都要编目建档）。

（3）事后质量控制

事后质量控制是指在完成施工过程中形成产品的质量控制，其具体工作内容包括：

1）组织联动试车。

2）准备竣工验收资料，组织自检和初步验收。

3）按规定的质量评定标准和办法，对完成的分项工程、分部工程、单位工程进行质量评定。

4）组织竣工验收，其标准是：

① 按设计文件规定的内容和合同规定的内容完成施工，质量达到国家质量标准，能满足生产和使用的要求。

② 主要生产工艺设备已安装配套，联动负荷试车合格，形成设计生产能力。

③ 竣工验收的建筑物要窗明、地净、水通、灯亮、气来、采暖通风设备运转正常。

④ 竣工验收的工程应内净外洁，施工中的残余物料运离现场，灰坑填平，临时建（构）筑物拆除，2 m 以内地坪整洁。

⑤ 技术档案资料齐全。

2.1.2　施工质量控制的原则

1．坚持质量第一，用户至上

社会主义商品经营的原则是 "质量第一，用户至上"。建筑产品作为一种特殊的商品，使用年限较长，是百年大计，直接关系到人民生命财产的安全。所以，工程项目在施工中应自始至终地把"质量第一，用户至上"作为质量控制的基本原则。

2．坚持以人为核心

人是质量的创造者，质量控制必须"以人为核心"，把人作为控制的动力，调动人的积极性、创造性；增强人的责任感，树立"质量第一"观念；提高人的素质，避免人的失误；以人的工作质量保工序质量、促工程质量。

3．坚持以预防为主

"以预防为主"就是要从对质量的事后检查把关，转向对质量的事前控制、事中控制；从对产品质量的检查，转向对工作质量的检查、对工序质量的检查、对中间产品质量的检查，这是确保施工项目质量的有效措施。

4．坚持质量标准、严格检查，一切用数据说话

质量标准是评价产品质量的尺度，数据是质量控制的基础和依据。产品质量是否符合质量标准，必须通过严格检查，用数据说话。

5．贯彻科学、公正、守法的职业规范

建筑施工企业的项目经理，在处理质量问题的过程中，应尊重客观事实，尊重科学，正直、公正，不持偏见；遵纪、守法，杜绝不正之风；既要坚持原则、严格要求、秉公办事，又要谦虚谨慎、实事求是、以理服人、热情帮助。

2.1.3　施工质量控制的措施

1．对影响质量因素的控制

1）人员的控制。项目质量控制中人的控制，是指对直接参与项目的组织者、指挥者和操作者的有效管理和使用。人，作为控制对象能避免产生失误，作为控制动力能充分调动人的积极性和发挥人的主观能动性。为达到以工作质量保工序质量、促工程质量的目的，除加强纪律教育、职业道德、专业技术知识培训、健全岗位责任制、改善劳动条件、制定公平合理的奖惩制度外，还需要根据项目特点，从确保质量出发，本着人尽其才，扬长避短的原则控制人的使用。

2）材料及构配件的质量控制。建筑材料品种繁杂，质量及档次相差悬殊，对用于项目实施的主要材料，运到施工现场时必须具备正式的出厂合格证和材质化验单，如不具备或对检验证明有疑问时，应进行补验。检验所有材料合格证时，均须经监理工程师验证，否则一律不准使用。材料质量检验的方法，是通过一系列的检测手段，将所取得的材料质量数据与材料的质量标准相对照，借以判断材料质量的可靠性，能否使用于工程中，同时，还有利于掌握材料质量信息。一般有书面检验、外观检验、理化检验和无损检验等四种方法。

3）机械设备控制。制定机械化施工方案，应充分发挥机械的效能，力求获得较好的综合经济效益。从保证项目施工质量角度出发，应着重从机械设备的选型、机型设备的主要性能参数和机械设备的使用操作要求等三方面予以控制。机械设备的选择，应本着因地制宜、因工程制宜的原则，按照技术上先进、经济上合理、生产上适用、性能上可靠、使用上安全、操作上轻巧和维修上方便的要求，贯彻执行机械化、半机械化与改良工具相结合的方针，突出机械与施工相结合的方针，机械设备正确地进行操作，是保证项目施工质量的重要环节，应贯彻"人机固定"的原则，实行定机、定人、定岗位责任的"三定"制度。操作人员必须执行各项规章制度，遵守操作规程，防止出现安全质量事故。

4）方案控制。在项目实施方案审批时，必须结合项目实际，从技术、组织、管理、经济等方面进行全面分析、综合考虑，确保方案在技术上可行，在经济上合理，以确保工程质量。

5）施工环境与施工工序控制。施工工序是形成施工质量的必要因素，为了把工程质量从事后检查转向事前控制，达到"以预防为主"的目的，必须加强对施工工序的质量控制。

2. 项目实施阶段的质量

1）事前质量控制。事前质量控制以预防为主，审查其是否具有能完成工程并确保其质量的技术能力及管理水平，检查工程开工前的准备情况，对工程所需原材料、构配件的质量进行检查与控制，杜绝无产品合格证和抽检不合格的材料在工程中使用，并在抽检、送检原材料时需一方见证取样，清除工程质量事故发生的隐患，联系设计单位和施工单位进行设计交底和图纸会审，并对个别关键和施工较难部位共同协商解决。施工时应采用最佳方案，重审施工单位提交的施工方案和施工组织设计，审核工程中拟采用的新材料、新结构、施工新工艺、新技术鉴定书，对施工单位提出的图纸疑问或施工困难，热情帮助指导，并提出合理化的建议，积极协助解决。

2）事中质量控制。事中质量控制坚持以标准为原则，在施工过程中，施工单位是否按照技术交底、施工图纸、技术操作规程和质量标准的要求实施，直接影响到工程产品的质量，是项目工程成败的关键。因此，管理人员要进行现场监督，及时检查，严格把关，强有力地保证工程质量，其中，在土建施工中，模板工程、钢筋工程、混凝土工程、砌体工程、抹灰工程、装饰工程等施工工序质量作为项目质量管理与控制的重点。

3）事后质量控制。事后质量控制是指竣工验收控制，即对于通过施工过程所完成的具有独立的功能和使用价值的最终产品（单位工程或整个工程项目）及有关方面（如质量文档）的质量控制，其目的是确认工程项目实施的结果是否达到预期要求，实现工程项目的移交与清算。其包括对施工质量检验、工程质量评定和质量文件建档。

施工过程要从各个环节、各个方面落实质量责任，确保建设工程质量。作为施工的管理者，要通过科学的手段和现代技术，从基础工作做起，注意施工过程中的细节，加强对建筑施工工程的质量管理和控制。

2.2 施工质量控制的方法与手段

2.2.1 施工质量控制的方法

现场进行质量检查的方法有目测法、实测法和试验法三种。

1. 目测法

目测法的手段可归纳为看、摸、敲、照四个字。

看，就是根据质量标准进行外观目测。如墙纸裱糊质量应是：纸面无斑痕、空鼓、气泡、褶皱；每一面墙纸的颜色、花纹一致；斜视无胶痕，纹理无压平、起光现象；对缝无离缝、搭缝、张嘴；对缝处图案、花纹完整；裁纸的一边不能对缝，只能搭接；墙纸只能在阴角处搭接，阳角应采用包角等。又如，清水墙面是否洁净，喷涂是否密实和颜色是否均匀，内墙抹灰大面及口角是否平直，地面是否光洁平整，油漆浆活表面观感，施工顺序是否合理，工人操作是否正确等，均是通过目测检查、评价。

摸，是手感检查，主要用于装饰工程的某些检查项目，如水刷石、干粘石粘结牢固程度，油漆的光滑度，浆活是否掉粉，地面有无起砂等，均可通过手摸加以鉴别。

敲，是运用工具进行音感检查。对地面工程、装饰工程中的水磨石、面砖、锦砖和大理石贴面等，均应进行敲击检查，通过声音的虚实确定有无空鼓，还可根据声音的清脆和沉闷判定属于面层空鼓或底层空鼓。此外，用手敲玻璃，如发出颤动音响，一般是底灰不满或压条不实。

照，对于难以看到或光线较暗的部位，则可采用镜子反射或灯光照射的方法进行检查。

2．实测法

实测法是通过实测数据与施工规范及质量标准所规定的允许偏差对照，来判别质量是否合格。实测检查法的手段，可归纳为靠、吊、量、套四个字。

靠，是用直尺、塞尺检查墙面、地面、屋面的平整度。

吊，是用托线板以线锤吊线检查垂直度。

量，是用测量工具和计量仪表等检查断面尺寸、轴线、标高、湿度、温度等的偏差。

套，是以方尺套方，辅以塞尺检查。如对阴阳角的方正、踢脚线的垂直度、预制构件的方正等项目的检查。对门窗口及构配件的对角线（窜角）检查，也是套方的特殊手段。

3．试验法

试验法是指必须通过试验手段，才能对质量进行判断的检查方法。如对桩或地基的静载试验，确定其承载力；对钢结构进行稳定性试验，确定是否会产生失稳现象；对钢筋对焊接头进行拉力试验，检验焊接的质量等。

2.2.2　施工质量控制的手段

施工阶段，监理工程师对工程项目进行质量监控主要是通过审核施工单位所提供的有关文件、报告或报表；现场落实有关文件，并检查确认其执行情况；现场检查和验收施工质量；质量信息的及时反馈等手段实现的。

1）审核施工单位有关技术文件、报告或报表。这是对工程质量进行全面监督、检查与控制的重要途径。审查的具体文件包括：

① 审批施工单位提交的有关材料、半成品和公平机、构配件质量证明文件（出厂合格证、质量检验或试验报告等）；

② 审核新材料、新技术、新工艺的现场试验报告以及永久设备的技术性能和质量检验报告；

③ 审核施工单位提交的反映工序施工质量的动态统计资料或管理图表；审核施工单位的质量管理体系文件，包括对分包单位质量控制体系和质量控制措施的审查；

④ 审核施工单位提交的有关工序产品质量的证明文件，包括检验记录及试验报告，工序交接检查（自检）、隐蔽工程检查、分部分项工程质量检验报告等文件、资料；

⑤ 审批有关设计变更、修改设计图纸等；

⑥ 审批有关工程质量缺陷或质量事故的处理报告；

⑦ 审核和签署现场有关质量技术签证、文件等。

2）现场落实有关文件，并检查确认其执行情况。工程项目在施工阶段形成的许多文件需要得到落实，如多方形成的有关施工处理方案、会议决定，来自质量监督机构的质量监督文件或要求等。施工单位上报的许多文件经监理单位检查确认后，如得不到有效落实，会使工程质量失去控制。因此，监理工程师应认真检查并确认这些文件的执行情况。

3）现场检查和验收施工质量。

2.3 施工质量五大要素的控制

影响施工项目质量的因素主要有五大方面，即 4MlE，指人（Man）、材料（Material）、机械（Machine）、方法（Method）和环境（Environment）。事前对这五方面的因素严加控制，是保证施工项目质量的关键。

2.3.1 人的控制

人的因素主要是指领导者的素质，操作人员的理论、技术水平，生理缺陷，粗心大意，违纪违章等。施工时，首先要考虑到对人的因素的控制，因为人是施工过程的主体，工程质量的形成受到所有参加工程项目施工的工程技术干部、操作人员、服务人员共同作用，他们是形成工程质量的主要因素。首先，应提高他们的质量意识。施工人员应当树立五大观念，即质量第一的观念、预控为主的观念、为用户服务的观念、用数据说话的观念以及社会效益、企业效益（质量、成本、工期相结合）、综合效益的观念。其次，是人的素质。领导层、技术人员素质高，决策能力就强，就有较强的质量规划、目标管理、施工组织和技术指导、质量检查的能力；管理制度完善，技术措施得力，工程质量就高。操作人员应有精湛的技术技能、一丝不苟的工作作风，严格执行质量标准和操作规程的法制观念；服务人员应做好技术和生活服务，以出色的工作质量，间接地保证工程质量。提高人的素质，可以依靠质量教育、精神和物质激励的有机结合，也可以靠培训和优选，进行岗位技术练兵。

2.3.2 材料的控制

材料（包括原材料、成品、半成品、构配件）是工程施工的物质条件，材料质量是工程质量的基础，材料质量不符合要求，工程质量也就不可能符合要求。所以，加强材料的质量控制，是提高工程质量的重要保证。影响材料质量的因素主要是材料的成分、物理性能、化学性能等。材料控制的要点有：①优选采购人员，提高他们的政治素质和质量鉴定水平，挑选那些有一定专业知识，忠于事业的人担任该项工作；②掌握材料信息，优选供货厂家；③合理组织材料供应，确保正常施工；④加强材料的检查验收，严把质量关；⑤抓好材料的现场管理，并做到合理使用；⑥搞好材料的试验、检验工作。据资料统计，建筑工程中材料费用占总投资的 70% 或更多、正因为这样，一些承包商在拿到工程后。为谋取更多利益，不按工程技术规范要求的品种、规格、技术参数等采购相关的成品或半成品，或因采购人员素质低下，对原材料的质量不进行有效控制，放任自流，从中收取回扣和好处费。还有的企业没有完善的管理机制和约束机制，无法杜绝假冒、伪劣产品及原材料进入工程施工中，给工程留下质量隐患。科学技术的高度发展，为材料的检验提供了科学的方法。国家相关部门在有关施工技术规范中对其进行了详细的介绍，实际施工中只要我们严格执行，就能确保施工所用材料的质量。

2.3.3　机械的控制

机械的控制包括施工机械设备、工具等控制。要根据不同工艺特点和技术要求，选用合适的机械设备；正确使用、管理和保养好机械设备。为此要健全"人机固定"制度、"操作证"制度、岗位责任制度、交接班制度、"技术保养"制度、"安全使用"制度、机械设备检查制度等，确保机械设备处于最佳使用状态。

2.3.4　方法的控制

施工过程中的方法包含整个建设周期内所采取的技术方案、工艺流程、组织措施、检测手段、施工组织设计等。施工方案正确与否，直接影响工程质量控制能否顺利实现。往往由于施工方案考虑不周而拖延进度，影响质量，增加投资。所以，在制定和审核施工方案时，必须结合工程实际，从技术、管理、工艺、组织、操作、经济等方面进行全面分析、综合考虑，力求方案技术可行、经济合理、工艺先进、措施得力、操作方便，这样有利于提高质量、加快进度、降低成本。

2.3.5　环境的控制

影响工程质量的环境因素较多，有工程地质、水文、气象、噪声、通风、振动、照明、污染等。环境因素对工程质量的影响具有复杂而多变的特点，如气象条件就变化万千，温度、湿度、大风、暴雨、酷暑、严寒都直接影响工程质量，往往前一工序就是后一工序的环境，前一分项、分部工程也就是后一分项、分部工程的环境。因此，根据工程特点和具体条件，应对影响质量的环境因素，采取有效的措施严加控制。此外，冬雨期、炎热季节、风季施工时，还应针对工程的特点，尤其是混凝土工程、土方工程、水下工程及高空作业等，拟定季节性保证施工质量的有效措施，以免工程质量受到冻害、干裂、冲刷等的危害。同时，要不断改善施工现场的环境，尽可能减少施工对环境的污染，健全施工现场管理制度，实行文明施工。

通过科技进步和全面质量管理来提高质量控制水平。建设部（2008年改为住房和城乡建设部）《技术政策》中指出："要树立建筑产品观念，各个环节中要重视建筑最终产品的质量和功能的改进，通过技术进步，实现产品和施工工艺的更新换代"。这里阐明了新技术、新工艺和质量的关系。为了工程质量，应重视新技术、新工艺的先进性、适用性。在施工的全过程中，要建立符合技术要求的工艺流程质量标准、操作规程，建立严格的考核制度，不断改进和提高施工技术和工艺水平，确保工程质量。建立严密的质量保证体系和质量责任制，各分部、分项工程均要全面实行到位管理，施工队伍要根据自身情况和工程特点及质量通病，确定质量目标和相关内容。

"百年大计，质量第一"。工程施工项目管理中，要站在企业生存与发展的高度来认识工程质量的重大意义，坚持"以质取胜"的经营战略，科学管理，规范施工，以此推动企业拓宽市场，赢得市场，谋求更大的发展。

[课后习题]

一、选择题

1. 质量是一组固有特性满足要求的（　　）。

A．过程 　　　　 B．数量 　　　　 C．程度 　　　　 D．标准

2. 质量控制的目的是（　　）。

A．致力于满足质量要求

B．致力于提供质量要求得到满足的信任

C．增强满足质量要求的能力

D．制定质量目标、规定过程和资源，以实现其目的

3. 工程质量控制按实施主体不同分为自控主体和监控主体，（　　）属于监控主体。

A．设计单位 　　 B．施工单位 　　 C．工程监理单位 　　 D．勘察单位

4. 图纸会审应由（　　）整理会议纪要，与会各方会审。

A．设计单位 　　 B．施工单位 　　 C．监理单位 　　 D．建设单位

5. 施工质量控制按工程实体质量形成过程的时间阶段分为（　　）控制。

A．分项工程、分部工程、单位工程

B．资源投入、生产过程、最终产品

C．施工准备、施工过程、竣工验收

D．设计单位、施工单位、监理单位

6. 质量控制点是为了保证作业过程质量而确定的（　　）。

A．重点控制对象 　 B．施工作业对象 　 C．施工工序 　　　 D．施工操作

7. 关键部位或技术难度太大、施工复杂的分项工程施工前，承包单位的技术交底书、作业指导书要报（　　）审查。

A．单位工程技术负责人 　　　　　　 B．项目经理

C．监理工程师 　　　　　　　　　　 D．专业工程师

8. 由监理工程师现场监督承包单位某工序全过程完成情况的活动，称为（　　）。

A．检查 　　　　 B．旁站 　　　　 C．见证 　　　　 D．巡见

9. 建筑工程施工质量验收时，对涉及结构安全和使用功能的分部工程应进行（　　）。

A．抽样检测 　　 B．全数检验 　　 C．无损检测 　　 D．见证取样检测

10. 在现场质量检查时，对重要的施工工序应严格执行"三检"制度，即（　　）。

A．自检、隐蔽检、交接检 　　　　　 B．自检、互检、专检

C．初检、复检、终检 　　　　　　　 D．施工自检、监理检、业主检

11. 施工现场混凝土坍落度试验属于现场质量检查方法中的（　　）。

A．目测法 　　　 B．实测法 　　　 C．理化试验法 　　 D．无损检测法

12. 下列质量检查方法中，属于施工现场质量检查实测法的是（　　）。

A．理化试验 　　　　　　　　　　　 B．超声波探伤

C．用线锤吊线检查垂直度　　　　　　D．用敲击工具进行音感检查

13．人员素质是影响工程质量的重要因素之一，除此之外还有（　　　）。

A．工程材料　　　　B．机械设备　　　　C．评价方法

D．方法　　　　　　E．环境条件

14．质量控制点是指为保证作业过程质量而确定的（　　　）。

A．重点控制对象　　B．关键部位　　　　C．薄弱环节

D．施工方案　　　　E．施工工艺

15．在市政工程及房屋建筑工程项目中，对（　　　）实行见证取样。

A．工程材料　　　　　　B．砌体的强度　　　　C．承重结构的混凝土试块

D．承重墙体的砂浆试块　　　　　　E．结构工程的受力钢筋

二、简答题

1．什么是施工质量控制？

2．简述施工质量控制的方法。

3．施工质量控制的五大控制因素是哪些？

三、案例题

1．某大桥工程包括引道总长 15.762 km，是按照双向六车道、行车时速 120 km 的高速公路标准设计和修建的。主航道采用 888 m 的单跨双绞钢加劲梁悬索桥，辅航道为三跨预应力混凝土连续钢构桥。在工程的施工过程中出现了严重的质量问题：索股制作初期质量的严重缺陷，锚道锚具铸件全部不合格，索夹裂纹超限等。对此质量控制工程师积极地采取了各种措施。

问题：

（1）在施工过程中，施工质量控制的依据有哪些？

（2）简述工程质量事故处理的程序。

2．某市某商住楼，框架结构，地上 6 层，局部为 7 层，基础为钢筋混凝土条形基础，房屋总高度为 22 m，底层为商店，二层以上为住宅，总建筑面积为 83 952 m²。由市建筑设计所设计，第二建筑工程公司施工总承包。该工程于 2011 年 5 月 8 日开工，2012 年 4 月 8 日竣工。

问题：

1）该工程地基检查验收可用什么方法？

2）基础分部工程验收应由谁组织？参加验收的单位有哪些？

3）基础分部工程验收工作有哪些规定？

第3章　建筑工程施工质量验收

[案例背景]

某市南苑北里小区22号楼为6层混合结构住宅楼，设计采用混凝土小型砌块砌筑，墙体加芯柱，竣工验收合格后，用户入住。但用户在使用过程中，发现墙体中没有芯柱，只发现了少量钢筋，而没有混凝土浇筑，最后经法定检测单位采用红外线照相法统计，发现大约有82%的墙体中未按设计要求加芯柱，只在一层部分墙体中有芯柱，造成了重大的质量隐患。

[问题]

1）该混合结构住宅楼达到什么条件，方可竣工验收？

2）试述该工程质量验收的基本要求。

[学习目标]

1）熟悉建筑工程施工质量验收的有关术语和基本规定；

2）掌握检验批、分项工程、分部（子分部）工程、单位（子单位）工程质量验收的合格规定和验收方法及验收记录、核查表格的填写；

3）熟悉质量验收的程序和组织。

[能力目标]

1）能够按照标准要求准确填写各种施工质量验收表格；

2）能够按照标准及相关规范对各层次组织验收，并给出结论。

3.1　建筑工程施工质量验收概述

3.1.1　基本术语

建筑工程质量管理应以"突出质量策划、完善技术标准、强化过程控制、坚持持续改进"为指导思想，以提高质量管理要求为核心，力求在有效控制工程制造成本的前提下，使工程质量在施工过程中始终处于受控状态，质量验收是质量管理的重要环节，现行的质量验收规范中涉及众多术语，如《建筑工程施工质量验收统一标准》（GB 50300—2013）中给出了 17 个专业术语，正确理解相关术语的含义，有利于正确把握现行施工质量验收规范的执行。

1. 建筑工程

建筑工程是为新建、改建或扩建房屋建筑物和附属构筑物设施所进行的规划、勘察、设计和施工、竣工等各项技术工作和完成的工程实体以及与其配套的线路、管道、设备等的安装工程。

其中，"房屋建筑物"的建造工程包括厂房、剧院、旅馆、商店、学校、医院和住宅等，其新建、改建或扩建必须兴工动料，通过施工活动才能实现；"附属构筑物设施"是指与房屋建筑配套的水塔、自行车棚、水池等；"线路、管道、设备的安装"是指与房屋建筑及其附属设施相配套的电气、给排水、暖通、通信、智能化、电梯等线路、管道、设备的安装活动。

2. 检验

对检验项目中的性能进行量测、检查、试验等，并将结果与标准规定要求进行比较，以确定每项性能是否符合所进行的活动。

3. 进场检验

对进入施工现场的建设材料、构配件、设备及器具等，按相关标准规定要求进行检验，并对产品达到合格与否作出确认的活动。

4. 见证检验

在监理单位或建设单位的监督下，由施工单位有关人员现场取样，并送至具备相应资质的检测单位所进行的检测。涉及结构安全的试块、试件以及有关材料，应按规定进行见证取样检测。

5. 复验

建筑材料、设备等进入施工现场后，在外观质量检查和质量证明文件核查符合要求的基础上，按照有关规定从施工现场抽取试样送至试验室进行检验的活动。

6. 检验批

按统一的生产条件或按规定的方式汇总起来供检验用的，由一定数量样本组成的检验体。检验批是工程质量验收的基本单元（最小单位）。检验批通常按下列原则划分：

1）检验批内质量基本均匀一致，抽样应符合随机性和真实性的原则。

2）贯彻过程控制的原则，按施工次序、便于质量验收和控制关键工序的需要划分检验批。

7. 验收

建筑工程在施工单位自行质量检查评定的基础上，参与建设活动的有关单位共同对检验批、分项、分部、单位工程的质量进行抽样复验，根据相关标准以书面形式对工程质量达到合格与否作出确认。

8. 主控项目

建筑工程中对安全、节能、环境保护和主要使用功能起决定性作用的检验项目。主控项目是对检验批的基本质量起决定性影响的检验项目，主控项目和一般项目的区别是：对有允许偏差的项目，如果是主控项目，则其检测点的实测值必须在给定的允许偏差范围内，不允许超差。如果有允许偏差的项目是一般项目，允许有 20% 的检测点的实测值超出给定的允许偏差范围，但是最大偏差不得大于给定允许偏差值的 1.5 倍。监理单位应对主控项目全部进行检查，对一般项目可根据施工单位质量控制情况确定检查项目。

9. 一般项目

除主控项目以外的检验项目。

10. 抽样方案

根据检验项目的特性所确定的抽样数量和方法。

11. 计数检验

通过确定抽样样本中不合格的个体数量，对样本总体质量作出判定的检验方法。

12. 计量检验

以抽样样本的检测数量计算总体均值、特征值或推定值，并以此判断或评估总体质量的检验方法。

13. 错判概率

合格批被判为不合格批的概率，即合格批被拒收的概率，用 α 表示。

14. 漏判概率

不合格批被判为合格批的概率，即不合格批被误收的概率，用 β 表示。

15. 观感质量

通过观察和必要的测试所反映的工程外在质量和功能状态。

16. 返修

对施工质量不符合标准规定的部位采取整修等措施。

17. 返工

对工程质量不符合标准规定的部位采取的更换、重新制作、重新施工等措施。

3.1.2 施工质量验收的基本规定

1）施工现场质量管理应有相应的施工技术标准、健全的质量管理体系、施工质量检验制度和综合施工质量水平评定考核制度。

施工现场质量管理检查记录应由施工单位填写，总监理工程师进行检查，并作出检查结论，见表3.1。

表3.1　施工现场质量管理检查记录

开工日期：

工程名称			施工许可证号		
建设单位			项目负责人		
设计单位			项目负责人		
监理单位			总监理工程师		
施工单位		项目负责人		项目技术负责人	
序号	项　目		主　要　内　容		
1	项目部质量管理体系				
2	现场质量责任制				
3	主要专业工种操作岗位证书				
4	分包单位管理制度				

序号	项　　　目	主 要 内 容
5	图纸会审记录	
6	地质勘察资料	
7	施工技术标准	
8	施工组织设计、施工方案编制及审批	
9	物资采购管理制度	
10	施工设施和机械设备管理制度	
11	计量设备配备	
12	检测试验管理制度	
13	工程质量检查验收制度	
自检结果：		检查结论：
施工单位项目负责人：　　　　年　月　日		总监理工程师：　　　　年　月　日

　　建筑工程施工单位应建立必要的质量责任制度，对建筑工程施工的质量管理体系提出了较全面的要求，建筑工程的质量控制应为全过程的控制。施工单位应推行生产控制和合格控制的全过程质量控制，应有健全的生产控制和合格控制的质量管理体系。这里不仅包括原材料控制、工艺流程控制、施工操作控制、每道工序质量检查、各道相关工序之间的交接检验以及专业工种之间等中间交接环节的质量管理和控制要求，还应包括满足施工图设计和功能要求的抽样检验制度等。

　　施工单位通过内部的审核与管理者的评审，找出质量管理体系中存在的问题和薄弱环节，并制订改进的措施和跟踪检查落实等措施，使单位的质量管理体系不断健全和完善，是该施工单位不断提高建筑工程施工质量的保证。

　　同时，施工单位还应重视综合质量控制水平，从施工技术、管理制度、工程质量控制和工程质量等方面制订对施工企业综合质量控制水平的指标，以达到提高整体素质和经济效益。

　　2）未实行监理的建筑工程，建设单位相关人员应履行《建筑工程施工质量验收统一标准》（GB 50300—2013）中涉及的监理职责。

　　3）建筑工程施工质量的控制应符合下列规定：

　　① 建筑工程采用的主要材料、成品、半成品、建筑构配件、器具和设备应进行现场验收。凡涉及安全、节能、环境保护和主要使用功能的重要材料、产品，应按各专业工程施工规范、验收规范和设计文件等规定进行复验，并经监理工程师检查认可。

　　② 各施工工序应按施工技术标准进行质量控制，每道施工工序完成后，经施工单位自检符合规定后，才能进行下道工序施工。各专业工种之间的相关工序应进行交接检验，并记录。

③ 对于监理单位提出检查要求的重要工序，应经监理工程师检查认可，才能进行下道工序施工。

4）符合下列条件之一时，可按相关专业验收规范的规定适当调整抽样复验、试验数量，调整后的抽样复验、试验方案应由施工单位编制，并报监理单位审核确认。

① 同一项目中由相同施工单位施工的多个单位工程，使用同一生产厂家的同品种、同规格、同批次的材料、构配件、设备。

② 同一施工单位在现场加工的成品、半成品、构配件用于同一项目中的多个单位工程。

③ 在同一项目中，针对同一抽样对象已有检验成果可以重复利用。

5）当专业验收规范对工程中的验收项目未作出相应规定时，应由建设单位组织监理、设计、施工等相关单位制定专项验收要求。涉及安全、节能、环境保护等项目的专项验收要求应由建设单位组织专家论证。

6）检验批的质量检验，应根据检验项目的特点在下列抽样方案中进行选择：

① 计量、计数的抽样方案。

② 一次、二次或多次抽样方案。

③ 根据生产连续性和生产控制稳定性情况，尚可采用调整型抽样方案。

④ 对重要的检验项目，当可采用简易快速的检验方法时，可选用全数检验方案。

⑤ 经实践检验有效的抽样方案。

7）检验批抽样样本应随机抽取，满足分布均匀、具有代表性的要求，抽样数量不应低于有关专业验收规范及表 3.2 的规定。

表 3.2　检验批最小抽样数量

检验批的容量	最小抽样数量	检验批的容量	最小抽样数量
2～15	2	151～280	13
16～25	3	281～500	20
26～50	5	501～1 200	32
51～90	6	1 201～3 200	50
91～150	8	3 201～10 000	80

明显不合格的个体可不纳入检验批，但必须进行处理，使其满足有关专业验收规范的规定，对处理的情况应予以记录并重新验收。

8）计量抽样的错判概率 α 和漏判概率 β 可按下列规定采取。

① 主控项目：对应于合格质量水平的 α 和 β 均不宜超过 5%。

② 一般项目：对应于合格质量水平的 α 不宜超过 5%，β 不宜超过 10%。

抽样检验必然存在这两类风险，通过抽样检验的方法使检验批 100%合格是不合理的也是不可能的，在抽样检验中，两类风险的控制范围分别是：供方风险 $\alpha=1\%\sim5\%$，使用方风险 $\beta=5\%\sim10\%$。

3.2 建筑工程施工质量验收的划分

3.2.1 施工质量验收层次划分的目的

工程施工质量验收涉及工程施工过程质量验收和竣工质量验收，是工程施工质量控制的重要环节。根据工程特点，按项目层次分解的原则合理划分工程施工质量验收层次，将有利于对工程施工质量进行过程控制和阶段质量验收，特别是不同专业工程的验收批的确定，将直接影响到工程施工质量验收工作的科学性、经济性、实用性和可操作性。因此，对施工质量验收层次进行合理划分非常必要，这有利于工程施工质量的过程控制和最终把关，确保工程质量符合有关标准。

3.2.2 施工质量验收划分的层次

随着我国经济发展和施工技术的进步，工程建设规模不断扩大，技术复杂程度越来越高，出现了大量工程规模较大的单体工程和具有综合使用功能的综合性建筑物。由于大型单体工程可能在功能或结构上由若干个单体组成，且整个建设周期较长，可能出现已建成可使用的部分单体需先投入使用，或先将工程中一部分提前建成使用等情况，需要进行分段验收。再加上对规模特别大的工程进行一次验收也不方便，因此标准规定，可将此类工程划分为若干个子单位工程进行验收。同时，为了更加科学地评价工程施工质量和有利于对其进行验收，根据工程特点，按结构分解的原则将单位或子单位工程又划分为若干个分部工程。在分部工程中，按相近工作内容和系统又划分为若干个子分部工程。每个分部工程或子分部工程又可划分为若干个分项工程。每个分项工程又可划分为若干个检验批。检验批是工程施工质量验收的最小单位。

3.2.3 单位工程

根据《建筑工程施工质量验收统一标准》（GB 50300—2013）的规定，单位工程应按下列原则划分：

1）具备独立施工条件并能形成独立使用功能的建筑物及构筑物为一个单位工程。如一个学校中的一栋教学楼，某城市的广播电视塔等。

2）规模较大的单位工程，可将其能形成独立使用功能的部分划分为一个子单位工程。子单位工程的划分一般可根据工程的建筑设计分区、使用功能的显著差异、结构缝的设置等实际情况，在施工前由建设、监理、施工单位自行商定，并据此收集整理施工技术资料和验收。

3）室外工程可根据专业类别和工程规模划分单位（子单位）工程。室外工程的单位工程、子单位工程、分部工程可按表 3.3 划分。

表 3.3　室外工程划分

单位工程	子单位工程	分部（子分部）工程
室外设施	道路	路基、基层、面层、广场与停车场、人行道、人形地道、挡土墙、附属构筑物
	边坡	土石方、挡土墙、支护
附属建筑及室外环境	附属建筑	车棚、围墙、大门、挡土墙
	室外环境	建筑小品、亭台、水景、连廊、花坛、场坪绿化、景观桥
室外安装	给水排水	室外给水系统、室外排水系统
	供热	室外供热系统
	供冷	供冷管道安装
	电气	室外供电系统、室外照明系统

3.2.4　分部工程

根据《建筑工程施工质量验收统一标准》（GB 50300—2013）的规定，分部工程应按下列原则划分：

1）分部工程的划分应按专业性质、建筑部位确定。

一般工业与民用建筑工程的分部工程包括：地基与基础、主体结构、建筑装饰装修、建筑屋面、建筑给水排水及采暖、建筑电、智能建筑、通风与空调、电梯、建筑节能等十个分部工程。

公路工程的分部工程包括路基土石方工程、小桥涵工程、大型挡土墙、路面工程、桥梁基础及下部构造、桥梁上部构造预制和安装等。

2）当分部工程较大或较复杂时，可按材料种类、施工特点、施工程序、专业系统及类别等划分为若干分部工程。如建筑装饰装修分部工程可分为地面、门窗、吊顶工程；建筑电气工程可划分为室外电气、电气照明安装、电气动力等子分部工程。

3.2.5　分项工程

根据《建筑工程施工质量验收统一标准》（GB 50300—2013）的规定，分项工程可按主要工种、材料、施工工艺、设备类别等进行划分。如钢筋混凝土结构工程中按主要工种钢筋工程、模板工程和混凝土工程等分项工程，按施工工艺分为现浇结构、预应力、装配式结构等分项工程。

建筑工程分部工程、分项工程的具体划分见表 3.4。

表 3.4　建筑工程分部工程、分项工程划分

序号	分部工程	子分部工程	分项工程
1	地基与基础	土方工程	土方开挖，土方回填，场地平整
		基坑支护	排桩，重力式挡土墙，型钢水泥土搅拌墙，土钉墙与复合土钉墙，地下连续墙，沉井与沉箱，钢或混凝土支撑，锚杆，降水与排水
		地基处理	灰土地基、砂和砂石地基、土工合成材料地基，粉煤灰地基，注浆地基，预压地基，振冲地基，高压喷射注浆地基，水泥土搅拌桩地基，土和灰土挤密桩地基，水泥粉煤灰碎石桩地基，夯实水泥土桩地基，砂桩地基

序号	分部工程	子分部工程	分项工程
1	地基与基础	桩基础	先张法预应力管桩，混凝土预制桩，钢桩，混凝土灌注桩
		地下防水	防水混凝土，水泥砂浆防水层，卷材防水层，涂料防水层，塑料防水板防水层，金属板防水层，膨润土防水材料防水层；细部构造，锚喷支护，地下连续墙，盾构隧道，沉井，逆筑结构，渗排水、盲沟排水，隧道排水，坑道排水，塑料排水板排水；预注浆、后注浆，裂缝注浆
		混凝土基础	模板、钢筋、混凝土，后浇带混凝土，混凝土结构缝处理
		砌体基础	砖砌体，混凝土小型空心砌块砌体，石砌体，配筋砌体
		型钢、钢管混凝土基础	型钢、钢管焊接与螺栓连接，型钢、钢管与钢筋连接，浇筑混凝土
		钢结构基础	钢结构制作，钢结构安装，钢结构涂装
2	主体结构	混凝土结构	模板，钢筋，混凝土，预应力、现浇结构，装配式结构
		砌体结构	砖砌体，混凝土小型空心砌块砌体，石砌体，配筋砖砌体，填充墙砌体
		钢结构	钢结构焊接，紧固件连接，钢零部件加工，钢构件组装及预拼装，单层钢结构安装，多层及高层钢结构安装，空间格构钢结构制作，空间格构钢结构安装，压型金属板，防腐涂料涂装，防火涂料涂装、天沟安装、雨棚安装
		型钢、钢管混凝土结构	型钢、钢管现场拼装，柱脚锚固，构件安装，焊接、螺栓连接，钢筋骨架安装，型钢、钢管与钢筋连接，浇筑混凝土
		轻钢结构	钢结构制作，钢结构安装，墙面压型板，屋面压型板
		索膜结构	膜支撑构件制作，膜支撑构件安装，索安装，膜单元及附件制作，膜单元及附件安装
		铝合金结构	铝合金焊接，紧固件连接，铝合金零部件加工，铝合金构件组装，铝合金构件预拼装，单层及多层铝合金结构安装，空间格构铝合金结构安装，铝合金压型板，防腐处理，防火隔热
		木结构	方木和原木结构，胶合木结构，轻型木结构，木结构防护
3	建筑装饰装修	地面	基层，整体面层，板块面层，地毯面层，地面防水，垫层及找平层
		抹灰	一般抹灰，保温墙体抹灰，装饰抹灰，清水砌体勾缝
		门窗	木门窗安装，金属门窗安装，塑料门窗安装，特种门安装，门窗玻璃安装
		吊顶	整体面层吊顶，板块面层吊顶，格栅吊顶
		轻质隔墙	板材隔墙，骨架隔墙，活动隔墙，玻璃隔墙
		饰面板	石材安装，瓷板安装，木板安装，金属板安装，塑料板安装、玻璃板安装
		饰面砖	外墙饰面砖粘贴，内墙饰面砖粘贴
		涂饰	水性涂料涂饰，溶剂型涂料涂饰，美术涂饰
		裱糊与软包	裱糊，软包
		外墙防水	砂浆防水层，涂膜防水层，防水透气膜防水层
		细部	橱柜制作与安装，窗帘盒和窗台板制作与安装，门窗套制作与安装，护栏和扶手制作与安装，花饰制作与安装

序号	分部工程	子分部工程	分项工程
3	建筑装饰装修	金属幕墙	构件与组件加工制作，构架安装，金属幕墙安装
		石材与陶板幕墙	构件与组件加工制作，构架安装，石材与陶板幕墙安装
		玻璃幕墙	构件与组件加工制作，构架安装，玻璃幕墙安装
4	屋面工程	基层与保护	找平层，找坡层，隔汽层，隔离层，保护层
		保温与隔热	板状材料保温层，纤维材料保温层，喷涂硬泡聚氨酯保温层，现浇泡沫混凝土保温层，种植隔热层，架空隔热层，蓄水隔热层
		防水与密封	卷材防水层，涂膜防水层，复合防水层，接缝密封防水
		瓦面与板面	烧结瓦和混凝土瓦铺装，沥青瓦铺装，金属板铺装，玻璃采光顶铺装
		细部构造	檐口，檐沟和天沟，女儿墙和山墙，水落口，变形缝，伸出屋面管道，屋面出入口，反水过水孔，设施基座，屋脊，屋顶窗
5	建筑给水、排水及采暖	室内给水系统	给水管道及配件安装，给水设备安装，室内消火栓系统安装，消防喷淋系统安装，管道防腐，绝热
		室内排水系统	排水管道及配件安装，雨水管道及配件安装，防腐
		室内热水供应系统	管道及配件安装，辅助设备安装，防腐，绝热
		卫生器具安装	卫生器具安装，卫生器具给水配件安装，卫生器具排水管道安装
		室内采暖系统	管道及配件安装，辅助设备及散热器安装，金属辐射板安装，低温热水地板辐射采暖系统安装，系统水压试验及调试，防腐，绝热
		室外给水管网	给水管道安装，消防水泵接合器及室外消火栓安装，管沟及井室
		室外排水管网	排水管道安装，排水管沟与井池
		室外供热管网	管道及配件安装，系统水压试验及调试、防腐，绝热
		建筑中水系统及游泳池系统	建筑中水系统管道及辅助设备安装，游泳池水系统安装
		供热锅炉及辅助设备安装	锅炉安装，辅助设备及管道安装，安全附件安装，烘炉、煮炉和试运行，换热站安装，防腐，绝热
		太阳能热水系统	预埋件及后置锚栓安装和封堵，基座、支架、散热器安装，接地装置安装，电线、电缆敷设，辅助设备及管道安装，防腐，绝热
6	通风与空调	送排风系统	风管与配件制作，部件制作，风管系统安装，空气处理设备安装，消声设备制作与安装，风管与设备防腐，风机安装，系统调试
		防排烟系统	风管与配件制作，部件制作，风管系统安装，防排烟风口、常闭正压风口与设备安装，风管与设备防腐，风机安装，系统调试
		除尘系统	风管与配件制作，部件制作，风管系统安装，除尘器与排污设备安装，风管与设备防腐，风机安装，系统调试
		空调风系统	风管与配件制作，部件制作，风管系统安装，空气处理设备安装，消声设备制作与安装，风管与设备防腐，风机安装，风管与设备绝热，系统调试
		净化空调系统	风管与配件制作，部件制作，风管系统安装，空气处理设备安装，消声设备制作与安装，风管与设备防腐，风机安装，风管与设备绝热，高效过滤器安装，系统调试

序号	分部工程	子分部工程	分项工程
6	通风与空调	制冷设备系统	制冷机组安装，制冷剂管道及配件安装，制冷附属设备安装，管道及设备的防腐与绝热，系统调试
		空调水系统	管道冷热（媒）水系统安装，冷却水系统安装，冷凝水系统安装，阀门及部件安装，冷却塔安装，水泵及附属设备安装，管道与设备的防腐与绝热，系统调试
		地源热泵系统	地埋管换热系统，地下水换热系统，地表水换热系统，建筑物内系统，整体运转、调试
7	建筑电气	室外电气	架空线路及杆上电气设备安装，变压器、箱式变电所安装，成套配电柜、控制柜（屏、台）和动力、照明配电箱（盘）及控制柜安装，电线、电缆导管和线槽敷设，电线、电缆穿管和线槽敷设，电线头制作、导线连接和线路电气试验，建筑物外部装饰灯具、航空障碍标志灯安装，庭院路灯安装，建筑照明通电试运行，接地装置安装
		变配电室	变压器、箱式变电所安装，成套配电柜、控制柜（屏、台）和动力、照明配电箱（盘）安装，裸母线、封闭母线、插接式母线安装，电缆沟内和电缆竖井内电缆敷设，电缆头制作、导线连接和线路电气试验，接地装置安装，避雷引下线和变配电室接地干线敷设
		供电干线	裸母线、封闭母线、插接式母线安装，桥架安装和桥架内电缆敷设，电缆沟内和电缆竖井内电缆敷设，电线、电缆导管和线槽敷设，电线、电缆穿管和线槽敷线，电缆头制作、导线连接和线路电气试验
		电气动力	成套配电柜、控制柜（屏、台）和动力、照明配电箱（盘）及控制柜安装，低压电动机、电加热器及电动执行机构检查、接线，低压电气动力设备检测、试验和空载试运行，桥架安装和桥架内电缆敷设，电线、电缆导管和线槽敷设，电线、电缆穿管和线槽敷线，电缆头制作、导线连接和线路电气试验，插座、开关、风扇安装
		电气照明安装	成套配电柜、控制柜（屏、台）和动力、照明配电箱（盘）安装，电线、电缆导管和线槽敷设，电线、电缆导管和线槽敷线，槽板配线，钢索配线，电缆头制作、导线连接和线路电气试验，普通灯具安装，专用灯具安装，插座、开关、风扇安装，建筑照明通电试运行
		备用和不间断电源安装	成套配电柜、控制柜（屏、台）和动力、照明配电箱（盘）安装，柴油发电机组安装，不间断电源的其他功能单元安装，裸母线、封闭母线、插接式母线安装，电线、电缆导管和线槽敷设，电线、电缆导管和线槽敷线，电缆头制作、导线连接和线路电气试验，接地装置安装
		防雷及接地安装	接地装置安装，避雷引下线和变配电室接地干线敷设，建筑物等电位连接，接闪器安装
8	建筑智能化	通信网络系统	通信系统，卫星及有线电视系统，公共广播系统，视频会议系统
		计算机网络系统	信息平台及办公自动化应用软件，网络安全系统
		建筑设备监控系统	空调与通风系统，空气能量回收系统，室内空气质量控制系统，变配电系统，照明系统，给水排水系统，热源和热交换系统，冷冻和冷却系统，电梯和自动扶梯系统，中央管理工作站与操作分站，子系统通信接口
		火灾报警及消防联动系统	火灾和可燃气体探测系统，火灾报警控制系统，消防联动系统
		会议系统与信息导航系统	会议系统、信息导航系统

序号	分部工程	子分部工程	分项工程
8	建筑智能化	专业应用系统	专业应用系统
		安全防范系统	电视监控系统，入侵报警系统，巡更系统，出入口控制（门禁）系统，停车管理系统，智能卡应用系统
		综合布线系统	缆线敷设和终接，机柜、机架、配线架的安装，信息插座和光缆芯线终端的安装
		智能化集成系统	集成系统网络，实时数据库，信息安全，功能接口
		电源与接地	智能建筑电源，防雷及接地
		计算机机房工程	路由交换系统，服务器系统，空间环境，室内外空气能量交换系统，室内空调环境，视觉照明环境，电磁环境
		住宅（小区）智能化系统	火灾自动报警及消防联动系统，安全防范系统（含电视监控系统、入侵报警系统、巡更系统、门禁系统、楼宇对讲系统、住户对讲呼救系统、停车管理系统），物业管理系统（多表现场计量及与远程传输系统、建筑设备监控系统、公共广播系统、小区网络及信息服务系统、物业办公自动化系统），智能家庭信息平台
9	建筑节能	围护系统节能	墙体节能、幕墙节能、门窗节能、屋面节能、地面节能
		供暖空调设备及管网节能	供暖节能、通风与空调设备节能，空调与供暖系统冷热源节能，空调与供暖系统管网节能
		电气动力节能	配电节能、照明节能
		监控系统节能	监测系统节能、控制系统节能
		可再生能源	太阳能系统、地源热泵系统
10	电梯	电力驱动的曳引式或强制式电梯安装	设备进场验收，土建交接检验，驱动主机，导轨，门系统，轿厢，对重，安全部件，悬挂装置，随行电缆，补偿装置，电气装置，整机安装验收
		液压电梯安装	设备进场验收，土建交接检验，液压系统，导轨，门系统，轿厢，对重，安全部件，悬挂装置，随行电缆，电气装置，整机安装验收
		自动扶梯、自动人行道安装	设备进场验收，土建交接检验，整机安装验收

3.2.6 检验批

根据《建筑工程施工质量验收统一标准》（GB 50300—2013）的规定，检验批可根据施工、质量控制和专业验收的需要，按工程量、楼层、施工段、变形缝等进行划分。

施工前，应由施工单位制定分项工程和检验批的划分方案，并有监理单位审核。对于表 3.4 及相关专业验收规范未涵盖的分项工程和检验批，可由建设单位组织监理、施工等单位协商确定。

多层和高层建筑的分项工程可按楼层或施工段来划分检验批，单层建筑的分项工程可按变形缝等划分检验批；地基基础的分项工程一般划分为一个检验批，有地下层的基础工程可按不同地下层划分检验批；屋面工程的分项工程可按不同楼层屋面划分为不同的检验批；安装工程一般按一个设计系统或设备组别划分为一个检验批；室外工程一般划分为一个检验批；散水、台阶、明沟等含在地面检验批中；地基基础中的土方工程、基坑支护工程及混凝土结构工程中的模板工程，虽不构成建筑工程实体，但因其是建筑工程施工中不可缺少的重要环节和必要条件，是对质量形成过程的控制，其质量关系到建筑工程的质量和施工安全，因此将其列入施工验收的内容。

3.3 建筑工程施工质量验收

建筑工程质量验收应划分为检验批、分项工程、分部（子分部）工程和单位（子单位）工程。《建筑工程施工质量验收统一标准》（GB 50300—2013）中仅给出了每个验收层次的验收合格标准，对于工程施工质量验收只设合格一个等级，若在施工质量验收合格后，希望评定更高的质量等级，可以按照另外制定的高于行业及国家标准的企业标准执行。

3.3.1 检验批

1. 检验批验收合格规定

1）主控项目的质量经抽样检验均应合格。

2）一般项目的质量经抽样检验合格。

3）具有完整的施工操作依据、质量验收记录。

2. 检验批质量验收要求

（1）检验批验收，标准应明确

各专业施工质量验收规范中对各检验批中的主控项目和一般项目的验收标准都有具体的规定，但对有一些不明确的还须进一步查证，例如，规范中提出符合设计要求的仅土建部分就约有 300 处，这些要求应在施工图纸中去找，施工图中无规定的，应在开工前图纸会审时提出，要求设计单位书面答复并加以补充，供日后验收作为依据。另外，验收规范中提出按施工组织设计执行的条文就约有 30 处，因此，施工单位应按规范要求的内容编制施工组织设计，并报送监理审查签认，作为日后验收的依据。

（2）检验批验收，施工单位自检合格是前提

《建筑工程施工质量验收统一标准》（GB 50300—2013）的强制条文规定：工程质量的验收均应在施工单位自行检查评定的基础上进行。《中华人民共和国建筑法》第 58 条规定：建筑施工企业对工程的施工质量负责。建筑工程验收中，经常发现，施工单位自检表数字与实际的工程中存在较大的差距，这都是施工单位不严格自检造成。有些工程施工单位将"自控"与"监理"验收合二为一，这都是不正确的，这实际是对工程质量的极端不负责任。国家有关法律规定："施工单位违反工程建设强制性标准的，责令改正，处工程合同价款 2%以上 4%以下的罚款。造成的损失，情节严重的，责令停业整顿，降低资质等级或吊销资质证书。

（3）检验批验收、报验是手续

《建设工程质量管理条例》中规定，未经监理工程师签字，建筑材料建筑构配件和设备不得在工程上使用或安装，施工单位不得进行下一道工序的施工。未经总监工程师签字，建设

单位不拨付工程款，不进行竣工验收。《建设工程监理规范》（GB 50319—2013）规定，实行监理的工程，施工单位对工程质量检查验收实行报验制，并规定了报验表的格式。

通过报验，监理工程师可全面了解施工单位的施工记录、质量管理体系等一系列问题，便于发现问题，更好地控制检验批的质量，报验是施工单位要重视质量管理，对工程质量郑重其事，是质量管理中的必然程序。

（4）检验批验收，内容要全面，资料应完备

检验批验收，一定要仔细、慎重，对照规范、验收标准、设计图纸等一系列文件，应进行全面、细致地检查，对主控项目、一般项目中所有要求核查施工过程中的施工记录，隐蔽工程检查记录，材料、构配件、设备复验记录等，通过检验批验收，消除发现的不合格项，避免遗留质量隐患。

检验批质量验收资料应包括如下资料：

1）检验批质量报验表；

2）检验批质量验收记录表；

3）隐蔽工程验收记录表；

4）施工记录；

5）材料、构配件、设备出厂合格证及进场复验单；

6）验收结论及处理意见；

7）检验批验收，不合格项要有处理记录，监理工程师签署验收意见。

（5）检验批验收，验收人员即主体要合格

检验批验收的记录，应由施工项目的专业质量检查员填写，监理工程师、施工方为专业质量检查员，只有他们才有权在检验批质量验收记录上签字。具有国家或省部级颁发监理工程师岗位证书的监理工程师，才算是合法的验收签字人。施工单位的专业质量检查员，应是专职管理人员，是经总监理工程师确认的质量保证体系中的固定人员，并应持证上岗。

3．检验批质量验收记录

检验批质量验收记录应由施工项目专业质量检查员填写，专业监理工程师组织项目专业质量检查员、专业工长等进行验收，并按表 3.5 填写。

表 3.5　检验批质量验收记录

单位（子单位）工程名称		分部（子分部）工程名称			分项工程名称	
施工单位		项目负责人			检验批容量	
分包单位		分包单位项目负责人			检验批部位	
施工依据				验收依据		
主控项目	验收项目		设计要求及规范规定	最小/实际抽样数量	检查记录	检查结果
	1					
	2					
	3					

		验收项目	设计要求及规范规定	最小/实际抽样数量	检查记录	检查结果
主控项目	4					
	5					
	6					
	7					
	8					
	9					
	10					
一般项目	1					
	2					
	3					
	4					
	5					
施工单位检查结果		专业工长： 项目专业质量检查员： 年　月　日				
监理单位验收结论		专业监理工程师： 年　月　日				

3.3.2　分项工程

分项工程由一个或若干个检验批组成，分项工程的验收是在所包含检验批全部合格的基础上进行的。

1．分项工程验收合格规定

1）所含检验批的质量均应验收合格。

2）所含检验批的质量验收记录应完整。

分项工程的验收在检验批的基础上进行。一般情况下，两者具有相同或相近的性质，只是批量的大小不同而已。因此，将有关的检验批汇集构成分项工程。分项工程合格质量的条件比较简单，只要构成分项工程的各检验批的验收资料文件完整，并且均已验收合格，则分项工程验收合格。

2．分项工程质量验收要求

分项工程质量的验收是在检验批验收的基础上进行的，是一个统计过程，没有时也有一些直接的验收内容，所以，在验收分项工程时应注意：

1）核对检验批的部位、区段是否全部覆盖分项工程的范围，是否有缺漏的部位没有验收到。

2）一些在检验批中无法检验的项目，在分项工程中直接验收，如砖砌体工程中的全高垂直度、砂浆强度的评定等。

3）检验批验收记录的内容及签字人是否正确、齐全。

3．分项工程质量验收记录

分项工程质量应由专业监理工程师组织施工单位项目专业技术负责人等进行验收，并应按表3.6填写。

表3.6　分项工程质量验收记录

单位（子单位）工程名称		分部（子分部）工程名称			
分项工程数量		检验批数量			
施工单位		项目负责人		项目技术负责人	
分包单位		分包单位项目负责人		分包内容	
序号	检验批名称	检验批容量	部位/区段	施工单位检查结果	监理单位验收结论
1					
2					
3					
4					
5					
6					
7					
8					
9					
10					
11					
12					
13					
14					
15					
说明：					

施工单位 检查结果	
	项目专业技术负责人： 年　　月　　日
监理单位 验收结论	
	专业监理工程师： 年　　月　　日

3.3.3 分部（子分部）工程

1．分部（子分部）工程质量验收合格规定

1）所含分项工程的质量均应验收合格。

2）质量控制资料应完整。

3）有关安全、节能、环境保护和主要使用功能的抽样检验结果应符合相应规定。

4）观感质量应符合要求。

2．分部（子分部）工程质量验收要求

首先，分部工程所含各分项工程必须已验收合格且相应的质量控制资料齐全、完整，这是验收的基本条件。此外，由于各分项工程的性质不尽相同，因此，作为分部工程不能简单地组合而加以验收，尚须进行以下两方面的检查项目：

1）涉及安全、节能、环境保护和主要使用功能等的抽样检验结果应符合相应规定，即涉及安全、节能、环境保护和主要使用功能的地基与基础、主体结构和设备安装等分部工程应进行有关见证检验或抽样检验。如建筑物垂直度、标高、全高测量记录，建筑物沉降观测测量记录，给水管道通水试验记录，暖气管道、散热器压力试验记录，照明全负荷试验记录等。总监理工程师应组织相关人员，检查各专业验收规范中规定检测的项目是否都进行了检测；查阅各项检测报告，核查有关检测方法、内容、程序、检测结果等是否符合有关标准规定；核查有关检测单位的资质，见证取样与送样人员资格，检测报告出具单位负责人的签署情况是否符合要求。

2）观感质量验收，这类检查往往难以定量，只能以观察、触摸或简单量测的方式进行观感质量验收，并由验收人的主观判断，检查结果并不给出"合格"或"不合格"的结论，而是综合给出"好""一般""差"的质量评价结果。所谓"好"，是指在质量符合验收规范的基础上，能到达精致、流畅的要求，细部处理到位、精度控制好；所谓"一般"，是指观感质量检验能符合验收规范的要求；所谓"差"，是指勉强达到验收规范要求或有明显的缺陷，但不影响安全或使用功能的。评为"差"的项目能进行返修的应进行返修，不能返修的只要不影响结构安全和使用功能的可通过验收。有影响安全和使用功能的项目，不能评价，应返修后再进行评价。

3. 分部（子分部）工程质量验收记录

分部（子分部）工程完工后，由施工单位填写分部工程报验表（表 3.7），由总监理工程师组织施工单位项目负责人和有关的勘察、设计单位项目负责人等进行质量验收，并应按表 3.8 记录。

表 3.7 分部工程报验表

工程名称：_____　　　　　　　　　　　　　编号：FB-002

致：_____（项目监理机构）

　　我方已完成主体结构工程施工（分部工程），经自检查合格，现将有关资料报上，请予以验收。

附件：分部工程控制资料

施工单位（盖章）
项目技术负责人（签字）_____
年　月　日

验收意见：

专业监理工程师（签字）_____年　月　日

验收意见：

项目监理机构（盖章）
总监理工程师（签字）_____年　月　日

注：本表一式三份，项目监理机构、建设单位、施工单位各一份。

表 3.8 分部（子分部）工程验收记录

工程名称		结构类型		层数	
施工单位		技术部门负责人		质量部门负责人	
分包单位		分包单位负责人		分包技术负责人	
序号	分项工程名称	检验批数	施工单位检查评定	验收意见	
1					
2					

序号	分项工程名称		检验批数	施工单位检查评定	验收意见
3					
4					
质量控制资料					
安全和功能检验（检测）报告					
观感质量验收					

验收单位	分包单位	项目经理： 年　月　日
	施工单位	项目经理： 年　月　日
	勘察单位	项目负责人： 年　月　日
	设计单位	项目负责人： 年　月　日
	监理（建设）单位	总监理工程师： （建设单位项目专业负责人）　　年　月　日

3.3.4　单位（子单位）工程

1．单位（子单位）工程质量验收合格的规定

1）所含分部（子分部）工程的质量均应验收合格。施工单位应在验收前做好准备，将所有分部工程的质量验收记录表及相关资料，及时进行收集整理，在核查和整理过程中，应注意：

① 核查各分部工程中所含的子分部工程是否齐全；

② 核查各分部工程质量验收记录表及相关资料的质量评价是否完善；

③ 核查各分部工程质量验收记录表及相关资料的验收人员是否是规定的有相应资质

的技术人员，并进行了评价和签认。

2）质量控制资料应完整。虽然质量控制资料在分部（子分部）工程质量验收时就已检查过，但某些资料由于受试验龄期的影响或受系统测试的需要等，难以在分部工程验收时到位，因此，在单位（子单位）工程质量验收时，应全面核查所有分部工程质量控制资料，确保所收集到的资料能充分反映工程所采用的建筑材料、构配件和设备的质量技术性能，施工质量控制和技术管理状况，保证结构安全和使用功能的施工试验和抽样检测结果，以及工程参建各方质量验收的原始依据、客观记录、真实数据和见证取样等资料的准确性，确保工程结构安全和使用功能，满足设计要求。

3）所含分部工程中有关安全、节能、环境保护和主要使用功能等的检验资料应完整。

4）主要使用功能的抽查结果应符合相关专业质量验收规范的规定。有的主要使用功能抽查项目在相应分部（子分部）工程完成后即可进行，有的则需要等单位工程全部完成后才能进行检测。这些检测项目应在单位工程完工，施工单位向建设单位提交工程竣工验收报告之前，全部进行完毕，并将检测报告写好。至于在竣工验收时抽查什么项目，应在检查资料文件的基础上由参加验收的各方人员商定，并用计量、计数的方法抽样检验，检验结果应符合有关专业验收规范的要求。

使用功能的检查是对建筑工程和设备安装工程最终质量的综合检验，也是用户最为关心的内容，体现了过程控制的原则，也将减少工程投入使用后的质量投诉和纠纷。

5）观感质量应符合要求。观感质量验收不仅仅是对工程外表质量进行检查，同时也是对部分使用功能和使用安全所作的一次全面检查。如门窗启闭是否灵活、关闭后是否严密；又如室内顶棚抹灰层的空鼓、楼梯踏步高差过大等。观感质量验收须由参加验收的各方人员共同进行，最后共同协商确定是否通过验收。

2. 单位（子单位）工程质量竣工验收报审表及竣工验收记录

质量竣工验收记录按表3.9填写，质量控制资料核查记录按表3.10填写，安全和功能检验资料核查按表3.11填写，观感质量检查记录按表3.12填写。表中的验收记录由施工单位填写，验收结论由监理单位填写。综合验收结论由参加验收各方共同商定，由建设单位填写，并应对工程质量是否符合设计和规范要求及总体质量水平作出评价。

表3.9　单位工程质量竣工验收记录

工程名称		结构类型		层数/建筑面积	
施工单位		技术负责人		开工日期	
项目负责人		项目技术负责人		完工日期	
序号	项　目	验收记录		验收结论	
1	分部工程验收	共　　分部，经查符合设计及标准规定分部			
2	质量控制资料核查	共　项，经核查符合规定　项			
2	质量控制资料核查	共　项，经核查符合规定　项			

序号	项　目	验收记录	验收结论
3	安全和使用功能 核查及抽查结果	共核查　项，符合规定　项，共抽查　项， 符合规定　项，经返工处理符合规定　项	
4	观感质量验收	共抽查　项，达到"好"和"一般"的　项， 经返修处理符合要求的　项	
5	综合验收结论		

参加验收单位	建设单位	监理单位	施工单位	设计单位	勘察单位
	（公章） 项目负责人： 　年　月　日	（公章） 总监理工程师： 　年　月　日	（公章） 项目负责人： 　年　月　日	（公章） 项目负责人： 　年　月　日	（公章） 项目负责人： 　年　月　日

注：单位工程验收时，验收签字人员应由相应单位的法人代表书面授权。

表 3.10　单位工程质量控制资料核查记录

工程名称				施工单位				
序号	项目	资　料　名　称		份数	施工单位		监理单位	
					核查意见	核查人	核查意见	核查人
1	建筑与结构	图纸会审记录、设计变更通知单、工程洽商记录						
2		工程定位测量、放线记录						
3		原材料出厂合格证书及进场检验、试验报告						
4		施工试验报告及见证检测报告						
5		隐蔽工程验收记录						
6		施工记录						
7		地基、基础、主体结构检验及抽样检测资料						
8		分项、分部工程质量验收记录						
9		工程质量事故调查处理资料						
10		新技术论证、备案及施工记录						

序号	项目	资料名称	份数	施工单位		监理单位	
				核查意见	核查人	核查意见	核查人
1	给水排水与供暖	图纸会审记录、设计变更通知单、工程洽商记录					
2		原材料出厂合格证书及进场检验、试验报告					
3		管道、设备强度试验、严密性试验记录					
4		隐蔽工程验收记录					
5		系统清洗、灌水、通水、通球试验记录					
6		施工记录					
7		分项、分部工程质量验收记录					
8		新技术论证、备案及施工记录					
1	通风与空调	图纸会审记录、设计变更通知单、工程洽商记录					
2		原材料出厂合格证书及进场检验、试验报告					
3		制冷、空调、水管道强度试验、严密性试验记录					
4		隐蔽工程验收记录					
5		制冷设备运行调试记录					
6		通风、空调系统调试记录					
7		施工记录					
8		分项、分部工程质量验收记录					
9		新技术论证、备案及施工记录					
1	建筑电气	图纸会审记录、设计变更通知单、工程洽商记录					
2		原材料出厂合格证书及进场检验、试验报告					
3		设备调试记录					
4		接地、绝缘电阻测试记录					
5		隐蔽工程验收记录					
6		施工记录					
7		分项、分部工程质量验收记录					
8		新技术论证、备案及施工记录					
1	智能建筑	图纸会审记录、设计变更通知单、工程洽商记录					
2		原材料出厂合格证书及进场检验、试验报告					
3		隐蔽工程验收记录					
4		施工记录					
5		系统功能测定及设备调试记录					
6		系统技术、操作和维护手册					
7		系统管理、操作人员培训记录					
8		系统检测报告					
9		分项、分部工程质量验收记录					
10		新技术论证、备案及施工记录					

序号	项目	资 料 名 称	份数	施工单位		监理单位	
				核查意见	核查人	核查意见	核查人
1	建筑节能	图纸会审记录、设计变更通知单、工程洽商记录					
2		原材料出厂合格证书及进场检验、试验报告					
3		隐蔽工程验收记录					
4		施工记录					
5		外墙、外窗节能检验报告					
6		设备系统节能检测报告					
7		分项、分部工程质量验收记录					
8		新技术论证、备案及施工记录					
1	电梯	图纸会审记录、设计变更通知单、工程洽商记录					
2		设备出厂合格证书及开箱检验记录					
3		隐蔽工程验收记录					
4		施工记录					
5		接地、绝缘电阻测试记录					
6		负荷试验、安全装置检查记录					
7		分项、分部工程质量验收记录					
8		新技术论证、备案及施工记录					

结论：

施工单位项目负责人：　　　　　　　　　　　　　　　　　总监理工程师：
　年　月　日　　　　　　　　　　　　　　　　　　　　　　年　月　日

表3.11　单位（子单位）工程安全和功能检验资料核查及主要功能抽查记录

工程名称				施工单位			
序号	项目	安全和功能检查项目	份数	施工单位		监理单位	
				核查意见	核查人	核查意见	核查人
1	建筑与结构	地基承载力检验报告					
2		桩基承载力检验报告					
3		混凝土强度试验报告					
4		砂浆强度试验报告					
5		主体结构尺寸、位置抽查记录					
6		建筑物垂直度、标高、全高测量记录					
7		屋面淋水或蓄水试验记录					
8		地下室渗漏水检测记录					

序号	项目	安全和功能检查项目	份数	施工单位		监理单位	
				核查意见	核查人	核查意见	核查人
9	建筑与结构	有防水要求的地面蓄水试验记录					
10		抽气（风）道检查记录					
11		外窗气密性、水密性、耐风压检测报告					
12		幕墙气密性、水密性、耐风压检测报告					
13		建筑物沉降观测测量记录					
14		节能、保温测试记录					
15		室内环境检测报告					
16		土壤氡气浓度检测报告					
1	给水排水与供暖	给水管道通水试验记录					
2		暖气管道、散热器压力试验记录					
3		卫生器具满水试验记录					
4		消防管道、燃气管压力试验记录					
5		排水干管通球试验记录					
6		锅炉试运行、安全阀及报警联动测试记录					
1	通风与空调	通风、空调系统试运行记录					
2		风量、温度测试记录					
3		空气能量回收装置测试记录					
4		洁净室洁净度测试记录					
5		制冷机组试运行调试记录					
1	建筑电气	建筑照明通电试运行记录					
2		灯具牢固定装置及悬吊装置的载荷强度试验记录					
3		绝缘电阻测试记录					
4		剩余电流动作保护器测试记录					
5		应急电源装置应急持续供电记录					
6		接地电阻测试记录					
7		接地故障回路阻抗测试记录					
1	智能建筑	系统试运行记录					
2		系统电源及接地检测报告					
3		系统接地检测报告					
1	建筑节能	外墙节能构造检查记录或热工性能检验报告					
2		设备系统节能性能检验记录					
1	电梯	运行记录					
2		安装装置检测报告					

结论：

施工单位项目负责人：　　　　年　月　日　　　　　　　总监理工程师：　　　　　　　年　月　日

注：抽查项目由验收组协商确定。

表 3.12 单位工程观感质量检查记录

工程名称				施工单位	
序号		项　　目	抽　查　质　量　状　况		质　量评　价
1	建筑与结构	主体结构外观	共检查　点，好　点，一般　点，差　点		
2		室外墙面	共检查　点，好　点，一般　点，差　点		
3		变形缝、雨水管	共检查　点，好　点，一般　点，差　点		
4		屋面	共检查　点，好　点，一般　点，差　点		
5		室内墙面	共检查　点，好　点，一般　点，差　点		
6		室内顶棚	共检查　点，好　点，一般　点，差　点		
7		室内地面	共检查　点，好　点，一般　点，差　点		
8		楼梯、踏步、护栏	共检查　点，好　点，一般　点，差　点		
9		门窗	共检查　点，好　点，一般　点，差　点		
10		雨罩、台阶、坡道、散水	共检查　点，好　点，一般　点，差　点		
1	给水排水与供暖	管道接口、坡度、支架	共检查　点，好　点，一般　点，差　点		
2		卫生器具、支架、阀门	共检查　点，好　点，一般　点，差　点		
3		检查口、扫除口、地漏	共检查　点，好　点，一般　点，差　点		
4		散热器、支架	共检查　点，好　点，一般　点，差　点		
1	通风与空调	风管、支架	共检查　点，好　点，一般　点，差　点		
2		风口、风阀	共检查　点，好　点，一般　点，差　点		
3		风机、空调设备	共检查　点，好　点，一般　点，差　点		
4		管道、阀门、支架	共检查　点，好　点，一般　点，差　点		
5		水泵、冷却塔	共检查　点，好　点，一般　点，差　点		
6		绝热	共检查　点，好　点，一般　点，差　点		
1	建筑电气	配电箱、盘、板、接线盒	共检查　点，好　点，一般　点，差　点		
2		设备器具、开关、插座	共检查　点，好　点，一般　点，差　点		
3		防雷、接地、防火	共检查　点，好　点，一般　点，差　点		
1	智能建筑	机房设备安装及布局	共检查　点，好　点，一般　点，差　点		
2		现场设备安装	共检查　点，好　点，一般　点，差　点		

工程名称				施工单位	
序号		项　目	抽　查　质　量　状　况		质　量评　价
1	电梯	运行、平层、开门	共检查　　点，好　点，一般　点，差　点		
2		层门、信号系统	共检查　　点，好　点，一般　点，差　点		
3		机房	共检查　　点，好　点，一般　点，差　点		
观感质量综合评价					

结论：

施工单位项目负责人：　　　　　　　　　　　　　　　总监理工程师：

　　　　　　　　年　月　日　　　　　　　　　　　　　　　　　年　月　日

注：1. 对质量评价为差的项目应进行返修。

　　2. 观感质量检查的原始记录应作为本表附件。

3.4　建筑工程施工质量验收的程序与组织

3.4.1　检验批及分项工程

检验批由专业监理工程师组织项目专业质量检验员等进行验收；分项工程由专业监理工程师组织项目专业技术负责人等进行验收。

检验批和分项工程是建筑工程施工质量基础，因此，所有检验批和分项工程均应由监理工程师或建设单位项目技术负责人组织验收。验收前，施工单位先填好"检验批和分项工程的验收记录（有关监理记录和结论不填）"，并由项目专业质量检查员和项目专业技术负责人分别在检验批合分项工程质量检验记录中相关栏目中签字，然后由监理工程师组织严格按规定程序进行验收。

3.4.2　分部工程

分部工程由若干个分项工程构成，分部工程验收是在其所含的分项工程验收的基础上进行的，分部工程应由总监理工程师（建设单位项目负责人）组织施工单位项目负责人和技术、质量负责人等进行验收；地基与基础、主体结构分部工程的勘察、设计单位工程项目负责人和施工单位技术、质量部门负责人也应参加相关分部工程验收。

验收前，施工单位应先对施工完成的分部工程进行自检，合格后填写分部工程报验表（表3.7）及分部工程质量验收记录（表3.8），并报送项目监理机构申请验收。总监理工程师应组织相关人员进行检查、验收，对验收不合格的分部工程，应要求施工单位进行整改，自检合格后予以复查。对验收合格的分部工程，应签认分部工程报验表及验收记录。

3.4.3　单位（子单位）工程

单位工程质量验收也称质量竣工验收，是建筑工程投入使用前的最后一次验收，也是最重要的一次验收。参建各方责任主体和有关单位及人员，应加以重视，认真做好单位工程质量竣工验收，把好工程质量关。

1. 预验收

当单位（子单位）工程达到竣工验收条件后，施工单位应依据验收规范、设计图纸等组织有关人员进行自检，并在自查、自评工作完成后，填写工程竣工报验单，并将全部竣工资料报送项目监理机构，申请竣工验收。总监理工程师应组织各专业监理工程师对竣工资料及各专业工程的质量情况进行全面检查，对检查出的问题，应督促施工单位及时整改。对需要进行功能试验的项目（包括单机试车和无负荷试车），监理工程师应督促施工单位及时进行试验，并对重要项目进行监督、检查，必要时请建设单位和设计单位参加；监理工程师应认真审查试验报告单并督促施工单位搞好成品保护和现场清理。

经项目监理机构对竣工资料及实物全面检查、验收合格后，由总监理工程师签署工程竣工报验单，并向建设单位提出质量评估报告。

2. 正式验收

建设单位收到工程验收报告后，应由建设单位（项目）负责人组织施工（含分包单位）、设计、监理等单位（项目）负责人进行单位（子单位）工程验收。单位工程由分包单位施工时，分包单位对所承包的工程项目应按规定的程序检查评定，总包单位应派人参加。分包工程完成后，应将工程有关资料交总包单位。建设工程经验收合格的，方可交付使用。

《建设工程质量管理条例》规定，建设工程竣工验收应当具备下列条件：

1）完成建设工程设计和合同约定的各项内容；

2）有完整的技术档案和施工管理资料；

3）有工程使用的主要建筑材料、建筑构配件和设备的进场试验报告；

4）有勘察、设计、施工、工程监理等单位分别签署的质量合格文件；

5）有施工单位签署的工程保修书。

在竣工验收时，对某些剩余工程和缺陷工程，在不影响交付的前提下，经建设单位、设计单位、施工单位和监理单位协商，施工单位应在竣工验收后的限定时间内完成。

参加验收各方对工程质量验收意见不一致时，可请当地建设行政主管部门或工程质量监督机构协调处理。单位工程验收时，如有因季节影响需后期调试的项目，单位工程可先行验收。后期调试项目可约定具体时间另行验收。如一般空调制冷性能不能在冬季验收，采暖工程不能在夏季验收。

[课后习题]

一、单选题

1. 建筑工程质量验收的基本要求中规定：工程质量的验收均应在施工单位（　　）的基础上进行。

A．自行评定　　　　B．自行验收　　　　C．自行检查　　　　D．自行检查评定

2. 把建筑工程划分为（　　）大部分。

A. 10 　　　　　　B. 9 　　　　　　C. 8 　　　　　　D. 7

3. 主控项目是建筑工程中对安全、节能、环境保护和主要使用功能起（　　）作用的检验项目。

A. 关键性 　　　　　B. 重要性 　　　　　C. 决定性 　　　　　D. 特殊性

4. 单位工程质量验收也称（　　）竣工验收，是建筑工程投入使用前的最后一次验收。

A. 质量 　　　　　　B. 实体 　　　　　　C. 工程 　　　　　　D. 使用

5. 检验批及分项工程应由（　　）组织施工单位项目专业质量（技术）负责人等进行验收。

A. 总监理工程师 　　　　　　　　　　B. 监理工程师

C. 建设单位项目负责人 　　　　　　　D. 设计人员

6. 单位工程完工后，施工单位应自行组织有关人员进行检查评定，并向（　　）提交工程验收报告。

A. 监理单位 　　　　　　　　　　　　B. 政府质监部门

C. 检测单位 　　　　　　　　　　　　D. 建设单位

二、判断题

1. 《建筑工程施工质量验收统一标准》（GB 50300—2013）增加了建筑工程施工现场质量管理和质量控制的要求。（　　）

2. 施工现场质量管理检查表应在开工后及时填写，向监理报送。（　　）

3. 现场的砂、石、水泥等散装的检验是采用的分层抽样方法。（　　）

4. 新的施工质量验收，在验收划分上增设了子单位工程、子分部工程项目。（　　）

5. 某小区的围墙和大门组成一个室外单位工程，挡土墙及垃圾站等另组成一个单位工程。（　　）

6. 检验批的质量验收记录由施工项目专业质量检查员填写。（　　）

7. 分部（子分部）的施工质量验收由总监理工程师组织。（　　）

8. 观感质量评价一般分为好、一般、差。（　　）

三、简答题

1. 单位工程的划分原则是什么？

2. 室外单位工程是如何划分的？

第4章 建筑工程质量通病控制

[案例背景]

北京某旅馆的某区为6层两跨连续梁的现浇钢筋混凝土内框架结构，房屋四周的底层和二层为49 cm厚承重砖墙，二层以上为37 cm厚承重砖墙。全楼底层5.0 m高，用作餐馆，底层以上层高3.6 m，用作客房。底层中间柱截面为圆形，直径为55 cm，配置9根直径为22 mm的HRB335级纵向受力钢筋，φ6@200箍筋。

该房屋的一层钢筋混凝土工程在冬期进行施工，为防冻，在浇筑时掺入了水泥用量3%的氯盐。

该工程建成使用两年后，某日，突然在底层餐厅A柱柱顶附近处，掉下一块直径约4 cm的混凝土碎块。为防止房屋倒塌，餐厅和旅馆不得不暂时停止营业，检查事故原因。

[原因分析]

1）柱箍筋配置不合理，表现为箍筋截面过细、间距太大、未设置附加箍筋，也未按螺旋箍筋考虑，致使箍筋难以约束纵向受压力后的侧向压屈；

2）底层混凝土工程在冬期施工，混凝土在浇筑时掺加了氯盐防冻剂，对混凝土有盐污染作用，对钢筋腐蚀起催化作用；

3）从底层柱破坏处的钢筋实况分析，纵向钢筋和箍筋均已生锈，断裂处位于箍筋最薄弱处，断裂后的混凝土保护层剥落，混凝土碎块掉下。

建筑工程质量通病是施工中常见的质量不合格的现象，要特别注重质量通病的预防与控制，一旦发现质量问题要及时按要求处理。避免由于质量问题未及时处理而造成安全事故和经济损失。

[学习目标]

1）了解建筑工程质量病害现象的现状；

2）熟悉建筑工程质量病害现象产生的原因；

3）掌握建筑工程质量病害现象的控制措施与防治方法。

[能力目标]

1）能够运用所学知识进行现场质量问题判定；

2）能够对常见的建筑工程质量通病进行防治。

4.1 地基与基础工程常见的质量通病及防治

4.1.1 桩基础

1. 钢筋混凝土预制桩

（1）桩身质量差

1）质量通病：桩尺寸偏差大，外观粗糙，施打中桩身破坏。

2）防治措施：

① 预制桩混凝土强度等级不宜低于 C30。

② 原材料质量必须符合施工规范要求，严格按照混凝土配合比配制。

③ 钢筋骨架尺寸、开关、位置应正确，混凝土浇筑顺序必须从桩顶向桩尖方向连续浇筑，并用插入式振捣器捣实。

④ 按规范要求养护，打桩时混凝土龄期不少于 28 d。

（2）桩身偏移过大

1）质量通病：成桩后，经开挖检查验收，桩位偏移超过规范要求。

2）防治措施：

① 施工前需平整场地，其不平整度控制在 1% 以内。

② 施工过程中应对每根桩位复查，桩位的放样允许偏差为群桩 20 mm，单排桩 10 mm；插桩和开始沉桩时，控制桩身的垂直度在 1/200 桩长内；接桩时要保证两节桩在同一轴线上，接头质量符合设计要求和施工规范规定。

③ 严格控制沉桩速率，采取必要的排水措施，减少对邻桩的挤压偏位；选用合理的沉桩顺序。

④ 接桩时，要保证上、下两节桩在同一轴线上，接头质量符合设计要求和施工规范规定。

⑤ 沉桩过程中发现桩倾斜，应及时调查分析和纠正；发现桩位偏差超过规范要求时，应会同设计人员研究处理。

（3）接桩处松脱开裂、接长桩脱桩

1）质量通病：接桩处经过锤击后，出现松脱开裂等现象；长桩打入施工完毕检查完整性时，发现有的桩出现脱节现象（拉开或错位），降低和影响桩的承载能力。

2）防治措施：

① 连接处的表面应清理干净，不得留存杂质、雨水和油污等。

② 采用焊接或法兰连接时，连接铁件及法兰表面应平整，不能有较大间隙，否则极易造成焊接不牢或螺栓拧不紧。

③ 采用硫磺胶泥接桩时，硫磺胶泥配合比应符合设计规定，严格按操作规程熬制，温度

控制要适当等。

④ 上、下节桩双向校正后，其间隙用薄铁板填实焊牢，所有焊缝要连续饱满，按焊接质量要求操作。

⑤ 对因接头质量引起的脱桩，若未出现错位情况，属有修复可能的缺陷桩。当成桩完成，土体扰动现象消除后，采用复打方式，可弥补缺陷，恢复功能。

⑥ 对遇到复杂地质情况的工程，为避免出现桩基质量问题，可改变接头方式，如用钢套方法，接头部位设置抗剪键，插入后焊死，可有效防止脱开。

（4）桩头质量差、桩头打碎

1）质量通病：预制桩在受到锤击时，桩头处混凝土碎裂、脱落，桩顶钢筋外露。

2）防治措施：

① 混凝土强度等级不宜低于 C30，桩制作时要振捣密实，养护期不宜少于 28 d。

② 桩顶处主筋应平齐，确保混凝土振捣密实，保护层厚度一致。

③ 桩制作时桩顶混凝土保护层不能过大，以 3 cm 为宜，沉桩前对桩进行全面检查，用三角尺检查桩顶的平整度，不符合规范要求的桩不能使用或经处理后才能使用。

④ 根据地质条件和断面尺寸及开关，合理选用桩锤，严格控制桩锤的落距，遵照"重锤低击"的原则。

⑤ 施工前，认真检查桩帽与桩顶的尺寸，桩帽一般大于桩截面周边 2 cm。如桩帽尺寸过大和翘曲变形不平整，应进行处理后方能施工。

⑥ 沉桩过程中发现桩头被打碎，应立即停止沉桩，更换或加厚桩垫。如桩头破裂较严重，将桩顶补强后重新沉桩。

（5）断桩

1）质量通病：在沉桩过程中，由于桩身混凝土强度低或施工方法不当造成桩身断裂。

2）防治措施：

① 桩的混凝土强度不宜低于 C30，制桩时各分项工程应符合有关验收标准，同时，必须要有足够的养护期和正确的养护方法。

② 桩在堆放、起吊、运输过程中，应严格按照有关规定或操作规程执行，发现桩开裂超过有关验收规定时，严禁使用。

③ 桩机必须保持平整且垂直，一旦出现桩身倾斜，不得强行校正，应将桩拔出重新沉桩；

④ 沉桩前，应对桩构件进行全面检查，若桩身弯曲大于 1%桩长，且大于 20 mm 的桩，不得使用。

（6）沉桩指标达不到设计要求

1）质量通病：沉桩结束时，桩端入土深度、贯入度指标不符合设计要求。

2）防治措施：

① 核查地质报告，必要时应补勘。

② 正式施工前，先打两根试桩，以检验设备和工艺是否符合要求。根据工程地质资料，结合桩断面尺寸、形状，合理选择沉桩设备和沉桩顺序。

③ 打桩时，对桩尖进入坚硬土层的端承桩，以控制贯入度为主，桩尖进入持力层深度或桩尖标高为参考；桩尖位于软土层中的摩擦型桩，以控制桩尖设计标高为主，贯入度可作为参考。

④ 采取有效措施，防止桩顶击碎和桩身断裂。

⑤ 沉桩过程中遇到硬土层或粉砂层时，可采用植桩法或射水法；遇到夹层时，可采用钻孔法钻透硬夹层，把桩插进孔内，以达到设计要求。

2. 静力压桩工程

（1）桩身出现倾斜或位移

1）质量通病：成桩后，桩身垂直度偏差过大或产生横向位移，导致桩的承载力降低。

2）防治措施：

① 施工前应对施工场地进行适当处理，增强地耐力；在压桩前，应对每个桩位进行复验，保证桩位正确。

② 在施工前，应将地下障碍物，如旧墙基、混凝土基础等清理干净，如果在沉桩过程中出现明显偏移，应立即拔出（一般在桩入土 3 m 内是可以拔出的），待重新清理后再沉桩。

③ 在施工过程中，应保持桩机平整，不能桩机未校平时，就开始施工作业。

④ 当施工中出现严重偏位时，应会同设计人员研究处理，如采用补桩措施，按预制桩的补桩方法即可。

（2）沉桩深度不足

1）质量通病：沉桩达不到设计标高。

2）防治措施：

① 静力压桩施工前，应了解现场土质情况，检查装机设备，以免压桩时中途中断，造成土层固结，使压桩困难。

② 桩机必须满足沉桩要求，并应对桩机进行全面整修，确保在沉桩过程中机械完好，一旦出现故障，应及时抢修。

③ 按设计要求与规范规定验收预制桩质量合格后才能沉桩。

④ 桩机必须保持平整且垂直，一旦出现桩身倾斜，不得强行校正。

⑤ 遇有硬土层或粉砂层时，可采用植桩法或射水法施工。

⑥ 静力压桩时，当压桩至接近设计标高时，不可过早停压，应使压桩一次成功，以免造成压不下或超压现象。

3. 泥浆护壁钻孔灌注桩

（1）成孔质量不合格

1）质量通病：钻孔过程中出现孔壁坍塌，桩孔倾斜，孔道弯曲，缩孔，孔底沉渣厚度超过允许值，成孔深度达不到设计要求。

2）防治措施：

① 机具安装或钻机移位时，都要进行水平、垂直度校正。钻杆的导向装置应符合下列规定：

a. 潜水钻的钻头上应配有一定长度的导向扶正装置。成孔钻具（导向器、扶正器、钻杆、钻头）组合后对垂直度偏差应满足要求。

b. 利用钻杆加压的正循环回转钻机，在钻具中应加设扶正器，在钻架上增设导向装置，以控制提引水龙头不产生较大的晃动。

c．钻杆本身垂直偏差应控制在 0.2%以内。

② 选用合适形式的钻头，检查钻头是否偏心。

③ 正确埋置护筒：

a．预先探明浅层地下障碍物，清除后埋置护筒。

b．依据现场土质和地下水位情况，决定护筒的埋置尝试，一般在黏性土中不宜小于 1 m，在砂土及松软土中不宜小于 1.5 m。要保证下端口埋置在较密实的土层，且护筒外围要用黏土等渗漏小的材料封填压实。护筒上口应高出地面 100 mm。护筒内径宜比设计桩径大 100 mm，且有一定的刚度。

c．做好现场排水工作，如果潮汐变化引起孔内外水压差变化大，可加高护筒，增大水压差调节能力。

④ 制备合格的泥浆：

a．重视对泥浆性能指标的控制。

b．在淤泥质土或流砂中钻进，宜加大泥浆比重，且钻进采用低转速慢进尺。

c．在处理弯孔、缩孔时，若需提钻进行上下扫孔作业时，应先适当加大泥浆比重。

⑤ 选择恰当的钻进方法：

a．开孔时 5 m 以内，宜选用低转速慢进尺。每进尺 5 m 左右检查一次成孔垂直度。

b．在淤泥质土或流砂中钻进时，应控制转速和进尺，且加大泥浆比重。

c．在有倾斜的软硬土层钻进时，应控制进尺，低转速钻进。

d．在回填后重钻的弯孔部位钻进时，也宜用低转速慢进尺，必要时还要上下扫孔。

e．在黏土层等易缩孔土层中钻进时，应选择同设计直径一样大的钻头，且放慢进尺速度。

f．在透水性大或有地下水流动的土层中钻进时要加大泥浆比重。

（2）钢筋笼的制作、安装质量差

1）质量通病：安装钢筋笼困难，灌注混凝土时钢筋笼上浮，下放导管困难。

2）防治措施：

① 钻孔时，严格掌握孔径、孔垂直度或设计斜桩的斜度，尽量使孔壁较规则。如出现缩孔，必须加以治理和扩孔。

② 在灌注水下混凝土前，要始终保持孔内有足够水头高。

③ 吊放钢筋笼时，应对准孔中心，并竖直插入。

④ 导管拼装后轴线顺直，吊装时，导管应位于井孔中央，并在灌注前进行升降是否顺利的试验。法兰盘式接口的导管，在连接处罩以圆锥形白铁罩。白铁罩底部与法兰盘大小一致，白铁罩顶与套管头上卡住。

⑤ 钢筋笼分段入孔前，应在其下端主筋端部加焊一道加强箍，入孔后各段相连时，搭接方向应适宜，接头处满焊。

⑥ 发生卡挂钢筋笼时，可转动导管，待其脱开钢筋笼后，将导管移至孔中央继续提升。

⑦ 如转动后仍不能脱开时，只好放弃导管，造成埋管。

⑧ 摩擦型桩应将钢筋骨架的几根主筋延伸至孔底，钢筋骨架上端在孔口处与护筒相接固定。

⑨ 灌注中，当混凝土表面接近钢筋笼底时，应放慢混凝土灌注速度，并应使导管保持较大埋深，使导管底口与钢筋笼底端间保持较大距离。以便减小对钢筋笼的冲击。

⑩ 混凝土液面进入钢筋笼一定深度后，应适当提升导管，使钢筋笼在导管下口有一定埋深。但注意导管埋入混凝土表面应不小于 2 m。

（3）桩身质量差

1）质量通病：成桩桩顶标高偏差过大，桩身混凝土强度偏低或存在缩颈、断桩等缺陷。

2）防治措施：

① 深基坑内的桩，宜将成桩标高提高 50～80 cm。

② 防止误判，准确导管定位。

③ 加强现场设备的维护。施工现场要有备用的混凝土搅拌机，导管的拼接质量要通过 0.6 MPa 试压合格后方可使用。

④ 灌注混凝土时要连续作业，不得间断。

4.1.2 基坑支护开挖工程

1. 方开挖工程

（1）超挖

1）质量通病：边坡界面不平，出现较大凹陷，造成积水，使边坡坡度加大，影响边坡稳定。

2）防治措施：

① 采取机械开挖时应配合人工清土，机械开挖到接近槽底时，预留 20～30 cm 厚采用人工修坡。

② 土方开挖时应遵循"开槽支撑，先撑后挖，分层开挖，严禁超挖"的原则，检查开挖的顺序，平面位置、水平标高和边坡坡度。

③ 加强土方平面位置、水平标高、边坡坡度等测量复测工作，进行严格定位，在坡顶边脚设置明显标志和边线，并设专人检查。

④ 坡顶上弃土、堆载，使远离挖方土边缘 3～5 m，土方开挖自上而下分段分层依次进行；并注意留有泄水坡度。

⑤ 雨期施工时，要加强对边坡的保护。可适当放缓边坡或设置支护，同时，在坑外侧围挡土堤或开挖水沟，防止地面水流入。冬期施工时，要防止地基受冻。

⑥ 若局部已超挖，可用三七灰土夯补或浆砌块石填补，与原土坡接触部位应做成台阶接槎，防止滑动，超挖范围较大时，应适当改动坡顶线。

（2）基土扰动

1）质量通病：基坑挖好后，地基土表层局部或大部分出现松动、浸泡等情况，原土结构遭到破坏，造成承载力降低，基土下沉。

2）防治措施：

① 基坑挖好后，立即浇筑混凝土垫层保护地基，不能立即浇筑垫层时，应预留一层 150～200 mm 厚土层不挖，待下道工序开始后再挖至设计标高。

② 基坑挖好后，避免在基土上行驶施工机械和车辆或堆放大量材料。必要时，应铺路基箱或填道木保护。

③ 基坑四周应做好排水降水措施，降水工作应持续到基坑回填土完毕。雨期施工时，基

坑应挖好一段浇筑一段混凝土垫层。冬期施工时，如基底不能浇筑垫层，应在表面进行适当覆盖保温，或预留一层 200～300 mm 厚土层后挖，以防冻胀。

（3）挖方边坡塌方

1）质量通病：在挖方过程中或挖方后，基坑（槽）边坡土方局部或大面积塌落或滑塌，使地基土受到扰动，承载力降低，严重的会影响建筑物的稳定和施工安全。

2）防治措施：

① 根据不同土层土质情况采取适当的挖方坡度；做好地面排水措施，基坑开挖范围内有地下水时，采取降水措施，将水位降至基底以下 0.5 m。

② 在斜坡地段开挖边坡时应遵循由上而下、分层开挖的顺序，合理放坡，不使过陡，同时避免切割坡脚，以防导致边坡失稳而造成塌方。

③ 在有地表滞水或地下水作用的地段，应做好排水降水措施，以拦截地表滞水和地下水，避免冲刷坡面和掏空坡脚，防止坡体失稳。特别在软土地段开挖边坡，应降低地下水位，防止边坡产生侧移。

④ 施工中避免在坡顶堆土和存放建筑材料，并避免行驶施工机械设备和车辆振动，以减轻坡体负担，防止塌方。

⑤ 雨期施工时，要加强对边坡的保护。可适当放缓边坡或设置支护，同时，在坑外侧围挡土堤或开挖水沟，防止地面水流入。冬期施工时要防止地基受冻。

⑦ 对沟槽塌方，应清除塌方后做临时性支护措施，对永久性边坡局部塌方，应清除塌方后用块石填砌或用 2∶8、3∶7 灰土回填嵌补，与土接触部位作成台阶搭接，防止滑动；或将坡度改缓。

2．土方回填工程

（1）填方基底处理不当

1）质量通病：填方基底未经处理，局部或大面积填方出现下陷或发生滑移等现象。

2）防治措施：

① 回填土基底上的草皮、淤泥、杂物应清除干净，积水应排除，耕土、松土应先经夯实处理，然后回填。

② 填土场地周围做好排水措施，防止地表滞水流入基底而浸泡地基，造成基底土下陷。

③ 对于水田、沟渠、池塘或含水量很大的地段回填，基底应根据具体情况采取排水、疏干、挖去淤泥、换土、抛填片石、填砂砾石、翻松、掺石灰压实等处理措施，以加固基底土体。

④ 当填方地面陡于 1/5 时，应先将斜坡挖成阶梯形，阶高 0.2～0.3 m，阶宽大于 1 m，然后分层回填夯实，以利于合并防止滑动。

⑤ 冬期施工基底土体受冻易胀，应先解冻，夯实处理后再进行回填。

（2）回填土质不符合要求，密实度差

1）质量通病：基坑填土出现明显沉陷和不均匀沉陷，导致室内地坪开裂及室外散水坡裂断、空鼓、下陷。

2）防治措施：

① 填土前，应清除沟槽内的积水和有机杂物。当有地下水或滞水时，应采用相关的排水和降低地下水位的措施。

② 基槽回填顺序，应按基底排水方向由高至低分层进行。

③ 回填土料质量应符合设计要求和施工规范的规定。

④ 回填应分层进行，并逐层夯压密实。每层铺填厚度和压实要求应符合施工及验收规范的规定。

（3）基坑（槽）回填土沉陷

1）质量通病：基坑（槽）回填土局部或大片出现沉陷，造成散水坡空鼓下沉。

2）防治措施：

① 基坑（槽）回填前，应将槽中积水排净，将淤泥、松土、杂物清理干净，如有地下水或地表滞水，应有排水措施。

② 回填土按要求采取严格分层回填、夯实。每层虚铺厚度不得大于 300 mm。土料含水量应符合规定。回填土密实度要按规定抽样检查，使其符合要求。

③ 填土土料中不得含有直径大于 50 mm 的土块，不应有较多的干土块，急需进行下道工序时，宜用 2∶8 或 3∶7 灰土回填夯实。

④ 如地基下沉严重并继续发展，应将基槽透水性大的回填土挖除，重新用黏土或粉质黏土等透水性较小的土回填夯实，或用 2∶8 或 3∶7 灰土回填夯实。

⑤ 如下沉较小并已稳定，可填灰土或黏土、碎石混合物夯实。

（4）支护结构失效

1）质量通病：基坑开挖或地下室施工时，支护结构出现位移、裂缝，严重时支护结构发生倒塌现象。

2）防治措施：

① 深基坑支护方案必须考虑基坑施工全过程可能出现的各种工况条件，综合运用各种支撑支护结构及止水降水方法，确保安全、经济合理，并经专家组审核评定。

② 制定合理的开挖方案，严格按方案进行开挖施工。

③ 加强施工的质量管理和信息化施工手段，对各道工序必须严格把关，加强实时监控，确保符合规范规定的设计要求。

④ 基坑开挖边线外，1 倍开挖深度范围内，禁止堆放大的施工荷载和建临时用房。

（5）基础墙体被挤动变形

1）质量通病：夯填基础墙两侧土方或用推土机送土时，将基础、墙体挤动变形，造成基础墙体裂缝、破裂，轴线偏移，严重影响墙体的受力性能。

2）防治措施：

① 基础两侧用细土同时分层回填夯实，使受力平衡。两侧填土高差不超过 300 mm。

② 如果暖气沟或室内外回填标高相差较大，回填土时可在另一侧临时加木支撑顶牢。

③ 基础墙体施工完毕，达到一定强度后再进行回填土施工。同时避免在单侧临时大量堆土、材料或设备以及行走重型机械设备。

④ 对已造成基础墙体开裂、变形、轴线偏移等严重影响结构受力性能的质量事故，要会同设计部门，根据具体损坏情况，采取加固措施（如填塞缝隙、加围套等），或将基础墙体局部或大部分拆除重砌。

4.1.3 地下室防水工程

1. 混凝土构件引起的渗漏

（1）混凝土蜂窝、麻面、露筋、孔洞等造成地下室渗水

1）质量通病：混凝土表面局部缺浆粗糙、有许多小凹坑，但无露筋；混凝土局部酥松，砂浆少，石子多，石子间形成蜂窝；混凝土内有空腔，没有混凝土。

2）防治措施：

① 对混凝土应严格计量，搅拌均匀，长距离运输后要进行二次搅拌。

② 对于自由入模高度过高者，应使用串桶滑槽，浇筑应按施工方案分层进行，振捣密实。

③ 对于钢筋密集处调整石子级配，较大的预留洞下，应预留浇筑口。模板应支设牢固，在混凝土浇筑过程中，应指派专班"看模"。

④ 根据蜂窝、麻面、孔洞及渗漏水、水压大小等情况，查明渗漏水的部位，然后进行堵漏和修补处理。堵漏和修补处理可依次进行或同时穿插进行。可采用促凝胶浆、氰凝灌浆、集水井等堵漏法。蜂窝、麻面不严重的可采用水泥砂浆抹面法。蜂窝、孔洞面积不大但较深，可采用水泥砂浆捻实法。蜂窝、孔洞严重的，可采用水泥压浆和混凝土浇筑方法。

（2）防水混凝土施工缝漏水

1）质量通病：施工缝处混凝土松散，集料集中，接槎明显，沿缝隙处渗漏水。

2）防治措施：

① 施工缝应按规定位置留设，防水薄弱部位及底板上不应留设施工缝，墙板上如必须留设垂直缝时，应与变形缝相一致。

② 施工缝的留设、清理及新旧混凝土的接浆等应有统一部署，专人负责。

③ 设计人员在确定钢筋布置位置和墙体厚度时，应考虑方便施工，以保证工程质量。如施工缝渗水，可采用防水堵漏技术进行修补。

④ 根据渗漏、水压大小情况，采用促凝胶浆或氰凝灌浆堵漏；不渗漏的施工缝，可沿缝剔成八字形凹槽，松散石子剔除，用水泥素浆打底，抹 1:2.5 水泥砂浆找平压实。

（3）混凝土裂缝产生渗漏

1）质量通病：混凝土表面有不规则的收缩裂缝，且贯通于混凝土结构，有渗漏水现象。

2）防治措施：

① 防水混凝土所用水泥必须经过检测，杜绝使用安定性不合格的产品，混凝土配合试验室提供，并严格控制水泥用量。

② 对于地下室底板等厚大体积的混凝土，应遵守大体积混凝土施工关规定，严格控制温度差。并合理设变形缝，以适应结构变形。

③ 渗漏裂缝可采用促凝胶浆或氰凝灌浆堵漏。

④ 结构若出现环形裂缝，可采用埋入式橡胶止水带、后埋式止水带、粘贴式氯丁胶片以及涂刷式氯丁胶片等方法。

2. 防水工程引起的渗漏

（1）预埋件部位产生渗漏

1）质量通病：沿预埋件周边或预埋件附件出现渗漏水。

2）防治措施：

① 预埋件应有固定措施，预埋件密集处应有施工技术措施，预埋件铁脚应按规定焊好止水环。

② 地下室的管线应尽量设计在地下水位以上，穿墙管道一律设置止水套管，管道与套管采用柔性连接。

③ 先将周边剔成环形裂缝，后用促凝胶浆或氰凝灌浆堵漏方法处理。

④ 渗漏严重的需将预埋件拆除，制成预制块，其表面抹好防水层，并剔凿出凹槽供埋设预制块用。埋设前在凹槽内先嵌入快凝砂浆，再迅速埋入预制块。待快凝砂浆具有一定强度后，周边用胶浆堵塞，并用素浆嵌实，然后分层抹防水层补平。

（2）管道穿墙或穿地部位渗漏水

1）质量通病：常温管道周边阴湿或有不同程度的渗漏。热力管道周边防水层隆起或酥浆，并出现渗漏。

2）防治措施：

① 热水管道穿透内墙部位出现渗漏水时，可剔大穿管孔眼，采用预制半圆混凝土套管埋设法处理。即热力管道带填料可埋在半圆形混凝土套管内，两个半圆混凝土套管包住势力管道。半圆混凝土套管外表是粗糙的，在半圆混凝土套管与原混凝土之间再用促凝胶浆或氰凝灌浆堵塞处理。

② 热力管道穿透外墙部位出现渗漏水时，需将地下水位降低至管道标高以下，用设置橡胶止水套的方法处理。

（3）后浇带漏水

1）质量通病：地下室沿后浇缝处渗漏水。

2）防治措施：

① 必须全面清除后浇缝两侧的杂物，如油污等；打毛混凝土两侧面。

② 后浇混凝土的间隔时间，应在主体结构混凝土完成 30～40 d。宜选择气温较低的季节施工，可避免混凝土因冷缩而裂缝。要配制补偿收缩混凝土。

③ 要认真按配合比施工，搅拌均匀，随拦随灌注，振捣密实，两次拍压，抹平，湿养护不少于 7 d。

4.2　主体结构工程常见的质量通病及防治

4.2.1　模板工程

（1）轴线位移

1）质量通病：混凝土浇筑后拆除模板时，发现柱、墙实际位置与建筑物轴线位置有偏移。

2）防治措施：

① 严格按 1/10～1/50 的比例将各分部、分项翻成详图并注明各部位编号、轴线位置、几何尺寸、剖面形状、预留孔洞、预埋件等，经复核无误后认真对生产班组及操作工人进行技术交底，作为模板制作、安装的依据。

② 模板轴线测放后，组织专人进行技术复核验收，确认无误后才能支模。

③ 墙、柱模板根部和顶部必须设可靠的限位措施，如采用现浇楼板混凝土上预埋短钢筋固定钢支撑，以保证底部位置准确。

④ 支模时要拉水平、竖向通线，并设竖向垂直度控制线，以保证模板水平、竖向位置准确。

⑤ 根据混凝土结构特点，对模板进行专门设计，以保证模板及其支架具有足够强度、刚度及稳定性。

⑥ 混凝土浇筑前，对模板轴线、支架、顶撑、螺栓进行认真检查、复核，发现问题及时进行处理。

⑦ 混凝土浇筑时，要均匀对称下料，浇筑高度应严格控制在施工规范允许的范围内。

（2）标高偏差

1）质量通病：测量时，发现混凝土结构层标高及预埋件、预留孔洞的标高与施工图设计标高之间有偏差。

2）防治措施：

① 每层楼设足够的标高控制点，竖向模板根部须做找平。

② 模板顶部设标高标记，严格按标记施工。

③ 建筑楼层标高由首层±0.000标高控制，严禁逐层向上引测，以防止累计误差，当建筑高度超过30 m时，应另设标高控制线，每层标高引测点应不少于2个，以便复核。

④ 预埋件及预留孔洞，在安装前应与图纸对照，确认无误后准确固定在设计位置上，必要时用电焊或套框等方法将其固定，在浇筑混凝土时，应沿其周围分层均匀浇筑，严禁碰击和振动预埋件与模板。

⑤ 楼梯踏步模板安装时应考虑装修层厚度。

（3）模板变形

1）质量通病：混凝土浇捣后模板变形较大，混凝土容易产生裂缝，表面粗糙。模板与支撑面结合不严或模板拼缝处没刨光的，拼缝处易漏浆，混凝土容易产生蜂窝、裂缝或"砂线"。拆模后发现混凝土柱、梁、墙出现鼓凸、缩颈或翘曲现象。

2）防治措施：

① 模板及支撑系统设计时，应充分考虑其本身自重、施工荷载及混凝土的自重及浇捣时产生的侧向压力，以保证模板及支架有足够的承载能力、刚度和稳定性。

② 梁底支撑间距应能够保证在混凝土重量和施工荷载作用下不产生变形，支撑底部若为泥土地基，应先认真夯实，设排水沟，并铺放通长垫木或型钢，以确保支撑不沉陷。

③ 组合小钢模拼装时，连接件应按规定放置，围檩及对拉螺栓间距、规格应按设计要求设置。

④ 梁、墙模板上部必须有临时撑头，以保证混凝土浇捣时，梁、墙上口宽度。

⑤ 浇捣混凝土时，要均匀对称下料，严格控制浇灌高度，特别是门窗洞口模板两侧，既要保证混凝土振捣密实，又要防止过分振捣引起模板变形。

⑥ 对跨度不小于4 m的现浇钢筋混凝土梁、板，其模板应按设计要求起拱；当设计无具体要求时，起拱高度宜为跨度的1/1 000～3/1 000。

⑦ 采用木模板、胶合板模板施工时，经验收合格后应及时浇筑混凝土，防止木模板长期暴晒雨淋发生变形。

（4）接缝不严

1）质量通病：由于模板间接缝不严有间隙，混凝土浇筑时产生漏浆，混凝土表面出现蜂窝，严重的出现孔洞、露筋。

2）防治措施：

① 严格控制木模板含水率，制作时拼缝要严密。

② 木模板安装周期不宜过长，浇筑混凝土时，木模板要提前浇水湿润，使其胀开密缝。

③ 钢模板变形，特别是边框外变形，要及时修整平直。

④ 钢模板之间嵌缝措施要控制，不能用油毡、塑料布水泥袋等嵌缝堵漏。

⑤ 梁、柱交接部位支撑要牢靠，拼缝要严密（必要时缝间加双面胶纸），发生错位要校正好。

（5）脱模剂使用不当

1）质量通病：模板表面用废机油涂刷造成混凝土污染或混凝土残浆不清除即刷脱模剂，造成混凝土表面出现麻面等缺陷。

2）防治措施：

① 拆模后，必须清除模板上遗留的混凝土残浆后，再刷脱模剂。

② 严禁用废机油作脱模剂，脱模剂材料选用原则应为：既便于脱模又便于混凝土表面装饰。选用的材料有皂液、滑石粉、石灰水及其混合液和各种专门化学制品脱模剂等。

③ 脱模剂材料宜拌成稠状，应涂刷均匀，不得流淌，一般刷两度为宜，以防漏刷，也不宜涂刷过厚。

④ 脱模剂涂刷后，应在短期内及时浇筑混凝土以防隔离层遭受破坏。

（6）模板未清理干净

1）质量通病：模板内残留木块、浮浆残渣、碎石等建筑垃圾，拆模后发现混凝土中有缝隙，且有垃圾夹杂物。

2）防治措施：

① 钢筋绑扎完毕，用压缩空气或压力水清除模板内垃圾。

② 在封模前，派专人将模内垃圾清除干净。

③ 墙柱根部、梁柱接头处预留清扫孔，预留孔尺寸≥100 mm×100 mm，模内垃圾清除完毕后及时将清扫口处封严。

4.2.2　钢筋工程

1．原材料

（1）表面锈蚀

1）质量通病：钢筋表面出现黄色浮锈，严重转为红色，日久后变成暗褐色，甚至发生鱼鳞片剥落现象。

2）防治措施：

① 钢筋原料应存放在仓库或料棚内，保持地面干燥，钢筋不得直接堆放在地上，场地四周要有排水措施，堆放期尽量缩短。

② 淡黄色轻微浮锈不必处理。红褐色锈斑的清除可用手工钢刷清除，尽可能采用机械方

法，对于锈蚀严重，发生锈皮剥落现象的应研究是否降级使用或不用。

（2）混料

1）质量通病：钢筋品种、等级混杂不明，直径大小不同的钢筋堆放在一起，难以分辨，影响使用。

2）防治措施：发现混料情况后，应立即检查并进行清理，重新分类堆放，如果翻垛工作量大，不易清理，应将该钢筋作出记号，以备用料时特别注意，已用出去的混料钢筋应立刻追查，并采取防止事故发生的措施。

（3）原料弯曲

1）质量通病：钢筋在运至现场发现有严重曲折形状。

2）防治措施：

① 钢筋应采用专车拉运，对较长的钢筋尽可能采用吊车卸车。

② 经弯曲的钢筋可利用矫直台将弯折处矫直，对曲折处圆弧半径较小的硬弯，矫直后应检查有无局部细裂纹，局部矫正不直或产生裂纹的不得用作受力筋。

（4）钢筋弯曲裂缝

1）质量通病：钢筋成型后弯曲处外侧产生横向裂缝。

2）防治措施：取样复查冷弯性能，分析化学成分，检查磷的含量是否超过规定值，检查裂缝是否由于原先已弯折或碰损而形成，如有这类痕迹，则属于局部外伤，可不必对原材料进行性能复检。

2．钢筋加工

（1）剪断尺寸不准

1）质量通病：剪断尺寸不准或被剪断钢筋端头不平。

2）防治措施：

① 严格控制其尺寸，调整固定刀片与冲切刀片之间的水平间隙。

② 根据钢筋所在部位和剪断误差情况，确定是否可用或返工。

（2）箍筋不规方

1）质量通病：矩形箍筋成型后拐角不成 90°或两对角线长度不相等。

2）防治措施：

① 注意操作，使成型尺寸准确，当一次弯曲多个箍筋时，应在弯折处逐根对齐。

② 当箍筋外形误差超过质量标准允许值时，对于 HPB300 级钢筋可以重新将弯折处直开，再进行弯曲调整，对于其他品种钢筋不得重新弯曲。

（3）成型钢筋变形

1）质量通病：钢筋成型时外形准确，但在堆放过程中发现扭曲，角度偏差。

2）防治措施：搬运、堆放时要轻抬轻放，放置地点应平整；尽量按施工需要运送现场，并按使用先后堆放，根据具体情况处理。

3．钢筋安装

（1）骨架外形尺寸不准

1）质量通病：在楼板外绑扎的钢筋骨架，往里安放时放不进去或划刮模板。

2）防治措施：

① 绑扎时，将多根钢筋端部对齐，防止钢筋绑扎偏斜或骨架扭曲。

② 将导致骨架外形尺寸不准的个别钢筋松绑，重新安装绑扎。切忌用锤子敲击，以免骨架其他部位变形或松扣。

（2）平板保护层不准

1）质量通病：浇灌混凝土前发现平板保护层厚度没有达到规范要求。

2）防治措施：

① 检查砂浆垫块厚度是否准确，并根据平板面积大小适当垫多。

② 浇捣混凝土前发现保护层不准及时采取措施补救。

（3）柱子外伸钢筋错位

1）质量通病：下柱外伸钢筋从柱顶摔出，由于位置偏离设计要求过大，与上柱钢筋搭接不直。

2）防治措施：

① 在外伸部分加一道临时箍筋，按图样位置安好，然后用样板固定好，浇捣混凝土前再重复一遍。如发生移位，则应校正后再浇捣混凝土。

② 注意浇捣操作，尽量不碰撞钢筋，浇捣过程中由专人随时检查及时校正。

③ 在靠紧搭接不可能时，仍应使上柱钢筋保持设计位置，并采取垫紧焊接联系。

（4）同截面接头过多

1）质量通病：在绑扎或安装钢筋骨架时，发现同一截面受力钢筋接头过多，其截面面积占受力钢筋总截面面积的百分率超出规范中规定数值。

2）防治措施：

① 配料时，按下料单钢筋编号，再画出几个分号，注明哪个分号与哪个分号搭配，对于同一搭配安装方法不同的（同一搭配而各分号是一顺一倒安装的），要加文字说明。

② 轴心受拉和小偏心受拉杆件中的钢筋接头，均应焊接，不得采用绑扎接头。

③ 弄清楚规范中规定的同一截面的含义。

④ 如分不清接或受压区时，接头位置均应按受压区的规定办理，如果在钢筋安装过程中，安装人员与配料人员对受拉或受压理解不同（表现在取料时，某分号有多少），则应讨论解决。

（5）露筋

1）质量通病：结构或构件拆模时发现混凝土表面有钢筋露出。

2）防治措施：

① 砂浆垫块要垫得适量、可靠，竖立钢筋采用埋有铁丝的垫块，绑在钢筋骨架外侧时，为使保护层厚度准确应用铁丝将钢筋骨架拉向模板，将垫块挤牢，严格检查钢筋的成型尺寸，模外绑扎钢筋骨架，要控制好它的外形尺寸，不得超过允许值。

② 范围不大的轻微露筋可用灰浆堵抹，露筋部位附近混凝土出现麻点的应沿周围敲开或凿掉，直至看不到孔眼为止，然后用砂浆找平。为保证修复灰浆或砂浆与厚混凝土结合可靠，原混凝土面要用水冲洗，用铁刷刷净，使表面没有粉层、砂浆或残渣，并在表面保护湿润的情况下补修，重要受力部位的露筋应经过技术鉴定后，采取措施补救。

（6）钢筋遗漏

1）质量通病：在检查核对绑扎好的钢筋骨架时，发现某号钢筋遗漏。

2）防治措施：

① 绑扎钢筋骨架之前要熟悉图样，并按钢筋材料表核对配料单和料牌，检查钢筋规格是否齐全、准确，形状、数量是否与图样相符。在熟悉图样的基础上，仔细研究各钢筋绑扎安装的顺序和步骤，整个钢筋骨架绑完后应清理现场，检查有无遗漏。

② 遗漏掉的钢筋要全部补上，骨架结构简单的在熟悉钢筋放进骨架即可继续绑扎，复杂的要拆除骨架部分钢筋才能补上，对于已浇灌混凝土的结构物或构件发现某号钢筋遗漏要通过结构性能分析确定处理方法。

4.2.3　混凝土工程

（1）麻面

1）质量通病：混凝土表面出现缺浆和许多小凹坑与麻点，形成粗糙面，影响外表美观，但无钢筋外漏现象。

2）防治措施：

① 模板表面应清理干净，不得粘有干硬水泥砂浆等杂物。

② 浇筑混凝土前，模板应浇水充分湿润，并清扫干净。

③ 模板拼缝应严密，如有缝隙，应用油毡纸、塑料条、纤维板或腻子堵严。

④ 模板隔离剂涂刷要均匀，并防止漏刷。

⑤ 混凝土应分层均匀振捣密实，严防漏振，每层混凝土均应振捣至排除气泡为止。

⑥ 拆模不应过早。

⑦ 表面还要抹灰的，可不作处理。

⑧ 表面不再作装饰的，应在麻面部分浇水充分湿润后，用原混凝土配合比（去掉小石子）砂浆，将麻面抹平压光，使颜色一致。修补完后，应用棉毡进行保湿养护 7d。

（2）蜂窝

1）质量通病：混凝土结构局部酥松，砂浆少、石子多，石子之间出现类似蜂窝状的大量空隙、窟窿，使结构受力截面受到削弱，强度和耐久性降低。

2）防治措施：

① 认真设计并严格控制混凝土配合比，加强检查，保证材料计量准确，混凝土应拌和均匀，坍落度应适宜。

② 混凝土下料高度如超过 2 m，应设串筒或溜槽。

③ 浇筑应分层下料，分层捣固，防止漏振。

④ 混凝土浇筑宜采用带浆下料法或赶浆捣固法。捣实混凝土拌合物时，插入式振捣器移动间距不应大于其作用半径的 1.5 倍；振捣器至模板的距离不应大于振捣器有效作用半径的 1/2。为保证上、下层混凝土良好结合，振捣棒应插入下层混凝土 5 cm。

⑤ 混凝土振捣时，当振捣到混凝土不再显著下沉和出现气泡，混凝土表面出浆呈水平状态，并将模板边角填满密实即可。

⑥ 模板缝应堵塞严密。浇筑混凝土过程中，要经常检查模板、支架、拼缝等情况发现模板变形、走动或漏浆，应及时修复。

⑦ 对小蜂窝，用水洗刷干净后，用素水泥浆涂抹，并用 1：2 或 1：2.5 水泥砂浆压

实抹平。

⑧ 对较大蜂窝，用素水泥浆涂抹后，先凿去蜂窝处薄弱松散的混凝土和凸出的颗粒，刷洗干净后支模，用高一强度等级的细石混凝土仔细强力填塞捣实，并认真养护。

⑨ 较深蜂窝如清除困难，可埋压浆管和排气管，表面抹砂浆或支模灌混凝土封闭后，进行水泥压浆处理。

（3）孔洞

1）质量通病：混凝土结构内部有尺寸较大的窟窿，局部或全部没有混凝土；或蜂窝空隙特别大，钢筋局部或全部裸露；孔穴深度和长度均超过保护层厚度。

2）防治措施：

① 在钢筋密集处及复杂部位，采用细石混凝土浇筑，使混凝土易于充满模板，并仔细振捣密实，必要时，辅以人工捣实。

② 预留孔洞、预埋铁件处应在两侧同时下料，预留孔洞、铁件下部浇筑应在侧面加开浇灌口下料振捣密实后再封好模板，继续往上浇筑，防止出现孔洞。

③ 采用正确的振捣方法，防止漏振。插入式振捣器应采用垂直振捣方法，即振捣棒与混凝土表面垂直振捣。插点应均匀排列。每次移动距离不应大于振捣棒作用半径 R 的 1.5 倍。一般振捣棒的作用半径为 30～40 cm。振捣器操作时应快插慢拔。

④ 控制好下料，混凝土自由倾落高度不应大于 2 m（浇筑板时为 1.0 m），大于 2 m 时采用串筒或溜槽下料，以保证混凝土浇筑时不产生离析。

⑤ 对各种混凝土孔洞的处理，应经有关单位共同研究，制定修补或补强方案，经批准后方可处理。

⑥ 一般孔洞处理方法是：将孔洞周围的松散混凝土和软弱浆膜凿除，用压力水冲洗，支设带托盒的模板，洒水充分湿润后，用比结构高一强度等级的半干硬性细石混凝土仔细分层浇筑，强力捣实，并养护。凸出结构面的混凝土，须待达到 50％强度后再凿去，表面用 1∶2 水泥砂浆抹光。

⑦ 面积大而深进的孔洞，按第⑥项清理后，在内部埋压浆管、排气管，填清洁的碎石（粒径 10～20 mm），表面抹砂浆或浇筑薄层混凝土，然后用水泥压力灌浆方法进行处理，使之密实。

（4）露筋

1）质量通病：混凝土内部主筋、副筋或箍筋局部裸露在结构构件表面。

2）防治措施：

① 浇筑混凝土，应保证钢筋位置和保护层厚度正确，并加强检查，发现偏差，及时纠正。受力钢筋的保护层厚度如设计图中未注明时，可参照表 4.1 的要求执行。

表 4.1 钢筋混凝土保护层厚度

环境与条件	构件名称	混凝土强度		
		低于 C25	C20～C30	高于 C30
室内正常环境	板、墙、壳	15	15	15
	梁和柱	25	25	25

环境与条件	构件名称	混凝土强度		
		低于 C25	C20～C30	高于 C30
露天或室内高湿度环境	板、墙、壳	35	25	15
	梁和柱	45	35	25
有垫层	基础	35	35	35
无垫层		70	70	70

注：1. 轻骨料混凝土的钢筋保护层厚度应符合国家现场标准《轻骨料混凝土结构技术规程》（JGJ 12—2006）的规定。

2. 钢筋混凝土受弯构件钢筋端头的保护层厚度一般为 10 mm。

3. 板、墙、壳中分布钢筋的保护层厚度不应小于 10 mm；梁柱中箍筋和构造钢筋的保护层厚度不应小于 15 mm。

② 钢筋密集时，应选用适当粒径的石子。石子最大颗粒尺寸不得超过结构截面最小尺寸的 1/4，同时不得大于钢筋净距的 3/4。截面较小钢筋较密的部位，宜用细石混凝土浇筑。

③ 混凝土应保证配合比准确和良好的和易性。

④ 浇筑高度超过 2 m，应用串筒或溜槽下料，以防止离析。

⑤ 模板应充分湿润并认真堵好缝隙。

⑥ 混凝土振捣严禁撞击钢筋，在钢筋密集处，可采用直径较小或带刀片的振动棒进行振捣；保护层处混凝土要仔细振捣密实；避免踩踏钢筋，如有踩踏或脱扣等应及时调直纠正。

⑦ 拆模时间要根据试块试压结果正确掌握，防止过早拆模，损坏棱角。

⑧ 表面漏筋，刷洗净后，在表面抹 1∶2 或 1∶2.5 水泥砂浆，将表面漏筋部位抹平；漏筋较深的凿去薄弱混凝土和凸出颗粒，洗刷干净后，用比原来高一级的细石混凝土填塞压实。

（5）缝隙、夹层

1）质量通病：混凝土内成层存在水平或垂直的松散混凝土或夹杂物，使结构的整体性受到破坏。

2）防治措施：

① 认真按施工验收规范要求处理施工缝及后浇缝表面；接缝外的锯屑、木块、泥土、砖块等杂物必须彻底清除干净，并将接缝表面洗净。

② 混凝土浇筑高度大于 2 m 时，应设串筒或溜槽下料。

③ 在施工缝或后浇缝处继续浇筑混凝土时，应注意以下几点：

a. 浇筑柱、梁、楼板、墙、基础等，应连续进行，如间歇时间超过表 4.2 的规定，则按施工缝处理，应在混凝土抗压强度不低于 1.2 MPa 时，才允许继续浇筑。

表 4.2　混凝土运输、浇筑和间歇的允许时间　　　　　　　　　　　　　　min

混凝土强度等级	气温	
	不高于 25 ℃	高于 25 ℃
不高于 C30	210	180
高于 C30	180	150

注：当混凝土中掺有促凝型或缓凝型外加剂时，其允许时间应根据试验结果确定。

b．大体积混凝土浇筑，如接缝时间超过表 4.2 规定的时间，可采取对混凝土进行二次振捣，以提高接缝的强度和密实度。方法是对先浇筑的混凝土终凝前后（4～6 h）再振捣一次，然后再浇筑上一层混凝土。

c．在已硬化的混凝土表面上，继续浇筑混凝土前，应清除水泥薄膜和松动石子以及软弱混凝土层，并加以充分湿润和冲洗干净，且不得有积水。

d．接缝处浇筑混凝土前应铺一层水泥浆或浇 5～10 mm 厚与混凝土内成分相同的水泥砂浆，或 10～15 cm 厚减半石子混凝土，以利良好接合，并加强接缝处混凝土振捣使之密实。

e．在模板上沿施工缝位置通条开口，以便于清理杂物和冲洗。全部清理干净后，再将通条开口封板，并抹水泥浆或减石子混凝土砂浆，再浇筑混凝土。

4.2.4 砖砌体工程

（1）砂浆强度不稳定

1）质量通病：砂浆强度的波动性较大，匀质性差，其中，低强度等级的砂浆特别严重，强度低于设计要求。

2）防治措施：

① 砂浆配合比的确定，应结合现场材质情况进行试配，试配时应采用重量比，在满足砂浆和易性的条件下，控制砂浆强度。如低强度等级砂浆受单方水泥预算用量的限制而不能达到设计要求的强度时，应适当调整水泥预算用量。

② 建立施工计量器具校验、维修、保管制度，以保证计量的准确性。

③ 砂浆搅拌加料顺序为：用砂浆搅拌机搅拌应分两次投料，先加入部分砂子、水和全部塑化材料，通过搅拌叶片和砂子搓动，将塑化材料打开（不见疙瘩为止），再投入其余的砂子和全部水泥。用鼓式混凝土搅拌机拌制砂浆，应配备一台抹灰用麻刀机，先将塑化材料搅成稀粥状，再投入搅拌机内搅拌。人工搅拌应有拌灰池，先在池内放水，并将塑化材料打开到不见疙瘩，另在池边干拌水泥和砂子至颜色均匀时，用铁锹将拌好的水泥砂子均匀撒入池内，同时用三剌铁扒动，直到拌和均匀。

④ 试块的制作、养护和抗压强度取值，应按《建筑砂浆基本性能试验方法标准》（JGJ/T 70—2009）的规定执行。

（2）砖砌体组砌错误

1）质量通病：砌体组砌方法混乱，砖柱垛采用包心砌法，出现通缝。

2）防治措施：

① 施工时应严格按照砌墙组砌形式：墙体中砖搭接长度不得少于 1/4 砖长，内外皮砖层最多隔五皮砖就应有一皮丁砖拉结（五顺一丁）。允许使用半砖头，但也应满足 1/4 砖长的搭接要求，半砖头应提高砌体强度。

② 砖柱的组砌方法，应根据砖柱断面和实际使用情况统一考虑，但不得采用包心砌法。

③ 砖柱横、竖向灰缝的砂浆都必须饱满，每砌完一皮砖，都要进行一次竖缝刮浆塞缝工作，以提高砌体强度。

④ 墙体组砌形式的选用，应根据所砌部位的受力性质和砖的规格尺寸误差而定，一般清水墙面常选用一顺一丁和梅花丁组砌方法 在地震地区为增强齿缝受拉强度，可采用骑马缝组

砌方法。由于一般砖长度正偏差、宽度负偏差较多，宜采用梅花丁的组砌形式，可使所砌墙面竖缝宽度均匀一致。为了不因砖的规格尺寸误差而经常变动组砌形式，在同一幢号工程中，应尽量使用同一砖厂生产的砖。

（3）砖缝砂浆不饱满，砂浆与砖粘结不良

1）质量通病：砌体水平灰缝砂浆饱满度低于 80%；竖缝出现瞎缝，特别是空心砖墙，常出现较多的透明缝；砌筑清水墙采取大缩口铺灰，缩口缝深度甚至达 20 mm 以上，影响砂浆饱满度。砖在砌筑前未浇水湿润，干砖上墙或铺灰长度过长，致使砂浆与砖粘结不良。

2）防治措施：

① 改善砂浆和易性是确保灰缝砂浆饱满度和提高粘结强度的关键。

② 改进砌筑方法。不宜采取铺浆法或摆砖砌筑，应推广"三一"砌砖法，即使用大铲，一块砖、一铲灰、一挤揉的砌筑方法。

③ 当采用铺浆法砌筑时，必须控制铺浆的长度，一般气温情况下不得超过 750 mm，当施工期间气温超过 30ºC 时，不得超过 500 mm。

④ 严禁用干砖砌墙。砌筑前 1～2 d 应将砖浇湿，使砌筑时烧结普通砖和多孔砖的含水率达到 10%～15%；灰砂砖和粉煤灰砖的含水率达到 8%～12%。

⑤ 冬期施工时，在正温度条件下也应将砖面适当湿润后再砌筑；负温下施工无法浇砖时，应适当增大砂浆的稠度。对于 9 度抗震设防地区，在严冬无法浇砖的情况下，不能进行砌筑。

（4）清水墙面游丁走缝

1）质量通病：大面积的清水墙面常出现丁砖竖缝歪斜、宽窄不一，丁不压中（丁砖在下层顺砖上不居中），清水墙窗台部位与窗间墙部位的上、下竖缝发生错位等，直接影响到清水墙面的美观。

2）防治措施：

① 砌筑清水墙，应选取边角整齐、色泽均匀的砖。

② 砌清水墙前应进行统一摆底，并先对现场砖的尺寸进行实测，以便确定组砌方法和调整竖缝宽度。

③ 摆底时，应将窗口位置引出，使砖的竖缝尽量与窗口边线相齐，如安排不开，可适当移动窗口位置。当窗口宽度不符合砖的模数时，应将七分头砖留在窗口下部的中央，以保持窗间墙处上、下竖缝不错位。

④ 游丁走缝主要是由丁砖游动所引起的，因此在砌筑时，必须强调丁压中，即丁砖的中线与下层顺砖的中线重合。

⑤ 在砌大面积清水墙时，在开始砌的几层砖中，沿墙角 1 m 处，用线坠吊一次竖缝的垂直度，至少保持一步架高度有准确的垂直度。

⑥ 沿墙面每隔一定间距，在竖缝处弹墨线，墨线用经纬仪或线坠引测。当砌至一定高度后，将墨线向上引伸，以作为控制游丁走缝的基准。

（5）墙体留槎形式不符合规定，接槎不严

1）质量通病：砌筑时不按规范执行，随意留直槎，且多留置阴槎，槎口部位用砖渣填砌，留槎部位接槎砂浆不严，灰缝不顺直，使墙体拉结性能严重削弱。

2）防治措施：

① 在安排施工组织计划时，对施工留槎应作统一考虑。外墙大角尽量做到同步砌筑不留

槎或一步架留槎，二步架改为同步砌筑，以加强墙角的整体性。纵、横交接处，有条件时尽量安排同步砌筑，如外脚手砌纵墙、横墙可以与此同步砌筑，工作面互不干扰。这样可尽量减少留槎部位，有利于房屋的整体性。

② 执行抗震设防地区不得留直槎的规定，斜槎宜采取18层斜槎砌法，为防止因操作不熟练，使接槎处水平缝不直，可以加立小皮数杆。清水墙留槎，如遇有门窗口，应将留槎部位砌至转角门窗口边，在门窗口框边立皮数杆，以控制标高。

③ 非抗震设防地区，当留斜槎确有困难时，应留引出墙面120 mm的直槎，并按规定设拉结筋，使咬槎砖缝便于接砌，以保证接槎质量，增强墙体的整体性。

④ 应注意接槎的质量。首先应将接槎处清理干净，然后浇水湿润，接槎时，槎面要填实砂浆，并保持灰缝平直。

⑤ 后砌非承重隔墙，可于墙中引出凸槎，对抗震设防地区还应按规定设置拉结钢筋，非抗震设防地区的120 mm隔墙，也可采取在主墙面上留榫式槎的做法。接槎时，应在榫式槎洞口内先填塞砂浆，顶皮砖的上部灰缝用大铲或瓦刀将砂浆塞严，以稳固隔墙，减少留槎洞口对墙体断面的削弱。

⑥ 外清水墙施工洞口（竖井架上料口）留槎部位，应加以保护和遮盖，防止运料小车碰撞槎子和洒落混凝土、砂浆造成污染。为使填砌施工洞口用砖规格和色泽与墙体保持一致，在施工洞口附近应保存一部分原砌墙用砖，供填砌洞口时使用。

（6）填充墙砌筑不当

1）质量通病：框架梁底、柱边出现裂缝；外墙裂缝处渗水。

2）防治措施：

① 柱边应设置间距不大于500 mm的2ϕ6，且在砌体内锚固长度不小于1 000 mm的拉结筋。若少放、漏放必须在砌筑前补足。

② 填充墙梁下口最后3皮砖应在下部墙砌完3 d后砌筑，并由中间开始向两边斜砌。

③ 如为空心砖外墙，里口用半砖斜砌墙，外口先立斗模，再浇筑不低于C10细石混凝土，终凝拆模后将多余的混凝土凿去。

④ 外窗下为空心砖墙时，若设计无要求，应将窗台改为不低于C10的细石混凝土，其长度大于窗边100 mm，并在细石混凝土内加2ϕ6钢筋。

⑤ 柱与填充墙接触处应设钢丝网片，防止该处粉刷裂缝。

4.3 建筑防水工程常见的质量通病及防治

4.3.1 防水基层

（1）找平层未留设分格缝或分格缝间距过大

1）质量通病：找平层未留设分格缝或分格缝间距过大，容易因结构变形、温度变形、材料收缩变形引起找平层开裂。

2）防治措施：找平层应设分格缝，以使变形集中到分格缝处，减少找平层大面积开裂的可能。留设的分格缝应符合规范和设计的要求。分格缝的位置应留设在屋面板端缝处，其纵、横的最大间距：水泥砂浆或细石混凝土找平层，不宜大于 6 m；沥青砂浆找平层，不宜大于 4 m；缝宽 20 mm，并嵌填密封材料。

（2）找平层厚度不足

1）质量通病：水泥砂浆找平层厚度不足，施工时水分易被基层吸干，影响找平层强度，容易引起表面收缩开裂。如在松散保温层上铺设找平层时，厚度不足难以起支承作用，在行走、踩踏时易使找平层劈裂、塌陷。

2）防治措施：

① 应根据找平层的不同类别及基层的种类，确定找平层的厚度，找平层的厚度和技术要求应符合相关规定。

② 施工时应先做好控制找平层厚度的标记。在基层上每隔 1.5 m 左右做一个灰饼，以此控制找平层的厚度。

（3）找平层起砂、起皮

1）质量通病：找平面层施工后，屋面表面出现不同颜色和分布不均的砂粒，用手一搓，砂子就会分层浮起；用手击拍，表面水泥胶浆会成片脱落或有起皮、起鼓现象；用木槌敲击，有时还会听到空鼓的哑声；找平层起砂、起皮是两种不同的现象，但有时会在一个工程中同时出现。

2）防治措施：

① 水泥砂浆找平层宜采用 1：2.25～1：3（水泥：砂）体积配合比，水泥强度等级不低于 32.5 级；不得使用过期和受潮结块的水泥，砂子含水量不应大于 5%。当采用细砂集料时，水泥砂浆配合比宜改为 1：2（水泥：砂）。

② 水泥砂浆摊铺前，屋面基层应清扫干净，并充分湿润，但不得有积水现象。摊铺时，应用水泥净浆薄薄涂刷一层，确保水泥砂浆与基层粘结良好。

③ 水泥砂浆宜用机械搅拌，并要严格控制水胶比（一般为 0.6～0.65），砂浆稠度为 70～80 mm，搅拌时间不得少于 1.5 min。搅拌后的水泥砂浆宜达到"手捏成团、落地开花"的操作要求，并应做到随拌随用。

④ 做好水泥砂浆的摊铺和压实工作。推荐采用木靠尺刮平，木抹子初压，并在初凝收水前再用铁抹子二次压实和收光的操作工艺。

⑤ 屋面找平层施工后应及时覆盖浇水养护（宜用薄膜塑料布或草袋），使其表面保持湿润，养护时间宜为 7～10 d。也可使用喷养护剂、涂刷冷底子油等方法进行养护，保证砂浆中的水泥能充分水化。

⑥ 对于面积不大的轻度起砂，在清扫表面浮砂后，可用水泥净浆进行修补；对于大面积起砂的屋面，则应将水泥砂浆找平层凿至一定深度，再用 1：2（体积比）水泥砂浆进行修补，修补厚度不宜小于 15 mm，修补范围宜适当扩大。

⑦ 对于局部起皮或起鼓部分，在挖开后可用 1：2（体积比）水泥砂浆进行修补。修补时应做好与基层及新旧部位的接缝处理。

⑧ 对于成片或大面积的起皮或起鼓屋面，则应铲除后返工重做。为保证返修后的工程质量，此时可采用"滚压法"抹压工艺。采用"滚压法"抹压工艺，必须使用半干硬性的水泥砂浆，且在滚压后适时地进行养护。

（4）找平层空鼓、开裂

1）质量通病：部分空鼓，有规则或不规则裂缝。

2）防治措施：

① 结构层质量检查合格后，刮除表面灰疙瘩，扫刷冲洗干净，用 1∶3 水泥砂浆刮补凹洼与空隙，抹平、压实并湿养护，湿铺保温层必须留设宽 40～60 mm 的排气槽，排气道纵、横间距不大于 6 m，在十字交叉口上须预埋排气孔，在保温层上用厚 20 mm、1∶2.5 的水泥砂浆找平，随捣随抹，抹平压实，并在排气道上用 200 mm 宽的卷材条通长覆盖，单边粘贴。

② 在未留设排气槽或分格缝的保温层和找平层基面上，出现较多的空鼓和裂缝时，宜按要求弹线切槽，凿除空鼓部分进行修补和完善。

4.3.2 卷材防水工程

（1）卷材起鼓

1）质量通病：热熔法铺贴卷材时，因操作不当造成卷材起鼓。

2）防治措施：

① 高聚物改性沥青防水卷材施工时，火焰加热要均匀、充分、适度。在操作时，首先持枪人不能让火焰停留在一个地方的时间过长，而应沿着卷材宽度方向缓缓移动，使卷材横向受热均匀。其次，要求加热充分，温度适中。最后，要掌握加热程度，以热熔后沥青胶出现黑色光泽（此时沥青温度为 200 ℃～230 ℃）、发亮并有微泡现象为度。

② 趁热推滚，排尽空气。卷材被热熔粘贴后，要在卷材尚处于较柔软时，就及时进行滚压。滚压时间可根据施工环境、气候条件调节掌握。气温高冷却慢，滚压时间宜稍紧密接触，排尽空气，而在铺压时用力又不宜过大，确保粘结牢固。

（2）转角、立面和卷材接缝处粘结不牢

1）质量通病：卷材铺贴后易在屋面转角、立面处出现脱空。而在卷材的搭接缝处，还常发生粘结不牢、张口、开缝等缺陷。

2）防治措施：

① 基层必须做到平整、坚实、干净、干燥。

② 涂刷基层处理剂，并要求做到均匀一致，无空白漏刷现象，但切勿反复涂刷。

③ 屋面转角处应按规定增加卷材附加层，并注意与原设计的卷材防水层相互搭接牢固，以适应不同方向的结构和温度变形。

④ 对于立面铺贴的卷材，应将卷材的收头固定于立墙的凹槽内，并用密封材料嵌填封严。

⑤ 卷材与卷材之间的搭接缝口，也应用密封材料封严，宽度不应小于 10 mm。密封材料应在缝口抹平，使其形成有明显的沥青条带。

4.3.3 涂膜防水工程

（1）涂膜防水层空鼓

1）质量通病：防水涂膜空鼓，鼓泡随气温的升降而膨大或缩小，使防水涂膜被不断拉伸，变薄并加快老化。

2）防治措施：基层必须干燥，清理干净，先涂刷基层处理剂，干燥后涂刷首道防水涂料，等干燥后，经检查无气泡、空鼓后方可涂刷下道涂料。

（2）涂膜防水层裂缝、脱皮、流淌、鼓包

1）质量通病：沿屋面预制板端头的规则裂缝，也有不规则裂缝或龟裂翘皮，导致渗漏。

2）防治措施：

① 基层要按规定留设分格缝，嵌填柔性密封材料并在分格缝、排气槽面上涂刷宽 300 mm 的加强层，严格涂料施工工艺，每道工序检查合格后方可进行下道工序的施工，防水涂料必须经抽样测试合格后方可使用。

② 涂料应分层、分遍进行施工，并按事先试验的材料用量与间隔时间进行涂布。若夏天气温在 30℃ 以上时，应尽量避开炎热的中午施工。

③ 涂料施工前应将基层表面清扫干净；沥青基涂料中如有沉淀物（沥青颗粒），可用 32 目钢丝网过滤。

④ 在涂膜由于受基层影响而出现裂缝后，沿裂缝切割 20 mm×20 mm 的槽，扫刷干净，嵌填柔性密封膏，再用涂料进行加宽涂刷加强，和原防水涂膜粘结牢固。涂膜自身出现龟裂现象时，应清除剥落、空鼓的部分，再用涂料修补，对龟裂的地方可采用涂料进行嵌涂两度。

4.3.4　刚性防水工程

（1）屋面开裂

1）质量通病：产生有规则的纵、横裂缝，或不规则裂缝。

2）防治措施：

① 刚性防水层面的适用范围，除应遵守屋面工程质量验收规范有关要求外，且不得用于有高温或振动的建筑，也不适用于基础有较大不均匀下沉的建筑。

② 为减少结构变形对防水层的不利影响，在防水层与屋面基层之间宜设置隔离层。隔离层可采用纸筋灰、麻刀灰、低强度等级砂浆（如 1∶3 石灰砂浆垫层）、干铺卷材或聚氯乙烯薄膜等材料。

③ 防水层必须分格。分格缝应设在屋面板的支承端、屋面转折处、防水层与凸出屋面结构的交接处，并应与板缝对齐。分格缝的纵、横间距不宜大于 6 m。此外，分格线应纵、横对齐，不要错缝。

④ 施工前检查基层、必须有足够的强度和刚度，表面没有裂缝，找坡后的排水要畅通，然后用石灰砂浆或黏土砂浆、纸筋石灰膏等粉抹基层面，作隔离层。

⑤ 当刚性防水层出现裂缝等不良现象而渗漏水时，应采取下列措施处理：

a．对有规则的裂缝，沿裂缝用切割机切开，槽宽 20 mm、深 20 mm，剪断槽内钢筋。局部裂缝，可切开或凿成"V"形槽，上口宽 20 mm，深度大于 15 mm。清理干净后，槽内嵌填柔性防水材料。

b．对不规则的裂缝，裂缝宽度小于 0.5 m 时，可在刚性防水层表面，涂刮两度合格的防水涂料。

c．有裂缝、酥松或破损的板块，需凿除后，按原设计要求重新浇筑刚性防水层。

（2）防水层起壳、起砂

1）质量通病：防水层混凝土出现起壳、起砂及表面风化、酥松等现象。

2）防治措施：

① 混凝土的水泥用量不应过高，细集料应尽可能采用中砂或粗砂。如当地无中、粗砂时，宜采用水泥石屑面层。此时配合比为 42.5 级水：粒径 3～6 mm 石屑（或瓜米石）=1：2.5，水胶比≤0.4。

② 切实做好清基、摊铺、碾压、收光、抹平和养护等工序。特别是碾压，一般宜用石滚（重 30～50 kg、长 600 mm）纵、横来回滚压 40～50 遍，直至混凝土表面压出拉毛状的水泥浆为止，然后抹平；待一定时间后再抹压第二遍、第三遍，使混凝土表面达到平整、光滑。

③ 混凝土应避免在酷热、严寒气温下施工，也不要在风沙和雨天施工。

④ 刚性屋面宜增加防水涂膜保护层或轻质砌块保护层。

⑤ 防水层混凝土如出现起壳、起砂及表面风化、酥松等现象时，应先将损坏部分剔除，表面凿毛并清理干净；然后，宜用聚合物水泥砂浆（厚度不宜小于 10 mm）分层抹平，压实至原混凝土防水层的标高。

⑥ 有条件时，在修补后可在刚性防水层表面增加防水涂膜保护层。

（3）分格缝漏水

1）质量通病：沿分格缝位置漏水。

2）防治措施：

① 施工细石混凝土刚性防水层时，分格条要保持湿润，并涂刷隔离剂，沿分格条边的混凝土滚压时，要拍实抹平，待混凝土干硬后，扫刷干净分格缝的两侧壁，涂刷基层处理剂。当表干时，缝底填好背衬材料，要选用合格的柔性防水密封材料嵌缝，待固化后嵌填密封膏，检查其粘结是否牢固，如有脱壳现象须清理掉重新嵌填。

② 当分格缝出现漏水时，凿除缝边不密实的混凝土，扫刷干净，涂刷基层处理剂，再用嵌缝材料性能一致的密封膏进行嵌填。如用不合格的防水密封膏或密封材料已老化和脱壳时，须铲除后更换嵌填柔性防水密封膏。

4.4 建筑地面工程常见的质量通病及防治

4.4.1 水泥地面

（1）地面面层起砂、裂缝

1）质量通病：水泥砂浆面层出现温度收缩、干缩、地面下沉等各类型裂缝，从而导致面层强度降低，影响整体性、使用功能和外观质量。

2）防治措施：

① 严格控制水胶比，用水泥砂浆作面层时，稠度不应大于 35 mm，如果用混凝土作面层，其坍落度不应大于 30 mm。

② 大面积地面面层铺设应分段、分块进行，并根据开间大小，设置适当纵、横向收缩缝，

以消除杂乱的施工缝和温度裂缝。

③ 水泥地面的压光一般为三遍：第一遍应随铺随拍实，抹平；第二遍压光应在水泥初凝后进行（以人踩上去有脚印但不下陷为宜）；第三遍压光要在水泥终凝前完成（以人踩上去脚印不明显为宜）。

④ 面层压光 24 h 后，可用湿锯末或草帘子覆盖，每天应洒水两次，养护不少于 7 d。

⑤ 面层使用水泥应选用 42.5 级以上、没有过期或受潮结块的普通硅酸盐或硅酸盐水泥；砂应采用中、粗砂，含泥量不大于 3%，砂浆配制应严格计量，搅拌均匀，控制稠度不小于 35 mm，以确保达到要求的强度和密实性。

⑥ 小面积起砂且不严重时，可用磨石子机或手工将起砂部分水磨，磨至露出坚硬表面。也可把松散的水泥灰和砂子冲洗干净，铺刮纯水泥浆 1～2 mm，然后分三遍压光。

（2）地面空鼓

1）质量通病：地面空鼓多发生于面层和垫层之间或垫层与基层之间，用小锤敲声。使用一段时间后，容易开裂。严重时大片剥落，破坏地面使用能力。

2）防治措施：

① 为了增加面层与基层之间的粘结力，需涂刷水泥浆结合层。

② 严格处理基层：

a. 认真清理表面的浮灰、浆膜以及其他污物，并冲洗干净，如基层表面过于光滑，应凿毛，门口处砖层过高时应予剔除。

b. 控制基层平整度，用 2 m 直尺检查，其凹凸度不应大于 10 mm，以保证面层厚度均匀一致，防止厚薄悬殊，造成凝结硬化时收缩不均而产生裂缝和空鼓。

c. 面层施工前的 1～2 d，应对基层认真浇水湿润，使基层具有清洁、湿润、粗糙的表面。

③ 注意结合层的施工质量：

a. 素水泥浆结合层在调浆后应均匀涂刷，严禁先洒干水泥后洒水扫浆的方法。

b. 在水泥炉渣或水泥石灰炉渣垫层上涂刷结合层，宜加砂子，其配合比可为水泥：砂子=1：1（体积比），刷浆前，应浆表面松动的颗粒扫除干净。

c. 刷素水泥浆结合层应与铺设面层紧密配合，做到随刷随铺，水泥浆已风干硬结，则应铲除后重新涂刷。

④ 保证垫层的施工质量：

混凝土及其他材料垫层应用平板振捣器振实或人工夯实，高低不平处，应用水泥砂浆或细石混凝土找平。

⑤ 冬期施工，如采用火炉采暖养护时，炉子下面要架高，上面要吊铁板避免局部温度过高而使砂浆或混凝土失水过快，造成空鼓。

⑥ 对于房间的边、角处以及空鼓面积不大于 0.1 m² 且无裂缝者，一般可不作修补。

⑦ 对人员活动频繁的部位，如房间的门口、中部等处以及空鼓面积大于 0.1 m² 但裂缝显著者，应予返修。

⑧ 局部翻修应将空鼓部分凿去，四周宜凿成方块形或圆形，并凿进结合良好处 30～50 mm，边缘应凿成斜坡形。底层表面应适当凿毛。凿好后，将修补周围 100 mm 范围内清理干净。修补前 1～2 d，用清水冲洗，使其充分湿润。修补时，先在底面及四周刷水胶比为 0.4～0.5 的素水泥浆一遍，然后用面层相同材料的拌合物填补。如原有面层较厚，修补时应

分次进行，每次厚度不宜大于 20 mm。终凝后，应立即用湿砂或湿草袋等覆盖养护，严防早期产生收缩裂缝。

⑨ 大面积空鼓，应将整个面层凿去并将底面凿毛，重新铺设新面层。有关清理、冲洗、刷浆、铺设和养护等操作要求同上。

（3）预制楼地面顺板缝

1）质量通病：预制楼板地面出现有规律的顺板拼缝方向通长裂缝，一般是上下贯通，板下抹灰层也出现裂缝。

2）防治措施：

① 楼板安装时，板底缝宽不应小于 20 mm。边坐浆边安装，使板搁置平实。

② 楼板灌缝应在上一层楼板安装完成后或主体基本完成后进行。认真清扫板缝，在板底吊模板，充分浇水湿润板缝，略干后刷水胶比为 0.4～0.5 的素水泥浆，随后浇不低于 C20 细石混凝土，捣固密实。隔 24 h 浇水养护，同时检查板底，不漏水者为合格。

③ 板缝中敷设电线管时，宜将板底缝放至 40 mm 宽，先浇筑 70～80 mm 厚细石混凝土，捣实后再敷设管子，使管子被包裹于嵌缝混凝土之中。

④ 灌缝混凝土选用普通硅酸盐水泥，它具有早期强度高、硬化过程干缩值小的优点。也可选用膨胀水泥灌缝。

⑤ 灌缝后，一般应等混凝土强度达到 C15 方可上料施工。必要时可采取铺设模板，搭跳板推车运料或在楼板下加临时支撑等措施。

⑥ 改进预制楼板侧边构造，如采用凹槽式能大大提高传力效果。

⑦ 在楼板搁置处和室内与走廊邻接的门口处镶嵌玻璃分格条，如产生裂缝会顺分格条有规则出现，不影响外观。

⑧ 在楼板搁置处板面上增设能承受负弯矩的钢筋网片。

⑨ 楼面施工宜在主体完工后进行，可减少由于支座沉降差引起的裂缝。

⑩ 如果裂缝较宽或数量较多，对于顺板缝方向的裂缝可按以下办法处理：

a. 凿去原有灌缝混凝土，可先用混凝土切割机沿板缝方向切割，然后剔除混凝土。将预制楼板侧面适当凿毛，并把面层和找平层凿进板边 30～50 mm。

b. 修补前一天，用水冲洗干净并充分湿润。

c. 在板缝内刷素水泥浆一遍，随即浇捣 C20 细石混凝土，第一次浇捣至板缝深度的一半，稍后第二次浇捣至离板面 10 mm 处。

d. 浇水养护几天后，用与面层相同材料的拌合物修补面层，注意把与原面层接合处赶压密实。

e. 如房间内裂缝严重，将面层凿毛，也可将面层全部凿掉，在整个房间增设一层钢筋网片，浇 30 mm 厚 C20 细石混凝土，随捣随抹。

4.4.2 板块地面

1．砖面层工程

（1）砖面层铺贴不平整，对缝不齐，颜色差别大

1）质量通病：由于粘结层的下一层的不平整没有进行处理或者是铺贴砖面层时面层标高

未予控制，没有用直尺靠平砖面或不同产地、不同厂生产的砖混合使用，在规格、尺寸、颜色等方面有较大差异等，从而导致砖块间不平整、不对缝，颜色差别大，砖面层外观质量达不到设计要求。

2）防治措施：

① 砖面层铺设前应对基层进行整平，控制好标高，力求平整。当水泥类基层的平整度不符合要求时，应先用乳液腻子分遍涂刷处理直至填平。铺设时可用碎砖片做灰饼控制标高，用直尺靠平。

② 不同厂生产的砖不能混用，砖在使用前应检查其尺寸、色泽、平整度，如发现不一致应摸清分档，分开使用，以确保规格、颜色一致。

③ 运输、储存中应防止被有色水污染，使用前应用洁净水浸润。

（2）地砖地面爆裂拱起

1）质量通病：地砖地面由夏季进入秋、冬季节时，易在夜间发生地面地砖爆裂并有拱起现象，这种情况大多发生在春、夏季节气温较高时铺设的地面。

2）防治措施：

① 铺设地砖的水泥砂浆配合比宜为 1：2.5～1：3，水泥掺量不宜过大。砂浆中适量掺加白灰为宜。

② 地砖铺设时不宜拼缝过紧，宜留缝 1～2 mm，擦缝不宜用纯水泥浆，水泥砂浆中宜掺适量的白灰。

③ 地砖铺设时，四周与砖墙间宜留 2～3 mm 空隙。

2．大理石面层和花岗石面层

大理石、花岗石面层铺设后颜色、花纹、图案和纹理零乱。

1）质量通病：大理石有天然的花纹，可以拼成美丽的图案或者按照纹理进行拼排形成美丽的花纹，施工时如果随便拼合就会显得零乱，无法达到整体的艺术效果，成为装饰中的永久性缺陷。

2）防治措施：

① 大理石和花岗石板块材料的质量要求应符合现行国家标准《天然大理石建筑板材》（GB/T 19766—2005）和《天然花岗石建筑板材》（GB/T 18601—2009）的规定。

② 铺设前板材应按设计要求，根据石材的颜色、花纹、图案、纹理等试拼编号；当板材有裂缝、掉角、翘曲和表面缺陷时应予以剔除；品种不同的板材不得混杂使用。

3．预制板块面层工程

预制水磨石板块面层出现缺棱、掉角。

1）质量通病：预制水磨石板块面层出现棱角不齐，经修补颜色不一致，毛糙太多，影响外观质量。

2）防治措施：搬运和存放时，应用软包装，防止硬砸、硬碰；使用时应注意挑选，有缺棱、掉角、裂缝、翘曲等缺陷的板块应剔除，并应事先试摆实样，挑选颜色一致、损坏较少的板块，并注意加强保护。

4．料石面层工程

料石面层出现松动、下陷。

1）质量通病：

料石地面使用后局部产生松动、不均匀下陷现象，降低了面层的受力功能和耐久性，同时也影响美观。

2）防治措施：

① 料石面层铺设前，应将表面基土或被扰动土夯实或压实两遍使其密实、平整；对局部软弱土应挖出，用好土或灰土分层回填夯实，每层夯实的压实系数应符合设计要求，但不应小于 0.9，回填前宜取土样用击实试验确定最优含水量与相应的最大干密度，以此进行质量控制。

② 料石面层铺设应错缝组砌，缝隙宽窄均匀；块石面层应用碎石嵌缝碾压密实；用砂或水泥砂浆作结合层的料石面层应待碾压夯实密实或经养护后方可上人，以防止造成松动和下陷。

4.4.3　木质地面

（1）踩踏时有响声

1）质量通病：人行走时，地板发出响声。轻度的响声只在较安静的情况才能发现，施工中往往被忽略。

2）防治措施：

① 采用预埋钢丝法锚固木格栅栏，施工时要注意保护钢丝，不要将钢丝弄断。

② 木格栅栏及毛地板必须用干燥料。木格栅栏、毛地板的含水率应符合现行国家标准《木结构工程施工质量验收规范》（GB 50206—2012）的有关规定。材料进场后最好入库保存，如码放在室外，底部应架空并铺一层油毡，上面再用布加以覆盖，避免日晒雨淋。

③ 木格栅格栏应在室内环境比较干燥的情况下铺设。室内湿作业完成后，应将地面清理干净。保温隔声材料，如焦渣、泡沫混凝土块等要晾干或烘干。

④ 格栅栏铺钉完，要认真检查有无响声，不符合要求不得进行下道工序。

（2）地板缝不严

1）质量通病：木地板面层板缝不严，板缝宽度大于 0.3 mm。

2）防治措施：

① 地板条拼装前，须经严格挑选，有腐朽、疖疤、劈裂、翘曲等疵病者应剔除宽窄不一、企口不合要求的，修理再用。

② 慎用硬杂木材作长条木地板的面层板条。

（3）表面不平整

1）质量通病：走廊与房间、相邻房间或两种不同材料的地面相交处高低不平，以及整个房间不水平等。

2）防治措施：

① 木格栅栏铺设后，应经隐蔽验收，合格后方可铺设毛地板或面层。粘贴拼花地板的基层平整度应符合要求。

② 施工前校正一下水平线（室内+50 cm），有误差要先调整。

③ 相邻间的地面标高应以先施工的为准。人工修边要尽量找平。

（4）地板起鼓

1）质量通病：地板局部隆起，轻则影响美观，重则影响使用。

2）防治措施：

① 木地板施工必须合理安排工序，门厅或带阳台房间的木地板，门口要采取措施，以免雨水倒流。

② 地板面层留通气孔，每间不少于两处，踢脚板上通气孔每边不少于两处。

③ 室内上水或暖气片试水，应在木地板刷油或烫蜡后进行。试水时要有专人看管，采用有效措施，使木地板免遭浸泡。

（5）木踢脚板安装缺陷

1）质量通病：木踢脚板表面不平，与地面不垂直，接槎高低不平、不严密。

2）防治措施：

① 钉木踢脚板前先在木砖上钉垫木，垫木要平整，并拉通线找平，然后再钉踢脚板。

② 为防止木踢脚板翘曲，应在其靠墙的一面设两道变形槽，槽深 3～5 mm，宽度不少于 10 mm。

③ 踢脚板应在木地板面层刨平、磨光后再安装。

（6）搁栅、地板条腐烂

1）质量通病：木地板使用年限不长，地板条就因腐烂而损坏，特别是四周墙角处。如撬开观察，地板条背面往往有凝结水和白色的霉菇物。此种现象大多发生在空铺木地板工程。

2）防治措施：

① 空铺木地板下的地面填土应予以夯实，达到平整、干燥。铺钉面层地板条时，板下杂物应清理干净。

② 四周墙上应留有通风洞。通风洞应设有格栅，防止老鼠等小动物钻入其内。

③ 木格栅栏和木地板的背面，铺钉前应做防腐处理。

④ 室外地面应做好散水或明沟，进行有组织排水，墙脚处应做好防潮层处理，避免室外雨水、潮气湿气渗透到板下空间中去。

4.4.4　楼地面渗漏

（1）穿楼板管根部渗漏

1）质量通病：楼面的积水通过厨房、卫生间楼板与管道的接缝处渗漏。

2）防治措施：

① 穿管周围的混凝土填充前要清除酥松的砂、石，并刷洗干净，浇捣要密实，预留 10 mm×10 mm 的密封槽，未预留密封槽时，也重新剔槽，用柔性密封胶嵌填。

② 在楼板面上无法处理时，亦可在楼板下面的管道周边凿槽 25 mm×25 mm，用遇水膨胀胶条嵌填深 20 mm，表面再用聚合物砂浆抹平。

③ 蒸汽管穿越楼板的部位应先预埋套管，套管应高出楼地面 100 mm，套管外侧根部也应设槽嵌填密封材料。

（2）地面渗漏

1）质量通病：厨房、卫生间地面的楼板，在板下或板端承载墙面出现渗漏水。地面是钢筋混凝土现浇板时，也会出现渗漏水现象。

2）防治措施：厨房、卫生间楼板应用整体现浇钢筋混凝土楼板，在板边同时浇筑上翻不小于 60 mm 的挡水板。浇筑混凝土时应用平板振动器振实。

4.5 保温隔热工程常见的质量通病及防治

4.5.1 屋面保温层

（1）保温层厚薄不匀

1）质量通病：目测表面严重不平。用钢钉插入测厚度，厚处超过设计厚度的 10%，薄处小于设计厚度的 95%。

2）防治措施：

① 无论是坡屋面还是平屋面，松散材料保温层均需分层铺设。

② 分隔铺设。为此，可采用经防腐处理的木龙骨或保温材料作的预制条块作为分隔条。

③ 做砂浆找平层时，宜在松散材料上放置 10 mm 网目的钢丝筛，然后在其上面均匀地摊铺砂并刮平，最后取出钢丝筛抹平压光，以保证保温层厚度均匀。

（2）保温层起鼓、开裂

1）质量通病：保温层乃至找平层出现起鼓、开裂。

2）防治措施：

① 为确保屋面保温效果，应优先采用质轻、导热系数小且含水率较低的保温材料，如聚苯乙烯泡沫塑料板、现喷硬质发泡聚氨酯保温层。严禁采用现浇水泥膨胀蛭石及水泥膨胀珍珠岩材料。

② 控制原材料含水率。封闭式保温层的含水率应相当于该材料在当地自然风干状态下的平衡含水率。

③ 倒置式屋面采用吸水率小于 6%、长期浸水不腐烂的保温材料。此时，保温层上应用混凝土等块材、水泥砂浆或卵石保护层与保温之间，应干铺一层无纺聚酯纤维面做隔离层。

④ 保温层施工完成后，应及时进行找平层和防水层的施工。雨期施工时保温层应采取遮盖措施。

⑤ 从材料堆放、运输、施工以及成品保护等环节都应采取措施，防止受潮和雨淋。

⑥ 屋面保温层干燥有困难时，应采用排汽措施。排汽道应纵、横贯通，并应与大气连通的排汽孔相通，排汽孔宜每 25 m² 设置 1 个，并做好防水处理。

⑦ 为减少保温屋面的起鼓和开裂，找平层宜选用细石混凝土或配筋细石混凝土材料，详见 4.3.1（4）"找平层空鼓、开裂"的预防措施。

⑧ 保温层内积水的排除可在保温层上或在防水层完工后进行。其具体做法是：先在屋面上凿一个孔洞将水吸入真空吸水机内。然后，在孔洞的周围，用半干硬性水泥砂浆和素水泥封严，不得有漏水现象。封闭好后即可开机。待 2～3 min 后就连续地出水，每个吸水点连续作业 45 min 左右，即可将保温层内达到饱和状态的积水抽尽。

⑨ 保温层干燥程度很容易测试法。用冲击钻在保温层最厚的地方钻 1 个 $\phi16$ mm 以上的圆孔，孔深至保温层 2/3 处，用一块大于圆孔的白色塑料布盖在圆孔上，塑料布四周用胶带等压紧密封，然后取一冰块放置于塑料布上。此时，圆洞内的潮湿气体遇冷，便在塑料布底

面结露，2 min 左右取下冰块，观察塑料布底面结露情况。如有明显露珠，说明保温层不干；如果仅有一层不明显的白色小雾，说明保温层基体干燥，可以进行防水层施工。测试时间且选择在下午 14：00—15：00 时，此时保温层内温度高，相对温差大，测试结果明显、准确。对于大面积屋面，应多测几点，以提高测试的准确性。

（3）架空板铺设不稳、排水不畅

1）质量通病：架空板铺设不平整、不稳固、排水不通畅。

2）防治措施：

① 架空屋面施工时，应先将屋面清扫干净，并应根据架空板的尺寸，弹出支座中线。然后，按照屋面宽度及坡度大小，确定每个支座的高度。这样才能确保架空板安装后，坡度正确，排水畅通。

② 非上人屋面的烧结普通砖强度等级不应小于 MU7.5，上人屋面的烧结普通砖强度等级不应小于 MU10；砖砌支座施工时宜采用水泥砂浆砌筑，其强度等级应为 M5。

③ 混凝土架空隔热板的强度等级不应小于 C20，且在板内宜放置钢线网片；在施工中严禁有断裂和露筋等缺陷。

④ 架空隔热板铺设后应做到平整、稳固，板与板之间宜用水泥砂浆或水泥混合砂浆勾缝嵌实，并按设计要求留置变形缝。架空隔热板安装后相邻高低不应大于 3 mm，可用直尺和楔形塞尺检查。

4.5.2 屋面隔热

架空隔热层风道不通畅。

1）质量通病：屋面架空隔热层施工完后，发现风道内有砂浆、混凝土块或砖块等杂物，阻碍了风道内空气顺利流动，降低了隔热效果。

2）防治措施：

① 砌砖支腿时，操作人员应随手将砖墙上挤出的舌头灰刮支，并用扫帚将砖面清扫干净。

② 砖支腿砌完后，在盖隔热板时，应先将风道内的杂物清扫干净。

③ 如风道砌好后长期不进行铺盖隔热板，则应将风道临时覆盖，避免杂物落入风道内。

④ 风道内落入杂物不太严重时，可用杆子插入风道内清理。

⑤ 如风道内已严重堵塞，则需把隔热板掀起，将杂物由上面掏出，进行处理后立即将隔热板重新盖好。

4.5.3 外墙保温

（1）保温墙开裂

1）质量通病：外保温墙体的裂缝主要发生在板缝、窗口周围、窗角、女儿墙部分、保温板与非保温墙体的结合部。从裂缝的形状又可分为表面网状裂缝，较长的纵向、横向或斜向裂缝，局部鼓胀裂缝等。

2）防治措施：

① 必须采用专用的抗裂砂浆并辅以合理的增强网，在砂浆中加入适量的聚合物和纤维对

控制裂缝的产生是有效的。

② 选用抗裂强力高、耐碱强力保留率高、断裂应变小的玻纤网格，提高网格布的使用年限，从而有效地减少裂缝的发生。

（2）内墙表面长霉、结露

1）质量通病：长霉、结露现象往往发生在墙角、门窗口和阴面墙、山墙下部以及墙表面湿度过大的部位。保温构造设计不合理的墙体，也会在墙体内部出现长霉、结露现象。严重的长霉、结露会对室内环境造成破坏，甚至危及居住者健康。

2）防治措施：

① 阻断热桥，改善室内湿度死角，保持良好的新风条件，如尽量采用外墙外保温；采用苯板条完成对线条的表现处理等。

② 采用内保温时窗应该靠近墙体的内侧，外保温则应靠近墙体的外侧。尽量使保温层与窗连接成一个系统以减少保温层与窗体间的保温断点，避免窗洞周边的热桥效应。窗设计中还应考虑窗根部上口的滴水处理和窗下口窗根部的防水设计处理，防止水从保温层与窗根部的连接部位进入保温系统的内部。

（3）外墙空鼓、脱落

1）质量通病：在保温层与其他材料的材质变换处，因为保温层与其他材料的材质的密度相差过大，这就决定了材质间的弹性模量和线性膨胀系数也不尽相同，在温度应力作用下的变形也不同，极容易在这些部位产生面层的抹灰裂缝。

2）防治措施：

① 要在保护保温层的前提下，使外保温系统形成一个整体，转移面砖饰面层负荷作用体，改善面砖粘贴基层的强度，达到标准规定要求。

② 要考虑外保温材料的压折比、粘结强度、耐候稳定性等指标以及整个外保温系统材料变形量的匹配性，以释放和消除热应力或其他应力。

③ 要考虑外保温材料的抗渗性以及保温系统的呼吸性和透气性，避免冻融破坏而导致面砖脱落。

④ 要提高外保温系统的防火等级，以避免火灾等意外事故出现后产生空腔，外保温系统丧失整体性在面砖饰面的自重力的影响下大面积坍落。

⑤ 要提高外保温系统的抗震和抗风压能力，以避免偶发事故出现后的水平方向作用力对外保温系统的巨大破坏。

[课后习题]

一、选择题

1．冬期进行土方开挖工程，若不能及时浇筑垫层，应预留（   ）mm 厚土层，待进行下一道工序前再开挖。

A．150   B．250   C．350   D．400

2．基坑开挖范围内有地下水时，采取降水措施，将水位降至基底以下（   ）cm。

A．50   B．100   C．200   D．500

3．回填土按要求采取严格分层回填、夯实。每层虚铺厚度不得大于（   ）mm。

A．30   B．100   C．200   D．300

4. 对跨度不小于 4 m 的现浇钢筋混凝土梁、板，其模板应按设计要求起拱；当设计无具体要求时，起拱高度宜为跨度的（　　　）。

A. 1/10 00～3/1 000　　　　　　　　　　B. 2/1 000～4/1 000

C. 3/1 000～5/1 000　　　　　　　　　　D. 1/100

5. 混凝土下料高度如超过（　　　）m，应设串筒或溜槽。

A. 0.5　　　　　　B. 1　　　　　　C. 1.5　　　　　　D. 2

6. 混凝土浇捣过程中，为保证上下层混凝土良好结合，振捣棒应插入下层混凝土（　　　）。

A. 下层混凝土 1/2 处　B. 5 cm　　　　C. 30～40 cm　　　D. 2 cm

7. 混凝土后浇带应在其两侧混凝土龄期大于（　　　）d 后再施工，浇筑时，应采用补偿收缩混凝土，其混凝土强度应提高一个等级。

A. 14　　　　　　B. 28　　　　　　C. 42　　　　　　D. 60

8. 分格缝的位置应留设在屋面板端缝处，其纵、横的最大间距：水泥砂浆或细石混凝土找平层，不宜大于（　　　）m；沥青砂浆找平层，不宜大于（　　　）m。

A. 6　　　　　　B. 5　　　　　　C. 4　　　　　　D. 3

9. 屋面找平层施工后应及时覆盖浇水养护（宜用薄膜塑料布或草袋），使其表面保持湿润，养护时间宜为（　　　）d。

A. 5～8　　　　　B. 6～9　　　　　C. 7～10　　　　　D. 8～14

10. 如果用混凝土作面层，其坍落度不应大于（　　　）mm。

A. 22　　　　　　B. 30　　　　　　C. 28　　　　　　D. 15

11. 预制桩桩身混凝土不应低于（　　　）。

A. C20　　　　　B. C25　　　　　C. C30　　　　　D. C40

12. 《关于实行建筑工程质量管理手册制度的通知》中规定，施工、监理企业必须由企业分管质量经理或技术负责人，组织企业质量管理机构人员，定期或不定期对本企业施工（监理）的在建工程进行全面巡回检查，检查频次为（　　　）。

A. 每月不少于 1 次　　　　　　　　　　B. 每月不少于 2 次

C. 每周不少于 1 次　　　　　　　　　　D. 每周不少于 2 次

13. 加气混凝土砌块墙体每天砌筑高度不得高于（　　　）m，梁、板底空隙补砌或补填时间不得早于 7 d。

A. 1.8　　　　　　B. 1.6　　　　　　C. 1.5　　　　　　D. 1.2

14. 《关于治理当前工程建设管理中突出质量问题的通知》中规定，加气混凝土砌块、蒸压（养护）砖、普通混凝土小型空心砌块等墙体材料，必须选择标注生产日期的产品，进场后必须采取防雨、防潮措施，产品龄期超过（　　　）d 方可砌筑。

A. 7　　　　　　B. 14　　　　　　C. 28　　　　　　D. 30

15. 《关于进一步加强建筑外墙外保温工程质量管理的通知》中规定，保温板应采用满粘或条粘法粘贴，粘结面积不得小于（　　　）。

A. 60%　　　　　B. 70%　　　　　C. 75%　　　　　D. 80%

16. 《民用建筑外保温系统及外墙装饰防火暂行规定》中规定，民用建筑外保温材料的燃烧性能宜为 A 级，且不应低于（　　　）。

A. B_2 级　　　　　B. C_2 级　　　　　C. B_1 级　　　　　D. C_1 级

17. 《现浇混凝土楼板裂缝防治若干措施》中规定，板底钢筋保护层厚度应符合设计、规范要求，垫块数量每（　　）m² 不少于 1 个。

A. 0.6　　　　　　B. 0.8　　　　　　C. 1.0　　　　　　D. 1.2

18. 《住宅工程部分通病治理工艺做法》中规定，抹灰厚度大于或等于（　　）mm 时，应采取挂网、分层抹灰等防裂防空鼓的加强措施。

A. 25　　　　　　B. 30　　　　　　C. 35　　　　　　D. 40

19. 外窗窗台距楼面、地面的净高低于（　　）m 时，应有防护设施。

A. 0.90　　　　　B. 1.05　　　　　C. 1.10　　　　　D. 0.80

二、简答题

1. 沉桩时，如何控制桩顶标高？

2. 泥浆护壁钻孔灌注桩施工过程中，护筒的作用有哪些？如何正确埋置护筒？

3. 土方开挖工程中，如何预防超挖病害？

4. 如何防治后浇带漏水？

5. 模板工程中，应如何正确使用脱模剂？

6. 施工过程中，发现锈蚀钢筋应如何处理？

7. 结构或构件拆模时发现混凝土表面有钢筋露出应如何处理？

8. 何谓清水墙游丁走缝？应如何防治？

9. 转角、立面和卷材接缝处的防水卷材应如何处理？

10. 如何预防穿楼板管根部渗漏？

三、案例题

1. 在某地下室结构施工中，投入的管理及劳务人员比较少，在混凝土浇筑过程中管理人员及施工人员连续作业，由于长期连续施工，人员体力不支，造成严重的质量问题：

1）剪力墙混凝土露筋，混凝土欠振捣，窗下角形成蜂窝状的孔洞。

2）混凝土工程剪力墙露筋，混凝土不密实。

3）混凝土表面局部缺浆粗糙，墙体根部混凝土不密实。

请根据背景资料回答下列问题：

1）试分析出现上述病害现象的原因。

2）为了防止出现上述病害，应如何预防？针对上述病害，应如何治理？

2. 某安居工程，砖砌体结构，6 层，共计 18 栋。该卫生间楼板现浇钢筋混凝土，楼板嵌固墙体内；防水层做完后，直接做了水泥砂浆保护层后进行了 24 h 蓄水试验。交付使用后不久，用户普遍反映卫生间漏水。现象：卫生间地面与立墙交接部位积水，防水层渗漏，积水沿管道壁向下渗漏。

请根据背景资料回答下列问题：

1）试分析卫生间渗漏原因。

2）卫生间蓄水试验要求是什么？

3. 某职工宿舍楼为 3 层砖混结构，纵墙承重。楼板为预制板，支撑在现浇钢筋混凝土梁上。该工程于 2014 年 6 月开工，7 月中旬开始砌墙，采用的施工方法为"三一"砌砖法和挤浆法，9 月份第一层楼砖墙砌完，10 月份接着施工第二层，12 月份进入第三层施工。当三楼砖墙未砌完，屋面砖薄壳尚未开始砌筑，横墙也未砌筑时，在底层内纵墙上发现裂缝若干条，始于横梁支座处并略呈垂直向下，长达 2 m 多。事故调查时发现该工程为套用标准图，但降低了原砌筑砂浆的强度等级，还取消了原设计的梁垫，由此造成了砌体局部承载力局部下降了 60％，此外砌筑质量低劣，这些是造成这起事故的原因。

1）一般砌体结构裂缝产生的原因有哪些?试分析该案例中裂缝产生的原因是什么?

2）案例中所提裂缝应怎样处理?

3）该工程中采用的"三一"砌砖法和挤浆法是砌体工程中最常用的施工方法，试述其施工特点。

4）砌体工程中常见的质量通病除案例中提到的墙体裂缝外还有哪些?

建筑工程安全篇

第 5 章　建筑施工安全生产技术

[案例背景]

某市建筑集团公司承担一栋 20 层智能化办公楼工程的施工总承包任务，层高 3.3 m，其中，智能化安装工程分包给某科技公司施工。在工程主体结构施工至第 18 层、填充墙施工至第 8 层时，该集团公司对项目经理部组织了一次工程质量和安全生产检查。

部分检查情况如下：

1）项目采用单层落地式钢管脚手架；

2）施工过程中未采取有效的高处作业防护措施；

3）第 15 层外脚手架上有工人在进行电焊作业，动火证是由电焊班组申请，项目责任工程师审批。

[问题]

1）施工现场采用单层落地式钢管脚手架有无不妥？脚手架设置有哪些安全要点？

2）该项目主体结构施工属于几级高处作业？高处作业的安全施工要点有哪些？

3）本案例中电焊作业属几级动火作业？指出办理动火证的不妥之处，并写出其正确做法。

[学习目标]

1）掌握土方、基坑工程施工安全生产技术要点；

2）掌握模板、脚手架工程施工安全生产技术要点；

3）熟悉高处作业、现场临时用电工程施工安全生产技术要点；

4）了解建筑机械、焊接工程、爆破工程施工安全生产技术要点。

[能力目标]

1）帮助学生掌握建筑施工安全生产的知识体系；

2）培养学生进行建筑施工安全管理案例分析及施工安全管理实践的能力。

5.1 土方工程

5.1.1 土方开挖与回填的施工安全技术措施

1）基坑（槽）开挖时，两人操作间距应大于 2.5 m。多台机械开挖，挖土机间距应大于 10 m。在挖土机工作范围内，不允许进行其他作业。挖土应从上而下，逐层进行，严禁先挖坡脚或逆坡挖土。

2）土方开挖不得在危岩、孤石的下面或贴近未加固的危险建筑物的下面进行。施工中应防止地面水流入坑、沟内，以免发生边坡塌方。

3）基坑周边严禁超荷载堆放。在坑边堆放弃土、材料和移动施工机械时，应与坑边保持一定的距离，当土质良好时，要距坑边 1 m 以外，堆放高度不能超过 1.5 m。

4）基坑（槽）开挖应严格按要求进行放坡。施工时应随时注意土壁的变化情况，如发现有裂纹或部分坍塌现象，应及时进行加固支撑或放坡，并密切注意支撑的稳固和土壁的变化。当采取不放坡开挖时，应设置临时支护，各种支护应根据土质及基坑深度经计算确定。

5）采用机械多台阶同时开挖时，应验算边坡的稳定性，挖土机离边坡应保持一定的安全距离，以防塌方，造成翻机事故。

6）在有支撑的基坑（槽）中使用机械挖土时，应防止碰坏支撑。在坑（槽）边使用机械挖土时，应计算支撑的强度，必要时应加强支撑。

7）开挖至坑底标高后坑底应及时封闭并进行基础工程施工。

8）在进行基坑（槽）和管沟回填土时，其下方不得有人，所使用的打夯机等设备应检查电气线路，防止漏电、触电，停机时应切断电源。

9）在拆除护壁支撑时，应按照回填顺序，从下而上逐步拆除。更换护壁支撑时，必须先安装新的，再拆除旧的。

5.1.2 特殊地段土方开挖施工安全技术措施

1. 斜坡地段挖方

土坡坡度要根据工程地质和土坡高度，结合当地同类土体的稳定坡度值确定。土方开挖应从上而下、分层分段依次进行，并随时做成一定的坡势以利泄水，且不应在影响边坡稳定的范围内积水。

在斜坡上方弃土时，应保证挖方边坡的稳定性。弃土堆应连续设置，其顶面应向外倾斜，以防山坡水流入挖方场地。当坡度大于 20° 或在软土地区时，应禁止在挖方上侧弃土。在挖方下侧弃土时，要将弃土表面堆放平整，并向外倾斜，弃土表面要低于挖方场地的设计标高。

2. 滑坡地段挖方

开挖时，必须遵循由上而下的开挖顺序，严禁先切除坡脚。应从滑坡体两侧向中部自上而下进行，严禁全面拉槽开挖，弃土不得堆放在主滑区内，开挖挡墙基槽时也应从滑坡体两侧向中部分段跳槽进行，并加强支撑，及时砌筑、回填墙背，施工过程中应设专人观察，严防塌方。

3．湿土地区开挖

施工前，需要做好地面排水和降低地下水位的工作，若为人工降水，要降至坑底 0.5～1.0 时，方可开挖，采用明排水时可不受此限制。相邻基坑和管沟开挖时，要先深后浅，并要及时做好基础。

4．膨胀土地区挖方

开挖前，要做好排水工作，防止地表水、施工用水和生活废水浸入施工现场或冲刷边坡。开挖后的基土不许受烈日暴晒或水浸泡。开挖、作垫层、基础施工和回填土等要连续进行。采用砂地基时，要先将砂浇水至饱和后再铺填夯实，不能用在基坑或管沟内浇水使砂沉落的方法施工。

5.2 基坑工程

5.2.1 基坑工程安全控制概述

1．基坑工程的分类

基坑工程分为深基坑工程和浅基坑工程，按照住房和城乡建设部发布的《危险性较大的分部分项工程安全管理办法》：深基坑工程是指"开挖深度超过 5 m 的基坑以及开挖深度虽未超过 5 m，但地质条件、周边环境和地下管线复杂，或影响毗邻建筑物安全的基坑工程"。深基础施工挖、填土方，应编制深基坑（槽）安全边坡、土壁支护、高切坡、桩基及地下暗挖工程等专项施工技术方案，并组织专家评审。

2．深基坑工程安全事故的主要表现形式和原因

基坑工程事故类型很多。在水土压力的作用下，支护结构可能发生破坏，支护结构形式不同，破坏形式也有差异。渗流可能引起流土、流砂、突涌，造成破坏。围护结构变形过大及地下水流失，引起周围建筑物及地下管线破坏也属基坑工程事故。常见的基坑工程安全事故表现形式和原因如下：

（1）支护结构变形引起的沉降

在深基坑工程施工过程中，会对周围土体有不同程度的扰动，一个重要影响表现为引起周围地表不均匀下沉，从而影响周围建筑 、构筑物及地下管线的正常使用，严重的造成工程事故。

（2）基坑降水引起的沉降

在深基坑开挖过程中，降低地下水位过大或围护结构有较大变形时，可能会引起基坑周围地面沉降。若不均匀沉降过大时，还有可能引起建筑物倾斜，墙体、道路及地下管线开裂等严重问题。

（3）围护体系折断

由于施工抢进度，超量挖土，支撑架设跟不上，使围护体系大量缺少设计上必须的支撑，或者由于施工单位不按图施工，抱侥幸心理，少加支撑，致使围护体系应力过大而折断或支撑轴力过大而破坏以及产生大变形。

（4）围护体整体失稳模式

基坑开挖后，土体沿围护墙体下形成的圆弧滑面或软弱夹层发生整体滑动失稳的破坏。

（5）围护体踢脚破坏模式

由于基坑围护墙体插入基坑底部深度较小、底部土体强度较低，从而会导致围护墙底向基坑内发生较大的"踢脚"变形，同时引起坑内土体隆起。

（6）坑内土滑坡，使内支撑失稳

在类似地铁车站那样的长条形基坑内区放坡挖土，由于放坡较陡、降雨或其他原因引致滑坡、冲毁基坑内先期施工的支撑及立柱，导致基坑破坏。

（7）基坑壁流土破坏

在饱和含水地层（特别是有砂层、粉砂层或者其他的夹层等透水性较好的地层），由于围护墙的止水效果不好或止水结构失效，致使大量的水夹带砂粒涌入基坑，严重的水土流失会造成地面塌陷。

（8）基坑底突涌破坏

由于对承压水的降水不当，在隔水层中开挖基坑时，当基底以下承压含水层的水头压力冲破基坑底部土层，发生坑底突涌破坏。

（9）基坑底管涌

在砂层或粉砂底层中开挖基坑时，在不打井点或井点失效后，会产生冒水翻砂（即管涌），严重时会导致基坑失稳。

3．深基坑工程的安全控制要点

深基坑工程安全施工的控制要点主要是控制支护结构安全、控制地下水位平稳、控制基坑周边建筑物的沉降，控制手段主要是基坑监测。

5.2.2　基坑工程开挖与监测

1．基坑（槽）开挖前的勘察内容

1）详尽收集工程地质和水文地质资料。

2）认真查明地上、地下各种管线（如上下水、电缆、煤气、污水、雨水、热力等管线或管道）的分布和性状、位置和运行状况。

3）充分了解、查明周围建（构）筑物的状况。

4）充分了解、查明周围道路交通状况。

5）充分了解周围施工条件。

2．基坑工程的监测

1）基坑开挖前应制定系统的开挖监测方案，监测方案应包括监控目的、监测项目、监控报警值、监测方法及精度要求、监测点的布置、监测周期、工序管理和记录制度及信息反馈系统等。

2）基坑工程的监测包括支护结构的监测和周围环境的监测。

支护结构监测包括：

① 对围护墙侧压力、弯曲应力和变形的监测；

② 对支撑（锚杆）轴力、弯曲应力的监测；

③ 对腰梁（围檩）轴力、弯曲应力的监测；

④ 对立柱沉降、抬起的监测。

周围环境的监测包括：

① 坑外地形的变形监测；

② 邻近建筑物的沉降和倾斜监测；

③ 地下管线的沉降和位移监测。

监测重点是做好支护结构水平位移、周围建筑物、地下管线变形、地下水位等的监测。

3．地下水控制

1）为保证基坑开挖安全，在支护结构设计时，应根据场地及周边工程地质条件、水文地质条件和环境条件并结合基坑支护和基础施工方案综合确定地下水控制的设施和施工。

2）地下水控制方法分为集水明排、降水、截水和回灌等形式，可单独或组合使用。

3）当因降水而危及基坑及周边环境安全时，应采用截水或回灌方法。如果截水后，基坑中的水量或水压较大时，应采用基坑内降水。

4）当基坑底为隔水层且层底作用有承压水时，应进行坑底突涌验算，必要时可采取水平封隔渗或钻孔减压等措施保证坑底土层稳定。

4．基坑施工的安全应急措施

1）在基坑开挖过程中，一旦出现了渗水或漏水，应根据水量大小，采用坑底设沟排水、修补、密实混凝土封堵、压密注浆、高压喷射注浆等方法及时进行处理。

2）如果水泥土墙等重力式支护结构位移超过设计估计值时，应予以高度重视，同时做好监测，掌握发展趋势。如果位移持续发展，超过设计值较多时，则应采用水泥土墙背后卸载、加快垫层施工及加大垫层厚度和加设支撑等方法及时进行处理。

3）如果悬臂式支护结构位移超过设计值时，应采取加设支撑或锚杆、支护墙背卸等方法进行处理。如果悬臂式支护结构发生深层滑动时，应及时浇筑垫层，必要时也可以加垫层，形成下部水平支撑。

4）如果支撑式支护结构发生墙背土体沉陷，应采取增设坑外回灌井、进行坑底加固、垫层随挖随浇、加结垫层或采用配筋垫层、设置坑底支撑等方法及时进行处理。

5）对于轻微的流砂现象，在基坑开挖后可采用加快垫层浇筑或加厚垫层的方法"压住"流砂。对于较严重的流砂，应增加坑内降水措施进行处理。

6）如果发生管涌，可以在支护墙前再打设一排钢板桩，在钢板桩与支护墙之间进行注浆。

7）对邻近建筑物沉降的控制一般可以采用回灌井、跟踪注浆等方法。对于沉降很大，而压密注浆又不能控制的建筑，如果基础是钢筋混凝土的，则可以考虑采用静力锚杆压桩的方法进行处理。

8）对于基坑周围管线保护的应急措施一般包括增设回灌井、打设封闭桩或管线架空等方法。

5.3 模板工程

5.3.1 模板工程安全隐患

近年来，随着大型混凝土结构的普及，在混凝土浇筑过程中，模板支撑系统整体坍塌事故频发。模板分项工程包括模板的设计、模板支架和模板本体安装、拆除等一系列工作，涉及大量的架体搭设作业和高空作业，作业技术负责，存在大量的安全隐患，在施工过程中必须严格执行安全技术规程，以减少事故的发生。

5.3.2 模板安装的安全技术

保证模板安装施工安全的基本要求如下：

1）模板工程安装高度超过 3.0 m，必须搭设脚手架，除操作人员外，脚手架下不得站其他人。

2）模板安装高度在 2 m 及以上时，应符合国家现行标准《建筑施工高处作业安全技术规范》（JGJ 80）的有关规定。

3）施工人员上下通行必须借助马道、施工电梯或上人扶梯等设施，不允许攀登模板、斜撑杆、拉条或绳索等，不允许在高处的墙顶、独立梁或在其模板上行走。

4）作业时，模板和配件不得随意堆放，模板应放平、放稳，严防滑落。脚手架或操作平台上临时堆放的模板不宜超过 3 层，脚手架或操作平台上的施工总荷载不得超过其设计值。

5）高处支模作业人员所用工具和连接件应放在箱盒或工具袋中，不得散放在脚手板上，以免坠落伤人。

6）模板安装时，上下应有人接应，随装随运，严禁抛掷。且不得将模板支搭在门窗框上，也不得将脚手板支搭在模板上，并严禁将模板与上料井架及有车辆运行的脚手架或操作平台支成一体。

7）当钢模板高度超过 15 m 以上时，应安设避雷设施。大风地区或大风季节施工，模板应有抗风的临时加固措施。

8）遇大雨、大雾、沙尘、大雪或六级以上大风等恶劣天气时，应暂停露天高处作业。六级及以上风力时，应停止高空吊运作业。雨、雪停止后，应及时清除模板和地面上的积水及积雪。

9）在架空输电线路下方进行模板施工，如果不能停电作业，应采取隔离防护措施。

10）模板施工中应设专人负责安全检查，发现问题应报告有关人员处理。当遇险情时，应立即停工和采取应急措施，待修复或排除险情后，方可继续施工。

5.3.3 模板拆除的安全技术

模板拆除的安全技术要求如下：

1）现浇混凝土结构模板及其支架拆除时的混凝土强度应符合设计要求。当设计无要求时应符合表 5.1 的规定。

表 5.1 拆模强度规定表

构件类型	构件跨度/m	达到设计的混凝土立方体抗压强度标准值的百分率/%
板	≤2	≥50
	>2，≤8	≥75
	>8	≥100

构件类型	构件跨度/m	达到设计的混凝土立方体抗压强度标准值的百分率/%
梁、拱、壳	≤8	≥75
	>8	≥100
悬臂构件	—	≥100

2）不承重的侧模板，包括梁、柱、墙的侧模板，只要混凝土强度能保证其表面及棱角不因拆除模板而受损，即可进行拆除。

3）承重模板，包括梁、板等水平结构构件的底模，应在与结构同条件养护的试块强度达到规定要求时，进行拆除。

4）后张法预应力混凝土结构或构件模板的拆除，侧模应在预应力张拉前拆除，其混凝土强度达到侧模拆除条件即可。进行预应力张拉，必须在混凝土强度达到设计规定值时进行，底模必须在预应力张拉完毕方能拆除。

5）在拆模过程中，如发现实际结构混凝土强度并未达到要求，有影响结构安全的质量问题时，应暂停拆模，经妥当处理使实际强度达到要求后，方可继续拆除。

6）已拆除模板及其支架的混凝土结构，应在混凝土强度达到设计要求后，才允许承受全部设计的使用荷载。

7）拆模作业之前必须填写拆模申请，并在同条件养护试块强度记录达到规定要求时，技术负责人方能批准拆模。

8）各类模板拆除的顺序和方法，应根据模板设计的要求进行。如果模板设计无要求时，可按：先支的后拆，后支的先拆，先拆非承重的模板，后拆承重的模板及支架的顺序进行。

9）拆模时下方不能有人，拆模区应设警戒线，以防有人误入。拆除的模板向下运送传递时，一定要做到上下呼应，协调一致。

10）模板拆除不能采取猛撬以致大片塌落的方法进行。

11）拆除的模板必须随时清理，以免钉子扎脚、阻碍通行。使用后的木模板应拔除铁钉，分类进库，堆放整齐。露天堆放时，顶面应遮盖防雨篷布。

5.4 脚手架工程

5.4.1 脚手架搭设要求

脚手架是土木工程施工的重要设施，是为保证高处作业安全、顺利进行施工而搭设的工作平台和作业通道。在结构施工、装修施工和设备管道的安装施工中，都需要按照操作要求搭设脚手架。

1）脚手架搭设之前，应根据工程的特点和施工工艺要求确定搭设（包括拆除）施工方案。

2）施工方案内容主要应包括：

① 材料要求。

② 基础要求。

③ 荷载计算、计算简图、计算结果、安全系数。

④ 立杆横距、立杆纵距、杆件连接、步距、允许搭设高度、连墙杆做法、门洞处理、剪刀撑要求、脚手板、挡脚板、扫地杆等构造要求。

⑤ 脚手架搭设、拆除，安全技术措施及安全管理、维护、保养以及平面图、剖面图、立两图、节点图要反映杆件连接、拉结基础等情况。

⑥ 悬挑式脚手架有关悬挑梁、横梁等的加工节点图，悬挑梁与结构的连接节点，钢梁平面图，悬挑设计节点图。

5.4.2 脚手架的安全设置

1）脚手架搭设之前，应根据工程的特点和施工工艺要求确定搭设（包括拆除）施工方案。

2）脚手架地基与基础施工，必须根据脚手架搭设高度、搭设场地土质情况与现行国家标准有关规定进行。当基础下有设备基础、管沟时，在脚手架使用过程中不应开挖，否则必须采取加固措施。

3）脚手架主节点处必须设置一根横向水平杆，用直角扣件扣接在纵向水平杆上且严禁拆除。主节点处两个直角扣件的中心距不应大于 150 mm。在双排脚手架中，横向水平杆靠墙一端的外伸长度不应大于杆长的 0.4 倍，且不应大于 500 mm。

4）脚手架必须设置纵、横向扫地杆。纵向扫地杆应采用直角扣件固定在距底座上皮不大于 200 mm 处的立杆上，横向扫地杆也应采用直角扣件固定在紧靠纵向扫地杆下方的立杆上。当立杆基础不在同一高度上时，必须将高处的纵向扫地杆向低处延长两跨与立杆固定，高低差不应大于 1 m。靠边坡上方的立杆轴线到边坡的距离不应小于 500 mm。

5）高度在 24 m 以下的单、双排脚手架，均必须在外侧立面的两端各设置一道剪刀撑，并应由底至顶连续设置，中间各道剪刀撑之间的净距不应大于 15 m。24 m 以上的双排脚手架应在外侧立面整个长度和高度上连续设置剪刀撑。剪刀撑、横向斜撑搭设应随立杆、纵向和横向水平杆等同步搭设，各底层斜杆下端均必须支承在垫块或垫板上。

6）高度在 24 m 以下的单、双排脚手架，宜采用刚性连墙件与建筑物可靠连接，也可采用拉筋和顶撑配合使用的附墙连接方式，严禁使用仅有拉筋的柔性连墙件。24 m 以上的双排脚手架，必须采用刚性连墙件与建筑物可靠连接，连墙件必须采用可承受拉力和压力的构造。50 m 以下（含 50 m）脚手架连墙件应按三步三跨进行布置，50 m 以上的脚手架连墙件应按两步三跨进行布置。

5.4.3 脚手架的检查与验收

1）脚手架的检查与验收应由项目经理组织，项目施工、技术、安全、作业班组负责人等有关人员参加，按照技术规范、施工方案、技术交底等有关技术文件，对脚手架进行分段验收，在确认符合要求后，方可投入使用。

2）脚手架及其地基基础应在下列阶段进行检查和验收：

① 基础完工后及脚手架搭设前。

② 作业层上施加荷载前。

③ 每搭设完 6～8 m 后。

④ 达到设计高度后。

⑤ 遇有六级及以上大风与大雨后。

⑥ 寒冷地区土层开冻后。

⑦ 停用超过一个月的，在重新投入使用之前。

3）脚手架定期检查的主要项目包括：

① 杆件的设置和连接，连墙件、支撑、门洞桁架等的构造是否符合要求。

② 地基是否有积水，底座是否松动，立杆是否悬空。

③ 扣件螺栓是否有松动。

④ 高度在 24 m 以上的脚手架，其立杆的沉降与垂直度的偏差是否符合技术规范的要求。

⑤ 架体的安全防护措施是否符合要求。

⑥ 是否有超载使用的现象等。

5.4.4 脚手架拆除的安全技术

1）脚手架拆除作业应按与搭设相反的程序由上而下逐层进行，严禁上、下同时作业。

2）每层连墙件的拆除，必须在其上全部可拆杆件均已拆除以后进行，严禁先松开连墙件，再拆除上部杆件。

3）凡已松开连接的杆件必须及时取出、放下，以免作业人员误扶、误靠，引起危险。

4）分段拆除时，高差应不大于两步；如高差大于两步，应增设连墙件加固。

5）拆下的杆件、扣件和脚手板应及时吊运至地面，严禁从架上向架下抛掷。

6）当有六级及六级以上大风和雾、雨、雪天气时，应停止脚手架拆除作业。

5.5 施工现场临时用电

5.5.1 施工现场临时用电安全技术规范

施工现场临时用电的安全是保证建筑工程正常施工的前提，是建筑工程开工前和施工中必须做好的一项保障工作。临时用电是施工现场极易发生伤亡事故的一个项目，触电事故更是建筑淋雨的五大伤害之一。

建设部（2008 年改为住房和城乡建设部）为了规范施工现场临时用电，预防人员触电伤亡事故的发生，颁布了《施工现场临时用电安全技术规范》（JGJ 46—2005）。规范规定，施工现场临时用电设备在 5 台及以上或设备总容量在 50 kW 及以上者，应编制用电组织设计。临时用电设备在 5 台以下和设备总容量在 50 kW 以下者，应制定安全用电和电气防火措施。施工现场的临时用电应该严格按照规范及施工组织设计执行。

5.5.2 施工现场临时用电安全技术要求

施工现场临时用电安全技术要求如下：

1）施工现场临时用电工程电源中性点直接接地的 220/380 V 三相四线制低压电力系统，

必须符合下列规定：采用总配电箱、分配电箱和开关箱三级配电系统；采用 TN-S 接零保护系统；采用二级漏电保护系统，总配电箱中应加装总漏电保护器，作为初级漏电保护，末级漏电保护器必须装配在开关箱内。

2）当采用专用变压器、TN-S 接零保护供电系统的施工现场，电气设备的金属外壳必须与保护零线连接。保护零线应由工作接地线、配电室（总配电箱）电源侧零线或总漏电保护器电源侧零线处引出。

3）当施工现场与外电线路共用同一供电系统时，电气设备的接地、接零保护应与原系统保持一致，一部分设备做保护接零，另一部分设备做保护接地。

4）TN-S 系统中的保护零线除必须在配电室或总配电箱处做重复接地外，还必须在配电系统的中间处和末端处做重复接地。

5）配电柜应装设电源隔离开关及短路、过载、漏电保护器。电源隔离开关分断时，应有明显可见的分断点。

6）配电箱的电器安装板上必须分设 N 线端子板和 PE 线端子板。N 线端子板必须与金属电器安装板绝缘；PE 线端子板必须与金属电器安装板做电气连接。

7）配电箱、开关箱的电源进线端严禁采用插头和插座做活动连接。

8）对混凝土搅拌机、钢筋加工机械、木工机械、盾构机械等设备进行清理、检查、维修时，必须将其开关箱分闸断电，呈现可见电源分断点，并关门上锁。

9）照明电压规定：

① 隧道、人防工程、高温、有导电灰尘、比较潮湿或灯具离地面高度低于 2.5 m 等场所的照明，电源电压不应大于 36 V；

② 潮湿和易触及带电体场所的照明，电源电压不得大于 24 V；

③ 特别潮湿场所、导电良好的地面、锅炉或金属容器内的照明，电源电压不得大于 12 V。

10）照明变压器必须使用双绕组型安全隔离变压器，严禁使用自耦变压器。

11）对夜间影响飞机或车辆通行的在建工程及机械设备，必须设置醒目的红色信号灯，其电源应设在施工现场总电源开关的前侧，并应设置外电线路停止供电时的应急自备电源。

5.6 建筑机械

5.6.1 土石方机械安全技术

1）机械进入现场前，应查明行驶路线上的桥梁、涵洞是上部净空并查明下部承载能力，保证机械安全通过。

2）作业中，应随时监视机械各部位的运转及仪表指示值，如发现异常，应立即停机检修。

3）机械运行中，严禁接触转动部位和进行检修。在修理（焊、铆等）工作装置时，应使其降到最低位置，并应在悬空部位垫上垫木。

4）机械不得靠近架空输电线路作业，并应按照规范规定留出安全距离。

5）作业前，应根据建设方提供的资料，实地踏勘施工场地明设或暗设的电线、地下电缆、管道、坑道等设置物的位置及走向，并采用明显记号表示。严禁在离电缆沟槽 1 m 距离以内作业。

6）在施工中遇下列情况之一时应立即停工，待采取措施并符合作业安全条件时，方可继续施工：

① 填挖区土体不稳定，有发生坍塌危险时；

② 气候突变，发生暴雨、水位暴涨或山洪暴发时；

③ 在爆破警戒区内发出爆破信号时；

④ 地面涌水冒泥，出现陷车或因雨天发生坡道打滑时；

⑤ 工作面净空不足以保证安全作业时；

⑥ 施工标志、防护设施损毁失效时。

7）配合机械作业的清底、平地、修坡等人员，应在机械回转半径以外工作。当必须在回转半径以内工作时，应停止机械回转并制动好后，方可作业。

8）雨期施工，机械作业完毕后，应停放在较高的坚实地面上。

9）当挖土深度超过 5 m 或发现有地下水以及土质发生特殊变化等情况时，应根据土的实际性能计算其稳定性，再确定边坡坡度。

10）当对石方或冻土进行爆破作业时，所有人员、机具应撤至安全地带或采取安全保护措施。

5.6.2 钢筋加工机械安全技术

1）钢筋加工机械安装完毕，经验收合格后方可投入使用。

2）钢筋加工机械明露的机械传动部位应有防护罩，机械的接零保护、漏电保护装置必须齐全有效。

3）钢筋冷拉场地应设置警戒区，设置防护栏杆和安全警示标志。

4）钢筋冷拉作业应有明显的限位指示标记，卷扬机钢丝绳应经封闭式导向滑轮与被拉钢筋方向成直角。

5.6.3 混凝土机械安全技术

1）混凝土搅拌机安装完毕，经验收合格后方可投入使用。

2）混凝土浇筑所使用机械设备的接零（接地）保护、漏电保护装置应齐全有效，作业人员应正确使用安全防护用具。

3）作业场地应有良好的排水条件，固定式搅拌机应有可靠的基础，移动式搅拌机应在平坦、坚硬的地坪上用方木或撑架架牢，并保持水平。

4）露天使用的混凝土搅拌机应搭设防雨棚。

5）混凝土搅拌机的制动器、离合器应灵敏、可靠。

6）料斗升起时，严禁在其下方工作或穿行。用料斗进行混凝土吊运时，料斗的斗门在装料吊运前一定要关好卡牢，以防止吊运过程被挤开抛卸。

7）用井架运输混凝土时，应设制动安全装置，升降应有明确信号，操作人员未离开提升台时，不得发升降信号。提升台内停放的手推车不得伸出台外，车辆前后要挡牢。

8）用溜槽及串筒下料时，溜槽和串筒应固定牢固，人员不得直接站到溜槽边上操作。

9）用混凝土输送泵泵送混凝土时，混凝土输送泵的管道应连接和支撑牢固，试送合格后才能正式输送，检修时必须卸压。

5.6.4 起重机械安全技术

以建设工程中最重要的塔式起重机为例，起重机械的安全施工技术如下：

1）塔式起重机在安装和拆卸之前必须针对其类型特点，说明书的技术要求，结合作业条件制定详细的施工方案。

2）塔式起重机的安装和拆卸作业必须由取得相应资质的专业队伍进行，安装完毕经验收合格，取得政府相关主管部门核发的《准用证》后方可投入使用。

3）行走式塔式起重机的路基和轨道的铺设，必须严格按照其说明书的规定进行；固定式塔式起重机的基础施工应按设计图纸进行，其设计计算和施工详图应作为塔式起重机专项施工方案内容之一。

4）塔式起重机的力矩限制器，超高、变幅、行定限位器，吊钩保险，卷筒保险，爬梯护圈等安全装置必须齐全、灵敏、可靠。

5）施工现场多塔作业时，塔机之间应保持安全距离，以免作业过程中发生碰撞。

6）遇六级及六级以上大风等恶劣天气，应停止作业，将吊钩升起。行走式塔式起重机要夹好轨钳。当风力达十级以上时，应在塔身结构上设置缆风绳或采取其他措施加以固定。

5.6.5 垂直运输机械安全技术

常用的垂直运输机械包括物料提升机和电梯，其安全控制要点如下：

1. 物料提升机安全控制要点

1）物料提升机在安装与拆除作业前，必须针对其类型、特点、说明书的技术要求，结合施工现场的实际情况制订详细的施工方案，划定安全警戒区域并设监护人员，排除作业障碍。

2）物料提升机的基础应按图纸要求施工。高架提升机的基础应进行设计计算，低架提升机在无设计要求时，可按素土夯实后，浇筑 300 mm 厚 C20 混凝土条形基础。

3）物料提升机的吊篮安全停靠装置、钢丝绳断绳保护装置、超高限位装置、钢丝绳过路保护装置、钢丝绳拖地保护装置、信号联络装置、警报装置、进料门及高架提升机的超载限制器、下极限限位器、缓冲器等安全装置必须齐全、灵敏、可靠。

4）为保证物料提升机整体稳定采用缆风绳时，高度在 20 m 以下可设一组（不少于 4 根）、高度在 30 m 以下不少于两组，超过 30 m 时不应采用缆风绳锚固方法，应采用连墙杆等刚性措施。

5）物料提升机架体外侧应沿全高用立网进行防护。在建工程各层与提升机连接处应搭设卸料通道，通道两侧应按临边防护规定设置防护栏杆及挡脚板。

6）各层通道口处都应设置常闭型的防护门。地面进料口处应搭设防护棚，防护棚的尺寸应视架体的宽度和高度而定，防护棚两侧应封挂安全立网。

7）物料提升机组装后应按规定进行验收，合格后方可投入使用。

2. 外用电梯安全控制要点

1）外用电梯在安装和拆卸之前必须针对其类型、特点、说明书的技术要求，结合施工现场的实际情况制订详细的施工方案。

2）外用电梯的安装和拆卸作业必须由取得相应资质的专业队伍进行，安装完毕经验收合格，取得政府相关主管部门颁发的《准用证》后方可投入使用。

3）外用电梯的制动器，限速器，门联锁装置，上、下限位装置，断绳保护装置，缓冲装置等安全装置必须齐全、灵敏、可靠。

4）外用电梯底笼周围 2.5 m 范围内必须设置牢固的防护栏杆，进出口处的上部应根据电梯高度搭设足够尺寸和强度的防护棚。

5）外用电梯与各层站过桥和运输通道，除应在两侧设置安全防护栏杆、挡脚板并用安全立网封闭外，进出口处还应设置常闭型的防护门。

6）多层施工交叉作业同时使用外用电梯时，要明确联络信号。

7）外用电梯梯笼乘人、载物时，应使载荷均匀分布，防止偏重，严禁超载使用。

8）外用电梯在大雨、大雾和六级及六级以上大风天气时，应停止使用。暴风雨过后，应组织对电梯各有关安全装置进行一次全面检查。

5.7　高处作业

5.7.1　高处作业的含义与分级

1．高处作业的含义

高处作业是指人在一定位置为基准的高处进行的作业。国家标准《高处作业分级》（GB/T 3608—2008）规定："凡在坠落高度基准面 2 m 以上（含 2 m）有可能坠落的高处进行作业，都称为高处作业"。高处作业包括高空作业、临边作业、洞口作业、攀登作业、悬空作业和交叉作业等。

2．高处作业的分级

根据国家标准规定，建筑施工高处作业分为四个等级：

1）高处作业高度在 2～5 m 时，称为一级高处作业，其坠落半径为 2 m。

2）高处作业高度在 5 m 以上至 15 m 时，称为二级高处作业，其坠落半径为 3 m。

3）高处作业高度在 15 m 以上至 30 m 时，称为三级高处作业，其坠落半径为 4 m。

4）高处作业高度在 30 m 以上时，称为特级高处作业，其坠落半径为 5 m。

5.7.2　高处坠落事故预防与控制

1．预防高处坠落事故的基本安全要求

1）施工单位应为从事高处作业的人员提供合格的安全帽、安全带、防滑鞋等必备的个人安全防护用具、用品。从事高处作业的人员应按规定正确佩戴和使用。

2）在进行高处作业前，应认真检查所使用的安全设施是否安全、可靠，脚手架、平台、梯子、防护栏杆、挡脚板、安全网等设置应符合安全技术标准要求。

3）在危险部位设红灯示警。

4）从事高处作业的人员不得攀爬脚手架或栏杆上下，所使用的工具、材料等严禁投掷。

5）高处作业，上下应设联系信号或通信装置，并指定专人负责联络。

6）在雨雪天从事高处作业，应采取防滑措施。在六级及六级以上强风和雷电、暴雨、大雾等恶劣气候条件下，不得进行露天高处作业。

2. 攀登与悬空作业安全控制要点

1）攀登作业使用的梯子、高凳、脚手架和结构上的登高梯道等工具和设施，在使用前应进行全面的检查，符合安全要求的方可使用。

2）现场作业人员应在规定的通道内行走，不允许在阳台间或非正规通道处进行登高、跨越，不允许在起重机臂架、脚手架杆件或其他施工设备上进行攀登上下。

3）对在高空需要固定、连接、施焊的工作，应预先搭设操作架或操作平台，作业时采取必要的安全防护措施。

4）在高空安装管道时，管道上不允许人员站立和行走。

5）在绑扎钢筋及钢筋骨架安装作业时，施工人员不允许站在钢筋骨架上作业和沿骨架攀登上下。

6）在进行框架、过梁、雨篷、小平台混凝土浇筑作业时，施工人员不允许站在模板上或模板支撑杆上操作。

3. 操作平台作业安全控制要点

1）移动式操作平台台面不得超过 $10\ \mathrm{m}^2$，高度不得超过 $5\ \mathrm{m}$，台面脚手板要铺满钉牢，台面四周设置防护栏杆。平台移动时，作业人员必须下到地面，不允许带人移动平台。

2）悬挑式操作平台的设计应符合相应的结构设计规范要求，周围安装防护栏杆。悬挑式操作平台安装时不能与外围护脚手架进行拉结，应与建筑结构进行拉结。

3）操作平台上要严格控制荷载，应在平台上标明操作人员和物料的总重量，使用过程中不允许超过设计的容许荷载。

4. 交叉作业安全控制要点

1）交叉作业人员不允许在同一垂直方向上操作，要做到上部与下部作业人员的位置错开，使下部作业人员的位置处在上部落物的可能坠落半径范围以外。当不能满足要求时，应设置安全隔离层进行防护。

2）在拆除模板、脚手架等作业时，作业点下方不得有其他作业人员，防止落物伤人。拆下的模板等堆放时，不能过于靠近楼层边沿，应与楼层边沿留出不小于 $1\ \mathrm{m}$ 的安全距离，码放高度也不宜超过 $1\ \mathrm{m}$。

3）结构施工自二层起，凡人员进出的通道口都应搭设符合规范要求的防护棚，高度超过 $24\ \mathrm{m}$ 的交叉作业，通道口应设双层防护棚进行防护。

5.8 焊接工程

5.8.1 焊接方法与施工控制程序

金属构件的连接一般可区分为通过螺钉、销钉和热压配合的可拆连接与通过焊接、钎焊、铆接及粘结的不可拆连接。焊接是一种不可拆卸的连接方式。传统意义上的焊接是指采用物理或化学方法使分离的材料产生原子或分子结合，形成具有一定性能要求的整体。而焊接发展到今天已有各种焊接工艺技术近百种，并采用了力、热、电、光、声及化学等一切可利用的能源，实现焊接的目的。

常用焊接方法如图 5.1 所示。

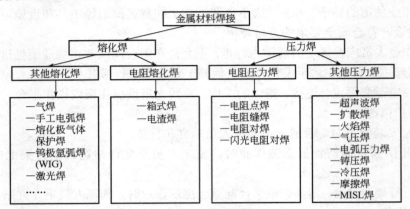

图 5.1　常用焊接方法

焊接工程施工控制程序如图 5.2 所示。

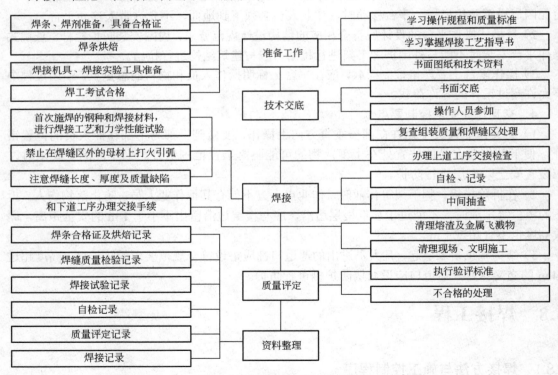

图 5.2　焊接工程施工控制程序

5.8.2　焊接工程安全管理及事故预防

1. 焊接安全技术管理制度

1）根据焊接工艺评定编制各典型构件焊接工艺方案及单项焊接作业方案，并严格执行。

2）严格执行各级技术交底制度，施工前认真进行焊接工艺方案的技术交底工作。各拼装、安装项目部技术负责人对工长交底，工长对作业班组技术交底。

3）焊接工程严格按照焊接工艺方案及标准操作工艺和指导书施工，要认真做好每道工艺过程控制及完工质量控制，以确保工程质量。

4）建立质量安全管理制度，严格执行岗位责任制，严格执行"三检"（自检、互检、交接检）和挂牌。

5）严格按照焊接工程施工控制程序进行作业及现场管理。

2. 焊接安全事故预防措施

1）登高焊接作业，在作业者周围 10 m 范围内为危险作业区，禁止在作业下方及危险区内存放易燃易爆物品和停留人员。

2）进入施工现场必须戴安全帽，2 m 以上高空作业必须佩戴安全带。

3）高空作业焊工及其他高空作业人员必须体检合格。工作期间，严禁喝酒、打闹。高温天气做好防暑降温工作。

4）在狭窄和通风不良的环境中作业，必须保证使内部空气流通，以防焊工中毒，严禁用氧气代替压缩空气；焊工与钢构件紧贴时，其间应有绝缘隔热层。同时，还应有专人负责监护工作，建立紧急情况通信网络警报系统和应急救护预案。

5）焊接中的防火、防电击。

① 严禁在明火附近焊接作业，严禁吸烟。氧气、乙炔、油漆等易燃易爆物料与焊接作业点火源距离不应小于 10 m。氧气、乙炔、二氧化碳气使用时相互之间距离要大于 10 m，并要放在安全处按规定正确使用。

② 焊接平台上应做好防火措施，防止火花飞溅引燃起火。电焊、气割时，先观察周围环境有无易燃物后才进行工作，并用火花接取器接取火花，防止火灾发生。焊接、切割完毕，应及时清理现场，彻底消除火种，经专人检查确认完全消除危险后，方可离开现场。

③ 工具房、操作平台应设置足够数量的灭火器材。

④ 焊工必须穿绝缘鞋，禁止冒雨、站在水中作业。

⑤ 使用电加热器时作业平台和专用吊栏上要铺木板，通电时操作人员不得接触构件，翻越构件时必须架梯并与构件隔离，一般情况电加热器停止工作后焊接再开始，必须伴随加热时，要有特殊措施确保加热器、焊工均与工件绝缘。

5.9　爆破工程

5.9.1　爆破作业的重要性

爆破作业危险性大，应认真贯彻执行爆破安全规程及有关安全规定。切实作好爆破作业前后各个施工工序的操作检查处理，杜绝各种事故的发生，以确保安全。

5.9.2　爆破工程安全管理及事故预防

为了防止爆破安全事故的发生，应按照以下程序进行严格的爆破安全管理。

1. 安全警戒

安全警戒是爆破作业时的重要工作，在装药等作业时将装药作业区与周边隔离。警戒区边界应设立明显的标志，禁止无关人员进入，防止爆破器材丢失。安全警戒按以下步骤进行：

1）清场：爆破警戒区内的人员、禽畜、机械设备、仪器仪表及贵重物品在规定的时间内撤离到警戒区以下外。

2）派出岗哨：各个预定的警戒点派出岗哨，防止人员、车辆、禽畜等进入警戒区。

3）断绝交通：爆破期间，禁止所有人员入内。

4）坚守岗位：在响炮后的等待时间内，警戒人员要阻止无关人员、车辆和机械设备等进入警戒区。

5）解除警戒：起爆后，经检查确认无盲炮或其他险情，检查人员向爆破工作领导人报告后方能解除爆破安全警戒，解除警戒的程序为：

① 进入爆区检查。

② 如果有盲炮，则优先解除盲炮，才能进行下一步操作。

③ 爆破工作领导人确认无盲炮（或有盲炮已处理完毕）和其他险情后，下达警戒解除命令。

2. 信号

警戒信号是保证爆破安全实施的基本保障，一般有口哨、信号旗、警报器、警笛等音响信号和视觉信号。起爆前后一共有 3 次信号，即预警信号、起爆信号和解除信号。

3. 起爆管理

1）起爆人员应由有经验的爆破员担任，对于重大爆破应由爆破技术人员担任。

2）起爆器操作要由两人负责实施，1 人操作，1 人监督。

3）绝对听从指挥员口令，准确地按信号实施操作。

4. 爆破后检查

在爆破后应派爆破技术人员和有经验的爆破人员进入爆破现场进行爆破后检查，经检查确无盲炮等险情后方可容许作业人员进入。

爆破后检查内容包括：

1）有无盲炮。

2）堆积状况。

3）边坡（或周岩）危石情况。

4）附近建筑物及不能撤离的设备有无损坏。

5）现场是否有残存的爆破器材。

检查人员应将检查的情况立即报告爆破工作领导人，对重要的爆破工程项目应填写"爆破后检查记录表"。

5.9.3 爆破拆除的安全技术

1）爆破拆除工程设计必须按级别经当地有关部门审核，作出安全评估和审查批准后方可实施。

2）爆破拆除单位必须持有所在地法定部门核发的《爆炸物品使用许可证》，承担相应等级的爆破拆除工程。

3）爆破器材必须向工程所在地法定部门申请《爆炸物品购买许可证》，到指定的供应点购买。

4）运输爆破器材时，必须向所在地法定部门申请领取《爆破物品运输许可证》，按照规定路线运输，派专人押送。

5）爆破器材临时保管地点，必须经当地法定部门批准，严禁同室保管与爆破器材无关的物品。

6）爆破拆除的预拆除施工应确保建筑安全和稳定。

7）爆破拆除建筑施工时，应对爆破部位进行覆盖和遮挡防护。

8）爆破拆除工程的设计和施工，必须按照《爆破安全规程》（GB 6722—2014）有关爆破实施操作的规定进行。

[本章小结]

本章全面介绍了建筑工程施工中涉及的安全生产技术，涵盖土方工程、基坑工程、模板工程、脚手架工程、现场临时用电、建筑机械、高处作业、焊接工程和爆破工程等多个方面。通过对本章的学习，可以掌握现场安全技术管理的核心内容，进行施工现场安全技术方案和安全技术措施的编制，并对施工现场常见的安全事故进行分析处理。

[课后练习]

一、单选题

1．为防止脚手架的内倒外倾，加强立杆的纵向刚度必须按规定设置（　　　）。

A．十字撑　　　　　　B．连墙杆　　　　　　C．扫地杆　　　　　　D．斜撑

2．对高度 24 m 以上的双排脚手架，必须采用（　　　）与建筑物可靠连接。

A．刚性连墙件　　　　　　　　　B．柔性连墙件

C．拉筋和顶撑配合使用　　　　　D．刚性或柔性连墙件

3．钢管脚手架主结点处两个直角扣件的中心矩不允许大于（　　　）mm。

A．150　　　　　　B．180　　　　　　C．200　　　　　　D．210

4．脚手架定期检查的主要项目不包括（　　　）。

A．杆件的设置和连接是否符合要求　　B．立杆的沉降和垂直度

C．地基是否有积水、底座，是否松动　　D．安装的红色警示灯

5．关于模板拆除施工的做法，下列选项表述错误的是（　　　）。

A．跨度 2 m 的双向板，混凝土强度达到设计要求的 50% 时，开始拆除底模

B．后张预应力混凝土结构底模在预应力张拉前拆除完毕

C. 拆模申请手续经项目技术负责人批准后，开始拆模

D. 模板设计无具体要求时，先拆非承重的模板，后拆承重的模板

6. 高处作业是指凡在（   ）有可能坠落的高处进行的作业。

A. 距离地面坠落高度 3 m 以上　　　　B. 距离地面坠落高度 2 m 以上

C. 坠落高度基准面 3 m 以上　　　　　D. 坠落高度基准面 2 m 以上

7. 结构施工自二层起，凡人员进出的通道口都应搭设符合规范要求的防护棚，高度超过（   ）m 的交叉作业，应设双层防护棚进行防护。

A. 18　　　　　　B. 20　　　　　　C. 24　　　　　　D. 25

8. 施工现场临时用电设备总容量在（   ）kW 及以上者，应编制用电组织设计。

A. 20　　　　　　B. 30　　　　　　C. 40　　　　　　D. 50

9. 关于施工现场临时用电的做法，下列选项表述正确的是（   ）。

A. 总配电箱设置在靠近外电电源处

B. 开关箱中作为末级保护装置的漏电保护器，其额定漏电动作时间为 0.2 s

C. 室外 220 V 灯具距地面高度为 2.8 m

D. 现场施工电梯未设置避雷装置

10. 施工现场所有的电气设备必须安装（   ），并安装在电气设备负荷线首端。

A. 漏电保护器　　　　　　　　　　　B. 防雷装置

C. 接地装置　　　　　　　　　　　　D. 接零保护

11. 关于外用电梯安全控制的说法，下列选项表述正确的是（   ）。

A. 外用电梯由有相应资质的专业队伍安装完成后经监理验收合格即可投入使用

B. 外用电梯底笼周围 2.5 m 范围内必须设置牢固的防护栏杆

C. 外用电梯与各层站过桥和运输通道进出口处应设常开型防护门

D. 七级大风天气时，在项目经理同意下使用外用电梯

二、多选题

1. 24 m 以上的双排脚手架搭设的安全控制措施有（   ）。

A. 外侧立面整个长度和高度上连续设置剪刀撑

B. 在外侧立面的两端各设置一道剪刀撑

C. 各底层斜杆下端均必须支承在垫块或垫板上

D. 中间各道剪刀撑之间的净距不应大于 15 m

E. 横向斜撑搭设随立杆、纵向和横向水平杆同步搭设

2. 脚手架及其地基基础的检查和验收阶段有（   ）。

A. 基础完工后，架体搭设前

B. 作业层上施加荷载前

C. 每搭设完 10 m 高度后

D. 达到设计高度后

E. 停用超过一个月的，在重新投入使用之前

3. 关于后张预应力混凝土模板拆除的说法，下列选项表述正确的有（   ）。

A. 梁侧模应在预应力张拉前拆除

B. 梁侧模应在预应力张拉后拆除

C. 混凝土强度达到侧模拆除条件即可拆除侧模

D. 梁底模应在预应力张拉前拆除

E. 梁底模应在预应力张拉后拆除

4. 关于移动式操作平台作业安全控制要点的说法，下列选项表述正确的是（　　　）。

A. 台面脚下板要铺满钉牢

B. 台面四周设置防护栏杆

C. 台面不得超过 15 m², 高度不得超过 5 m

D. 平台移动时, 不允许带人移动平台

E. 平台上标明操作人员和物料的总重量

5. 关于施工现场照明用电的说法, 下列选项表述正确的是（　　　）。

A. 比较潮湿的场所, 电源电压不得大于 36 V

B. 室外 220 V 灯具距地面不得低于 2.5 m

C. 特别潮湿的场所, 电源电压不得大于 24 V

D. 人防工程, 电源电压不得大于 36 V

E. 灯具离地面高度低于 2.5 m 的场所, 电源电压不得大于 36 V

6. 关于施工用电开关箱内漏电保护器的说法, 下列选项正确的是（　　　）。

A. 一般末级漏电保护器额定漏电动作电流不能大于 40 mA

B. 干燥的场所中, 漏电保护器要选用防溅型的产品

C. 额定漏电动作时间不应大于 0.2 s

D. 末级漏电保护器必须装配在开关箱内

E. 潮湿、有腐蚀性介质的场所中, 额定漏电动作电流不应大于 15 mA

7. 关于外用电梯安全控制要点的说法, 下列选项表述正确的是（　　　）。

A. 外用电梯梯笼乘人、载物时, 严禁超载使用

B. 取得监理单位核发的《准用证》后方可投入使用

C. 暴风雨过后, 应组织对电梯各有关安全装置进行一次全面检查

D. 外用电梯底笼周围 2.0 m 范围内必须设置牢固的防护栏杆

E. 外用电梯与各层站过桥和运输通道, 进出口处应设置常闭型的防护门

8. 关于塔式起重机安装、拆除的说法, 下列选项表述正确的是（　　　）。

A. 塔式起重机安装、拆除之前应制定专项施工方案

B. 安装和拆除塔式起重机的专业队伍可不具备相应资质, 但需有类似施工经验

C. 塔式起重机安装完毕, 验收合格, 取得政府相关部门颁发的《准用证》后方可使用

D. 施工现场多塔作业, 塔机间应保持安全距离

E. 塔式起重机在六级大风中作业时, 应减缓起吊速度

三、问答题

1. 简述脚手架工程施工安全控制要点。

2. 简述施工现场临时用电的安全技术要求。

3. 高处坠落事故的预防措施有哪些？

4. 垂直运输机械施工安全技术措施有哪些？

5. 深基坑开挖的安全控制要点有哪些？

四、案例分析题

案例 1：

背景： 某客运中心工程，屋面为球形节点网架结构，因施工总承包单位不具备网架施工能力，故建设单位另行将屋面网架工程分包给某网架厂，由施工总承包单位配合搭设高空组装网架的满堂脚手架，脚手架高度为 26 m，为抢工程进度，脚架厂在脚手架未进行验收和接受安全交底的情况下，即将运至现场的网架部件（重约 40 t）全部成捆吊上脚手架，施工作业人员在用撬棍解捆时，脚手架发生倒塌，造成 7 人死亡、1 人重伤。

问题：

① 导致这起事故发生的直接原因是什么？

② 企业在发生上述事故后，应如何进行报告？

③ 对一般脚手架应如何组织检查验收？

案例 2：

背景：

某高层住宅建筑工地，外脚手架搭设完毕后，两名架子工在 15 层外脚手架上铺设脚手板作业时，一块脚手板不慎脱手后飞落到楼下，将下方在安全通道口 3 m 处搬运小钢模的 1 名工人当场砸死。事后经调查，两名铺脚手板的架子工和死者均持有现场工长下达的任务书，但未见到安全技术交底。脚手板飞落的地点位于该建筑一楼安全通道口外侧，通道上方设置有单层 5 cm 厚脚手板铺成的防护棚，防护棚总宽度为 2.5 m，总长度为 2 m。

问题：

① 请针对这起事故指出现场哪些做法、哪些部位不符合安全要求。

② 高处作业分为几级？相应的坠落半径是多少？

③ 安全技术交底的主要内容有哪些？

案例 3：

背景：

某土建工程，建筑面积为 2 000 m²，砖混结构，地上 3 层，现场施工期间设备总用电量为 49 kW，现场总配电箱下设 1 号、2 号两个分配电箱，1 号分配电箱主要负责给一台木工及两台钢筋加工机械配电，2 号分配电箱主要负责给一台砂浆搅拌机配电，生活区照明由 2 号配电箱供电，现场施工照明由 1 号分配电箱供电，现场安装电焊机一台，由其电源线直接引至 1 号分配电箱。

问题：

① 该项目临时用电工程是否需要编制施工组织设计？

② 什么样的临时用电工程需要编制施工组织设计？

③ 请指出该现场临时用电配电系统是否存在错误？并写出正确的做法。

案例 4：

背景：

2012 年 5 月 21 日，某市政公司在组织拆卸其承建的某政府综合楼工地 QTD20 型塔式起重机时，将拆卸任务交给了社会无业人员王某。5 月 22 日，王某指挥 6 名无证人员在没有履行任何手续的情况下开始拆卸塔机。在拆卸平衡臂时，由于连接销轴锈蚀严重，拆卸困难 3 名工人便改拆起重臂。这种塔机的起重臂需要用塔机本身的起升机构的起重绳来拆卸，在穿绕钢丝绳时，由于拆卸工人缺乏专业知识，少绕了 2 个倍率，在固定钢丝绳绳头时，又将钢丝绳直接穿过耳板孔。钢丝绳穿好后，王某指挥 3 名拆卸工人站在起重臂中部拆了拉杆最前端的销轴，此时钢丝绳突然崩断，起重臂绕铰点折向地面，致使 3 名工人随同坠落，经抢救无效死亡。

问题：

导致这起事故发生的主要原因是什么？

第6章 建筑施工安全生产管理

[案例背景]

J市地铁1号线由该市轨道交通公司负责投资建设及运营。该市K建筑公司作为总承包单位承揽了第3标段的施工任务。该标段包括：采用明挖法施工的304地铁车站1座；采用盾构法施工，长4.5 km的401隧道一条。

J市位于暖温带，夏季潮湿多雨，极端最高气温42 ℃。工程地质勘查结果显示第3标段的地质条件和水文地质条件复杂，401隧道工程需穿越耕土层、砂质黏土层及含水的砂砾岩层，共穿越1条宽50 m的季节性河流。304地铁车站开挖工程周边为居民区，人口密集。明挖法施工需特别注意边坡稳定、噪声和粉尘飞扬，并监控周边建筑物的位移和沉降。为了确保工程施工安全，K建筑公司对第3标段施工开展了安全评价。

J市轨道交通公司与K建筑公司于2014年5月1日签订了施工总承包合同，合同工期2年。K建筑公司将第3标段进行了分包，其中，304地铁车站由L公司中标。L公司组建了由甲担任项目经理的项目部，项目部管理人员共25人，并于6月2日进行了进场开工仪式。

304地铁车站基坑深度35 m，开挖至坑底设计标高后，进行车站底板垫层、防水层的施工，车站主体结构施工期间，模板支架最大高度为7 m。施工现场设置了两个钢筋加工区和一个木材加工区。在基坑土方开挖、支护及车站主体结构施工阶段，施工现场使用的大型机械设备包括：门式起重机1台、混凝土泵2台、塔式起重机2台、履带式挖掘机2台、排土运输车辆6辆。施工用混凝土由J市M商品混凝土搅拌站供应。

[思考]

1）根据《企业职工伤亡事故分类》（GB 6441—1986）的规定，辨识304地铁车站土方开挖及基础施工阶段的主要危险有害因素。

2）简述K建筑公司对L公司进行安全生产管理的主要内容。

3）简述第3标段的安全评价报告中应提出的安全对策措施。

4）简述304地铁车站施工期间L公司项目经理甲应履行的安全生产责任。

5）根据《危险性较大的分部分项工程安全管理办法》（建质 [2009] 87号），指出304地铁车站工程中需要编制安全专项施工方案的分项工程。

6.1 建筑工程安全生产管理概述

6.1.1 建筑工程安全生产的特点

建筑工程有着与其他生产行业明显不同的特点：

1）建筑工程最大的特点就是产品固定，并附着在土地上，而且世界上没有完全相同的两块土地；建筑结构、规模、功能和施工工艺方法也是多种多样的，可以说建筑产品没有完全相同的。对人员、材料、机械设备、设施、防护用品、施工技术等有不同的要求，而且建筑现场环境（如地理条件、季节、气候等）也千差万别，决定了建筑施工的安全问题是不断变化的。建筑产品是固定的、体积大、生产周期长。一座厂房、一幢楼房、一座烟囱或一件设备，一经施工完毕就固定不动了。生产活动都是围绕着建筑物、构筑物来进行的。这就形成了在有限的场地上集中了大量的工人、建筑材料、设备零部件和施工机具进行作业，这种情况一般持续几个月或一年甚至三五年，工程才能施工完成。

2）流动性大是建筑工程的又一个特点。一座厂房、一栋楼房完成后，施工队伍就要转移到新的地点，去建新的厂房或住宅。这些新的工程，可能在同一个区域，也可能在另一个区域，甚至在另一个城市内。那么队伍就要相应地在区域内、城市内或者地区内流动。

3）建筑工程施工大多是露天作业，以重体力劳动的手工作业为主。建筑施工作业的高强度，施工现场的噪声、热量、有害气体和尘土等，以及露天作业环境不固定，高温和严寒使得作业人员体力和注意力下降，大风、雨雪天气还会导致工作条件恶劣，夜间照明不够，都会增加危险有害因素。在空旷的地方盖房子，没有遮阳棚，也没有避风的墙，工人常年在室外操作，一幢建筑物从基础、主体结构到屋面工程、室外装修等，露天作业约占整个工程的70%。建筑物都是由低到高建起来的，以民用住宅每层高 2.9 m 计算，两层就是 5.8 m，现在一般都是多层建筑，甚至到十几层或几十层，所以绝大部分工人，都在十几米或几十米甚至百米以上的高空，从事露天作业。

4）手工操作，繁重的劳动，体力消耗大。建筑工程大多数工种至今仍是手工操作。例如一名瓦工，每天要砌筑一千块砖，以每块砖重 2.5 kg 计算，就得凭体力用两只手操作近 3 t 重的砖，一块块砌起来，弯腰上千次。还有很多工种，如抹灰工、架子工、混凝土工、管道工等也都是从事繁重的体力劳动。

5）建筑工程的施工是流水作业，变化大，规则性差。每栋建筑物从基础、主体到装修，每道工序不同，不安全因素也不同，建筑业的工作场所和工作内容是动态的不断变化的，每一个工序都可以使得施工现场变化得完全不同。而随着工程的进度，施工现场可能会从地下的几十米到地上的几百米。在建筑过程中，周边环境、作业条件、施工技术等都是在不断地变化，施工过程的安全问题也是不停变化的，而相应的安全防护设施往往滞后于施工进度。而随着工程进度的发展，施工现场的施工状况和不安全因素也随着变化，每个月、每天甚至每个小时都在变化。建筑物都是由低到高建成的，从这个角度来说，建筑施工有一定的规律性，但作为一个施工现场就很不相同，为了完成施工任务，要采取很多的临时性措施，其规则性就比较差了。

6）近年来，建设施工正由以工业建筑为主向民用建筑为主转变，建筑物由低层向高层发展，施工现场由较为广阔的场地向狭窄的场地变化。为适应这变化的条件，垂直运输的办法也随之改变。起重机械骤然增多，龙门架（或井字架）也得到了普遍的应用，施工现场吊装工作量增加了，交叉作业也随之大量的增加。木工机械，如电平刨、电锯等的应用。很多设备是施工单位自己制造的，没有统一的型号，也没有固定的标准。开始只考虑提高功效，没有设置安全防护装置，现在搞定型的防护设施，也较困难，施工条件变了，伤亡事故类别也变了。如过去是钉子扎脚较多，而现在是机械伤害较多。

6.1.2 建筑工程安全生产管理的现状

1．市场不规范，影响了安全生产水平的提高

建筑市场环境与安全生产的关系十分密切，不规范的市场行为是引发安全事故的潜在因素。当前建筑市场中存在的垫资、拖欠工程款、肢解工程和非法挂靠、违法分包等行为，行业管理部门在查处力度上还难以达到理想的效果，这些行为还没有得到有效的遏制，市场监管缺乏行之有效的措施和手段。不良的市场环境必然影响安全生产管理，主要表现在一些安全生产制度、管理措施难以在施工现场落实，安全生产责任制形同虚设，总承包企业与分承包企业（尤其是建设方指定的分包商）在现场管理上缺乏相互配合的机制，给安全生产留下隐患。

2．建筑企业对安全重视程度不够

1）安全管理人员少，安全管理人员整体素质不高，建筑施工企业内部安全投入不足，在安全上少投入成为企业利润挖潜的一种变相手段，安全自查自控工作形式化，企业安全检查工作虚设，建筑企业过分依赖监督机构和监理单位，安全工作在很大程度上就是为了应付上级检查。没有形成严格明确细化的过程安全控制，全过程安全控制运行体系无法得到有效运行。

2）建筑工程的流水施工作业，使得作业人员经常更换工作地点和环境。建设工程的作业场所和工作内容是动态的不断变化的。随着工程进展，作业人员所面对的工作环境、作业条件、施工技术等不断发生变化，这些变化给施工企业带来很大的安全风险。

3）施工企业与项目部分离，使安全措施不能得到充分的落实。一个施工企业往往同时承担多个项目的施工作业，企业与项目部通常是分离状态。这种分离使安全管理工作更多地由

项目部承担。但是，由于项目的临时性和建筑市场竞争的日趋激烈，经济压力也相应增大，公司的安全措施往往被忽视。

4）建筑施工现在存在的不安全因素复杂多变。建筑施工的高能耗、施工作业的高强度、施工作业现场限制、施工现场的噪声、热量、有害气体和尘土，劳动对象规模大且高空作业多，以及工人经常露天作业，受天气、温度影响大，这些都是工人经常面对的不利工作环境和负荷。

5）施工作业标准化程度达不到，使得施工现场危险因素增多。工程的建设是有许多方参加，需要多种专业技术知识；建筑企业数量多，其技术水平、人员素质、技术装备、资金实力参差不齐。这些使得建筑安全生产管理的难度增加，管理层次多，管理关系复杂。

3．建设工程各方主体安全责任未落实到位

根据我国现状，许多项目经理实质上是项目利润的主要受益人，有时项目经理比公司还更加追逐利润，更加忽视安全。造成安全生产投入严重不足，安全培训教育流于形式，施工现场管理混乱，安全防护不符合标准要求，未能建立起真正有效运转的安全生产保证体系。一些建设单位，包括有些政府投资工程的建设单位，未能真正重视和履行法规规定的安全责任，未能按照法律法规要求付给施工单位必要的管理费和规费，任意压缩合理工期，忽视安全生产管理等。

4．作业人员稳定性差、流动性大、生产技能和自我防护意识薄弱

近年来，越来越多的农村富余劳动力进城务工，建筑施工现场是这些务工者主要选择的场所。由于体制上的不完善和管理上的滞后，大量既没有进行劳动技能培训又缺乏施工现场安全教育的务工者上岗后，对现场的不安全因素一无所知，对安全生产的重要性没有足够认识、缺乏规范作业的知识，这是造成安全事故的重要原因。

5．保障安全生产的各个环境要素不完善

企业之间恶性竞争，低价中标，违法分包、非法转包、无资质单位挂靠、以包代管现象突出；建筑行业生产力水平偏低，技术装备水平较落后，科技进步在推动建筑安全生产形势好转方面的作用还没有充分体现出来。通过上述内容分析，针对存在的问题找到建筑施工安全生产监督管理的对策，当前建筑工程市场逐步规范，建筑工程安全生产的有效管理模式正在完善。

6.1.3 建筑工程安全生产管理采取的措施

针对建筑施工安全生产管理工作中暴露出的问题，如何做好依法监督、长效管理，我们除了要继续加强安全管理工作外，还要从源头做起，解决建筑施工中存在的问题。

1．规范工程建设各方的市场行为

从招投标环节开始把关，采取有效的措施，保证建设资金的落实。加强施工成本管理，正确地界定合理成本价，避免无序竞争。参照国内外的成熟项目管理经验，在建设项目开工前，按规定提取安全生产的专项费用，专款专用，不得作为优惠条件和挪作他用，由专门部门负责。加大建设单位安全生产责任制的追究力度，明确其不良行为在安全事故中的连带责任，抑制目前存在的建设单位要求施工企业垫资、拖欠工程款、肢解工程项目发包等不良行为和不顾科学生产程序，一味追求施工进度的现象。

2. 坚持"安全第一、预防为主"的方针、落实安全生产责任制

树立"以人为本"思想，做好安全生产工作，减少事故的发生，就必须坚持"安全第一、预防为主"的方针。在安全生产中要严格落实安全生产责任制：一是明确具体的安全生产要求；二是明确具体安全生产程序；三是明确具体的安全生产管理人员，责任落实到人；四是明确具体的安全生产培训要求；五是明确具体的安全生产责任。同时，应建立安全生产责任制的考核办法，通过考核，奖优罚劣，提高全体从业人员执行安全生产责任制的自觉性，使安全生产责任制的执行得到巩固，从源头上消除事故隐患，从制度上预防安全事故的发生。

3. 加强监理人员安全职责

工程监理单位应当按照法律、法规和建设强制性标准实施监理，并对建设工程安全生产承担监理责任，实现安全监理、监督互补，彻底解决监管不力和缺位问题。细化监理安全责任，并在审查施工企业相关资格、安全生产保证体系、文明措施费使用计划、现场防护、安全技术措施、严格检查危险性较大工程作业情况、督促整改安全隐患等方面，充分发挥监理企业的监管作用。

4. 加强对安全生产工作的行政监督

建设行政主管部门及质量安全监督机构在办理质量安全监督登记和施工许可证时，应按照中标承诺中人员保证体系进行登记把关。工程建设参与各方主体应重点监督施工现场是否建立健全上述保证体系，保证体系是否有效运行，是否具备持续改进功能。工程建设参与各方安全责任是否落实，施工企业各有关人员安全责任是否履行，如发现违法、违规，不履行安全责任，坚决处罚，做到有法可依、有法必依、执法必严、违法必究。对安全通病问题实行专项整治。充分发挥项目负责人的主观能动性；推行项目负责人安全扣分制；超过分值，进行强制培训，降低项目负责人资格等级，直至取消项目负责人执业资格。处罚企业时，同时处罚项目负责人；政府对企业上交罚款情况定期汇总公示；通报批评企业与工程的同时，也要通报批评项目负责人甚至总监理工程师。

5. 加强企业安全文化建设，加大教育和培训力度，提高员工的安全生产素质

随着改革开放的深入和经济的快速发展，建筑施工企业的经济成分和投资主体日趋多元化。而目前，不少施工企业安全文化建设还比较落后，要加强企业自身文化建设，重视安全生产，不断学习行业的先进管理经验，加大安全管理人力和物力的投入，加大教育和培训力度，提高安全管理人员的水平，增强操作人员自我安全防护意识和操作技能，从而提高行业的安全管理水平。采取各种措施，提高建筑施工一线工人的安全意识。针对务工人员文化素质低、安全意识差、缺乏自我防护意识等现状，充分利用民工学校等教学资源，对建筑工人的建筑工程基础知识、安全基本要求进行强制性培训；鼓励技术工人参加技术等级培训，提高职业技能水平；大力组建多工种、多专业劳务分包企业，使建筑企业结构分类更趋合理，真正形成总承包、专业分包、劳务分包三级分工模式。项目部可定期开展经常性施工事故实例讲解，消除安全技术管理人员或班组长的"成功经验"误导；加强对安全储备必要性的充分认识，使"要人人安全"转变为"人人要求安全"的自觉行为。

目前，我国建筑施工安全生产形势依然严峻，其原因是多方面的。既与我国的经济、文化发展水平有关，也与安全管理法规、标准不健全，安全监督体制、安全信息建设体系不完善有关。同时，施工企业的安全管理和技术水平较低；安全生产重要性认识不足，安全管理投入的人力、物力太少；人素质较低，安全保护意识差；施工安全管理不规范、不严格。而工程建设的新材料、新工艺、新技术的应用，使得施工难度不断加大，也在一定程度上制约了建筑施工安全管理水平

的提高。针对我国建筑施工安全生产的特点，要从整顿建筑市场、落实安全生产责任制、强化监理职责、加强行政监督、加强企业安全文化建设来提高职工安全意识。

6.2 建筑工程安全生产管理制度

6.2.1 安全生产管理制度概述

从我国的建筑法规和安全生产法规来看，工程项目的安全是指工程建筑本身的质量安全，即质量是否达到了合同、法规的要求，勘察、设计、施工是否符合工程建设强制性标准，能否在设计规定的年限内安全使用。实际上，施工阶段的安全问题最为突出，所以，从另一方面来讲，工程项目安全就是指工程施工过程中人员的安全，特指合同有关各方在施工现场工作人员的生命安全。建筑工程安全生产管理制度主要包括：

1）建设工程安全生产责任制度和群防群治制度。

2）建设工程安全生产许可制度。

3）建设工程安全生产教育培训制度。

4）建设工程安全生产检查制度。

5）建设工乘呈安全生产意外伤害保险制度。

6）建设工程安全伤亡事故报告制度。

7）建设工程安全责任追究制度。

6.2.2 建筑施工企业安全生产许可证制度

为了严格规范安全生产条件，进一步加强对建筑施工企业安全生产监督管理，防止和减少生产安全事故，根据《安全生产许可证条例》《建设工程安全生产管理条例》《中华人民共和国安全生产法》等有关法律、行政法规，制定建筑施工企业安全生产许可证制度。《建筑施工企业安全生产许可证管理规定》（以下简称《规定》）于 2004 年 6 月 29 日建设部（2008 年改为住房和城乡建设部）第 37 次部常务会议讨论通过，2004 年 7 月 5 日建设部令第 128 号发布，自公布之日起施行。

1. 建筑施工企业安全生产许可证的适用对象

在中华人民共和国境内从事土木工程、建筑工程、线路管道和设备安装工程及装修工程的新建、扩建、改建和拆除等有关活动，依法取得工商行政管理部门颁发的《企业法人营业执照》，符合《规定》要求的安全生产条件的建筑施工企业都必须按程序取得建筑施工企业安全生产许可证。

2. 建筑施工企业取得安全生产许可证，应当具备安全生产条件

1）建立健全安全生产责任制，制定完备的安全生产规章制度和操作规程。

2）保证本单位安全生产条件所需资金的投入。

3）设置安全生产管理机构，按照国家有关规定配备专职安全生产管理人员。

4）主要负责人、项目负责人、专职安全生产管理人员经建设主管部门或者其他有关部门考核合格。

5）特种作业人员经有关业务主管部门考核合格，取得特种作业操作资格证书。

6）管理人员和作业人员每年至少进行一次安全生产教育培训并考核合格。

7）建筑施工企业依法参加工伤保险，依法为施工现场从事危险作业的人员办理意外伤害保险，为从业人员缴纳保险费。

8）施工现场的办公、生活区及作业场所和安全防护用具、机械设备、施工机具及配件符合有关安全生产法律、法规、标准和规程的要求，有生产安全事故应急救援预案、应急救援组织或者应急救援人员，配备必要的应急救援器材、设备。

9）有职业危害防治措施，并为作业人员配备符合国家标准或者行业标准的安全防护用具和安全防护服装，有对危险性较大的分部分项工程及施工现场易发生重大事故的部位、环节的预防、监控措施和应急预案。

10）法律、法规规定的其他条件。

3. 安全生产许可证的申请与颁发

建筑施工企业从事建筑施工活动前，应当依照规定向省级以上建设主管部门申请领取安全生产许可证。中央管理的建筑施工企业（集团公司、总公司）应当向国务院建设主管部门申请领取安全生产许可证。上述规定以外的其他建筑施工企业，包括中央管理的建筑施工企业（集团公司、总公司）下属的建筑施工企业，应当向企业注册所在地省、自治区、直辖市人民政府建设主管部门申请领取安全生产许可证。建筑施工企业申请安全生产许可证时，应当向建设主管部门提供下列材料：

1）建筑施工企业安全生产许可证申请表。

2）企业法人营业执照。

3）前面规定的相关文件、材料。

建筑施工企业申请安全生产许可证，应当对申请材料实质内容的真实性负责，不得隐瞒有关情况或者提供虚假材料。

建设主管部门应当自受理建筑施工企业的申请之日起15日内审查完毕；经审查符合安全生产条件的，颁发安全生产许可证；不符合安全生产条件的，不予颁发安全生产许可证，书面通知企业并说明理由。企业自接到通知之日起应当进行整改，整改合格后方可再次提出申请。建设主管部门审查建筑施工企业安全生产许可证申请，涉及铁路、交通、水利等有关专业工程时，可以征求铁路、交通、水利等有关部门的意见。

6.2.3 建筑工程安全生产教育培训制度

施工企业职工必须定期接受安全培训教育，坚持先培训后上岗的制度。职工每年必须接受一次专门的安全培训。安全教育与培训的实施主要分为内部培训和外部培训。内部培训是指公司的有关专业人员或公司聘请的专业人士对职工的一种培训；外部培训是指公司劳动人事部委托培训单位对部分职工进行培训，从而取得上岗证或是继续教育，提高业务水平。

1. 安全教育对象

安全教育培训对象可分为以下四类：

（1）单位主要负责人

对于单位的主要负责人，要求他必须要进行安全培训，掌握相关的安全技术方面的知识和安全管理方面的知识，如果是特种行业安全生产的主要负责人，还必须考试合格，取得安全资格的证书以后才能任职。像矿山建筑施工企业、危险化学品生产企业，对主要人员有持证的要求，矿长要有安全资格证书才能上岗。

（2）安全管理人员

安全管理人员的安全教育培训要求和单位主要负责人的要求是一样的，只不过他在培训的时候侧重点有所不同，同样也要求应具备安全的资格证书，才能够担任安全生产的管理人员。

（3）从业人员

从业人员的安全教育培训，这是更广泛的教育培训，实际上是全员的安全教育培训，只要是在生产当中所涉及的人员，必须要进行培训，包括上岗之前的培训、日常的教育培训。

（4）特种作业人员

特种作业人员有特殊的要求，要求必须经过培训考核合格以后，获得特种作业人员的操作证。

2．安全教育与培训的时间要求

1）公司法定代表人、项目经理每年接受安全培训的时间，不得少于 30 学时。

2）公司专职安全管理人员取得岗位合格证书并持证上岗外，每年还必须接受安全专业技术业务培训，时间不得少于 40 学时。

3）其他管理人员每年接受安全培训的时间，不得少于 20 学时。

4）特殊工种（包括电工、焊工、厂内机械操作工、架子工、爆破工、起重工等）在通过专业技术培训并取得岗位操作证后，每年仍须接受有针对性的安全培训，时间不得少于 20 学时。

5）其他职工每年接受安全培训的时间，不得少于 15 学时。

6）待岗、转岗、换岗的职工，在重新上岗前，必须接受一次安全培训，时间不得少于 20 学时。

7）新进场的职工，必须接受公司、分公司、项目部的三级安全培训教育，方能上岗。

① 公司安全培训教育的主要内容是：国家和地方有关安全生产的方针、政策、法规、标准、规范、规程和企业的安全规章制度等。培训教育的时间不得少于 15 学时。

② 分公司安全培训教育的主要内容是：工地安全制度、施工现场环境、工程施工特点及可能存在的不安全因素等。培训教育的时间不得少于 15 学时。

③ 项目部安全培训教育的主要内容是：本工程、本岗位的安全操作规程、事故案例剖析、劳动纪律和岗位讲评等。培训教育的时间不得少于 20 学时。

6.2.4　建筑工程安全生产检查制度

1．建筑施工安全生产检查目的

通过检查，发现施工中的不安全、不卫生问题，从而采取对策，消除不安全因素，保障安全生产；通过检查，增强领导和群众安全意识，纠正违章指挥，违章作业，提高安全生产的自觉性和责任感；通过检查了解安全动态，分析安全生产形势，互相学习，总结经验，吸取教训，取长补短，促进安全生产工作。

2．建筑施工安全生产检查目标

预防伤亡事故或把事故降下来，把伤亡事故频率和经济损失率降到低于社会容许的范围，提高经济效益和社会效益；通过安全检查对施工中存在的不安全因素进行预测、预报和预防，从而不断改善生产条件和作业环境，达到最佳安全状态。

3．建筑施工安全生产检查的内容

安全检查的内容应根据施工特点，制定检查项目和标准。主要查思想、制度、机械设备、安全设施、安全教育培训、操作行为、劳保用品使用、伤亡事故的处理和文明施工（防火、卫生及场容场貌）等。

4．建筑施工安全生产检查的形式

根据检查目的、内容一般由部门组织，公司领导带队，会同工会、工程部共同参加。检查形式可分为经常性、定期性、专业性和季节性等多种形式。

1）经常性安全检查。施工过程中进行经常性的预防检查，能及时发现隐患，消除隐患，保证施工正常进行。通常包括有班组进行班前、班后岗位安全检查；各级安全人员及安全值日人员日常巡回安全检查。

2）定期性安全检查。根据安全工作需要，工程施工单位在以一定频率组织安全检查，如每季度组织一次安全检查评比，工地每旬组织一次等。

3）专业性安全检查。专业安全检查应由有关业务部门组织有关专业人员对某项专业的安全问题或在施工中存在的普遍性安全问题进行单项检查。主要应由专业技术人员、懂行的安全技术人员和有实际操作、维修能力的工人参加。

4）季节性及节假日前后安全检查。季节性安全检查是针对气候特点（如冬季、夏季、雨季、风季等）可能给施工（生产）带来危害而组织的安全检查。节假日（特别是重大节假日，如元旦、春节、劳动节、国庆节）前后防止职工纪律松懈，思想麻痹等。

5）施工现场还要经常进行自检、互检和交接检查。

① 自检：班组作业前后对自身所处的环境和工作程序进行安全检查，可随时消除安全隐患。

② 互检：班组之间开展的安全检查，做到互相监督，共同遵章守纪。

③ 交接检查：上道工序完毕，交给下道工序使用前，应由工地负责人组织工长、安全员、班组长及其他有关人员参加，进行安全检查或验收，确认无误或合格后，方能交给下道工序使用。如脚手架、龙门架（井字架）等，在搭设好使用前，都经过交接检查。

5．建筑施工安全生产检查的内容检查记录及整改措施

1）安全检查需要认真、全面地进行系统分析，用定性定量进行安全评价，检查记录是安全评价的依据，因此，需认真、详细，特别是对隐患的记录必须具体，如隐患的部位、危险程度及处理意见等。

2）建筑施工安全生产整改措施。安全检查中查出的隐患除进行登记外，还应发出《隐患整改通知书》。对凡是有即发性事故危险的隐患，检查人员应责令停工，被检查单位必须立即整改。对于违章指挥、违章作业行为，检查人员可以当场指出，进行纠正。对查出的事故隐患应做到定人、定时、定措施进行整改，并要有复查情况记录。被检的必须如期整改并上报检查部门，现场应有整改回执单。对重大事故隐患的整改必须如期完成，并上报公司和有关部门。

6.2.5　建筑工程安全伤亡事故报告制度

《建设工程安全生产管理条例》第五十条对建设工程生产安全事故报告制度的规定为："施工单位发生生产安全事故，应当按照国家有关伤亡事故报告和调查处理的规定，及时、如实地向负责安全生产监督管理的部门、建设行政主管部门或者其他有关部门报告；特种设备发生事故的，还应当同时向特种设备安全监督管理部门报告。接到报告的部门应当按照国家有关规定，如实上报。"本条是关于发生伤亡事故时的报告义务的规定。一旦发生安全事故，应及时报告有关部门是及时组织抢救的基础，也是认真进行调查分清责任的基础。因此，施工单位在发生安全事故时，不能隐瞒事故情况。对于生产安全事故报告制度，我国《安全生产法》《建筑法》等对生产安全事故报告作了相应的规定。同时，《生产安全事故报告和调查处理条例》也对生产安全事故作了相应的规定。

《建设工程安全生产管理条例》（简称《条例》）还规定了实行施工总承包的施工单位发生安全事故时的报告义务主体。《条例》第二十四条规定："建设工程实行施工总承包的，由总承包单位对施工现场的安全生产负总责。"因此，一旦发生安全事故，施工总承包单位应当负起及时报告的义务。

6.2.6　建筑工程安全责任追究制度

我国的法律法规规定实行生产安全事故责任追究制度，对生产安全事故的调查处理，首先需要对生产安全事故的责任确认。

1．事故责任的种类与划分

1）按违法行为的性质、产生危害后果的大小来划分，有行政责任、民事责任和刑事责任。

① 行政责任。行政责任是指行为人有违反有关安全生产管理的法律法规规定，但尚未构成犯罪的行为所依法应当承担的法律后果。行政责任制裁的方式有行政处分和行政处罚两种。

a．行政处分：行政处分又称纪律处分，是指行政机关、企事业单位根据行政隶属关系，依据有关行政法规或内部规章对犯有违法失职和违纪行为的下属人员给予的一种行政制裁。

b．行政处罚：行政处罚是由特定的行政机关或法律法规授权或行政机关委托授权的管理机构对违反有关安全生产管理的法律法规或规章尚未构成犯罪的公民、法人或其他组织所给予的一种行政制裁。

② 民事责任。民事责任是指民事主体因违反合同或不履行其法律义务，侵害国家、集体或他人的财产、人身权利而依法应当承担的民事法律后果，即违反民事规范和不履行民事义务的法律后果。生产安全事故的民事责任属于侵权民事责任，主要是财产损失赔偿责任和人身伤害民事责任。

③ 刑事责任。刑事责任是违反刑事法律规定已构成犯罪所依法应当承担的法律后果。

2）按事故发生的因果关系来划分，有直接责任和间接责任。

① 直接责任：直接责任是指行为人的行为与事故有着直接的因果关系。一般根据事故发生的直接原因确定直接责任者。

② 间接责任：间接责任是指行为人的行为与事故有着间接的因果关系。一般根据事故发

生的间接原因确定间接责任者。

3）按事故责任人的过错严重程度来划分，有主要责任与次要（重要）责任，全部责任与同等责任。

① 主要责任：主要责任是指行为人的行为导致事故的直接发生，对事故的发生起主要作用。一般由肇事者或有关人员负主要责任。

② 次要（重要）责任：次要（重要）责任是指行为人的行为不一定导致事故的发生，但由于不履行或不正确履行其职责，对事故的发生起重要作用或间接作用。

③ 全部责任：全部责任是指行为人的行为导致事故的直接发生，与其他行为人的行为无关。

④ 同等责任：同等责任是指两个或两个以上行为人的行为共同导致事故的发生，对事故的发生起同等的作用，承担相同的责任。

4）按领导的隶属关系或管理与被管理的关系来划分，有直接领导责任与领导责任。

① 直接领导责任：直接领导责任是指事故行为人的直接领导者对事故的发生应当承担的责任。

② 领导责任：领导责任是指除事故行为人的直接领导外的有层级管理关系的其他领导者对事故的发生应当承担的责任。

5）按建设工程的安全责任主体来划分，有建设单位、勘察单位、设计单位、监理单位、施工单位以及为建设工程提供机械设备和配件的单位、安拆起重机械或整体脚手架等有关服务单位的安全责任。

2．事故责任的认定

根据现行的法律法规规定，对建设工程安全事故责任的认定，一般为：

（1）建设工程各责任主体之间的事故责任认定

1）建设单位承担事故责任的认定。建设单位有下列情形之一的，负相应管理责任：

① 工程没有领取施工许可证擅自施工；

② 建设单位违章指挥；

③ 提出压缩合同工期等不符合建设工程安全生产法律法规和强制性标准要求；

④ 将工程发包给不具备相应资质等级或无安全生产许可证的单位施工；

⑤ 将工程勘察、设计业务发包给不具备相应资质等级的勘察、设计单位；

⑥ 施工前未按要求向承包方提供与工程施工作业有关的资料，致使承包方未采取相应安全技术措施；

⑦ 建设单位直接发包的施工单位与同一施工现场其他施工单位进行交叉作业或建设单位直接将分包工程发包给分包施工单位（总承包方又不收取管理费用）发生生产安全事故。

2）勘察单位承担事故责任的认定。勘察单位有下列情形之一的，负相应勘察责任或主要责任：

① 在勘察作业时，未采取相应安全技术措施，致使各类管线、设施和周边建筑物或构筑物破坏或坍塌；

② 未按工程建设强制性标准进行勘察，提供的勘察文件不实或严重错误，导致发生生产安全事故。

3）设计单位承担事故责任的认定。设计单位有下列情形之一的，负相应设计责任或连带责任：

① 未根据勘察文件或未按工程建设强制性标准进行设计,提供的设计文件不实或严重错误导致发生生产安全事故;

② 对涉及施工的重点部位、环节,在提供的设计文件中未注明预防生产安全事故措施意见;

③ 指定的建筑材料、构配件是发生生产安全事故因素。

4)监理单位承担事故责任的认定。监理单位有下列情形之一的,负相应监理责任或连带责任:

① 未对安全技术措施或专项施工方案进行审查签字;

② 未对施工企业的安全生产许可证和项目经理、技术负责人等资格进行审查;

③ 发现安全隐患未及时要求施工企业整改或暂停施工;

④ 施工企业对安全隐患拒不整改或不停止施工时,未及时向有关管理部门报告;

⑤ 未依照法律法规和工程建设强制性标准实施监理。

5)施工单位承担事故责任的认定。

① 总承包与分包施工单位间的事故责任的认定。按下列不同情形认定:

a. 总承包方向分包方收取管理费用,分包方发生安全事故的,总承包方负连带管理责任,分包方负主要责任;

b. 总承包方违法分包或转包给不具备相应资质等级或无安全生产许可证的单位施工发生安全事故的,总承包方负主要责任;

c. 总承包方在施工前未按要求向分包方提供与工程施工作业有关的资料,致使分包方未采取相应安全技术措施发生安全事故的,总承包方负主要责任;

d. 总承包方与分包方在同一施工现场发生塔式起重机碰撞的,总承包方负主要责任,但由于违章指挥、违章作业发生塔式起重机碰撞的,由违章指挥、违章作业人员所在单位负主要责任;

e. 作业人员任意拆改安全防护设施发生安全事故的,由拆改人员所在单位负主要责任;

f. 由于前期施工质量缺陷或隐患发生安全事故的,由前期施工的单位负主要责任。

② 非总包与分包关系,在同一施工区域的两个施工单位间的事故责任认定。按下列不同情形认定:

a. 双方未履行职责有过错的,由双方共同承担事故责任;

b. 由于安管责任不落实或安全技术措施不当发生安全事故的,由肇事单位负全部责任或主要责任;

c. 发生塔式起重机碰撞的,由后安装塔式起重机的单位负主要责任。

(2)安全责任人的直接责任或主要责任的认定

有下列情形之一的,负直接责任或主要责任:

1)违章指挥、违章冒险作业造成安全事故;

2)忽视安全、忽视警告,操作错误造成安全事故;

3)不进行安全技术交底。

3. 事故责任的追究

(1)追究的原则

1)因果原则。有因果关系的才认定与追究,无因果关系的不认定与追究。

2)法定原则。法无明文规定不处罚、不定罪。

3）公开、公正原则。执法的依据、程序事先公开公布，责任与违法行为相衡相当。

4）及时原则。追究应在法定的时效内进行。

（2）建设工程事故责任追究的依据

现行的法律法规主要有：《行政监察法》《公务员法》《国务院关于特大安全事故行政责任追究的规定》《建筑法》《安全生产法》《建设工程安全生产管理条例》《特种设备安全监察条例》《建设工程勘察设计管理条例》《安全生产许可证条例》《建设工程质量管理条例》《生产安全事故报告和调查处理条例》《民法通则》《民事诉讼法》和《刑法》等。对事故责任的追究，要从其规定。

6.3 建筑施工现场料具安全管理

6.3.1 建筑施工现场料具安全管理概述

建筑施工现场料具安全管理是建筑企业进行正常施工，加速流动资金周转，减少资金占用，提高劳动生产率，提高企业经济效益的重要保证。其主要包括以下几个方面的内容：

1. 编制合理的料具使用管理计划

计划是优化资源配置、组合及管理的重要手段，项目管理人员应制定合理的资源管理计划，对资源的投入量、投入时间、投入步骤及其采购、保管、发放作出合理的安排，以满足企业生产实施的需要。

2. 抓好料具的采购、租赁、保管制度

对工程必需的材料应根据材料采购供应计划进行采购；对一些施工机具可予以购买，也可向租赁公司租赁。从料具的来源到投入到施工项目，项目管理人员应制定相应的制度，以督促工程料具管理计划的落实。

3. 抓好料具的运输、保管及使用管理

根据每种材料的特性及机械的性能，制定出科学的、符合客观规律的措施，进行动态配置和组合，协调投入、合理使用，以尽可能少的资源满足项目的使用。

4. 进行经济核算

在保证材料性能及机具使用功能的同时，料具管理的一项重要内容是进行料具投入、使用和产出的核算，发现偏差要及时纠正并不断改进，以实现节约资源、降低产品成本、提高经济效益的目的。

5. 做好管理效果的分析、总结工作

通过对建筑材料、施工机具的管理，应从中找出经验和存在的问题，并对其进行分析和总结，以便于以后的管理活动，为进一步提高管理工作效率打下坚实基础。

6.3.2 施工现场料具运输、堆放、保管、租赁与使用

1. 材料的运输

（1）材料运输的原则

材料运输管理是对材料运输过程，运用计划、组织、指挥和调节职能进行管理；使材料

运输应遵循"及时、准确、安全、经济"的原则，具体规定如下：

1）及时：是指用最少的时间，把材料从产地运到施工、用料地点，及时供应使用。

2）准确：是指材料在整个运输过程中，防止发生各种差错事故，做到不错、不乱、不差，准确无误地完成运输任务。

3）安全：是指材料在运输过程中保证质量完好，数量无缺，不发生受潮、变质、残损、丢失、爆炸和燃烧事故，保证人员、材料、车辆等安全。

4）经济：是指经济合理地选用运输路线和运输工具，充分利用运输设备，降低运输费用。"及时、准确、安全、经济"四项原则是互相关联、辩证统一的关系，在组织材料运输时应全面考虑，不要顾此失彼。

（2）材料运输机具的选择

根据建筑材料的性质，材料运输可分为普通材料运输和特种材料运输两种。

1）普通材料运输。普通材料运输是指不需要采用特殊运输工具装运就可运输的一般材料的运输，如砂、石、砖、瓦等，均可采用铁路的敞车、普通货船及一般载货汽车运输。铁路的运输能力大、运行速度快，一般不受气候、季节的影响，连续性强，管理高度集中，运行比较安全准确，适宜于大宗材料的长距离运输。公路运输基本上是地区性运输。地区公路运输网和铁路、水路干线及其他运输方式相配合，构成全国性的运输体系，担负着极其广泛的中、短途运输任务。由于运费较高，不宜长距离运输。

2）特种材料运输。特种材料主要是指超限材料和危险品材料。超限材料即超过运输部门规定标准尺寸和标准重量的材料；危险品材料是指具有自燃、腐蚀、有毒、易燃、爆炸和放射特性，在运输过程中会造成人身伤亡及人民财产损毁的材料。特种材料的运输必须按交通运输部门颁发的超长、超限、超重材料运输规则和危险品材料运输规则办理，用特殊结构的运输工具或采取特殊措施进行运输。

（3）材料进场质量验收

1）材料进场验收主要是检验进场材料的品种、规格、数量和质量。材料进场后，材料管理人员应按以下步骤进行验收：

① 检查送料单，查看是否有误送。

② 核对实物的品种、规格、数量和质量，是否和凭证一致。

③ 检查原始凭证是否齐全、正确。

④ 做好原始记录，逐项详细填写收料日记，其中验收情况登记栏，必须将验收过程中发生的问题填写清楚。

2）水泥进场质量验收时，应以出厂质量保证书为凭，验查单据上水泥品种、强度等级与水泥袋上印的标志是否一致，不一致的应分开码放，待进一步查清；检查水泥出厂日期是否超过规定时间，超过的要另行处理；遇有两个单位同时到货的，应详细验收，分别码放，防止品种不同而混杂使用。

3）砂、石料进场质量验收时，一般应先进行目测，其质量检验要求如下：

砂：颗粒坚硬洁净，一般要求中粗砂，除特殊需用外，一般不用细砂。黏土、泥灰、粉末等不超过 3%～5%。

石：颗粒级配应合理，粒形以近似立方块的为好。针片状颗粒不得超过 25%，在强度等级大于 C30 的混凝土中，不得超过 15%。注意鉴别有无风化石、石灰石混入。含泥量一般混凝土不得超过 2%；大于 C30 的混凝土中，不得超过 1%。

砂石含泥量的外观检查，如砂子颜色灰黑，手感发黏，抓一把能粘成团，手放开后，砂团散开，发现有粘连小块，用手指捻开小块，手指上留有明显泥污的，表示含泥量过高。石子的含泥量，用手握石子摩擦后无尘土粘于手上，表示合格。

4）砖进场质量验收时，其抗压、抗折、抗冻等数据，一般以产品质量保证书为凭证。现场砖的外观颜色：未烧透或烧过火的砖，即色淡和色黑的红砖不能使用。外形规格：按砖的等级要求进行验收。

5）木材的质量验收包括材种验收和等级验收。木材的品种很多，首先要辨认材种及规格是否符合要求。对照木材质量标准，查验其腐朽、弯曲、钝棱、裂纹以及斜纹等缺陷是否与标准规定的等级相符。

6）钢材质量验收分外观质量验收和化学成分、力学性能的验收。外观质量验收中，由现场材料验收人员，通过眼看、手摸，或使用简单工具，如钢刷、木棍等，检查钢材表面是否有缺陷。钢材的化学成分、力学性能均应经有关部门复验，与国家标准对照后，判定其是否合格。

2. 材料堆放与保管

1）材料进场前，应检查现场施工便道有无障碍及平整通畅，车辆进出、转弯、调头是否方便，还应适当考虑回车道，以保证材料能顺利进场。

2）按照施工组织设计的场地平面布置图的要求，选择好堆料场地，要求平整、没有积水。准备好装卸设备、计量设备、遮盖设备等；必须进现场临时仓库的材料，按照"轻物上架，重物近门，取用方便"的原则，准备好库位；防潮、防霉材料要事先铺好垫板；易燃、易爆材料，一定要准备好危险品仓库；夜间进料，要准备好照明设备，在道路两侧及堆料场地，都有足够的亮度，以保证安全生产。

3）水泥应入库保管，仓库地坪要高出室外地面 20～30 cm，四周墙面要有防潮措施，码垛时一般码放 10 袋，最高不得超过 15 袋；散装水泥要有固定的容器。不同品种、强度等级和日期的，要分开码放，挂牌标明。特殊情况下，水泥需在露天临时存放的，必须有足够的遮垫措施，做到防水、防雨、防潮。

4）水泥库房要经常保持清洁，落地灰要及时清理、收集、灌装，并应另行收存使用。根据使用情况安排好进料和发料的衔接，严格遵守先进先发的原则，防止发生长时间不动的死角。水泥的储存时间不能太长，出厂后超过 3 个月的水泥，要及时抽样检查，经化验后按重新确定的强度使用。如有硬化的水泥，经处理后降级使用。水泥应避免与石灰、石膏以及其他易于飞扬的粒状材料同存，以防混杂，影响质量。包装如有损坏应及时更换，以免散失。

5）砂、石料材料一般应集中堆放在混凝土搅拌机和砂浆机旁，不宜放置过远。堆放要成方、成堆，避免成片。平时要经常清理，并督促班组清底使用。

6）按施工现场平面布置图，砖应码放在垂直运输设备附近，以便于起吊。不同品种规格的砖，应分开码放，基础墙、底层墙的砖可沿墙周围码放。使用中要注意清底，用一垛清一垛，断砖要充分利用。

7）木材应按材种规格等级不同分开码放，要便于抽取和保持通风。板材、方材的垛顶部要遮盖，以防日晒雨淋。经过烘干处理的木材，应放进仓库。木材存料场地要高、通风要好，应随时清除腐木、杂草和污物，必要时用 5%的漂白粉溶液喷洒。

8）钢材在保管中必须分清品种、规格、材质，不能混淆。保持场地干燥，地面不得有积水，清除污物。钢材中优质钢材，小规格钢材，如镀锌板、镀锌管、薄壁电线管等，最好入库入棚保管，若条件不允许，只能露天存放时，应做好苫垫。

9）成品、半成品主要是指工程使用的混凝土制品以及成型的钢筋等，其堆放与保管要求如下：

① 混凝土构件一般在工厂生产，再运到现场安装。由于其具有笨重、量大和规格型号多的特点，一般按工程进度进场并验收。构件应分层分段配套码放，且应码放在吊车的悬臂回转半径范围以内。构件存放场地要平整，垫木规格一致且位置上、下对齐，保持平整和受力均匀。

② 成形钢筋，是指由工厂加工成形后运到现场绑扎的钢筋。钢筋的存放场地要平整，没有积水，规格码放整齐，用垫木垫起，防止浸水锈蚀。

10）现场材料的包装容器一般都有利用价值，如纸袋、麻袋、布袋、木箱、铁桶等，现场必须建立回收制度，保证包装品的成套、完整，提高回收率和完好率。对拆开包装的方法要有明确的规章制度，如铁桶不开大口、盖子不离箱、线封的袋子要拆线、粘口的袋子要用刀割等。

3．料具使用管理

（1）料具的发放

1）建立料具领发台账，严格限额领发料具制度。收、发料具要及时入账上卡，手续齐全。

2）坚持余料入库的原则，详细记录料具领发状况和节超情况。

3）建筑施工设施所需料具应以设施用料计划进行控制，并实行限额发料，严禁超支。

4）作业人员超限额用料时，必须事先办理相关手续，填写限额领料单，注明超耗原因。经批准后，方可领发料具。

（2）料具的使用

1）材料使用过程中，必须按分部工程或按层数分阶段进行材料使用分析和核算，以便及时发现问题，防止材料超用。

2）材料管理人员可根据现场条件，要求将混凝土、钢筋、木材、石灰、玻璃、油漆、砂、石等的具体使用情况不同程度地集中加工处理，以扩大成品供应。

3）现场材料管理人员应对现场材料使用状况进行监督和检查。其检查内容如下：

① 现场材料是否按施工现场平面图堆放料具，并按要求设置防护措施。

② 核查材料使用台账，检查材料使用人员是否认真执行材料领发手续。

③ 施工现场是否严格执行材料配合比，合理用料。

④ 施工技术人员是否按规定进行用料交底和工序交接。

⑤ 根据"谁做谁清，随做随清，操作环境清，工完场地清"的原则，检查现场做工状况。

4）将检查情况如实记录，要求责任明确，原因分析清楚，如有问题须及时处理。

4．料具的租赁

料具租赁是指在一定期限内，料具产权所有人向租赁方提供符合使用性能和规格的材料和机具，出让其使用权，但不改变所有权，双方各自承担一定的义务并享有相关权利的一种经济关系。

1）项目确定需要租赁的料具后，应根据料具使用方案制订需求计划，并由专人向租赁部门签订租赁合同，并做好周转料具进入施工现场的各项准备工作，如存放及拼装场地等。

2）周转料具租赁后，应分类摆放整齐；对需入库保管的周转料具，应分别建档，并保存账册、报表等原始记录，同时，应防火、防盗、防止霉烂变质等现象发生。

3）料具保管场所应场容整洁，对各次使用的钢管、钢模板等应派专人定期进行修整、涂漆等保养工作。

4）在使用期间，周转料具不得随意被切割、开洞焊接或改制。对钢管、钢模板等料具，不能从高空抛下或挪作他用。

5）在周转料具租赁期间，对不同的损坏情况应作出相应的赔偿规定，对严重变形的料具应作报废处理。

6）进出场（库）的钢管、木材、机具等均应有租方与被租方双方专人收发，并做好记录，其内包括料具的型号、数量、进（出）场（库）日期等。周转料具一经收发完毕，双方人员应签字办理交（退）款手续。

6.3.3 施工机械的使用管理

1. 施工机械的使用与监督

（1）"三定"制度的形式

"三定"制度是指在机械设备使用中定人、定机、定岗位责任的制度，也就是把机械设备使用、维护、保养等各环节的要求都落实到具体的人身上。主要内容包括坚持人机固定的原则、实行机长负责制和贯彻岗位责任制。

人机固定就是把每台机械设备和它的操作者相对固定下来，无特殊情况不得随意变动。根据机械类型的不同，定人、定机有下列三种形式：

1）单人操作的机械，实行专机专责制，其操作人员承担机长职责。

2）多班作业或多人操作的机械，均应组成机组，实行机组负责制，其机组长即为机长。

3）班组共同使用的机械以及一些不宜固定操作人员的设备，应指定专人或小组负责保管和保养，限定具有操作资格的人员进行操作，实行班组长领导下的分工负责制。

（2）施工机械凭证操作

1）为了加强对施工机械使用和操作人员的管理，更好地贯彻"三定"责任制，保障机械合理使用，施工机械操作人员均需参加该机种技术考核，考核合格且取得操作证后，方可上机独立操作。

2）凡符合下列条件的人员，经培训考试合格，取得合格证后方可独立操作机械设备：

① 年满十八周岁，具有初中以上文化程度。

② 身体健康，听力、视力、血压正常，适合高空作业和无影响机械操作的疾病。

③ 经过一定时间的专业学习和专业实践，懂得机械性能、安全操作规程、保养规程和有一定的实际操作技能。

3）技术考核方法主要是现场实际操作，同时进行基础理论考核。考核内容主要是熟悉本机种操作技术，懂得本机种的技术性能、构造、工作原理和操作、保养规程，以及进行低级保养和故障排除。

4）凡是操作下列施工机械的人员，都必须持有关部门颁发的操作证，起重工（包括塔式起重机、汽车起重机、龙门吊、桥吊等的驾驶员和指挥人员）、外用施工电梯、混凝土搅拌机、混凝土泵车、混凝土搅拌站、混凝土输送泵、电焊机、电工等作业人员及其他专人操作的专用施工机械。

5）机械操作人员应随身携带操作证以备随时检查，如出现违反操作规程而造成事故，除按情节进行处理外，并对其操作证暂时收回或撤销。

6）凡属国家规定的交通、劳动及其主管部门负责考核发证的驾驶证、起重工证、电焊工证、电工证等，一律由主管部门按规定办理，公司不再另发操作证。

7）操作证每年组织一次审验，审验内容是操作人员的健康状况和奖惩、事故等记录，审验结果填入操作证有关记事栏。未经审验或审验不合格者，不得继续操作机械。

8）严禁无证操作机械，更不能违章操作，如领导命其操作而造成事故，应由领导负全部责任。学员或学习人员必须在有操作证的指导师傅在场指挥下，方能操作机械设备，指导师傅应对其实习人员的操作负责。

（3）施工机械监督检查

1）公司设备处或质安处应每两月进行一次综合考评，以检查机械管理制度和各项技术规定的贯彻执行情况，保证机械设备的正确使用与安全运行。

2）积极宣传有关机械设备管理的规章制度、标准、规范，并监督其在各项目施工中的贯彻执行。

2．机械维护与保养

在编制施工生产计划时，要按规定安排机械保养时间，保证机械按时保养。机械使用中发生故障，要及时排除，严禁带病运行和只使用不保养的做法。

1）汽车和以汽车底盘为底车的建筑机械，在走合期内公路行驶速度不得超过 30 km/h，工地行驶速度不得超过 20 km/h，载重量应减载 20%～25%，同时在行驶中应避免突然加速。

2）电动机械在走合期内应减载 15%～20%运行，齿轮箱也应采取黏度较低的润滑油，走合期满应检查润滑油状况，必要时更换（如装配新齿轮或更换全部润滑油）。

3）机械上原定不得拆卸的部位走合期内不应拆卸，机械走合时应有明显标志。

4）入冬前应对操作使用人员进行冬期施工安全教育和冬期操作技术教育，并做好防寒检查工作。

5）对冬期使用的机械要做好换季保养工作，换用适合本地使用的燃油、润滑油和液压油等油料，安装保暖装备。凡带水工作的机械、车辆，停用后将水放尽。

6）机械启动时，先低速运转，待仪表显示正常后再提高转速和负荷工作。内燃发动机应有预热程序。

7）机械的各种防冻和保温措施不得遗漏。冷却系统、润滑系统、液压传动系统及燃料和蓄电池，均应按各种机械的冬期使用要求进行使用和养护。机械设备应按冬期启动、运转、停机清理等规程进行操作。

6.4 文明施工与环境保护

6.4.1 施工现场文明施工的要求

1）施工现场必须设置明显的标牌，标明工程项目名称、建设单位、设计单位、施工单位、项目经理和施工现场总代表人的姓名、开竣工日期、施工许可证批准文号等。施工单位负责施工现场标牌的保护工作。

2）施工现场的管理人员在施工现场应当佩戴证明其身份的证、卡。

3）应当按照施工总平面布置设置各项临时设施。现场堆放的大宗材料、成品、半成品和机具设备不得侵占场内道路及安全防护等设施。

4）施工现场的用电线路、用电设施的安装和使用必须符合安装规范和安全操作规程，并按照施工组织设计进行架设，严禁任意拉线接电。施工现场必须设有保证施工安全要求的夜间照明；危险潮湿场所的照明以及手持照明灯具，必须采用符合安全要求的电压。

5）施工机械应当按照施工总平面布置图规定的位置和线路设置，不得任意侵占场内道路。施工机械进场须经过安全检查，经检查合格的方能使用。施工机械操作人员必须建立机组责任制，并依照有关规定持证上岗，禁止无证人员操作。

6）应保证施工现场道路畅通，排水系统处于良好的使用状态；保持场容场貌的整洁，随时清理建筑垃圾。在车辆、行人通行的地方施工，应当设置施工标志，并对沟井坎穴进行覆盖。

7）施工现场的各种安全设施和劳动保护器具，必须定期进行检查和维护，及时消除隐患，保证其安全有效。

8）施工现场应当设置各类必要的职工生活设施，并符合卫生、通风、照明等要求。职工的膳食、饮水供应等应当符合卫生要求。

9）应当做好施工现场安全保卫工作，采取必要的防盗措施，在现场周边设立围护设施。

10）在施工现场建立和执行防火管理制度，设置符合消防要求的消防设施，并保持完好的备用状态。在容易发生火灾的地区施工，或者储存、使用易燃易爆器材时，应当采取特殊的消防安全措施。

6.4.2 施工现场环境保护的要求

1）施工单位应加强管理，最大限度地节约水、电、汽、油等能源消耗，杜绝浪费能源的事件发生，应尽量使用新型环保建材，保护环境。

2）施工单位在施工中要保护好道路、管线等公共设施，建筑垃圾由施工单位负责收集后统一处理。

3）施工单位应采取措施控制生活污水和施工废水的排放，不能任意排放而造成水污染，一般应先行修建好排水管道，落实好排放口后才能开始施工。

4）施工单位在运输建材进场时，应在始发地做好建材的包装工作，禁止建材在运输过程中产生粉尘污染。在施工工地必须做好灰尘防治工作，在工地出入口处应铺设硬质地面，并设置专门设施进行洒水固尘，并冲洗进、出车辆。

5）施工单位应积极采用新技术、新型机械，同时采用隔声、吸声、消声等方法，以减少施工过程中产生的噪声，达到环保要求。施工单位要求在夜间进行施工的，严禁使用打桩机。

6.4.3 施工现场职业健康安全卫生的要求

《安全生产法》中规定，生产经营单位应具备国家规定的安全卫生条件。生产场所的安全卫生有具体的要求，主要包括以下几个方面：

1）厂房或建筑物（包括永久性和临时性的）均必须安全稳固，各种厂房建筑物之间的间距和方位应该符合防火、防爆等有关安全卫生规定；

2）生产场所应布局合理，保证安全作业的地面和空间，按有关规定设置安全人行通道和车辆通道；

3）在室内的生产场所应设安全门，并有两个安全出口，在楼上作业或需登高作业的场所还应该设置安全梯；

4）生产场所根据不同季节和天气，分别设置防暑降温、防冻保温、防雨雪、防雷击的设施；

5）生产场所及出入口通道、楼梯、安全门、安全梯等均应有足够的采光和照明设施，易燃易爆的生产场所还必须符合防爆的要求；

6）有职业危害的生产场所，应根据危害的性质和程度，设置可靠的防护设施、监护报警装置、醒目的安全标志以及在紧急的情况下进行抢救和安全疏散的设施。

6.5 建设工程生产安全事故应急预案和事故处理

6.5.1 生产安全事故应急预案的内容

根据国家的有关法律、法规，为了贯彻落实"安全第一、预防为主、综合治理"的方针，规范应急管理工作，提高对风险和事故的防范能力，保证职工安全健康，最大程度地减少财产损失、环境损害和社会影响，建筑施工单位应该编制生产安全事故应急预案，提高安全事故处理能力。专项的应急预案编制主要包括以下内容：

1．事故类型和危害程度分析

在危险源评估的基础上，对其可能发生的事故类型和可能发生的季节及事故严重程度进行确定。

2．应急处置基本原则

明确处置安全生产事故应当遵循的基本原则。

3．组织机构及职责

（1）应急组织体系

明确应急组织形式、构成单位和人员，并尽可能以结构图的形式表示出来。

（2）指挥机构及职责

根据事故类型，明确应急救援指挥机构总指挥、副总指挥以及各成员单位和人员的具体职责。

应急救援机构可以设置相应的应急救援工作小组，明确各小组的工作任务及主要负责人职责。

4．预防与预警

（1）危险源监控

明确本单位对危险源监测监控的方式、方法，以及采取的预防措施。

（2）预警行动

明确事故预警的条件、方式、方法和信息的发布程序。

5．信息报告程序

1）确定报警系统及程序；

2）确定现场报警方式，如电话、警报器等；

3）确定 24 小时与相关部门的通信、联络方式；

4）明确相互认可的通告、报警形式和内容；

5）明确应急反应人员向外求援的方式。

6．应急处置

（1）响应分级

针对事故危害程度、影响范围和单位控制事态的能力，将事故分为不同的等级。按照分级负责的原则，明确应急响应级别。

（2）响应程序

根据事故的大小和发展态势，明确应急指挥、应急行动、资源调配、应急避险、扩大应急等响应程序。

（3）处置措施

针对本单位事故类别和可能发生的事故特点、危险性，制定的应急处置措施（如煤矿瓦斯爆炸、冒顶片帮、火灾、透水等事故应急处置措施，危险化学品火灾、爆炸、中毒等事故应急处置措施）。

7．应急物资装备保障

明确应急处置所需的物资和装备数量、管理与维护、正确使用等。

6.5.2　生产安全事故应急预案的管理

生产安全事故应急预案的管理包括编制事故应急预案、培训演练、实施等整个过程。编制事故应急预案，首先要把它的前提条件摸清楚，而且要有一个正确、有序的程序，才能保证编制工作在符合国家要求的条件下顺利实施。从调查分析一直到最后预案的实施管理整个过程，都可以看成是编制的整个程序。应急预案的制定和管理主要包括以下八个方面。

1．编制前的准备

就是做好事先的分析，例如，法律法规的分析、危险性的分析，都可以看成是准备阶段。

2．成立预案编制工作组

必须要有统一的一个领导机构来进行实际的编制工作，这个编制组的组成对于企业而言，必须要包括各有关部门的人员来进行编制，如果是政府预案，那么应包括本级人民政府的各个部门的有关人员来进行编制。必须要有一个预案编制的工作组，而且这个组长通常是负责人，他必须要起到实际的具体指挥行动的作用，具体负责人要是说话算数的人，否则编制出来的预案也不能够得到实施。

3. 资料收集

在编制组成立以后，按照编制的要求去收集相关的一些资料，比如，企业当中用到的各种设备的安全使用情况、应急资源的准备情况、危险点的评价情况，这些都要收集。

4. 危险源和风险分析

这是一个重要的步骤，要进行危险源的辨识，然后在它的基础上进行风险的评价分析。

5. 应急能力的评估

根据现有的条件，应急能力到底是多大，要有一个总体的认识，首先要认清楚自己，估计自己的实际情况不要过高也不要过低。

6. 具体的编制工作

具体的编制工作就是按照编制的框架要求，一步一步地把预案编写下来的程序（图6.1）。

图 6.1　应急预案编制

7. 预案的评审与发布

预案最后编制工作完成之后，一定要经过评审，包括内部评审和外部评审。所谓内部评审，即企业编写完预案之后，召集有关部门的有关人员，一般都是负责人，对这个预案是否认可，有何不足之处，作出评审。如果认可，则对大家都具有约束力。另外一种是外部评审，指的是政府预案，它的评审必须邀请有关的专家和有关部门的人员来进行，最后评审完成以后，如果通过了，则要进行发布。这个发布必须要针对所有应急预案涉及的有关人员。

8. 应急预案的实施

实施包括配备相关的机构和人员，配备有关的物质，进行预案的演练、培训等后续的一系列的工作。

6.5.3　职业健康安全事故的分类和处理

1. 职业健康安全事故的分类

（1）按伤害情况分类

1）重大人身险肇事故。重大人身险肇事故是指险些造成重伤、死亡或多人死亡的事故。

2）轻伤。轻伤是指负伤后需要休息一个工作日以上（含一个工作日），但未构成重伤的伤害。

3）重伤。经医院诊断为残疾，或者可能为残疾，或虽不至于成为残废，但伤势严重的伤害。重伤的范围如下：

① 伤势严重，需要进行较大手术才能挽救生命的。

② 人体要害部位灼伤、烫伤或虽非要害部位，但灼伤、烫伤面积占全身 1/3 以上者。

③ 严重骨折（胸骨、肋骨、脊椎骨、锁骨、腕骨、腿骨等因受伤引起骨折）、严重脑震荡等。

④ 眼部受伤较重，有失明的可能。

⑤ 手部伤害。

⑥ 脚部伤害。

⑦ 内部伤害。内脏损伤、内出血或伤及腹膜等。

凡不在上述范围内的伤害，经医师诊断后，认为受伤较重，可根据实际情况，参考上述各点，由企业行政会同基层工会作个别研究后提出意见，报请当地劳动主管部门审查确定。

4）死亡。

（2）按一次事故伤亡人数分类

1）轻伤事故是指只有轻伤而无重伤的事故。

2）特大火灾事故分类如下：

① 死亡 10 人以上（含 10 人，下同）。

② 重伤 20 人以上。

③ 死亡加重伤 20 人以上。

④ 受灾 50 户以上。

⑤ 直接财产损失 100 万元以上。

2．职业健康安全事故的处理

（1）事故报告

1）报告程序。施工现场发生生产安全事故，事故负伤者或事故现场有关人员要立即逐级或直接上报。

① 轻伤事故：立即报告项目负责人。

② 重伤事故：立即报告项目负责人和公司质量安全保证部。

③ 死亡事故：立即报告项目负责人和质量安全保证部，同时上报工程所在区县建委、安监局、公安等重大责任事故处理部门。

2）报告内容：

① 事故发生（或发现）时间、详细地点。

② 发生事故的项目名称及所属单位。

③ 事故类别、事故严重程度。

④ 伤亡人数、伤亡人员基本情况。

⑤ 事故简要经过及抢救措施。

⑥ 报告人情况和联系电话。

（2）事故调查

建筑施工中发生了职工重伤和死亡的事故后，必须进行调查分析，掌握真实材料。调查的内容包括：

（3）事故分析

伤亡事故分析是对导致发生事故的主要原因和间接原因的分析。通过分析，找出事故主要原因和责任，从而采取有针对性的措施，以防止类似事故的发生。事故分析分三步进行：

1）事故分析步骤。即整理、阅读调查材料，分析受害者的受伤部位、受伤性质、起因物、致害物、伤害方式、不安全行为，确定事故的直接原因、间接原因和责任者。

2）事故原因分析。即机械、物质或环境的不安全状态和人的不安全行为，即技术和设计上有缺陷、缺乏或不懂安全操作技术知识、劳动组织不合理、对现场工作缺乏检查或指导错误、没有安全操作规程或规程不健全、没有或不认真实施事故防范措施、对事故隐患整改不力等。

3）事故责任分析。从直接原因入手，逐步深入到间接原因，以掌握事故全部原因。再根据事故调查所确认的事实，确定事故的直接责任者和领导责任者，而后根据他们在事故发生过程中的作用，确定主要责任，最后根据事故后果和事故责任者应负的责任提出处理意见。

（4）事故结案处理

1）对事故责任者的处理，应根据其情节轻重和损失大小、谁有责任、主要责任、次要责任、重要责任、一般责任、领导责任等，按规定给予处分。

2）企业接到政府机关的结案批复后，进行事故建档，并接受政府主管部门的行政处罚。

6.6 安全教育

6.6.1 安全教育概述

针对不同人员的教育方式是不同的，一般包括新人进厂教育、安全生产日常教育、特殊安全教育。

1. 新人进厂教育

新人进厂以后，按照厂级、车间、班组这三级教育的模式来进行教育，这些人员的教育，不仅包括正式的工人、合同工也包括临时工、外包工，以及培训实习人员，这些都要进行日常的教育，只不过时间会有所不同。只要是厂里从事生产或者进行参观实习的这些人员，都要进行培训。

2. 安全生产日常教育

1）安全生产宣传教育。宣传安全生产的重大意义，牢固树立"安全第一"的思想；宣传"安全生产、人人有责"，明确谁施工谁管安全，动员全体职工人人重视，人人动手抓安全生产，文明施工。教育职工克服麻痹思想，克服安全生产工作中轻视安全的毛病。教育职工尊重科学，按客观规律办事，不违章指挥，不违章作业，使职工认识到安全生产规章制度是长期实践经验的总结，要自觉地学习规程、执行规程。

2）普及安全生产知识宣传教育。防触电和触电后急救知识教育；防止起重物伤害事故基本知识，严格安全纪律，不准随意乱开动起重机械，不准随意乘坐起重物升降；脚手架安全使用知识，不准随意拆用架子的任何部件；防爆常识，不准乱拿、乱用炸药雷管，不准在乙炔发生器危险区内吸烟点火；防尘、防毒、防电光伤眼等基本知识。

3）适时教育。季节性安全教育，如冬期、雨期施工的安全教育；节假日及晚上加班职工的安全教育；突击赶任务情况的安全教育。

3．特殊安全教育

特种作业前，必须对工人进行安全技术操作规程教育；上岗时必须持有上岗证；工长必须对工人进行安全技术交底。

6.6.2 安全标志

1．安全色

安全色是表达信息含义的颜色，用来表示禁止、警告、指令、指示等，其作用在于使人们能迅速发现或分辨安全标志，提醒人们注意，预防事故发生。

红色：表示禁止、停止、消防和危险。

蓝色：表示指令，必须遵守的规定。

黄色：表示注意、警告。

绿色：表示通行、安全和提供信息。

2．安全标志

安全标志是指在操作人员容易产生错误，有造成事故危险的场所，为了确保安全，所采取的一种标识。此标识由安全色和几何图形符号构成，是用以表达特定安全信息的特殊标示，设置安全标志，是为了引起人们对不安全因素的注意，预防事故发生。

（1）危险牌示和识别标志

1）危险牌示包括禁止、警告、指令和提示标志等。应设在醒目且与安全有关的地方。

2）识别标志应采用清晰、醒目的颜色作为标记，充分利用四种传递安全信息的安全色，使员工一目了然。

3）禁止标志：是不准或制止人们的某种行为（图形为黑色，禁止符号与文字底色为红色）。

4）警告标志：是使人们注意可能发生的危险（图形警告符号及字体为黑色，图形底色为黄色）。

5）指令标志：是告诉人们必须遵守的意思（图形为白色，指令标志底色均为蓝色）。

6）提示标志：是向人们提示目标的方向，用于消防提示（消防提示标识的底色为红色，文字、图形为白色）。

3．施工现场安全色标志数量及位置

在建筑工程施工现场，所用安全色标的位置和数量应符合表 6.1 的规定。

表 6.1 施工现场安全色标志数量及位置一览表

类　别		数量/个	位　置
禁止类 （红色）	禁止吸烟	8	材料库房、成品库、油料堆放处、易燃易爆场所、材料场地、木工棚、施工现场、打字复印室
	禁止通行	7	外架拆除、坑、沟、洞、漕、吊钩下方、危险部位
	禁止攀登	6	外用电梯出口、通道口、马道出入口、首层外架四面、栏杆、未验收的外架
	禁止跨越	6	外用电梯出口、通道口、马道出入口、首层外架四面、栏杆、未验收的外架
指令类 （蓝色）	必须戴安全帽	7	现场大门口、外用电梯出入口、马道出入口、吊钩下方、风险部位、通道口、上下交叉作业处

类　别		数量/个	位　置
指令类 （蓝色）	必须系安全带	5	现场大门口、马道出入口、外用电梯出入口、高处作业场所、特种作业场所
	必须穿防护服	5	通道口、马道出入口、外用电梯出入口、电焊工操作场所、油漆防水施工场所
	必须戴防护镜	12	马道出入口、外用电梯出入口、通道出入口、车工操作间、焊工操作场所、机械喷漆场所、修理间、电镀间、钢筋加工场所、抹灰操作场所
警告类 （黄色）	当心弧光	1	焊工操作场所
	当心塌方	2	坑下作业场所、土方开挖
	机械伤人	6	机械操作场所、电锯、电钻、点刨、钢筋加工场所、机械修理场所
提示 （绿色）	安全状态通行	5	安全通道、行人车辆通道、外架施工层防护、人行通道、防护棚子

6.6.3　安全检查

进行安全管理不是处理事故，而是在生产活动中，针对生产的特点，对生产因素采取管理措施，有效地控制不安全因素的发展与扩大，把可能发生的事故，消灭在萌芽状态，以保证生产活动中人的安全与健康。

安全检查就是为了减少安全事故的发生、降低事故造成的损失，结合生产的特点和要求，对施工现场和职工生活居住场所的安全状况，进行可能发生事故的各种不安全因素的检查。检查包括查思想、查制度、查纪律、查现场、查管理、查措施、查隐患等多项内容，其种类有经常性、专业性、定期性、季节性和临时性安全检查五大类。安全检查的基本方法有自检自查、交叉检查、抽查、辅助检查。安全检查要克服形式主义，不能满足于一般化要求、一般化号召，以文件来贯彻文件，以会议来落实会议，对查出的安全隐患，应制订出整改计划、落实人员、限期整改，这是落实安全工作的关键所在。

6.6.4　班前安全活动

班前安全活动是指班组长在班前进行上岗交流，上岗教育，做好上岗记录等一系列活动。召开班前会的目的，就是强化作业人员的安全防范意识，加强对作业现场安全风险的分析和预控。班前会的主要内容包括：布置、分配工作任务，检查施工作业人员的精神状态和身体健康情况，对经过勘察的现场危险点和控制措施进行分析讨论，有不足之处及时加以修改。

1) 班前会应做好安全教育。施工负责人组织召开班前会和布置工作任务时，不仅要对作业人员讲清做什么、怎么做，还要交代作业过程中的危险因素，提醒作业人员注意安全事项。在施工作业过程中，最大的危险源就是"人"（作业人员本身），其他危险源的位置是相对固定的，有各种控制措施来保证作业安全。而人是活动的，如果作业人员的安全意识不强、自保互保能力弱，完全靠现场管理人员去提醒，很难保证不出现这样或那样的安全问题。因此，在施工作业现场控制好"危险人"这一隐患，是保证施工作业安全的前提。

2）班前会应做好施工作业人的检查。作业人员健康状况如何是能否适合参加施工作业的前提。工程负责人、工作票签发人、安全工程小组负责人，均应由工作经验丰富、熟悉工作线路、熟悉设备状况的人员来担任。

3）班前会应做好物的检查。检查施工机械、生产用具和安全工器具的数量是否充足、合适，是否试验合格，是否是在实验和允许使用期内，安全防护装备是否齐全、可靠，所使用的材料的质量、规格是否满足施工作业要求，有无损坏等。

4）班前会应做好措施检查。查施工现场的勘察记录是否与实际相符，安全、组织、技术措施中所列的危险点及控制措施是否正确完备，标准化作业指导书是否完备。

5）班前会应做好环境检查。检查自然环境、工作环境是否存在危险，对塌方、坠落、雷电、有毒气体、粉尘等是否采取了有效措施。

此外，召开班前会，应提前做好准备工作，会议要有具体的安全内容和措施，避免走形式、走过场。安全管理部门要经常检查和指导班前会的召开情况，善于总结和积累经验，真正使班前会解决大问题，实现安全生产可控、能控、在控。

[课后习题]

一、单选题

1. 我国安全生产的方针是（　　）。

A. 安全责任重于泰山 　　　　　　　B. 质量第一、安全第一

C. 管生产必须管安全 　　　　　　　D. 安全第一、预防为主、综合治理

2. 某建筑工程建筑面积 3 万平方米，按照建设部（2008 年改为住房和城乡建设部）关于专职安全生产管理人员配备的规定，该建筑工程项目应当至少配备（　　）名专职安全生产管理人员。

A. 1 　　　　　　　B. 2 　　　　　　　C. 3 　　　　　　　D. 4

3. 根据《建设工程安全生产管理条例》规定，工程监理单位应当审查施工组织设计中的安全技术措施或者专项施工方案是否符合（　　）。

A. 安全生产法 　　　　　　　　　　B. 安全技术规程

C. 工程建设强制性标准 　　　　　　D. 建筑安全生产监督管理规定

4. 根据《建设工程安全生产管理条例》规定，（　　）应当审查施工组织设计中的安全技术措施或者专项施工方案是否符合工程建设强制性标准。

A. 建设单位 　　　　B. 工程监理单位 　C. 设计单位 　　　　　D. 施工单位

5. 三级安全教育是指（　　）。

A. 企业法定代表人、项目负责人、班组长

B. 公司、项目、班组

C. 总包单位、分包单位、工程项目

D. 分包单位、工程项目、班组

6. 根据《企业职工伤亡事故分类标准》（GB 6441—1986）规定，死亡事故是指事故发生后当即死亡（含急性中毒死亡）或负伤后在（　　）天内死亡的事故。

A. 7 　　　　　　　B. 15 　　　　　　　C. 20 　　　　　　　D. 30

7. 施工现场应该设置"两栏一报"，即（　　）。

A．读报栏、宣传栏和墙报　　　　　　　B．读报栏、宣传栏和黑板报

C．悬挂栏、张贴栏和黑板报　　　　　　D．防护栏、隔离栏和简报

8．根据《安全色》（GB 2893—2008）的规定，安全色分为红、黄、蓝、绿四种颜色，分别表示（　　）。

A．禁止、指令、警告和提示　　　　　　B．指令、禁止、警告和提示

C．禁止、警告、指令和提示　　　　　　D．提示、禁止、警告和指令

9．施工现场发生火灾时，应当拨打（　　）向公安消防机构报警。

A．110　　　　　　　B．119　　　　　　　C．120　　　　　　　D．114

10．下列不属于防治大气污染措施的是（　　）。

A．施工现场宜采取措施硬化，其中，主要道路、料场、生活办公区域必须进行硬化处理，土方应集中堆放

B．施工现场的强噪声设备宜设置在远离居民区的一侧

C．集中堆放的土方和裸露的场地应采取覆盖、固化或绿化等措施

D．使用密目式安全网对在建建筑物、构筑物进行封闭，防止施工过程扬尘

11．夜间施工是指（　　）期间的施工。

A．10 时至次日 6 时　　　　　　　　　　B．22 时至次日 6 时

C．晚 22 时至次日 5 时　　　　　　　　　D．晚 9 时至次日 6 时

12．根据《建筑施工场界环境噪声排放标准》（GB 12523—2011）的规定，在城市建城区内禁止夜间施工的设备是（　　）。

A．推土机、挖掘机、装载机等　　　　　B．各种打桩机

C．混凝土搅拌机、振捣棒、电锯等　　　D．吊车、升降机等

二、多选题

1．在生产过程中，下列（　　）属于事故。

A．人员死亡　　　　　B．人员重伤　　　　　C．财产损失

D．人员轻伤　　　　　E．设备损失

2．安全生产是为了使生产过程在符合物质条件和工作程序下进行，防止发生人身伤亡、财产损失等事故，采取的（　　）的一系列措施和活动。

A．控制自然灾害的破坏　　　　　　　　B．保障人身安全和健康

C．环境免遭破坏　　　　　　　　　　　D．设备和设施免遭损坏

E．消除或控制危险和有害因素

3．安全生产管理的最终目的是减少和控制危害和事故，尽量避免生产过程中发生（　　）以及其他损失。

A．人身伤害　　　　　B．财产损失　　　　　C．精神损失

D．环境污染　　　　　E．物质伤害

4．安全生产管理具体包（　　）。

A．安全生产法制管理　　　　　　B．行政管理　　　　　C．工艺技术管理

D．设备设施管理　　　　　　　　E．作业环境和作业条件管理

5．下列（　　）属于安全技术标准规范、规程。

A．《建筑施工高处作业安全技术规范》（JGJ 80—1991）

B．《建设工程监理规范》（GB 50319—2013）

C．《建筑机械使用安全技术规程》（JGJ 33—2012）

D．《建筑施工安全检查标准》（JGJ 59—2011）

E．《塔式起重机安全规程》（GB 5144—2006）

6．安全生产规章制度是指（　　　）制定并颁布的安全生产方面的具体工作制度。

A．国家　　　　　　　B．行业主管部门　　　　　　　　C．地方政府

D．企事业单位　　　　E．企业技术部门

三、简答题

1．施工现场特种作业人员有哪些？（至少列举 10 种）

2．施工现场"八牌三图"是指哪些？

3．悬挑式卸料平台在搭设及使用过程中应重点控制什么？

4．什么是"两管五同时"？

第7章 劳动保护管理与职业健康

[案例背景]

某公司组织 18 名装卸工装运 200 t 苯酐，装卸前向工人介绍了苯酐对人体有刺激作用，发给每人 12 层纱布口罩 1 个。从上午 9:00 开始装车，大约 2 小时后，装卸工全部出现眼睛发痒、流泪和轻微刺痛。中午休息后眼睛痒痛加重，眼内有"磨砂感"。坚持至下午 15:00，症状加剧，视物不清、流泪、眼睛刺痛加剧，即停止工作到当地医院就诊。大部分经治疗、休息，一周后恢复了，5 名较重者 10 天左右才痊愈。该案例中就引起此次事故的原因主要是苯酐在搬运的过程中，产生粉尘飞扬，吹进眼内，刺激眼睛，加上未佩戴防护眼镜，导致 18 名工人急性眼病事故的发生。另一方面，对苯酐的刺激性认识不足，也导致了此次事故的发生。

[问题]

1）在危险或对身体有害环境工作，如何保护自己？

2）建筑职业病有哪些？

[学习目标]

1）掌握劳动防护用品的规定；劳动防护用品的安全管理；建筑职业病危害因素的辨识；掌握防止职业病危害的综合措施；

2）了解职业病危害因素；了解职业病危害因素的分类；了解职业病危害因素的预防控制；了解职业健康安全管理体系模式的建立与运行。

[能力目标]

1）能够检查劳动保护用品和防护用品的质量，反馈使用信息。教育指导施工人员正确使用、爱护劳动保护用品；

2）初步具备工程项目部安全生产保证体系要素的职能工作和内部安全审核工作的能力；

3）具备工程安全管理的全部资料的收集和整理的能力。

7.1 劳动防护用品管理

劳动保护用品在劳动过程中能够对劳动者的人身起保护的作用，使劳动者免遭或减轻各种人身伤害或职业危害。使用劳动保护用品，是保障从业人员人身安全与健康的重要措施，有效地管理劳动保护用品，对促进安全生产起着重要作用。

7.1.1 劳动防护用品概述

劳动防护用品是人在生产和工作中为防御物理、化学、生物等外界有害因素伤害人体而穿戴和配备的各种物品的总称。目前，市面上劳动防护用品品种繁多，涉及面广，劳动者有必要了解配置的防护用品是否符合国家规定的防护要求。因此，正确佩戴劳动防护用品是保障生产者安全与健康的前提。

1. 劳动防护用品的分类

劳动防护用品分为一般劳动防护用品和特殊劳动防护用品两大类。

（1）一般劳动防护用品

未列入特种防护劳动防护用品目录的劳动防护用品为一般劳动防护用品。主要包括棉纱手套、帆布手套、毛巾、棉纱、擦机布、口罩、防尘帽、普通工作服、普通劳保皮鞋、耳塞、脚套、水靴、雨衣、粘胶带等。

（2）特殊劳动防护用品

特殊劳动防护用品应具备特殊防护用品三证（图7.1）。即生产许可证（现改为安全标志证）、产品合格证、安全鉴定。

图 7.1　特殊防护用品三证

以下产品为国家安监总局公布的特殊劳动防护用品（图7.2）：

1）头部护具类：安全帽。

2）呼吸护具类：防尘口罩、过滤式防毒面具、自给式空气呼吸机、长管面具。

3）眼（面）护具类：焊接眼面防护具、防冲击眼护具。

4）防护服类：阻燃防护服、防酸工作服、防静电工作服。

5）防护鞋类：保护足趾安全鞋、防静电鞋、导电鞋、防刺穿鞋、胶面防砸安全靴、电绝缘鞋、耐酸碱皮鞋、耐酸碱胶靴、耐酸碱塑料模压靴。

6）防坠落护具类：安全带、安全网、密目式安全立网（图7.2）。

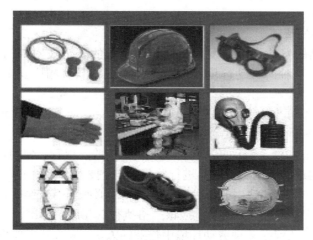

图 7.2 特殊劳保防护用品

2．国内劳动防护用品现状

目前，国内PPE市场尚不够规范，许多企业生产的劳动防护用品存在质量不过关，甚至是假冒伪劣的现象。与国际上许多著名的品牌产品相比，国内多数企业还存在较大差距。正是这种现状，给国内企业在劳动防护用品的选择上，带来了一定的困扰。

因欧洲、美国、日本的PPE在安全性能、工艺、工效学等方面都较为科学先进，国内一些PPE生产企业在采用国标的基础上，多数还会兼顾欧美等地的标准，所以，我们在市场上也会看到很多PPE企业都强调符合欧标、美标中的某些性能。

以前，国内企业将一些普通的日用品也列入劳动防护用品进行管理。如今，随着国际品牌的进入及国内市场的不断发展，业内人士对劳动防护产品的界定越来越倾向于国际上的"安全防护"概念。

7.1.2 劳动防护用品安全管理

作为企业劳动防护用品的管理制度，主要有以下内容：

1．使用劳动防护用品的原则要求

1）使用劳动防护用品必须根据劳动条件，需要保护的部位和要求，科学、合理地进行选型。

2）使用人员必须熟悉劳动防护用品的型号、功能、适用范围和使用方法。

3）劳动防护用品，必须严格按照规定正确使用。使用前，要认真检查，确认完好、可靠、有效，严防误用或使用不符合安全要求的护具，禁止违章使用或擅自代用。

4）特殊防护用品，如防毒面具等还应经培训，实际操作考核合格。

5）职工进入生产岗位、检修现场，必须按规定穿戴劳动防护用品，并正确使用劳动防护用品；否则，按违章论处。

6）不许穿戴（或使用）不合格的劳动防护用品，不许滥用劳动防护用品。对于在易燃、易爆、烧灼及有静电发生的场所，明火作业的工人，禁止发放、使用化纤防护用品。防护服装的式样应当以符合安全生产要求为主，做到适用、美观、大方。

7）劳动防护用品应妥善保护，不得拆改，应经常保持整洁、完好，起到有效的保护作用，如有缺损应及时处理。

2．劳动防护用品的管理

1）劳动防护用品的发放标准和发放周期，由企业的安全技术部门根据《劳动防护用品配备标准》，根据各工种的劳动环境和劳动条件，配备具有相应安全、卫生性能的劳动防护用品。

2）对于生产中必不可少的安全帽、安全带、绝缘护品，防毒面具，防尘口罩等职工个人特殊劳动防护用品，必须根据特定工种的要求配备齐全，并保证质量。

3）用人单位应建立和健全劳动防护用品的采购、验收、保管、使用、更换、报废等管理制度。安技部门应对购进的劳动防护用品进行验收。安全技术部门和工会组织进行督促检查。

4）用人单位采购、发放和使用的特种劳动防护用品必须具有安全生产许可证、产品合格证和安全鉴定证。对一般劳动防护用品，应该严格执行其相应的标准。

5）凡是从事多种作业或在多种劳动环境中作业的人员，应按其主要作业的工种和劳动环境配备劳动防护用品。如配备的劳动防护用品在从事其他工种作业时或在其他劳动环境中确实不能适用的，应另配或借用所需的其他劳动防护用品。

6）防毒面具的发放应根据作业人员可能接触毒物的种类，准确地选择相应的滤毒罐（盒），每次使用前应仔细检查是否有效，并按国家标准规定，定期更换滤毒罐（盒）。

7）生产管理、调度、保卫、安全部门等有关人员，应根据其经常进入的生产区域，配备相应的劳动防护用品。

8）企业应有公用的安全帽、工作服，供外来参观、学习、检查工作的人员临时借用。公用的劳动防护用品应保持整洁，专人保管。

9）在生产设备受损或失效时，有毒有害气体可能泄漏的作业场所，除对作业人员配备常规劳动防护用品外，还应在现场醒目处放置必需的防毒护具，以备逃生、抢救时应急使用。用人单位还应有专人和专门措施，保证其处于良好待用状态。

10）用人单位应根据上级部门规定的使用期限，结合企业经济条件，根据实际情况增发必需的劳动防护用品，并规定使用期限。

11）企业要建立和健全劳动防护用品发放登记卡片。按时记载发放劳动防护用品情况和办理调转手续。定时核对工种岗位劳动防护用品的种类和使用期限。

12）凡发给车间、工段、班组公用的劳动防护用品，应指定专人管理。如有丢失，要查清责任，折价赔偿。属于借用的，应按时交还。

13）使用单位必须建立劳动防护用品定期检查和失效报废制度。

14）禁止将劳动防护用品折合现金发给个人，发放的防护用品不准转卖。

3．劳动防护用品必须符合下列条件

1）对特种劳动防护用品，国家实施安全标志许可证、产品合格证和安全鉴定证制度。对一般劳动防护用品，应该严格执行其相应的标准。

2）能够有效地预防对人各个暴露部位的危害达到全面防护。

3）必须符合安全要求，适用、美观、大方、时装化，使职工穿着舒适，佩戴使用方便，不妨碍作业活动。

4）选用优质、轻质材料，耐腐蚀，抗老化，对皮肤无刺激，各部件、配件的吻合严密，牢固，经济耐用。

5）外观光洁，色泽均匀协调，美观大方。

7.2 建筑职业病安全管理

7.2.1 建筑职业病概述

建筑业是职业病危害极高的行业，建筑工人每天在环境恶劣的施工场所工作，接触各种有毒有害物质。如喷砂、装饰内墙面、打磨、砌砖等工作时，随时都有可能吸入粉尘、石英等有害物质。建筑企业的职业健康安全管理是企业安全管理工作的重要内容之一，而且地位越来越重要，有效防治职业病是企业义不容辞的责任。

7.2.2 建筑职业病危害及防治

1. 建筑职业病危害因素
（1）粉尘

建筑行业在施工过程中产生多种粉尘，主要包括矽尘、水泥尘、电焊尘、石棉尘以及其他粉尘。

（2）噪声

建筑行业在施工过程中产生噪声，主要是机械性噪声和空气动力性噪声。

1）机械性噪声。产生该类噪声的作业主要包括凿岩机、钻孔机、打桩机、挖土机、推土机、刮土机、自卸车、挖泥船、升降机、起重机、混凝土搅拌机、传输机等作业；混凝土破碎机、碎石机、压路机、铺路机、移动沥青铺设机和整面机等作业；混凝土振动棒、电动圆锯、刨板机、金属切割机、电钻等作业；构架、模板的装卸、安装、拆除、清理、修复以及建筑物拆除作业等。

2）空气动力性噪声。产生该类噪声的作业主要包括通风机、鼓风机、空气压缩机铆枪、发动机等作业；爆破作业；管道吹扫作业等。

（3）高温

建筑施工活动多为露天作业，夏季受炎热气候影响较大，少数施工活动（如沥青设备、焊接等）还存在热源，因此，建筑施工活动存在不同程度的高温危害。

（4）振动

部分建筑施工活动存在局部振动或者全身振动。产生局部振动的凿岩机、风钻、射钉枪类，手动工具振动的作业有挖土机、推土机、打桩机等施工机械以及运输车辆作业。

（5）密闭空间

在施工过程中，许多建筑活动需要密闭空间作业，主要包括排水管、桩基井、地下管道、烟道、隧道、涵洞、箱体、密闭地下室等，以及其他通风不足的场所作业。

许多建筑在施工活动过程中可产生多种化学毒物，主要包括爆破作业产生的氮氧化物、一氧化碳等有毒气体；油漆、防腐作业产生的苯、甲苯、二甲苯、四氯化碳等有机蒸汽以及铅、汞、铬等金属毒物；防腐作业产生的沥青烟；建筑物防水作业产生的煤焦油、甲苯、二甲苯等有机溶剂，以及石棉、聚氨酯、聚氯乙烯、环氧树脂等化学品；电焊作业产生的锰、镁、铬、铁等金属化合物、氮氧化合物、一氧化碳、臭氧等；地下储罐等地下工作场所作业产生的硫化氢、甲烷、一氧化碳等。

（6）其他因素

1）紫外线作业。主要包括电焊作业、高原作业等。

2）电离辐射作业。主要包括挖掘工程、X射线探伤、γ射线电离辐射作业；石材天然放射性物质。

3）高气压作业。主要包括潜水作业、沉箱作业、隧道作业等。

4）低气压作业主要包括高原地区作业。

5）低温作业。主要包括北方冬季作业。

6）高处作业。

7）可能接触生物因素的作业。主要包括就建筑物和污染建筑物的拆除作业和疫区作业等，可能存在炭疽、森林脑炎、虫媒传染病和寄生虫病等。

2．建筑职业病防治

建筑企业职业病危害因素的控制措施分为三级防控措施：一级预防包括建设项目的职业危害三同时审查、工程技术控制措施、对施工作业人员的宣传教育培训、岗前体检和个人防护、管理部门的监督检查等；二级预防包括岗中、离岗职业健康体检，发现职业禁忌症要及时调离岗位，做到早发现早治疗；三级预防包括发现职业病患者后进行及时治疗，减少伤残和死亡。

施工项目部要根据施工现场的职业病危害特点，选择不产生或少产生职业病危害建筑材料、施工设备和施工工艺；配备有效的职业病危害防护措施，并进行经常性的维护、检修，确保其处于正常工作状态。对可能产生急性职业健康损害的施工现场应设置检测报警装置、警示标志、紧急撤离通道和泄险区域等。

根据施工现场职业病危害的特点，采取以下职业病危害防护措施：

（1）接触各种粉尘引起的尘肺病预防控制措施

1）作业场所防护措施：加强水泥等易扬尘材料的存放处、使用处的扬尘防护，任何人不得随意拆除，在易扬尘部位设置警示标志。

2）个人防护措施：落实相关岗位的持证上岗，给施工作业人员提供扬尘防护口罩，杜绝施工操作人员的超时工作。

3）检查措施：在检查项目安全的同时，检查工人作业场所的扬尘防护措施的落实，检查个人扬尘防护措施的落实，每月不少于一次，并指导施工作业人员减少扬尘的操作方法和技巧。

（2）接触噪声引起的职业性耳聋的预防控制措施

1）作业场所防护措施：在作业区设置防职业病警示标志，对噪声大的机械加强日常保养和维护，减少噪声污染。

2）个人防护措施：为施工操作人员提供劳动保护耳塞，采取轮流作业，杜绝施工操作人员的超时作业。

3）检查措施：在检查工程安全的同时，检查落实作业场所的降噪声措施，工人佩戴防护耳塞，工作时间不超时。

（3）高温预防控制措施

1）作业场所防护措施：在高温期间，为职工备足饮用水或绿豆水、防中暑药品、器材。

2）个人防护措施：减少工人工作时间，尤其是延长中午休息时间。

3）检查措施：夏季施工，在检查工程安全的同时，检查落实饮水、防中暑物品的配备，工人劳逸适宜，并指导职工提高中暑情况发生时救人与自救的能力。

（4）直接操作振动机械引起的手臂振动病的预防控制措施

1）作业场所防护措施：在作业区设置防职业病警示标志。

2）个人防护措施：机械操作工要持证上岗，提供振动机械防护手套，采取延长换班休息时间，杜绝作业人员的超时工作。

3）检查措施：在检查工程安全的同时，检查落实警示标志的悬挂，工人持证上岗，防振手套佩戴，工作时间不超时等情况。

（5）密闭空间的防控制措施

1）作业场所防护措施：加强作业区的通风排气措施。

2）个人防护措施：相关工种持证上岗，给作业人员提供防护口罩，采取轮流作业，杜绝作业人员的超时工作。

3）检查措施：在检查工程安全的同时，检查落实作业场所的良好通风，工人持证上岗，佩戴口罩，工作时间不超时，并指导职工提高中毒事故中救人与自救的能力。

7.3 职业健康安全与环境管理

7.3.1 职业健康安全管理体系标准与环境管理体系标准

1. 职业健康安全管理体系标准

职业健康安全管理体系是企业总体管理体系的一部分。作为我国推荐性标准的职业健康安全管理体系标准，目前被企业普遍采用，用以建立职业健康安全管理体系。该标准覆盖了国际上的 OHSAS 18000 体系标准，即：

1）《职业健康安全管理体系　要求》（GB/T 28001—2011）。

2）《职业健康安全管理体系　实施指南》（GB/T 28002—2011）。

根据《职业健康安全管理体系要求》（GB/T 28001—2011）的规定，职业健康安全是指影响或可能影响工作场所内的员工或其他工作人员（包括临时工和承包方员工）、访问者或任何其他人员的健康安全的条件和因素。

2. 环境管理体系标准

随着全球经济的发展，人类赖以生存的环境不断恶化。20世纪80年代，联合国组建了世界环境与发展委员会，提出了"可持续发展"的观点。国际标准化制定的 ISO14000 体系标准被我国等同采用。即：

《环境管理体系　要求及使用指南》（GB/T 24001—2004）。

《环境管理体系　原则、体系和支持技术通用指南》（GB/T 24004—2004）。

在《环境管理体系　要求及使用指南》（GB/T 24001—2004）中，环境是指"组织运行活动的外部存在，包括空气、水、土地、自然资源、植物、动物、人，以及它（他）们之间的相互关系"。这个定义是以组织运行活动为主体，其外部存在主要是指人类认识到的、直接或间接影响人类生存的各种自然因素及其相互关系。

3．职业健康安全与环境管理体系标准的比较

根据《职业健康安全管理体系 要求》(GB/T 28001—2011)和《环境管理体系 要求及使用指南》(GB/T 24001—2004)的规定，职业健康安全管理和环境管理都是组织管理体系的一部分，其管理的主体是组织，管理的对象是一个组织的活动、产品或服务中能与职业健康安全发生相互作用的不健康、不安全的条件和因素，以及能与环境发生相互作用的要素。两个管理体系所需要满足的对象和管理侧重点有所不同，但管理原理基本相同。

（1）职业健康安全和环境管理体系的相同点

1）管理目标基本一致。上述两个管理体系均为组织管理体系的组成部分，管理目标一致。一是分别从职业健康安全和环境方面，改进管理绩效；二是增强顾客和相关方的满意程度；三是减小风险降低成本；四是提高组织的信誉和形象。

2）管理原理基本相同。职业健康安全和环境管理体系标准均强调了预防为主、系统管理、持续改进和 PDCA 循环原理；都强调了为制定、实施、实现、评审和保持相应的方针所需要的组织活动、策划活动、职责、程序、过程和资源。

3）不规定具体绩效标准。这两个管理体系标准都不规定具体的绩效标准，它们只是组织实现目标的基础、条件和组织保证。

（2）职业健康安全和环境管理体系的不同点

1）需要满足的对象不同。建立职业健康安全管理体系的目的是"消除或尽可能降低可能暴露于与组织活动相关的职业健康安全危险源中的员工和其他相关方所面临的风险"，即主要目标是使员工和相关方对职业健康安全条件满意。

建立环境管理体系的目的是"针对众多相关方和社会对环境保护的不断的需要"，即主要目标是使公众和社会对环境保护满意。

2）管理的侧重点有所不同。职业健康安全管理体系通过对危险源的辨识，评价风险、控制风险、改进职业健康安全绩效，满足员工和相关方的要求。

环境管理体系通过对环境产生不利影响的因素的分析，进行环境管理，满足相关法律法规的要求。

7.3.2 职业健康安全与环境管理的特点和要求

1．职业健康安全与环境管理的目的

建设工程项目的职业健康安全管理的目的是防止和减少生产安全事故，保护产品生产者的健康与安全，保障人民群众的生命与财产免受损失；保护生态环境，使社会的经济发展与人类的生存环境相协调。

2．职业健康安全与环境管理的任务

职业健康安全与环境管理的任务是建筑生产组织（企业）为达到建筑工程的职业健康安全与环境管理的目的而进行的组织、计划、控制、领导和协调活动，包括 7 项管理任务，即组织机构、计划活动、职责、惯例、程序、过程和资源。

3. 职业健康安全与环境管理的特点

1）建筑产品的固定性和生产的流动性及受外部环境影响因素多，决定了职业健康安全与环境管理的复杂性。

2）产品的多样性和生产的单件性，决定了职业健康安全与管理的多变性。

3）产品生产过程的连续性和分工性，决定了职业健康安全与环境管理的协调性。

4）产品生产的阶段性，决定了职业健康安全与环境管理的持续性。

5）产品的时代性和社会性，决定了职业健康安全与环境管理的多样性和经济性。

4. 职业健康安全与环境管理的要求

建设工程职业健康安全与环境管理的要求主要从以下四个阶段体现。

（1）决策阶段

建设单位应按照有关建设工程法律法规的规定和强制性标准的要求，办理各种有关安全与环境保护方面的审批手续，对需要进行环境影响评价或安全预评价的建设工程项目，应组织或委托有相应资质的单位进行建设项目环境影响评价和安全预评价。

（2）设计阶段

设计单位应按照有关建设工程法律法规的规定和强制性标准的要求，进行环境保护设施和安全设施的设计，防止因设计考虑不周而导致生产安全事故的发生或对环境造成不良影响。

在进行工程设计时，设计单位应当考虑施工安全和防护需要，对涉及施工安全的重点部分和环节在设计文件中应进行注明，并对防范生产安全事故提出指导意见，同时，设计单位和注册建筑师等执业人员应当对其设计负责。

（3）工程施工阶段

工程在进行施工时，对于依法批准开工报告的建设工程，建设单位应当自开工报告批准之日起 15 日内，将保证安全施工的措施报送建设工程所在地的县级以上人民政府建设行政主管部门或者其他有关部门备案。施工企业在其经营生产的活动中，必须对本企业的安全生产负全面责任。

建设工程实施总承包的，由总承包单位对施工现场的安全生产负总责并自行完成工程主体结构的施工。分包单位应当接受总包单位的安全生产管理。分包单位不服从管理导致生产安全事故的，由分包单位承担主要责任。

（4）验收试运行阶段

项目竣工后，建设单位应向审批建设工程项目环境影响报告书-环境影响报告或者环境影响登记表的环境保护行政主管部门申请，对环保设施进行竣工验收，环保行政主管部门应在收到申请环保设施竣工验收之日起 30 日内完成验收。验收合格后，才能投入生产和使用。

对于需要试生产的建设工程项目，建设单位应当在项目投入试生产之日起 3 个月内向环保行政主管部门申请对其项目配套的环保设施进行竣工验收。

7.3.3 职业健康安全管理体系与环境管理体系的建立和运行

1. 职业健康安全管理体系与环境管理体系的建立

职业健康安全管理体系与环境管理体系的建立过程大致分为以下九个步骤：

（1）领导决策

企业领导应根据本单位的具体情况，如人员素质、管理水平、硬件条件、业务活动的影响程度、内部需求等等和外部要求，来决定是否贯彻执行职业健康安全管理体系与环境管理体系标准。

最高管理者亲自决策，以便获得各方面的支持和在体系建立过程中所需的资源保证。

（2）成立工作组

为保证职业健康安全管理体系与环境管理体系的建立，推进体系的建立，最高管理者或授权管理者代表成立工作小组负责建立体系。工作小组的成员要覆盖组织的主要职能部门，组长最好由管理者代表担任，以保证小组对人力、资金、信息的获取。

（3）人员培训

培训的目的是使有关人员了解建立体系的重要性，了解标准的主要思想和内容。培训内容主要包括环境（职业健康安全）管理体系标准培训；相关管理知识培训；相关法律法规条款要求的培训；内审员的培训、考试、发证等。

（4）初始状态评审

初始评审状态是对组织过去和现在的职业健康安全与环境的信息、状态进行收集、调查分析、识别和获取现有的适用的法律法规和其他要求，进行危险源辨识和风险评价、环境因素识别和重要环境评价。评审的结果将作为确定职业健康安全与环境方针、制定管理方案、编制体系文件的基础。初始状态评审的内容包括：

1）辨识工作场所中的危险源和环境因素。

2）明确适用的有关职业健康安全与环境法律法规和其他要求。

3）评审组织现有的管理制度，并与标准进行对比。

4）评审过去的事故，进行分析评价，并检查组织是否建立了处罚和预防措施。

5）了解相关方对组织在职业健康安全管理与环境管理工作的看法和要求。

（5）制定、目标、指标和管理方案

方针是组织对其职业健康安全与环境行为的原则和意图的声明，也是组织自觉承担其责任和义务的承诺。方针不仅为组织确定了总的指导方向和行动准则，而且是评价一切后续活动的依据，并为更加具体的目标和指标提供一个框架。

职业健康安全及环境目标、指标的制定是组织为了实现其在职业健康安全及环境方针中所体现的管理理念及其对整体绩效的期许与原则，与企业的总目标相一致，目标和指标制定的依据和准则为：

1）依据并符合方针。

2）考虑法律、法规和其他要求。

3）考虑自身潜在的危险和重要环境因素。

4）考虑商业机会和竞争机遇。

5）考虑可实施性。

6）考虑监测考评的现实性。

7）考虑相关方的观点。

管理方案是实现目标、指标的行动方案。为保证职业健康安全和环境管理体系目标的实现，需结合年度管理目标和企业客观情况，策划制定职业健康安全和环境管理方案，方案中应明确旨在实现目标指标的相关部门的职责、方法、时间表以及资源的要求。

（6）管理体系策划与设计

体系策划与设计是依据制定的方针、方针目标、管理方案确定组织机构职责和筹划各种运行程序。文件策划的主要工作有：

1）确定文件结构。

2）确定文件编写格式。

3）确定各层文件名称及编号。

4）制定文件编写计划。

5）安排文件的审查、审批和发布工作。

（7）体系文件的编写

1）文件体系构架的策划（分体系或多层次等）。

2）管理手册、程序文件、作业指导文件、应急预案的制修订计划。

3）明确文件的编写内容、范围、分工、进度、审查、批准发布。

4）编制适用的体系运行过程的记录表单。

（8）体系试运行

1）新编体系文件的培训、岗位能力考核。

2）安排适宜的监视与测量。

3）试运行中不符合、纠正和预防措施，整改、验证。

4）应急预案（培训、演练、评价、改进）。

5）与相关方的沟通。

6）数据分析、合规性评价。

7）体系运行记录的保持。

（9）管理评审

1）评审管理体系的方针、目标适宜性。

2）管理体系的建立、运行、保持的有效性。

3）发展趋势和资源配置。

2. 职业健康安全管理体系与环境管理体系的运行

（1）体系的运行

体系运行是指按照已建立体系的要求实施，其实施的重点围绕培训意识和能力，信息交流，文件管理，执行控制程序，监测，不符合、纠正和预防措施，记录等活动推进体系的运行工作。上述运行活动简述如下：

1）培训意识和能力。由主管培训的部门根据体系、体系文件的要求，制定详细的培训计划，明确培训的组织部门、时间、内容、方法和考核要求。

2）信息交流。信息交流是确保各要素构成一个完整的、动态的、持续改进的体系和基础，应关注信息交流的内容和方式。

3）文件管理：

① 对现有有效文件进行整理编号，方便查询索引。

② 对适用的规范、规程等行业标准应及时购买补充，对适用的表格要及时发放。

③ 对在内容上有抵触的文件和过期的文件要及时作废并妥善处理。

4）执行控制程序文件的规定。体系的运行离不开程序文件的指导，程序文件及其相关的作业文件在组织内部都具有法定效力，必须严格执行，才能保证体系正确运行。

5）监测。为保证体系正确、有效地运行，必须严格监测体系的运行情况。监测中应明确监测的对象和监测的方法。

6）不符合、纠正和预防措施。体系在运行过程中，不符合的出现是不可避免的，包括事故也难免要发生，关键是相应的纠正与预防措施是否及时有效。

7）记录。在体系运行过程中及时按文件要求进行记录，如实反映体系运行情况。

（2）体系的维持

1）内部审核。所作的内部审核是组织对其自身的管理体系进行的审核，是对体系是否正常进行以及是否达到了规定的目标所作的独立的检查和评价，是管理体系自我保证和自我监督的一种机制。

内部审核要明确提出审核的方式方法和步骤，形成审核日程计划，并发至相关部门。

2）管理评审。管理评审是组织的最高管理者对管理体系的系统评价，判断组织的管理体系面对内部情况的变化和外部环境是否充分适应、有效，由此决定是否对管理体系作出调整，包括方针、目标、机构和程序等。

3）合规性评价。为了履行对合规性承诺，合规性评价分项目组级评价和公司级评价两个层次进行。

项目组级评价，由项目经理组织有关人员对施工中遵守的法律法规和其他要求的执行情况进行一次合规性评价。当某个阶段施工时间超过半年时，合规性评价不少于一次。项目工程结束时应针对整个项目工程进行系统的合规性评价。

公司级评价每年进行一次，制订计划后由管理者代表组织企业相关部门和项目组，应对公司遵守的法律法规和其他要求的执行情况进行合规性评价。

各级合规性评价后，对不能充分满足要求的相关活动或行为，通过管理方案或纠正措施等方式进行逐步改进。上述评价和改进的结果，应形成必要的记录和证据，作为管理评审的输入。

管理评审时，最高管理者应结合上述合规性评价的结果、企业的客观管理实际、相关法律法规和其他要求，系统评价体系运行过程中对适应法律法规和其他要求的遵守执行情况，并由相关部门或最高管理者提出改进要求。

[课后习题]

一、选择题

1. 从业人员在作业工程中，应当严格遵守本单位的安全生产规章制度和操作规程，服从管理，正确佩戴和使用（   ）。

A．劳动生产用品 　　　　　　　　　　B．劳动保护用品

C．劳动标识　　　　　　　　　　　　D．劳动联系工具

2．直接操作振动机械引起的手臂振动病的预防控制在作业场所的防护措施是：在作业区（　　　）警示标志。

A．设置不安全　　　　　　　　　　　B．设置防职业病

C．设置不宜　　　　　　　　　　　　D．设置禁止

3．劳动保护用品，是指在劳动过程中为保护劳动者免遭或减轻事故伤害和职业危害，而由用人单位无偿提供穿（佩）戴的用品，是保障职工（　　　）的一种预防性辅助措施。

A．健康　　　　　　　　　　　　　　B．安全和健康

C．安全　　　　　　　　　　　　　　D．方便工作

4．对放射工作场所和放射性同位素的运输、储存，用人单位必须配置防护设备和报警装置，保证接触放射线的工作人员佩戴（　　　）。

A．防毒面具　　　　　B．防尘口罩　　　　C．个人剂量计　　　　D．工作服

5．职业病危害因素主要是（　　　）。

A．化学因素　　　　　B．物理因素　　　　C．生物因素　　　　D．机械危害

6．建设工程项目的职业健康安全管理的目的是（　　　）。

A．防止和减少生产安全事故　　　　　B．保护产品生产者的健康和安全

C．保障人民群众的生命和财产免受损失　　D．实现工程项目质量管理科学化

二、简答题

1．什么是劳动保护？

2．建设工程项目的职业健康安全管理的目的是什么？

3．职业病危害因素有哪些？

4．职业病防治的主要方针有哪些？

5．职业健康安全与环境管理的特点是什么？

三、案例分析题

1．某年，某石化厂总变电站所所长刘某，在高压配电间看到2号进线主电柜里面有灰尘，于是在没有办理任何相关手续的情况下就找来一把笤帚进入高压配电间进行打扫，直接造成10 kV高压触电事故，当场失去心跳。

试分析造成此事故的主要原因以及防治措施。

2．某建筑工程公司民工队在加氢装置承包一项任务，一民工佩戴隔离式防毒面具（软管式呼吸器）在装置外侧东侧公路旁含硫污水井中掏泥，下井后第一桶还未掏满，他就站起来，随手摘掉防毒面具，立即被硫化氢熏倒，此时，在50 m外干活的四班班长听到呼救声，立即赶到现场，戴上一个活性炭滤毒罐就下井救人，也中毒倒下。后经抢救，前面那个民工因中毒时间较长且中毒较深，抢救无效死亡。

试分析造成此事故的主要原因以及防治措施。

建筑施工检测篇

第8章　常用建筑材料检验与评定

[案例背景]

某大型商业建筑工程项目，主体建筑物10层。在主体工程进行到第二层时，该层的100根钢筋混凝土柱已浇筑完成并拆模后，监理人员发现混凝土外观质量不良，表面疏松，怀疑其混凝土强度不够，设计要求混凝土抗压强度达到C18的等级，于是要求承包商出示有关混凝土质量的检验与试验资料和其他证明材料。承包商向监理单位出示其对9根柱施工时混凝土抽样检验和试验结果，表明混凝土抗压强度值（28 d 强度）全部达到或超过C18的设计要求，其中，最大值达到了 C30 即 30 MPa。

作为监理工程师应如何判断承包商这批混凝土结构施工质量是否达到了要求？应如何检测？这些问题将在本章得到解决。

本章通过建筑工程质量检测机构、常用建筑材料的质量检验和常用建筑材料合格与否的评定三个方面来对常用建筑材料的检测方法和技术进行系统的阐释。

[学习目标]

1）了解建筑工程质量检测机构；
2）熟悉常用建筑材料的质量检验；
3）熟悉常用建筑材料合格与否的评定。

[能力目标]

1）培养学生具有初步了解对常用建筑材料质量控制与合格判定的能力；
2）培养学生具有对常用建筑材料检测进行试验和管理的能力。

8.1　建设工程质量检测见证制度

8.1.1　概述

取样是按有关技术标准、规范的规定，从检验（测）对象中抽取试验样品的过程；送样是指取样后将试样从现场移交给有检测资格的单位承检的全过程。取样和送样是工程质量检测的首要环节，其真实性和代表性直接影响检测数据的公正性。为保证试件能代表母体的质量状况和取样的真实，直至出具只对试件（来样）负责的检测报告，保证建设工程质量检测工作的科学性、公正性和准确性，以确保建设工程质量，在建设工程质量检测中实行见证取样和送样制度，即在建设单位或监理单位人员的见证下，由施工人员在现场取样，送至试验室进行试验。

8.1.2　见证取样送样的范围和程序

1．见证取样送样的范围

对建设工程中结构用钢筋及焊接试件、混凝土试块、砌筑砂浆试块、水泥、墙体材料、集料及防水材料等项目，实行见证取样送样制度。各区、县建设主管部门和建设单位也可根据具体情况确定须见证取样的试验项目。

2．见证取样送样的程序

1）建设单位应向工程受监质监站和工程检测单位递交"见证单位和见证人员授权书"。授权书应写明本工程现场委托的见证单位和见证人员姓名，以便质检机构和检测单位检查核对。

2）施工企业取样人员在现场进行原材料取样和试块制作时，见证人员必须在旁见证。

3）见证人员应对试样进行监护，并和施工企业取样人员一起将试样送至检测单位或采取有效的封样措施送样。

4）检测单位在接受委托检验任务时，须有送检单位填写委托单，见证人员应在检验委托上签名。

5）检测单位应在检验报告单备注栏中注明见证单位和见证人员姓名，发生试样不合格情况，首先要通知工程质监站和见证单位。

8.1.3　见证人员的要求和职责

1．见证人员的基本要求

1）必须具备见证人员资格。

① 见证人员应是本工程建设单位或监理单位人员。

② 必须具备初级以上技术职称或具有建筑施工专业知识。

③ 经培训考核合格，取得"见证人员证书"。

2）必须具有建设单位见证人书面授权书。

3）必须向质监站或检测单位递交见证人书面授权书。

4）见证人员的基本情况由（自治区、直辖市）检测中心备案，每隔五年换一次证。

2．见证人员的职责

1）取样时，见证人员必须在现场进行见证。

2）见证人员必须对试样进行监护。

3）见证人员必须和施工人员一起将试样送至检测单位。

4）有专用送样工具的工地，见证人员必须亲自封样。

5）见证人员必须在检验委托单上签字，并出示"见证人员证书"。

6）见证人员对试样的代表性和真实性负有法定责任。

8.1.4　见证取样送样的管理

建设行政主管部门是建设工程质量检测见证取样工作的主管部门。如宿州市建设工程质量见证取样工作由宿州市建委组织管理和发证，由宿州市工程质量检测中心具体实施和考核。

各监测机构试验室在承接送检试样时，应核验见证人员证书。对无证人员签名的检验委托一律拒收；未注明见证单位和见证人员姓名及编号的检验报告无效，不得作为质量保证资料和竣工验收资料，由质监站指定法定检测单位重新检测，其检测费用由责任方承担。

建设、施工、监理和检测单位凡以任何形式弄虚作假或者玩忽职守，将按有关法规、规章严肃查处，情节严重者，依法追究刑事责任。

8.1.5　见证送样的专用工具

为了便于见证人员在取样现场对所取样品进行封存，防止串换，减少见证人员伴送样品的麻烦，保证见证取样送样工作的顺利进行，下面介绍三种简易实用的送样工具。这些工具结构简洁耐用，加工制作容易，便于人工搬运和各种交通工具运输。

1. A 型送样桶

（1）用途

1）适用 150 mm×150 mm×150 mm 的混凝土试块封装，可装 3 件（约 24 kg）。

2）若用薄钢板网封闭空格部分，适用 70.7 mm×70.7 mm×70.7 mm 砂浆试样封装，可装 24 件（约 18 kg）。

3）如内框尺寸改为 210 mm×210 mm，可装 100 mm×100 mm×100 mm 混凝土试块 16 件（约 40 kg）。

（2）外形尺寸

外形尺寸为 174 mm×174 mm×520 mm。

2. B 型送样桶

（1）用途

适用 ϕ175 mm（ϕ185mm）×150 mm 的混凝土抗渗试块封装，可装 3 件（约 30 kg），也适用于钢筋试样封装。

（2）外形尺寸

外形尺寸为 ϕ237 mm×550 mm。

3. C 型送样桶

（1）用途

1）适用 240 mm×115 mm×90 mm 的烧结多孔砖试样封装，可装 4 件（约 12 kg）。

2）适用 240 mm×115 mm×53 mm 的普通砖试样封装，可装 8 件（约 20 kg）。

3）可装砂、石约 40 kg，水泥约 30 kg，或可装土样约 40 个。

8.2 水泥

8.2.1 水泥概述

水泥是由石灰质原料、黏土质原料与少量校正原料，破碎后按比例配合、磨细并调配成为合适的生料，经高温煅烧至部分熔融制成熟料，再加入适量的调凝剂（石膏）、混合材料共同磨细而成的一种既能在空气中硬化又能在水中硬化的无机水硬性胶凝材料。

1. 水泥的种类

水泥按其矿物组成可分为硅酸盐水泥、铝酸盐水泥、硫铝酸盐水泥、少熟料水泥、无熟料水泥。

水泥按其用途和性能可分为通用水泥、专用水泥和特性水泥。

通用水泥主要是指硅酸盐水泥、普通硅酸盐水泥、矿渣硅酸盐水泥、火山灰质硅酸盐水泥、粉煤灰硅酸盐水泥和复合硅酸盐水泥。

专用水泥是专门用途的水泥，主要有砌筑水泥、油井水泥、道路水泥、耐酸水泥、耐碱水泥。

特性水泥是某种性能比较突出的水泥，主要有低热矿渣硅酸盐水泥、膨胀硫铝酸盐水泥、磷铝酸盐水泥和磷酸盐水泥等。

（1）硅酸盐水泥

凡由硅酸盐水泥熟料、0～5%的石灰石或粒化高炉矿渣、适量石膏磨细制成的水硬性胶凝材料，称为硅酸盐水泥，即国外的波特兰水泥，分为不掺混合材料 P·I 和掺不超过 5%混合材料 P·II。

（2）普通硅酸盐水泥

凡由硅酸盐水泥熟料和 6%～15%混合料、适量石膏磨细制成的水硬性胶凝材料，即为普通硅酸盐水泥，简称普通水泥，代号为 P·O。

（3）矿渣硅酸盐水泥

凡由硅酸盐水泥熟料和粒化高炉矿渣、适量石膏磨细制成的水硬性胶凝材料，即为矿渣硅酸盐水泥，简称矿渣水泥，代号为 P·S。

（4）火山灰质硅酸盐水泥

凡由硅酸盐水泥熟料和火山灰质混合料、适量石膏磨细制成的水硬性胶凝材料，即为火山灰质硅酸盐水泥，简称火山灰质水泥，代号为 P·P。

（5）粉煤灰硅酸盐水泥

凡由硅酸盐水泥熟料和粉煤灰、适量石膏磨细制成的水硬性胶凝材料，即为矿渣硅酸盐水泥，简称粉煤灰水泥，代号为 P·F。

（6）复合硅酸盐水泥

凡由硅酸盐水泥熟料、两种或两种以上规定的混合材料、适量石膏磨细制成的水硬性胶凝材料，称为复合硅酸盐水泥，简称复合水泥，代号为 P·C。

2．通用水泥的技术要求

（1）不溶物

I 型硅酸盐水泥中不溶物不得大于 0.75%。

II 型硅酸盐水泥中不溶物不得大于 1.50%。

（2）烧失量

I 型硅酸盐水泥中烧失量不得大于 3.0%。

II 型硅酸盐水泥中烧失量不得大于 3.5%。

普通水泥中烧失量不得大于 5.0%。

（3）氧化镁

水泥中氧化镁的含量不宜超过 5.0%。如果水泥经压蒸安定性试验合格，则水泥中氧化镁的含量允许放宽到 6.0%。

（4）三氧化硫

硅酸盐水泥、普通水泥、火山灰质水泥、粉煤灰水泥和复合水泥中三氧化硫的含量不得超过 3.5%；矿渣水泥中三氧化硫的含量不得超过 4.0%。

（5）细度

硅酸盐水泥以比表面积表示，不小于 300 m^2/kg；普通水泥、矿渣水泥、火山灰质水泥、粉煤灰水泥和复合水泥以筛余表示，80 μm 方孔筛筛余不大于10%或45 μm 方孔筛筛余不大于30%。

（6）凝结时间

硅酸盐水泥初凝不小于 45 min，终凝不大于 390 min；普通水泥、矿渣水泥、火山灰质水泥、粉煤灰水泥和复合水泥初凝不小于 45 min，终凝不大于 600 min。

（7）安定性

用沸煮法检测必须合格。

（8）强度

水泥强度等级按规定龄期的抗压强度和抗折强度来划分，各强度等级水泥的各龄期强度不得低于表 8.1 中的数值。

表 8.1　水泥各龄期强度

品种	强度等级	抗压强度/MPa		抗折强度/MPa	
		3d	28d	3d	28d
硅酸盐水泥	42.5	17.0	42.5	3.5	6.5
	42.5R	22.0	42.5	4.0	6.5
	52.5	23.0	52.5	4.0	7.0
	52.5R	27.0	52.5	5.0	7.0
	62.5	28.0	62.5	5.0	8.0
	62.5R	32.0	62.5	5.5	8.0
普通水泥	32.5	11.0	32.5	2.5	5.5
	32.5 R	16.0	32.5	3.5	5.5
	42.5	16.0	42.5	3.5	6.5

品种	强度等级	抗压强度/MPa		抗折强度/MPa	
		3d	28d	3d	28d
普通水泥	42.5 R	21.0	42.5	4.0	6.5
	62.5	22.0	62.5	4.0	7.0
	62.5 R	26.0	62.5	5.0	7.0
矿渣水泥 火山灰质水泥 粉煤灰水泥	32.5	10.0	32.5	2.5	5.5
	32.5 R	15.0	32.5	3.5	5.5
	42.5	15.0	42.5	3.5	6.5
	42.5 R	19.0	42.5	4.0	6.5
	62.5	21.0	62.5	4.0	7.0
	62.5 R	23.0	62.5	4.5	7.0
复合水泥	32.5	11.0	32.5	2.5	5.5
	32.5 R	16.0	32.5	3.5	5.5
	42.5	16.0	42.5	3.5	6.5
	42.5 R	21.0	42.5	4.0	6.5
	62.5	22.0	62.5	4.0	7.0
	62.5 R	26.0	62.5	5.0	7.0

（9）废品与不合格品

废品：氧化镁、三氧化硫、初凝时间、安定性任一项不符合标准规定。

不合格品：细度、终凝时间、不溶物和烧失量中任一项不符合标准规定或混合材料掺假量超过最低限度和强度低于商品强度等级的指标。水泥包装标志中水泥品种、强度等级、生产者名称和出厂编号不全。

8.2.2 水泥的取样方法

1. 取样送样规则

首先，要掌握所购买的水泥的生产厂是否具有产品生产许可证。

水泥委托检验样必须以每一个出厂水泥编号为一个取样单位，不得有两个以上的出厂编号混合取样。

水泥试样必须在同一编号不同部位处等量采集，取样点至少在 20 点以上，经混合均匀后用防潮容器包装，重量不少于 12 kg。

委托单位必须逐项填写检验委托单，如水泥生产厂名、商标、水泥品种、强度等级、出厂编号或出厂日期、工程名称、全套物理检验项目等。用于装饰的水泥应进行安定性的检验。

水泥出厂日期超过三个月应在使用前作复检。

进口水泥一律按上述要求进行。

2．取样单位及样品总量

水泥出厂前需按标准规定进行编号，每一编号为一取样单位。施工现场取样，应以同一水泥厂、同品种、同强度等级、同期到达的同一编号水泥为一个取样单位。取样应有代表性，可连续取，也可从 20 个以上不同部位取等量样品，总量至少 12 kg。

3．编号与取样

水泥出厂前按同品种、同强度等级编号和取样。袋装水泥和散装水泥应分别进行编号和取样。每一编号为一取样单位。水泥出厂编号按水泥厂年生产能力规定，即：

1）120 万 t 以上，不超过 1 200 t 为一编号；

2）60 万 t 以上至 120 万 t，不超过 1 000 t 为一编号；

3）30 万 t 以上至 60 万 t，不超过 600 t 为一编号；

4）10 万 t 以上至 30 万 t，不超过 400 t 为一编号；

5）10 万 t 以下，不超过 200 t 为一编号。

取样方法按《水泥取样方法》（GB/T 12573—2008）的规定进行。当散装水泥运输工具的容量超过该厂规定出厂编号吨数时，允许该编号的数量超过取样规定吨数。

4．袋装水泥取样

采用取样管取样。随机选择 20 个以上不同的部位，将取样管插入水泥适当深度，用大拇指按住气孔，小心抽出取样管。将所取样品放入洁净、干燥、不易受污染的容器中。

5．散装水泥取样

采用槽形管状取样器取样，当所取水泥深度不超过 2 m 时，采用槽形管状取样器取样。通过转动取样器内管控制开关，在适当位置插入水泥一定深度，关闭后小心抽出。将所取样品放入洁净、干燥、不易受污染的容器中。

6．交货与验货

交货时水泥的质量验收可抽取实物试样以其检验结果为依据，也可以水泥厂同编号水泥的检验报告为依据。采取何种方法验收由买卖双方商定，并在合同或协议中说明。

以抽取实物试样的检验结果为依据时，买卖双方应在发货前或交货地共同取样和签封。取样方法按《水泥取样方法》（GB/T 12573—2008）进行，取样数量为 20 kg，缩分为二等份。一份由卖方保存 40 天，一份由买方按规定的项目和方法进行检验。

在 40 天以内，买方检验认为产品质量不符合本标准要求，而卖方又有异议时，则双方应将卖方保存的另一份试样送省级或省级以上国家认可的水泥质量监督检验机构进行仲裁检验。

以水泥厂同编号水泥的检验报告为验收依据时，在发货前或交货时买方在同编号水泥中抽取试样，双方共同签封后保存三个月；或委托卖方在同编号水泥中抽取试样，签封后保存三个月。

在三个月内，买方对水泥质量有疑问时，则买卖双方应将签封的试样送省级或省级以上国家认可的水泥质量监督检验机构进行仲裁检验。

7．运输与储存

水泥在运输与储存时不得受潮和混入杂物，不同品种和强度等级的水泥应分别储运，不得混杂。

8.2.3　结果判定与处理

通用水泥的合格判定应满足通用水泥的技术要求；废品水泥必须淘汰，不得应用于建筑工程；不合格品水泥应依据具体情况，可适当用于建筑工程的次要部位。

8.3　粗集料

8.3.1　粗集料概述

在混凝土中，砂、石起骨架作用，称为骨料或集料，其中粒径大于 5 mm 的集料称为粗集料。普通混凝土常用的粗集料有碎石及卵石两种。碎石是天然岩石、卵石或矿山废石经机械破碎、筛分制成的，粒径大于 5 mm 的岩石颗粒。卵石是由自然风化、水流搬运和分选、堆积而成的、粒径大于 5 mm 的岩石颗粒。

由于集料在混凝土中占有大部分的体积，所以，混凝土的体积主要是由集料的真密度所支配，设计混凝土配合比需了解的密度是指包括非贯穿毛细孔在内的集料单位体积的质量。这一概念上与物体的真密度不同，这样的密度称为表观密度，集料的表观密度在计算体积时包括内部集料颗粒的空隙，因此，越是多孔材料其表观密度越小，集料的强度越低，稳定性越差。集料在自然堆积状态下的密度称为堆积密度，其反映自然状态下的空隙率，堆积密度越大，需要水泥填充的空隙就越少；堆积密度越小即集料的颗粒级配越差，需要填充空隙的水泥浆就越多，混凝土拌合物的和易性就越不易得到保证。

8.3.2　粗集料的技术要求

1. 颗粒级配

颗粒级配又称（粒度）级配。由不同粒度组成的散状物料中各级粒度所占的数量。常以占总量的百分数来表示，有连续级配和单粒级配两种。连续级配是石子的粒径从大到小连续分级，每一级都占适当的比例。连续级配的颗粒大小搭配连续合理，用其配制的混凝土拌合物工作性好，不易发生离析，在工程中应用较多。但其缺点是，当最大粒径较大（大于 40 mm）时，天然形成的连续级配往往与理论最佳值有偏差，且在运输、堆放过程中易发生离析，影响级配的均匀合理性。单粒级配是石子粒级不连续，人为剔去某些中间粒级的颗粒而形成的级配方式。单粒级配能更有效降低石子颗粒之间的空隙率，使水泥达到最大程度的节约，但由于粒径相差较大，故拌和混凝土易发生离析，单粒级配需按设计进行掺配而成。

粗集料中公称粒级的上限称为最大粒径。当集料粒径增大时，其比表面积减小，混凝土的水泥用量也减少，故在满足技术要求的前提下，粗集料的最大粒径应尽量选大一些。在钢筋混凝土工程中，粗集料的粒径不得大于混凝土结构截面最小尺寸的 1/4，并不得大于钢筋最小净距的 3/4。对于混凝土实心板，其最大粒径不宜大于板厚的 1/3，并不得超过 40 mm。泵送混凝土用的碎石，不应大于输送管内径的 1/3，卵石不应大于输送管内径的 2/5。

颗粒级配如不符合表 8.2 的要求时，应采用措施并经试验证明能确保工程质量，方允许使用。

表 8.2　碎石或卵石的颗粒级配

级配情况	公称直径/mm	累计筛余，按质量/%											
		筛孔尺寸，圆孔筛/mm											
		2.5	5	10	16	20	25	31.5	40	50	63	80	100
连续粒级	5~10	95~100	80~100	0~15	0	—	—	—	—	—	—	—	—
	5~16	95~100	85~100	30~60	0~10	0	—	—	—	—	—	—	—
	5~20	95~100	90~100	40~80	—	0~10	0	—	—	—	—	—	—
	5~25	95~100	90~100	—	30~70	—	0~5	0	—	—	—	—	—
	5~31.5	95~100	90~100	70~90	—	15~45	—	0~5	0	—	—	—	—
	5~40	—	95~100	70~90	—	30~65	—	—	0~5	0	—	—	—
单粒级	10~20	—	—	85~100	—	0~15	0	—	—	—	—	—	—
	16~31.5	—	95~100	—	85~100	—	—	0~10	0	—	—	—	—
	20~40	—	—	95~100	—	80~100	—	—	0~10	0	—	—	—
	31.5~63	—	—	—	—	95~100	—	75~100	45~75	—	0~10	0	—
	40~80	—	—	—	—	95~100	—	—	70~100	—	30~60	0~10	0

2．针、片状颗粒含量

卵石和碎石颗粒的长度大于该颗粒所属相应粒级的平均粒径 2.4 倍者，为针状颗粒；厚度小于平均粒径 0.4 倍者，为片状颗粒。粗集料中针、片状颗粒过多，会使混凝土的和易性变差，强度降低，故粗集料的针、片状颗粒含量应控制在一定范围内。卵石和碎石的针、片状颗粒含量应符合表 8.3 的规定。

表 8.3　针、片状颗粒含量

混凝土强度	≥C30	C25~C15
针、片状颗粒含量（按质量计）/%	≤15	≤25

3．含泥量

含泥量是指粒径小于 0.080 mm 的颗粒含量。碎石或卵石的含泥量应分别符合表 8.4 的规定。

表 8.4　碎石或卵石中的含泥量

混凝土强度等级	≥C60	C55~C30	≤C25
含泥量（按质量计）/%	≤0.5	≤1.0	≤2.0

对于有抗冻、抗渗或其他特殊要求的混凝土，其含泥量不应大于 1.0%；等于或小于 C10 等级的混凝土含泥量可放宽到 2.5%。

4．泥块含量

泥块含量是指集料中粒径大于 5 mm，经水洗、手捏后变成小于 2.5 mm 的颗粒含量。碎石或卵石的泥块含量应符合表 8.5 的规定。

表 8.5 碎石或卵石中的泥块含量

混凝土强度等级	≥C60	C55~C30	≤C25
泥块含量（按质量计）/%	≤0.5	≤1.0	≤2.0

对于有抗冻、抗渗或其他特殊要求的混凝土，其泥块含量不应大于 0.5%；小于或等于 C10 等级的混凝土，泥块含量可放宽到 2.5%。

5. 压碎指标值

压碎指标值是指碎石或卵石抵抗压碎的能力。碎石或卵石的压碎指标值应符合表 8.6、表 8.7 的规定。

表 8.6 碎石的压碎指标值

岩石品种	混凝土强度等级	碎石压碎值指标/%
水成岩	C55~C40 ≤C35	≤10 ≤16
变质岩或深成的火成岩	C55~C40 ≤C35	≤12 ≤20
喷出的火成岩	C55~C40 ≤C35	≤13 ≤30

表 8.7 卵石的压碎指标值

混凝土强度等级	C55~C40	≤C35
压碎指标值/%	≤12	≤16

混凝土强度等级大于或等于 C60 时，应进行岩石抗压强度检验，其他情况下如有怀疑或认为有必要时，也可以进行岩石的抗压强度检验。岩石的抗压强度与混凝土强度等级之比不应小于 1.5，且火成岩强度不宜低于 80 MPa，变质岩不宜低于 60 MPa，水成岩不宜低于 30 MPa。

6. 坚固性指标

坚固性是指碎石或卵石在气候、环境变化或其他物理因素作用下抵抗碎裂的能力。碎石或卵石的坚固性指标应符合表 8.8 的规定。

表 8.8 碎石或卵石的坚固性指标

混凝土所处的环境条件及其性能要求	5 次循环后的质量损失/%
在严寒及寒冷地区室外使用，并经常处于潮湿或干湿交替状态下的混凝土，有腐蚀性介质作用或经常处于水位变化区的地下结构或有抗疲劳、耐磨、抗冲击等要求的混凝土	≤8
在其他条件下使用的混凝土	≤12

有腐蚀性介质作用或经常处于水位变化区的地下结构或有抗疲劳、耐磨、抗冲击等要求的混凝土用碎石或卵石，其质量损失不应大于 8%。

7．有害物质含量

碎石或卵石的硫化物和硫酸盐含量以及卵石中有机质等有害物质含量应符合表8.9的规定。

表 8.9 　碎石或卵石中的有害物质含量

项目	质量要求	项目	质量要求
硫化物及硫酸盐含量（折算成SO_3，按质量计）/%	≤1.0	卵石中有机质含量（用比色法试验）	颜色不应深于标准色，深于时应配制成混凝土进行强度对比试验，抗压强度比不应小于0.95

如发现有颗粒状硫酸盐或硫化物杂质的碎石或卵石，则要求进行专门检验，确认能满足混凝土耐久性要求时方可采用。

8．碱活性粗集料

碱活性粗集料是指能与水泥或混凝土中的碱发生化学反应的集料。重要工程的粗集料应进行碱活性检验。

8.3.3　粗集料的取样及选用

1．取样

使用大型工具（如火车、货船或汽车）运输的，以 400 mm³ 或 600 t 为一验收批，使用小型工具运输的（如马车）以 200 mm³ 或 300 t 为一验收批，不足上述数量者仍为一验收批。

在料堆上取样时，取样部位应均匀分布。取样前先将取样部位表层铲除，然后从不同部位抽取大致等量的石子15份（顶部、中部和底部各由均匀分布的五个不同部位），组成一组样品。

从皮带运输机上取样时，应用接料器在皮带运输机机尾的出料处定时抽取大致等量的石子8份，组成一组样品。

从火车、汽车、货船上取样时，从不同部位和深度抽取大致等量的石子16份，组成一组样品。

若检验不合格时，应重新取样。对不合格项，进行加倍复验。若仍有一个试样不能满足标准要求，应按不合格品处理。

2．选用

粗集料最大粒径应符合下列要求：

1）不得大于混凝土结构截面最小尺寸的1/4，并不得大于钢筋最小净距的3/4；

2）对于混凝土实心板，其最大粒径不宜大于板厚的1/3，并不得超过 40 mm；

3）泵送混凝土用的碎石，不应大于输送管内径的1/3，卵石不应大于输送管内径的2/5。

8.3.4　粗集料的检验与判定

1．检测项目

对于石子，每一验收批应检测其颗粒级配、含泥量、泥块含量、针片状颗粒含量、压碎指标、表观密度、堆积密度等。对于重要工程的混凝土所使用的碎石和卵石，应进行碱活性检验或应根据需要增加检测项目。

2．工程现场粗集料的检验

见证送检必须逐项填写检验委托单中的各项内容，如委托单位、建设单位、工程名称、工程部位、见证单位、见证人、送样人、集料品种、规格、产地、进场日期、代表数量、检验项目、执行标准等。

3．粗集料的判定

粗集料的判定应满足粗集料的技术要求，若不能满足要求，可以进行复验。若仍有一个试样不能满足标准要求，应按不合格品处理。

8.4　细集料

细集料（砂）是指在自然或人工作用下形成的粒径小于 5 mm 的颗粒，也称为普通砂。砂按来源分为天然砂、人工砂、混合砂。天然砂是由自然条件作用而形成的，按其产源不同，可分为河砂、海砂、山砂。人工砂是岩石经除土开采、机械破碎、筛分而成的。混合砂是由天然砂与人工砂按一定比例组合而成的砂。

8.4.1　砂的技术指标

1．细度模数

砂的粗细程度按细度模数 μ_f 可分为粗、中、细三级，其范围应符合下列要求，粗砂：$\mu_f = 3.7 \sim 3.1$；中砂：$\mu_f = 3.0 \sim 2.3$；细砂：$\mu_f = 2.2 \sim 1.6$。

2．颗粒级配

砂的颗粒级配是表示砂大小颗粒的搭配情况。在混凝土中砂之间的空隙是由水泥浆填充，为达到节约水泥提高强度的目的，就应尽量减小砂颗粒之间的空隙，因此，就要求砂要有较好的颗粒级配。

砂的颗粒级配区划分，除特细砂外，砂的颗粒级配可按公称直径 630 μm 筛孔的累计筛余量（以质量百分率计）分成三个级配区，砂的颗粒级配应符合表 8.10 的规定。

表 8.10　砂的颗粒级配区

累计筛余/%　　　　　级配区　　公称粒径	Ⅰ区	Ⅱ区	Ⅲ区
5.00 mm	10～0	10～0	10～0
2.50 mm	35～5	25～0	15～0
1.25 mm	65～35	50～10	25～0
630 μm	85～71	70～41	40～16
315 μm	95～80	92～70	85～55
160 μm	100～90	100～90	100～90

砂的颗粒级配应处于表中某一区域内。

砂的实际颗粒级配与表中的累计筛余百分率比，除公称粒径为 5.00 mm 和 630 μm（表中斜体所标数值）的累计筛余百分率外，其余公称粒径的累计筛余百分率可稍有超出分界线，但总超出量不应大于 5%。

当砂的颗粒级配不符合要求时，宜采用相应的技术措施，并经试验证明能确保混凝土质量后，方允许使用。

配制混凝土时宜优先选用Ⅱ区砂。当采用Ⅰ区砂时，应提高砂率，并保持足够的水泥用量，满足混凝土的和易性；当采用Ⅲ区砂时，宜适当降低砂率；当采用特细砂时，应符合相应的规定。

3. 含泥量

砂的含泥量是指砂中粒径小于 0.080 mm 的颗粒含量。对于有抗冻、抗渗或其他特殊要求的混凝土，其含泥量不应大于 3.0%。砂中含泥量应符合表 8.11 的规定。

表 8.11　砂中的含泥量

混凝土强度等级	>C60	C60~C30	≤C25
含泥量（按质量计）/%	≤2.0	≤3.0	≤5.0

4. 泥块含量

砂泥块含量是指砂中粒径大于 1.25 mm，经水洗、手捏后变成小于 0.630 mm 的颗粒含量。砂中的泥块含量应符合表 8.12 的规定。

表 8.12　砂中的泥块含量

混凝土强度等级	≥C60	C55~C30	≤C25
泥块含量（按质量计）/%	≤0.5	≤1.0	≤2.0

对于有抗冻、抗渗或其他特殊要求的混凝土，其泥块含量不应大于 1.0%。

5. 有害物质

砂中不应混有草根、树叶、树枝、塑料、煤块、炉渣等杂物。砂中如含有云母、轻物质、有机物、硫化物及硫酸盐、氯盐等，其含量应符合表 8.13 的规定。

表 8.13　砂中的有害物质含量

有害物质名称	含量限值
云母含量（按质量计）/%	≤2.0
轻物质含量（按质量计）/%	≤1.0
硫化物及硫酸盐含量（折算成 SO_3 按质量计）/%	≤1.0
有机物含量（用比色法试验）	颜色不应深于标准色。当颜色深于标准色时，应按水泥胶砂强度试验方法进行强度对比试验，抗压强度比不应低于 0.95

6. 坚固性

砂坚固性是指砂在气候、环境变化或其他物理因素作用下抵抗碎裂的能力。砂的坚固性指标应符合表 8.14 的规定。

表 8.14　砂的坚固性指标

项目	循环后的质量量损失
5 次循环后的质量量损失/%	<10

7．表观密度、堆积密度、空隙率

砂的表观密度是指集料颗粒单位体积的质量。砂的堆积密度是指集料在自然堆积状态下单位体积的质量。砂的空隙率是指集料按规定方法颠实后单位体积的质量。

8．碱活性粗集料

碱活性粗集料是指能与水泥或混凝土中的碱发生化学反应的集料。重要工程的粗集料应进行碱活性检验。

8.4.2　砂的取样

供货单位应提供产品合格证或质量检验报告。购货单位应按同产地、同规格分批验收。使用大型工具（如火车、货船或汽车）运输的，以 400 mm³ 或 600 t 为一验收批；使用小型工具运输的（如马车），以 200 mm³ 或 300 t 为一验收批，不足上述数量者仍为一验收批。

从料堆上取样时，取样部位应均匀分布。取样前应先将取样部位表层铲除，然后由各部位抽取大致相等的砂 8 份，组成各自一组样品。

从皮带运输机上取样时，应在皮带运输机机尾的出料处用接料器定时抽取砂 4 份，组成各自一组样品。

从火车、汽车、货船上取样时，应从不同部位和深度抽取大致相等的砂 8 份，组成各自一组样品。每批取样量应多于试验用样量的一倍，工程上常规检测时约取 20 kg。

8.4.3　细集料的检验与判定

1．检测项目

工程现场砂的每一验收批应检测其细度模数、颗粒级配、含泥量、泥块含量、表观密度、堆积密度等。对于重要工程的混凝土所使用的砂，应进行碱活性检验或应根据需要增加检测项目。

2．工程现场砂的检验

见证送检必须逐项填写检验委托单中的各项内容，如委托单位、建设单位、工程名称、工程部位、见证单位、见证人、送样人、砂品种、规格、产地、进场日期、代表数量、检验项目、执行标准等。

3．细集料的判定

细集料的判定应满足细集料的技术要求，若不能满足要求，可以进行复验。若仍有一个试样不能满足标准要求，应按不合格品处理。

8.5 混凝土

8.5.1 混凝土概述

混凝土是由胶凝材料，粗细集料、水以及必要时加入的外加剂和掺合料按一定比例配制，经均匀搅拌，密实成型，养护硬化而成的一种人工石材。

混凝土具有原料丰富、价格低廉、生产工艺简单的特点，因而使其用量越来越大。同时，混凝土还具有抗压强度高、耐久性好、强度等级范围宽等特点。这些特点使其使用范围十分广泛，不仅在各种土木工程中使用，就是造船业、机械工业、海洋开发、地热工程等，混凝土也是重要的材料。

1. 混凝土的分类

（1）按胶凝材料分类

1）无机胶凝材料混凝土，如水泥混凝土、石膏混凝土、硅酸盐混凝土、水玻璃混凝土等；

2）有机胶结料混凝土，如沥青混凝土、聚合物混凝土等。

（2）按表观密度分类

混凝土按照表观密度的大小，可分为重混凝土、普通混凝土、轻质混凝土三种。这三种混凝土不同之处就是集料不同。

重混凝土：表观密度大于 2 500 kg/m³，用特别密实和特别重的集料制成的。如重晶石混凝土、钢屑混凝土等，它们具有不透 X 射线和γ射线的性能。

普通混凝土：普通混凝土是我们在建筑中常用的混凝土，其表观密度为 1 950～2 500 kg/m³，集料为砂、石。

轻质混凝土：表观密度小于 1 950 kg/m³ 的混凝土。它可以分为以下三类：

1）轻集料混凝土，其表观密度为 800～1 950 kg/m³，轻集料包括浮石、火山渣、陶粒、膨胀珍珠岩、膨胀矿渣、矿渣等。

2）多空混凝土（泡沫混凝土、加气混凝土），其表观密度为 300～1 000 kg/m³。泡沫混凝土是由水泥浆或水泥砂浆与稳定的泡沫制成的。加气混凝土是由水泥、水与发气剂制成的。

3）大孔混凝土（普通大孔混凝土、轻集料大孔混凝土），其组成中无细集料。普通大孔混凝土的表观密度为 1 500～1 900 kg/m³，是用碎石、软石、重矿渣作集料配制的。轻集料大孔混凝土的表观密度为 500～1 500 kg/m³，是用陶粒、浮石、碎砖、矿渣等作为集料配制的。

（3）按使用功能分类

结构混凝土、保温混凝土、装饰混凝土、防水混凝土、耐火混凝土、水工混凝土、海工混凝土、道路混凝土、防辐射混凝土等。

（4）按施工工艺分类

离心混凝土、真空混凝土、灌浆混凝土、喷射混凝土、碾压混凝土、挤压混凝土、泵送混凝土等。按配筋方式分有素（即无筋）混凝土、钢筋混凝土、钢丝网水泥、纤维混凝土、预应力混凝土等。

（5）按拌合物的和易性分类

干硬性混凝土、半干硬性混凝土、塑性混凝土、流动性混凝土、高流动性混凝土、流态混凝土等。

（6）按配筋分类

素混凝土、钢筋混凝土、预应力混凝土。

上述各类混凝土中，用途最广、用量最大的为普通混凝土。对一些有特殊使用要求的混凝土，还应提出特殊的性能要求。如对地下工程混凝土，要求具有足够的抗渗性；路面混凝土，要求具有足够的抗弯性和较好的耐磨性；低温下工作的混凝土，要求具有足够的抗冻性；外围结构混凝土，除要求具有足够的强度外，还要有保温、绝热性能等。

2．混凝土拌合物的性能

混凝土在未凝结硬化以前，称为混凝土拌合物。它必须具有良好的和易性，便于施工，以保证能获得良好的浇灌质量；混凝土拌合物凝结硬化以后，应具有足够的强度，以保证建筑物能安全地承受设计荷载；并应具有必要的耐久性。

（1）和易性

和易性是指混凝土拌合物易于施工操作（拌和、运输、浇灌、捣实）并能获致质量均匀、成型密实的性能。和易性是一项综合的技术性质，包括有流动性、黏聚性和保水性等三个方面的含义。

流动性是指混凝土拌合物在本身自重或施工机械振捣的作用下，能产生流动，并均匀密实地填满模板的性能。流动性的大小取决于混凝土拌合物中用水量或水泥浆含量的多少。

黏聚性是指混凝土拌合物在施工过程中其组成材料之间有一定的黏聚力，不致产生分层和离析的性能。黏聚性的大小主要取决于细集料的用量以及水泥浆的稠度等。

保水性是指混凝土拌合物在施工过程中，具有一定的保水能力，不致产生严重泌水的性能。保水性差的混凝土拌合物，由于水分分泌出来会形成容易透水的孔隙，从而降低混凝土的密实性。

（2）影响混凝土和易性的因素

1）水胶比。水胶比是指水泥混凝土中水的用量与水泥用量之比。在单位混凝土拌合物中，集浆比确定后，即水泥浆的用量为一固定数值时，水胶比决定水泥浆的稠度。水胶比较小，则水泥浆较稠，混凝土拌合物的流动性也较小，当水胶比小于某一极限值时，在一定施工方法下就不能保证密实成型；反之，水胶比较大，水泥浆较稀，混凝土拌合物的流动性虽然较大，但黏聚性和保水性却随之变差。当水胶比大于某一极限值时，将产生严重的离析、泌水现象。因此，为了使混凝土拌合物能够密实成型，所采用的水胶比值不能过小，为了保证混凝土拌合物具有良好的黏聚性和保水性，所采用的水胶比值又不能过大。由于水胶比的变化将直接影响到水泥混凝土的强度。因此，在实际工程中，为增加拌合物的流动性而增加用水量时，必须保证水胶比不变，同时增加水泥用量，否则将显著降低混凝土的质量，决不能以单纯改变用水量的办法来调整混凝土拌合物的流动性。

2）砂率。砂率是指混凝土中砂的质量占砂石总质量的百分率。砂率表征混凝土拌合物中砂与石相对用量比例。由于砂率变化，可导致集料的空隙率和总表面积的变化。当砂率过大时，集料的空隙率和总表面积增大，在水泥浆用量一定的条件下，混凝土拌合物就显得干稠，流动性小；当砂率过小时，虽然集料的总表面积减小，但由于砂浆量不足，不能在粗集料的周围形成足够的砂浆层起润滑作用，因而使混凝土拌合物的流动性降低。更严重的是影响了混凝土拌合物的黏聚性与保水性，使拌合物显得粗涩、粗集料离析、水泥浆流失，甚至出现溃散等不良现象。因此，在不同的砂率中应有一个合理砂率值。混凝土拌合物的合理砂率是指在用水量和水泥用量一定的情况下，能使混凝土拌合物获得最大流动性，且能保持黏聚性。

3）单位体积用水量。单位体积用水量是指在单位体积水泥混凝土中，所加入水的质量，它是影响水泥混凝土工作性的最主要的因素。新拌混凝土的流动性主要是依靠集料及水泥颗粒表面吸附一层水膜，从而使颗粒之间比较润滑。而黏聚性也主要是依靠水的表面张力作用，如用水量过少，则水膜较薄，润滑效果较差；而用水量过多，毛细孔被水分填满，表面张力的作用减小，混凝土的黏聚性变差，易泌水。因此，用水量的多少直接影响着水泥混凝土的工作性。当粗集料和细集料的种类和比例确定后，在一定的水胶比范围内（$W/C=0.4\sim0.8$），水泥混凝土的坍落度主要取决于单位体积用水量，而受其他因素的影响较小，这一规律称为固定加水量定则。

3．混凝土的力学性能

（1）混凝土强度

1）立方体抗压强度及强度等级。混凝土立方体抗压标准强度（$f_{cu,k}$）是指按标准方法制作和养护的边长为 150 mm 的立方体试件，在 28 d 后用标准试验方法测得的抗压强度总体分布中具有不低于 95％保证率的抗压强度值。根据《混凝土结构设计规范》（GB 50010—2010）的规定，普通混凝土划分为十四个等级，即 C15、C20、C25、C30、C35、C40、C45、C50、C55、C60、C65、C70、C75、C80。例如，强度等级为 C30 的混凝土是指 30 MPa$\leqslant f_{cu,k}<$35 MPa。

2）混凝土的抗拉强度。混凝土的抗拉强度只有抗压强度的 1/10～1/20，且随着混凝土强度等级的提高，比值降低。混凝土在工作时一般不依靠其抗拉强度。但抗拉强度对于抗开裂性有重要意义，在结构设计中抗拉强度是确定混凝土抗裂能力的重要指标。有时也用它来间接衡量混凝土与钢筋的粘结强度等。

3）混凝土的抗折强度。混凝土的抗折强度是指混凝土的抗弯曲强度。对于混凝土路面强度设计，必须满足抗压与抗折强度值的要求。

4．影响混凝土强度的因素

（1）水泥的强度和水胶比

水泥的强度和水胶比是决定混凝土强度的最主要因素。水泥是混凝土中的胶结组分，其强度的大小直接影响混凝土的强度。在配合比相同的条件下，水泥的强度越高，混凝土强度也越高。当采用同一水泥（品种和强度相同）时，混凝土的强度主要取决于水胶比：在混凝土能充分密实的情况下，水胶比越大，水泥石中的孔隙越多，强度越低，与集料粘结力也越小，混凝土的强度就越低；反之，水胶比越小，混凝土的强度越高。

（2）集料的影响

集料的表面状况影响水泥石与集料的粘结，从而影响混凝土的强度。碎石表面粗糙，粘结力较大；卵石表面光滑，粘结力较小。因此，在配合比相同的条件下，碎石混凝土的强度比卵石混凝土的强度高。集料的最大粒径对混凝土的强度也有影响，集料的最大粒径越大，混凝土的强度越小。砂率越小，混凝土的抗压强度越高；反之，混凝土的抗压强度越低。

（3）外加剂和掺合料

在混凝土中掺入外加剂，可使混凝土获得早强和高强性能，混凝土中掺入早强剂，可显著提高早期强度；掺入减水剂可大幅度减少拌合用水量，在较低的水胶比下，混凝土仍能较好地成型密实，获得很高的 28d 强度。在混凝土中加入掺合料，可提高水泥石的密实度，改善水泥石与集料的界面粘结强度，提高混凝土的长期强度。因此，在混凝土中掺入高效减水剂和掺合料，是制备高强和高性能混凝土必需的技术措施。

（4）养护的温度和湿度

混凝土的硬化是水泥水化和凝结硬化的结果。养护温度对水泥的水化速度有显著的影响，养护温度高，水泥的初期水化速度快，混凝土早期强度高。湿度大能保证水泥正常水化所需水分，有利于强度的增长。

在 20 ℃以下，养护温度越低，混凝土抗压强度越低，但在 20 ℃～30 ℃时，养护温度对混凝土的抗压强度影响不大。养护湿度越高，混凝土的抗压强度越高；反之，混凝土的抗压强度越低。

5. 混凝土的长期性能和耐久性能

混凝土的长期性是指混凝土在实际使用条件下抵抗各种破坏因素的作用，长期保持强度和外观完整性的能力。混凝土的耐久性是指结构在规定的使用年限内，在各种环境条件作用下，不需要额外的费用加固处理而保持其安全性、正常使用和可接受的外观能力。简单地说，混凝土材料的耐久性指标一般包括抗渗性、抗冻性、抗侵蚀性、混凝土的碳化、碱-集料反应。

（1）抗渗性

抗渗性是指混凝土抵抗水、油等液体在压力作用下渗透的性能。它直接影响混凝土的抗冻性和抗侵蚀性。混凝土本质上是一种多孔性材料，混凝土的抗渗性主要与其密度及内部孔隙的大小和构造有关。混凝土内部的互相连通的孔隙和毛细管通路，以及由于在混凝土施工成型时振捣不实产生的蜂窝、孔洞，都会造成混凝土渗水。

混凝土的抗渗性我国一般采用抗渗等级表示，抗渗等级是按标准试验方法进行试验，用每组 6 个试件中 4 个试件未出现渗水时的最大水压力来表示的。如分为 P4、P6、P8、P10、P12 五个等级，即相应表示能抵抗 0.4 MPa、0.6 MPa、0.8 MPa、1.0 MPa 及 1.2 MPa 的水压力而不渗水。

影响混凝土抗渗性的主要因素是水胶比，水胶比越大，水分越多，蒸发后留下的孔隙越多，其抗渗性越差。

（2）抗冻性

混凝土的抗冻性是指混凝土在水饱和状态下，经受多次冻融循环作用，能保持强度和外观完整性的能力。在寒冷地区，特别是在接触水又受冻的环境下的混凝土，要求具有较高的抗冻性能。由于混凝土内部孔隙中的水在负温下结冰后体积膨胀造成的静水压力和因冰水蒸汽压的差别推动未冻水向冻结区的迁移所造成的渗透压力。当这两种压力所产生的内应力超过混凝土的抗拉强度，混凝土就会产生裂缝，多次冻融使裂缝不断扩展直至破坏。

混凝土的密实度、孔隙构造和数量、孔隙的充水程度是决定抗冻性的重要因素。因此，当混凝土采用的原材料质量好、水胶比小、具有封闭细小孔隙（如掺入引气剂的混凝土）及掺入减水剂、防冻剂等，其抗冻性都较高。

（3）抗侵蚀性

混凝土的抗侵蚀性与所用水泥的品种、混凝土的密实程度和孔隙特征有关。密实和孔隙封闭的混凝土，环境水不易侵入，故其抗侵蚀性较强。所以，提高混凝土抗侵蚀性的措施，主要是合理选择水泥品种、降低水胶比、提高混凝土的密实度和改善孔结构。

（4）混凝土的碳化

混凝土的碳化作用是二氧化碳与水泥石中的氢氧化钙作用，生成碳酸钙和水。碳化过程是二氧化碳由表及里向混凝土内部逐渐扩散的过程。因此，气体扩散规律决定了碳化速度的快慢。碳化引起水泥石化学组成及组织结构的变化，从而对混凝土的化学性能和物理力学性能有明显的影响，主要是对碱度、强度和收缩的影响。

碳化对混凝土性能既有有利的影响，也有不利的影响。碳化使混凝土的抗压强度增大，其原因是碳化放出的水分有助于水泥的水化作用，而且碳酸钙减少了水泥石内部的孔隙。由于混凝土的碳化层产生碳化收缩，对其核心形成压力，而表面碳化层产生拉应力，可能产生微细裂缝，而使混凝土抗拉、抗折强度降低。

（5）碱-集料反应

碱-集料反应是指硬化混凝土中所含的碱（NaOH 和 KOH）与集料中的活性成分发生反应，生成具有吸水膨胀性的产物，在有水的条件下吸水膨胀，导致混凝土开裂的现象。

混凝土只有含活性二氧化硅的集料、有较多的碱和有充分的水三个条件同时具备时才发生碱-集料反应。因此，可以采取以下措施抑制碱-集料反应：选择无碱活性的集料；在不得不采用具有碱活性的集料时，应严格控制混凝土中总的碱量；掺用活性掺合料，如硅灰、矿渣、粉煤灰（高钙高碱粉煤灰除外）等，对碱-集料反应有明显的抑制效果。活性掺合料与混凝土中的碱起反应，反应产物均匀分散在混凝土中，而不是集中在集料表面，不会发生有害的膨胀，从而降低了混凝土的含碱量，起到抑制碱-集料反应的作用；控制进入混凝土的水分。碱-集料反应要有水分，如果没有水分，反应就会大为减少乃至完全停止。因此，要防止外界水分渗入混凝土，以减轻碱-集料反应的危害。

8.5.2 取样方法

1. 混凝土试样取样的依据

1）《混凝土结构工程施工质量验收规范》（GB 50204—2015）；

2）《普通混凝土力学性能试验方法标准》（GB/T 50081—2002）；

3）《混凝土强度检验评定标准》（GB/T 50107—2010）。

2. 普通混凝土试样标准

1）普通混凝土立方体抗压强度、抗冻性和劈裂抗拉强度试件为正方体，试件尺寸按表 8.15 采用，每组 3 块。

表 8.15 混凝土试件尺寸选用

集料最大粒径/mm	试件尺寸/mm×mm×mm
31.5	100×100×100（非标准试件）
40	150×150×150（标准试件）
63	200×200×200（非标准试件）

混凝土强度等级＜C60 时，用非标准试件测得的强度值均应乘以尺寸换算系数。当混凝土强度等级≥C60 时，宜采用标准试件；使用非标准试件时，尺寸换算系数应由试验确定。

在特殊情况下，可采用 $\phi150$ mm×300 mm 的圆柱体标准试件或 $\phi100$ mm×200 mm 和 $\phi200$ mm×400 mm 的圆柱体非标准试件。

2）普通混凝土轴心抗压强度试验和静力受压弹性模量试验，采用 150 mm×150 mm×300 mm 的棱柱体作为标准试件，前者每组 3 块，后者每组 6 块。

3）普通混凝土抗折强度试验，采用 150 mm×150 mm×600 mm（或 550 mm）的棱柱体作为标准试件，每组 3 块。

4）普通混凝土抗渗性能试验试件采用顶面直径为 175 mm，底面直径为 185 mm，高度为 150 mm 的圆台体或直径与高度均为 150 mm 的圆柱体试件，每组 6 块。试块在移入标准养护室以前，应用钢丝刷将顶面的水泥薄膜刷去。

5）普通混凝土与钢筋粘结力（握裹力）试件为长方形棱柱体，尺寸为 100 mm×100 mm×200 mm，集料的最大粒径不得超过 30 mm；棱柱体中心 $\phi6$ 光圆钢筋，表面光滑程度一致，粗细均匀，钢筋一端露出混凝土棱柱体端面 10～20 mm，钢筋另一端露出混凝土棱柱体端面 50～60 mm，每组 6 块。

6）普通混凝土收缩试件尺寸为 100 mm×100 mm×515 mm，（两端面）预留埋设不锈钢珠的凹槽。装上钢珠后，两钢珠顶端间距离（试块总长）约为 540 mm，每组 3 块。

7）普通混凝土中钢筋锈蚀试验，采用 100 mm×100 mm×300 mm 的棱柱体试件，埋入的钢筋为直径 6 mm、长 299 mm 的普通低碳钢，每组 3 块。

3．混凝土试件的取样

（1）现场搅拌混凝土

根据《混凝土结构工程施工质量验收规范》（GB 50204—2015）和《混凝土强度检验评定标准》（GB/T 50107—2010）的规定，用于检查结构构件混凝土强度的试件，应在混凝土的浇筑地点随机抽取。取样与试件留置应符合以下规定：

1）每拌制 100 盘但不超过 100 m³ 的同配合比的混凝土，取样次数不得少于一次。

2）每工作班拌制的不足 100 盘时，其取样次数不得少于一次。

3）当一次连续浇筑超过 1 000 m³ 时，每 200 m³ 取样不得少于一次。

4）每一楼层取样不得少于一次。

5）每次取样应至少留置一组标准养护试件，同条件养护试件的留置组数应根据实际需要确定。

（2）结构实体检验用同条件养护试件

根据《混凝土结构工程施工质量验收规范》（GB 50204—2015）的规定，结构实体检验用同条件养护试件的留置方式和取样数量应符合以下规定：

1）对涉及混凝土结构安全的重要部位应进行结构实体检验。其内容包括混凝土强度、钢筋保护层厚度、结构位置与尺寸偏差以及合同约定的项目，必要时可检验其他项目。

2）同条件养护试件应由各方在混凝土浇筑入模处见证取样。

3）同一强度等级的同条件养护试件的留置不宜少于 10 组，留置数量不应少于 3 组。

4）当试件达到等效养护龄期时，方可对同条件养护试件进行强度试验。所谓等效养护龄期，就是逐日累计养护温度达到 600 ℃·d，且龄期宜取 14～60 d。一般情况，温度取当天的平均温度。

（3）预拌（商品）混凝土

预拌（商品）混凝土，除应在预拌混凝土厂内按规定留置试块外，混凝土运到施工现场后，还应根据《预拌混凝土》（GB/T 14902—2012）规定取样。

1）用于交货检验的混凝土试样应在交货地点采取。每 100 m³ 相同配合比的混凝土取样不少于一次；一个工作班拌制的相同配合比的混凝土不足 100 m³ 时，取样也不得少于一次；当在一个分项工程中连续供应相同配合比的混凝土量大于 1 000 m³ 时，其交货检验的试样为每 200 m³ 混凝土取样不得少于一次。

2）用于出厂检验的混凝土试样应在搅拌地点采取，按每 100 盘相同配合比的混凝土取样不得少于一次；每一工作班组相同的配合比的混凝土不足 100 盘时，取样也不得少于一次。

3）对于预拌混凝土拌合物的质量，每车应目测检查；混凝土坍落度检验的试样，每 100 m³ 相同配合比的混凝土取样检验不得少于一次；当一个工作班相同配合比的混凝土不足 100 m³ 时，取样也不得少于一次。

（4）混凝土抗渗试块

根据《地下工程防水技术规范》（GB 50108—2008）的规定，混凝土抗渗试块按下列规定取样：

1）连续浇筑混凝土量 500 m³ 以下时，应留置两组（12 块）抗渗试块。

2）每增加 250～500 m³ 混凝土，应增加留置两组（12 块）抗渗试块。

3）如果使用材料、配合比或施工方法有变化时，均应另行仍按上述规定留置。

4）抗渗试块应在浇筑地点制作，留置的两组试块其中一组（6 块）应在标准养护室养护，另一组（6 块）与现场相同条件下养护，养护期不得少于 28 d。

根据《混凝土结构工程施工质量验收规范》（GB 50204—2015）的规定，混凝土抗渗试块取样按下列规定：对有抗渗要求的混凝土结构，其混凝土试件应在浇筑地点随机取样。同一工程、同一配合比的混凝土，取样不应少于一次，留置组数可根据实际需要确定。

（5）粉煤灰混凝土

1）粉煤灰混凝土的质量，应以坍落度（或工作度）、抗压强度进行检验。

2）现场施工粉煤灰混凝土的坍落度的检验，每工作班至少测定两次，其测定值允许偏差为±20 mm。

3）对于非大体积粉煤灰混凝土每拌制 100 m³，至少成型一组试块；大体积粉煤灰混凝土每拌制 500 m³，至少成型一组试块。不足上列规定数量时，每工作组至少成型一组试块。

4．试件制作要求

试模应符合《混凝土试模》（JG 237—2008）中技术要求的规定。应定期对试模进行自检，自检周期宜为三个月。

1）在制作试件前应将试模清擦干净，并在其内壁涂以脱模剂。

2）试件用振动台成型时，混凝土拌合物应一次装入试模，装料应用抹刀沿试模内壁略加插捣，并使混凝土拌合物高出试模上口，振动时应防止试模在振动台上自由跳动。振动应持续到混凝土表面出浆为止，刮除多余的混凝土并用抹刀抹平。

3）振动台应符合《混凝土试验用振动台》（JG/T 245—2009）中技术要求的规定。

4）试件用人工插捣时，混凝土拌合物应分两层装入试模，每层装料厚度应大致相等。插捣用的钢制捣棒应为：长 600 mm，直径 16 mm，端部磨圆。插捣按螺旋方向从边缘向中心均匀进行。插捣底层时，捣棒应达到试模底面；插捣上层时，捣棒应穿入下层深度为 20～30 mm。插捣时振捣棒应保持垂直，不得倾斜，并用抹刀沿试模内壁插入数次。每层的插捣次数应根据试件的截面而定，一般为每 100 cm² 截面面积不应少于 12 次。插捣完后，刮除多余的混凝土，并用抹刀抹平。

5）采用标准养护的试件，应在温度为（20±5）℃的环境中静置一昼夜～两昼夜，然后编号、拆模。拆模后的试件应立即放在温度为（20±2）℃、湿度为 95% 以上的标准养护室中养护或在温度为（20±2）℃的不流动的 $Ca(OH)_2$ 饱和溶液中养护。标准养护室内，试件应放在架上，彼此间距应为 10～20 mm，并应避免用水直接淋刷试件。

采用与构筑物或构件同条件养护的试件，成型后即应覆盖表面，试件的拆模时间可与实际构件的拆模时间相同，拆模后，试件仍需保持同条件养护。

5. 混凝土试件的见证送样

混凝土试件必须由施工单位送样人会同建设单位（或委托监理单位）见证人（有见证人员证书）一起陪同送样。进试验室时，应认真填写好"委托单"上所要求的全部内容，如工程名称、使用部位、设计强度等级、制作日期、配合比、坍落度等。

8.5.3 结果判定与处理

1. 坍落度法

坍落度试验适用于公称最大粒径小于或等于 40 mm，坍落度不小于 10 mm 的混凝土拌合物稠度测试。

坍落度试验应按下列步骤进行。

1）湿润坍落度筒及其他用具，并把筒放在不吸水的钢性水平底板上，然后用脚踩住两边的脚踏板，使坍落度筒在装料时保持位置固定。

2）把按要求取得的混凝土试样用小铲分三层均匀地装入桶内，使捣实后每层高度为筒高的 1/3 左右。每层用捣棒插捣 25 次。插捣应沿螺旋方向由外向中心进行，各次插捣应在截面上均匀分布。插捣筒边混凝土时，捣棒可以稍稍倾斜。插捣底层时，捣棒应贯穿整个深度，插捣第二层和顶层时，捣棒应插捣本层至下一层的表面。

浇灌顶层时，混凝土应灌到高出筒口。插捣过程中，如混凝土沉落到低于筒口，则应随时添加。顶层插捣完后，刮去多余的混凝土，并用抹刀抹平。

3）清除筒边底板上的混凝土后，垂直平稳地提起坍落度筒。坍落度筒的提离过程应在 5～10 s 内完成。

从开始装料到提坍落度筒的整个过程应不间断地进行，并应在 150 s 内完成。

4）提起坍落度筒后，测量筒高与坍落后混凝土试件最高点之间的高度差，即为该混凝土拌合物的坍落度值。

坍落度筒提离后，如混凝土发生崩坍或一边剪坏现象，则应重新取样另行测定。如第二次试验仍出现上述现象，则表示该混凝土和易性不好，应予记录备查。

5）观察坍落后的混凝土试件的黏聚性及保水性。黏聚性的检查方法是用捣棒在已坍落的混凝土锥体侧面轻敲打。此时，如果锥体逐渐下沉，则表示黏聚性良好；如果锥体倒塌、部分崩裂或出现离析现象，则表示黏聚性不好。

保水性以混凝土拌合物中稀浆析出的程度来评定，坍落度筒提起后如有较多的稀浆从底部析出，锥体部分的混凝土也因失浆而集料外露，则表明此混凝土拌合物保水性不好。如坍落度筒提起后无稀浆或仅有少量稀浆，自底部析出，则表示此混凝土拌合物保水性良好。

6）混凝土拌合物坍落度以毫米为单位，结果表达精确至 5 mm。

2. 维勃稠度法

维勃稠度法适用于集料最大粒径不超过 40 mm、维勃稠度为 5～30 s 的混凝土拌合物的稠度测定。坍落度不大于 50 mm 或干硬性混凝土和维勃稠度大于 30 s 的特干硬性混凝土拌合物的稠度，可采用增实因数法来测定。维勃稠度试验应按下列步骤进行：

1）将维勃稠度仪置于坚实、水平的地面上，润湿容器、坍落度筒、喂料斗内壁及其他用具。

2）将喂料斗转到坍落度筒上方扣紧，校正容器位置，使其轴线与喂料斗轴线重合，然后拧紧固定螺钉。

3）按标准规定装料、捣实。

4）转离喂料斗，垂直提起坍落度筒，应防止钢纤维混凝土试体横向扭动。

5）将透明圆盘转到钢纤维混凝土圆台体上方，放松测杆螺钉，降下圆盘轻轻接触钢纤维混凝土顶面，拧紧定位螺钉。

6）开启振动台，同时用秒表计时。振动到透明圆盘的底面被水泥浆布满的瞬间，停表计时，并关闭振动台，秒表读数精确至 1 s。

3. 抗压强度

混凝土立方体试件抗压强度按下式计算：

$$f_{cu}=F/A$$

式中　f_{cu}——混凝土立方体抗压强度（MPa）；

　　　F ——极限荷载（N）；

　　　A ——受压面积（mm^2）。

混凝土立方体抗压强度计算应精确至 0.1 MPa。

混凝土试件强度代表值的确定应符合下列规定：

1）取三个试件强度的算术平均值作为该组试件的强度代表值；

2）当一组试件中强度的最大值或最小值中如有一个与中间值的差值超过中间值的 15%时，则取中间值作为该组试件的强度代表值；

3）当一组试件中强度的最大值和最小值与中间值之差均超过 15%，该组试件的强度不应作为评定的依据。

混凝土强度等级小于 C60 时，非标准试件的抗压强度应乘以尺寸换算系数，并应在报告中注明。当混凝土强度等级大于等于 C60 时，宜用标准试件，使用非标准试件时，换算系数由试验确定。

8.6 基础回填材料

8.6.1 基础回填材料概述

1. 土的组成

土的物质成分包括有作为土骨架的固态矿物颗粒、孔隙中的水及其溶解物质以及气体。因此，土是由颗粒（固相）、水（液相）和气（气相）所组成的三相体系。

2. 黏土的可塑性指标

（1）液限

流动状态过渡到可塑状态分界含水量。

液限 w_L 可采用平衡锥式液限仪测定。

（2）塑限

可塑状态下的下限含水量。

塑限 w_p 是用搓条法测定的。

（3）液性指数

液性指数 I_L 是表示天然含水量与界限含水量相对关系的指标，可塑状态的土的液性指数为 0～1，液性指数越大，表示土越软；液性指数大于 1 的土处于流动状态；液性指数小于 0 的土则处于固体状态或半固体状态。

（4）塑性指数

可塑性是黏性土区别于砂土的重要特征。可塑性的大小用土处在塑性状态的含水量变化范围来衡量，从液限到塑限含水量的变化范围越大，土的可塑性越好。这个范围称为塑性指数（I_p）。$I_p=w_L-w_p$，$10<I_p\leqslant10$ 为粉质黏土，$I_p>17$ 为黏土。

塑性指数习惯上用不带％的数值表示。塑性指数是黏土的最基本、最重要的物理指标之一，它综合地反映了黏土的物质组成，广泛应用于土的分类和评价。

3. 击实试验

1）取一定量的代表性风干土样，对于轻型击实试验为 20 kg，对于重型击实试验为 50 kg。

2）将风干土样碾碎后过 5 mm 的筛（轻型击实试验）或过 20 mm 的筛（重型击实试验），将筛下的土样搅匀，并测定土样的风干含水率。

3）根据土的塑限预估最优含水率，加水湿润制备不少于 5 个含水率的试样，含水率一次相差为 2%，且其中有两个含水率大于塑限，两个含水率小于塑限，一个含水率接近塑限。

按下式计算制备试样所需的加水量：

$$m_w=0.01m_0\times（w_1-w_0）/（1+0.01 w_0）$$

式中　　m_w——所需的加水量（g）；

　　　　m_0——为风干土样质量（g）；

　　　　w_0——风干土样含水率，按小数计；

　　　　w_1——要求达到的含水率，按小数计。

4）将试样 2.5 kg（轻型击实试验）或 5.0 kg（重型击实试验）平铺于不吸水的平板上，

按预定含水率用喷雾器喷洒所需的加水量，充分搅和并分别装入塑料袋中静置 24 h。

5）将击实筒固定在底板上，装好护筒，并在击实筒内壁涂一薄层润滑油，将搅和的试样 2～5 kg 分层装入击实筒内。两层接触土面应刨毛，击实完成后，超出击实筒顶的试样高度应小于 6 mm。

6）取下导筒，用刀修平超出击实筒顶部和底部的试样，擦净击实筒外壁，称击实筒与试样的总质量，准确至 1 g，并计算试样的湿密度。

7）用推土器将试样从击实筒中推出，从试样中心处取两份一定量土料（轻型击实试验 15～30 g，重型击实试验 50～100 g）测定土的含水率，两份土样含水率的差值应不大于 1%。

8.6.2　取样方法

1．取样数量

土样取样数量，应依据现行国家标准及所属行业或地区现行标准执行。

1）柱基、基槽管沟、基坑、填方和场地平整的回填：

柱基：抽检柱基的 10%，但不少于 5 组；

基槽管沟：每层按长度 20～50 m 取一组，但不少于一组；

基坑：每层 100～500 m² 取一组，但不少于一组；

填方：每层 100～500 m² 取一组，但不少于一组；

场地平整：每层 400～900 m² 取一组，但不少于一组。

2）灌砂或灌水法所取数量可较环刀法适当减少。

2．取样须知

1）采取的土样应具有一定的代表性，取样量应能满足试验的要求。

2）鉴于基础回填材料基本上是扰动土，在按设计要求及所定的测点处，每层应按要求夯实，采用环刀取样时，应注意以下事项：

① 现场取样必须是在见证人监督下，由取样人员按要求在测点处取样，而取样、见证人员必须通过资格考核。

② 取样时，应使环刀在测点处垂直而下，并应在夯实层 2/3 处取样。

③ 取样时，应注意免使土样受到外力作用，环刀内充满土样，如果环刀内土样不足，应将同类土样补足。

④ 尽量使土样受最低程度的扰动，并使土样保持天然含水量。

⑤ 如果遇到原状土测试情况，除土样尽可能免受扰动外，还应注意保持土样的原状结构及其天然湿度。

3．土样存放及运送

在现场取样后，原则上应及时将土样运送到试验室。土样存放及运送中，还应注意以下事项：

（1）土样存放

1）将现场采取的土样，立即放入密封的土样盒或密封的土样筒内，同时贴上相应的标签。

2）如无密封的土样盒和密封的土样筒时，可将取得的土样用砂布包裹，并用蜡融封密实。

3）密封的土样宜放在室内常温处，使其避免日晒、雨淋及冻融等有害因素的影响。

（2）土样运送

关键问题是使土样在运送过程中少受振动。

4．送样要求

为确保基础回填的公正性、可靠性和科学性，有关人员应认真、准确地填写好土样试验的委托单、现场取样记录及土样标签的有关内容。

（1）土样试验委托单

在见证人员的陪同下，送样人员应准确填写下述内容：

委托单位、工程名称、试验项目、设计要求、现场土样的鉴别名称、夯实方法、测点标高、测点编号、取样日期、取样地点、填单日期、取样人、送样人、见证人以及联系电话等。同时，应附上测点平面图。

（2）现场取样记录

测点标高、部位及相对应的取样日期；取样人、见证人。

（3）土样标签

标签纸以选用韧质纸为佳，土样标签编号应与现场取样记录上的编号一致。

8.6.3 结果判定与处理

1．填土压实的质量检验

1）填土施工过程中应检查排水措施，每层填筑厚度、含水量控制和压实程序。

2）填土经夯实后，要对每层回填土的质量进行检验，一般采用环刀法取样测定土的干密度，符合要求才能填筑上层。

3）按填筑对象不同，规范规定了不同的抽取标准：基坑回填，每 $20\sim50$ m³ 取样一组；基槽或管沟，每层按长度 $20\sim50$ m 取样一组；室内填土，每层按 $100\sim500$ m² 取样一组；场地平整填方每层按 $400\sim900$ m² 取样一组。取样部位在每层压实后的下半部，用灌砂法取样应为每层压实后的全部深度。

4）每项抽检之实际干密度应有 90% 以上符合设计要求，其余 10% 的最低值与设计值的差不得大于 0.08 t/m³，且应分散，不得集中。

5）填土施工结束后应检查标高、边坡坡高、压实程度。

2．处理程序

1）填土的实际干密度应不小于实际规定控制的干密度：当实测填土的实际干密度小于设计规定控制的干密度时，则该填土密实度判为不合格，应及时查明原因后，采取有效的技术措施进行处理，然后再对处理好后的填土重新进行干密度检验，直到判为合格为止。

2）填土没有达到最优含水量时：当检测填土的实际含水量没有达到该填土土类的最优含水量时，可事先向松散的填土均匀洒适量水，使其含水量接近最优含水量后，再加振、压、夯实后，重新用环刀法取样，检测新的实际干密度，务必使实际干密度不小于设计规定控制的干密度。

3）当填土含水量超过该填料最优含水量时：尤其是用黏性土回填，当含水量超过最优含水量再进行振、压、夯实时易形成"橡皮土",这就需采取如下技术措施后,还必须使该填料的实际干密度不小于设计规定控制的干密度。

① 开槽晾干。

② 均匀地向松散填土内掺入同类干性黏土或刚化开的熟石灰粉。

③ 当工程量不大,而且以夯压成"橡皮土",则可采取"换填法",即挖去已形成的"橡皮土"后,填入新的符合填土要求的填料。

④ 对黏性土填土的密实措施中,决不允许采用灌水法。因黏性水浸后,其含水量超过黏性土的最优含水量,在进行压、夯实时,易形成"橡皮土"。

4）换填法用砂（或砂石）垫层分层回填时：

① 每层施工中,应按规定用环刀现场取样,并检测和计算出测试点砂样的实际干密度。

② 当实际干密度未达到设计要求或事先由试验室按现场砂样测算出的控制干密度值时,应及时通知现场：在该取样处所属的范围进行重新振、压、夯实；当含水量不够时（即没达到最优含水量）,应均匀地加洒水后再进行振、压、夯实。

③ 经再次振压实后,还需在该处范围内重新用环刀取样检测,务必使新检测的实际干密度达到规定要求。

[课后习题]

一、填空题

1. 硅酸盐水泥的主要矿物成分是_____、_____、_____、_____。

2. 在水泥中掺入适量石膏的目的是_____。

3. 常用掺混合材料的硅酸盐水泥品种有_____、_____和_____。

4. 当一次连续浇筑的同配合比混凝土超过 1 000 m³,每_____取样不应少于一次。

5. 施工单位及其取样、送检人员必须确保提供的检测试样具有_____和_____。

6. 混凝土结构工程用水泥的取样批量：应按同一生产厂家、同一强度等级、同一品种、同一批号且连续进场的水泥,袋装不超过_____为一批,散装不超过_____为一批,每批抽样不少于一次。

7. 普通硅酸盐水泥、矿渣硅酸盐水泥、火山灰质硅酸盐水泥、粉煤灰硅酸盐水泥初凝时间不少于_____,终凝时间不大于_____。

8. 对于长期处于潮湿环境的重要混凝土结构所用的砂,应进行_____检验。

9. 混凝土标准养护室温度为_____,相对湿度_____以上。

10. 砂子的筛分曲线表示砂子的_____,细度模数表示砂子的_____。

二、选择题

1. 某钢筋混凝土结构的截面最小尺寸为 300 mm,钢筋直径为 30 mm,钢筋的中心间距为 70 mm,则该混凝土重集料最大公称粒径是（　　）mm。

A. 10　　　　　　　　B. 20　　　　　　　　C. 30　　　　　　　　D. 40

2. 对水泥混凝土力学强度试验结果不会产生影响的因素是（　　）。

A. 混凝土强度等级　　　　　　　B. 混凝土试件形状与尺寸

C. 加载方式　　　　　　　　　　D. 混凝土试件的温度和湿度

3. 粗集料的压碎试验结果较小,说明该粗集料有（　　）。

A. 较好的耐磨性　　　　　　　　B. 较差的耐磨性

C. 较好的承载能力　　　　　　　D. 较差的承载能力

4. 石料的抗冻性可用（　　）测定。

A. 沸煮法　　　　B. 真空法　　　　C. 快冻法　　　　D. 硫酸钠侵蚀法

5. 配制水泥混凝土首选的砂是（　　）。

A. 比表面积大且密实度高　　　　B. 比表面积小且密实度低

C. 比表面积大但密实度低　　　　D. 比表面积小但密实度高

6. 配制混凝土用砂的要求是尽量采用（　　）的砂。

A. 空隙率小　　　　　　　　　　B. 总表面积小

C. 总表面积大　　　　　　　　　D. 空隙率和总表面积均较小

7. Ⅰ区砂宜提高砂率以配（　　）混凝土。

A. 低流动性　　　　B. 黏聚性好　　　　C. 保水性好　　　　D. 拌和性好

8. 两种砂子的细度模数 MX 相同时，它们的级配（　　）。

A. 一定相同　　　　B. 一定不同　　　　C. 不一定相同　　　　D. 以上都不对

9. 中砂的细度模数一般为（　　）。

A. 3.7～3.1　　　　B. 3.0～2.3　　　　C. 2.2～1.6　　　　D. 1.4

10. 普通混凝土用砂的细度模数一般为（　　），以其中的中砂为宜。

A. 3.7~3.1　　　　B. 3.0~2.3　　　　C. 2.2~1.6　　　　D. 3.7~1.6

三、判断题

1. 细度模数是划分砂子粗细程度的唯一方法。（　　）

2. 欠火石灰因熟化缓慢，所以石灰使用时必须提前消解。（　　）

3. 水泥颗粒越细，比表面越大，水化越快，强度越高。（　　）

4. 安定性不合格的水泥可以降低等级使用。（　　）

5. 水泥混凝土混合物坍落度越大，表示混合料的流动性越大。（　　）

6. 水胶比不变，增加水泥浆用量可提高拌合物的坍落度。（　　）

7. 一个良好的集料级配，要求空隙率最小，总比面积也不大。（　　）

四、问答题

1. 何谓连续级配？何谓间断级配？怎样评定集料级配是否优良？

2. 水泥的凝结时间分为初凝和终凝时间，它对施工有什么意义？

3. 何谓水泥混凝土的工作性？影响工作性的主要因素和改善工作性的措施有哪些？

第 9 章　桩基质量检测

[案例背景]

　　"万达地产"是中国最大和最著名的地产品牌之一。福建宁德万达广场位于宁德市蕉城区，东临侨兴路，南邻富春东路，北连天湖东路，西邻宁川中路。本工程桩基安全等级为二级，桩基设计等级为甲级。本工程基础采用预应力高强度混凝土（PHC）管桩基础，桩型为 PHC500-125-AB。桩端持力层为：砂土状强风化花岗岩（q_{pk}=8 000 kPa），A 区桩基础共计 4 095 根，其中，BJ1 型桩为 1 931 根，桩的有效长度为 28.2 m，单桩竖向承载力特征值（kN）为 2 200 kN，单桩抗拔承载力特征值为 800 kN，BJ2 型桩为 2 164 根，有效桩长为 18 m，单桩极限抗拔承载力标准值 600 kN。当该工程的桩基础完工后，想要通过检测对该工程的桩基础质量进行判定，那么对该工程中桩的质量检测应选择什么样的形式？应如何检测？这些问题将在本章得到解决。

　　本章通过桩基础的基本知识、单桩竖向静压荷载法和钻芯法三个方面来对桩基础的检测方法和技术进行系统的阐释。

[学习目标]

　　1）了解桩基础的分类；
　　2）熟悉桩基质量检测的基本规定；
　　3）了解单桩竖向抗压静载试验；
　　4）熟悉桩基钻芯取样试验。

[能力目标]

　　1）培养学生具有初步了解对桩基础质量控制与管理的能力；
　　2）培养学生具有对桩基础检测进行试验和管理的能力。

　　随着社会经济的迅速发展，高层建筑物、深基坑工程的项目日益增多。为满足工程建设的需要，大直径灌注桩、预应力管桩在地基处理中已广泛使用。但灌注桩出现缩颈、断裂、夹泥、离析，预应力管桩出现桩断裂、错位、对接部位脱焊等质量通病不容忽视。为确保桩基工程的施工质量，根据《建筑基桩检测技术规范》（JGJ 106—2014）（以下简称《规范》）和《建筑地基基础检测规程》（DGJ32/TJ 142—2012）的低应变法有关检测要求，进行桩身完整性的检测，并及时反馈检测结果给质量监督机构、建设单位、设计单位、施工单位，以对桩身质量问题采取补救措施，可以有效地减少工程地基基础质量事故的发生，确保建筑物上部结构的施工质量及安全。

9.1　桩基概述

　　桩基础是现在应用非常广泛的一种基础形式，而且桩基础历史悠久。早在新石器时代，人们为了防止猛兽侵犯，曾在湖泊和沼泽地里栽木桩筑平台来修建居住点。这种居住点称为湖上住所。在中国，最早的桩基是在浙江省河姆渡的原始社会居住的遗址中发现的。到宋代，桩基技术已经比较成熟。在《营造法式》中载有临水筑基第一节。到了明、清两朝，桩基技术更趋完善，如清朝《工部工程做法》一书对桩基的选料、布置和施工方法等方面都有了规定。从北宋一直保存到现在的上海市龙华镇龙华塔（建于北宋太平兴国二年，977 年）和山西太原市晋祠圣母殿（建于北宋天圣年间，1023—1031 年），都是中国现存的采用桩基的古建筑。

　　人类应用木桩经历了漫长的历史时期，直到 19 世纪后期，钢筋、水泥和钢筋混凝土相继问世，木桩逐渐被钢桩和钢筋混凝土桩取代。最先出现的是打入式预制桩，随后发展了灌注桩。后来，随着机械设备的不断改进和高层建筑对桩基的需要产生了很多新的桩型，开辟了桩利用的广阔天地。近年来，由于高层建筑和大型构筑物的大量兴建，桩基显示出卓越的优越性，其巨大的承载潜力和抵御复杂荷载的特殊本质以及对各种地质条件的良好适应性，使桩基已成为高层建筑的主要基础。

　　桩基工程除因受岩石工程条件、基础与结构设计、机土体系相互作用、施工以及专业技术水平和经验等因素的影响而具有复杂性外，桩的施工还具有高度的隐蔽性，发现质量问题难，事故处理更难。特别是近年来许多新型桩型，给施工工艺的控制措施提出了更高的要求。因此，桩基检测工作是整个桩基工程中不可缺少的环节，只有提高桩基检测工作的质量和检测评定结果的可靠性，才能真正地确保桩基工作的质量安全。人类活动的日益增多和科学技术的进步，使得这一领域的理论研究和工程运用都得到了较大的发展。但是桩基检测是一项复杂的系统工程，如何快速、准确地检验工程桩的质量，以满足日益增长的桩基工程的需要是目前土木工程界十分关心的问题。

　　桩基础如果出现问题将直接危及主体结构的正常使用与安全。我国每年的用桩量超过300 万根，其中，沿海地区和长江中下游软土地区占 70%～80%。如此大的用桩量，如何保证质量，一直备受建设、施工、设计、勘察、监理各方以及建设行政主管部门的关注。桩基工程除因受岩土工程条件、基础与结构设计、桩土体系相互作用、施工以及专业技术水平和经验等关联因素的影响而具有复杂性外，桩的施工还具有高度的隐蔽性，发现质量问题难，事故处理更难。因此，基桩检测工作是整个桩基工程中不可缺少的重要环节。只有提高基桩检测工作质量和检测评定结果的可靠性，才能真正做到确保桩基工程质量与安全。基桩检测技术是用特定的设备、仪器检测基桩的某些指标如承载力、桩身完整性等，从而给出整个桩基工程关于施工质量的评价。20世纪80年代以来，我国基桩检测技术得到了飞速地发展。

9.1.1 桩基的基本知识

1．桩基的定义

桩基础简称桩基，是深基础应用最多的一种基础形式，主要用于地质条件较差或者建筑要求较高的情况，如图9.1所示。由桩和连接桩顶的桩承台组成的深基础或由柱与桩基连接的单桩基础，简称基桩。由基桩和连接于桩顶的承台共同组成。若桩身全部埋于土中，承台底面与土体接触，则称为低承台桩基；若桩身上部露出地面而承台底位于地面以上，则称为高承台桩基。建筑桩基通常为低承台桩基础。桩基础作为建筑物的主要形式，近年来发展迅速。

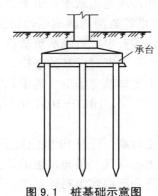

承台

图9.1 桩基础示意图

2．桩基的作用和特点

桩基的作用是将上部建筑物的荷载传递到深处承载力较强的土层上，或将软弱土层挤密实以提高地基土的承载能力和密实度。

1）桩支承于坚硬的（基岩、密实的卵砾石层）或较硬的（硬塑黏性土、中密砂等）持力层，具有很高的竖向单桩承载力或群桩承载力，足以承担高层建筑的全部竖向荷载（包括偏心荷载）。

2）桩基具有很大的竖向单桩刚度（端承桩）或群刚度（摩擦桩），在自重或相邻荷载的影响下，不产生过大的不均匀沉降，并确保建筑物的倾斜不超过允许范围。

3）凭借巨大的单桩侧向刚度（大直径桩）或群桩基础的侧向刚度及其整体抗倾覆能力，抵御由于风和地震引起的水平荷载与力矩荷载，保证高层建筑的抗倾覆稳定性。

4）桩身穿过可液化土层而支承于稳定的坚实土层或嵌固于基岩，在地震造成浅部土层液化与震陷的情况下，桩基凭靠深部稳固土层仍具有足够的抗压与抗拔承载力，从而确保高层建筑的稳定，且不产生过大的沉陷与倾斜。常用的桩型主要有预制钢筋混凝土桩、预应力钢筋混凝土桩、钻（冲）孔灌注桩、人工挖孔灌注桩、钢管桩等，其适用条件和要求在《建筑基桩检测技术规范》（JGJ 106—2014）（以下简称《规范》）中有明确的规定。

3．桩基的适用范围

桩基多用于地震区、湿陷性黄土地区、软土地区、膨胀土地区和冻土地区。通常在下列情况下，可以采用桩基：

1）当建筑物荷载较大，地基软弱，采用天然地基时地基承载力不足或沉降量过大时，需采用桩基。

2）即使天然地基承载力满足要求，但因采用天然地基时沉降量过大，或是建筑物较为重要，对沉降要求严格时，需采用桩基。

3）高层建筑物或构筑物在水平力作用下为防止倾覆，可采用桩基来提高抗倾覆稳定性，此时部分桩将受到上拔力；对限制倾斜有特殊要求时，往往也需要采用桩基。

4）为防止新建建筑物地基沉降对邻近建筑物产生影响，对新建建筑物可采用桩基，以避免这种危害。

5）设有大吨位的重级工作制吊车的重型单层工业厂房，吊车载重量大，使用频繁，车间内设备平台多，基础密集，且一般均有地面荷载，因而地基变形大，这时可采用桩基。

6）精密设备基础安装和使用过程中对地基沉降及沉降速率有严格要求；动力机械基础对允许振幅有一定要求。这些设备基础常常需要采用桩基础。

7）在地震区，采用桩穿过液化土层并伸入下部密实稳定土层，可消除或减轻液化对建筑物的危害。

8）浅层土为杂填土或欠固结土时，采用换填或地基处理困难较大或处理后仍不能满足要求，采用桩基是较好的解决方法。

9）已有建筑物加层、纠偏、基础托换时可采用桩基。

4．桩基的分类

（1）按受力情况分类

1）端承桩。端承桩是穿过软弱土层而达到坚硬土层或岩层上的桩，上部结构荷载主要由岩层阻力承受，施工时，以控制贯入度为主，桩尖进入持力层深度或桩尖标高可作参考。

2）摩擦桩。完全设置在软弱土层中，将软弱土层挤密实，以提高土的密实度和承载能力，上部结构的荷载由桩尖阻力和桩身侧面与地基土之间的摩擦阻力共同承受，施工时，以控制桩尖设计标高为主，贯入度可作参考。

（2）按承台位置的高低分

1）高承台桩基础。承台底面高于地面，它的受力和变形不同于低承台桩基础，一般应用在桥梁、码头工程中。

2）低承台桩基础。承台底面低于地面，一般用于房屋建筑工程中。

（3）按施工方法分类

1）预制桩。预制桩是在预制构件厂或施工现场预制，用沉桩设备在设计位置上将其沉入土中的桩。预制桩可分为混凝土预制桩、钢桩和木桩；沉桩方式为锤击打入、振动打入和静力压入等。

预制桩的优点：桩的单位面积承载力较高，由于其属挤土桩，桩打入后其周围的土层被挤密，从而提高地基承载力；桩身质量易于保证和检查；适用于水下施工；桩身混凝土的密度大，抗腐蚀性能强；施工工效高。因其打入桩的施工工序较灌注桩简单，工效也高。

预制桩的缺点：单价相对较高；锤击和振动法下沉的预制桩施工时，振动噪声大，影响周围环境，不宜在城市建筑物密集的地区使用，一般需改为静压桩机进行施工；预制桩是挤土桩，施工时易引起周围地面隆起，有时还会引起已就位邻桩上浮；受起吊设备能力的限制，单节桩的长度不能过长，一般为10余米。长桩需接桩时，接头处形成薄弱环节，如不能确保全桩长的垂直度，则将降低桩的承载能力，甚至还会在打桩时出现断桩；不易穿透较厚的坚硬地层，当坚硬地层下仍存在需穿过的软弱层时，则需辅以其他施工措施，如采用预钻孔（常用的引孔方法）等。

2）灌注桩。灌注桩是在桩位处成孔，然后放入钢筋骨架，再浇筑混凝土而成的桩。种类繁多，大体可归纳为沉管灌注桩和钻（冲、磨、挖）孔灌注桩两类；采用套管或沉管护壁、泥浆护壁和干作业等方法成孔。

灌注桩的优点：适用于不同土层；桩长可因地改变，没有接头；仅承受轴向压力时，只需配制少量构造钢筋，需配制钢筋笼时，按工作荷载要求布置，节约了钢材（相对于预制桩是按吊装、搬运和压桩应力来设计钢筋）；正常情况下，比预制桩经济；单桩承力大（采用大直径钻孔和挖孔灌注桩时）；振动小、噪声小。

灌注桩的缺点：桩身质量不易控制，容易出现断桩、缩颈、露筋和夹泥的现象；桩身直径较大，孔底沉积物不易清除干净（除人工挖孔灌注桩外），因而单桩承载力变化较大；一般不宜用于水下桩基。

（4）按施工材料分类

1）混凝土桩。由钢筋混凝土材料制作，分方形实心断面桩和圆柱体空心断面桩两类。钢筋混凝土桩是我国目前广泛采用的一种桩型。

混凝土桩的优点：承载力较高，受地下水变化影响较小；制作便利，既可以现场预制，也可以工厂化生产；可根据不同地质条件，生产各种规格和长度的桩；桩身质量可靠，施工质量比灌注桩易于保证；施工速度快。

混凝土桩的缺点：因设计范围内地层分布很不均匀，基岩持力层顶面起伏较大，桩的预制长度较难掌握；打入时冲击力大，对预制桩本身强度要求高，其成本较高。

2）钢桩。由钢材料制作，常用的有开口或闭口的钢管桩以及 H 型钢桩等。在沿海及内陆冲积平原，土质很厚（深达 50～60 m）的软土层采用一般桩基，沉桩需很大的冲击力，常规钢筋混凝土桩很难适应，此时多用钢桩。

钢桩的优点：重量轻，钢性好，装卸、运输方便，不易损坏；承载力高，桩身不易损坏，并能获得极大的单桩承载力；沉桩接桩方便，施工速度快。

钢桩的缺点：抗腐蚀性较差；耗钢量大，工程造价较高；打桩机设备比较复杂，振动及噪声较大。

3）木桩。木桩常用松木、杉木制作。其直径（尾径）为 160～260 mm，桩长一般为 4～6 m。木桩现在已经很少使用，只在木材产地和某些应急工程中使用。

木桩的优点：木材自重小，具有一定的弹性和韧性；便于加工、运输和设置。

木桩的缺点：承载力很小；在干湿交替的环境中极易腐烂。

4）砂石桩。砂桩和砂石桩统称砂石桩，是指用振动、冲击或水冲等方式在软弱地基中成孔后，再将砂或砂卵石（砾石、碎石）挤压入土孔中，形成大直径的砂或砂卵石（砾石、碎石）所构成的密实桩体，它是处理软弱地基的一种常用的方法。砂石桩地基主要适用于挤密松散砂土、素填土和杂填土等地基，对建在饱和黏性土地基上主要不以变形控制的工程，也可采用砂石桩作置换处理。

5）灰土桩。主要用于地基加固。灰土桩地基是挤密桩地基处理技术的一种，是利用锤击将钢管打入土中侧向挤密成孔，将钢管拔出后在桩孔中分层回填2∶8或3∶7灰土夯实而成，与桩间土共同组成复合地基以承受上部荷载。

（5）按成桩方法分类

1）非挤土桩：干作业法、泥浆护壁法、套管护壁法。

2）部分挤土桩：部分挤土灌注桩、预钻孔打入式预制桩、打入式敞口桩。

3）挤土桩：挤土灌注桩挤土预制桩（打入或静压）。

（6）按桩径大小分类

1）小桩：d=250 mm（d 为桩身设计直径）；

2）中等直径桩：250 mm<d<800 mm；

3）大直径桩：d=800 mm。

9.1.2 桩基质量检测基本规定

1. 桩基检测的方法

桩质量通常存在两个方面的问题：一是属于桩身完整性，常见的缺陷有夹泥、断裂、缩颈、护颈、混凝土离析及桩顶混凝土密实度较差等；二是灌注混凝土前清孔不彻底，孔底沉淀厚度超过规定极限，影响承载力。目前的桩基检测方法主要也是针对这两个问题。

桩身完整性是指桩身长度和截面尺寸、桩身材料密实性和连续性的综合状况。常用桩身完整性检测方法有超声波检测法、钻芯法、低应变动力检测法等。

超声波检测法是根据声波透射或折射原理，在桩身混凝土内发射并接收超声波，通过实测超声波在混凝土介质中传播的历时、波幅和频率等参数的相对变化来分析、判断桩身完整性的检测方法。超声脉冲波在混凝土中传播速度的快慢，与混凝土的密实程度有直接关系，声速高则混凝土密实，反之则混凝土不密实。当有空洞或裂缝存在时，超声脉冲波只能绕过空洞或裂缝传播到接收换能器，因此，传播的路程增大，测得声时必然偏长或声速降低。混凝土内部有着较大的声阻抗差异，并存在许多声学界面。超声脉冲波在混凝土中传播时，遇到蜂窝、空洞或裂缝等缺陷，便在缺陷界面发生反射和散射，声能被衰减，其中，频率较高的成分衰减更快，因此，接收信号的波幅明显降低，频率明显减小或者频率谱中高频成分明显减少。利用这些声波特征参数（声时、波幅和频率）来判别桩身的完整性。

钻芯法是指采用岩芯钻探技术和施工工艺，在桩身上沿长度方向钻取混凝土芯样及桩端岩土芯样，通过对芯样的观察和测试，用以评价成桩质量的检测方法。它是目前常用的方法，测定结果能较好地反映粉喷桩的整体质量。

低应变动力检测法是在桩顶施加低能量冲击荷载，实测加速度（或速度）时程曲线，运用一维线性波动理论的时程和频域进行分析，对被检桩的完整性进行评判的检测方法。低应变动力检测法类型反射波法、机械阻抗法、水电效应法、动力参数法、共振法、球击法等。目前应用最为广泛的有反射波法和机械阻抗法。

基桩承载力检测有两种方法：一种是静荷载试验法，另一种是高应变动力检测法。

静荷载试验检测：利用堆载或锚桩等反力装置，由千斤顶施力于单桩，并记录被测对象的位移变化，由获得的力与位移曲线（Q—S），或位移时间曲线（S—$\lg t$）等资料判断基桩承载力。在本章第二节会详细介绍静荷载法。

高应变动力检测：用重锤冲击桩顶，使桩土产生足够的相对位移，以充分激发桩周土阻力和桩端支承力，安装在桩顶以下桩身两侧的力和加速度传感器接收桩的应力波信号，应用应力波理论分析处理力和速度时程曲线，从而判定桩的承载力和评价桩身质量完整性。

2．桩基检测的数量

1）当设计有要求或满足下列条件之一时，施工前应采用静载试验确定单桩竖向抗压承载力特征值：设计等级为甲级、乙级的桩基；地质条件复杂、桩施工质量可靠性低；本地区采用的新桩型或新工艺。检测数量在同一条件下不应少于 3 根，且不宜少于总桩数的 1%；当工程桩总数在 50 根以内时，不应少于 2 根。

2）打入式预制桩有下列条件要求之一时，应采用高应变法进行试打桩的打桩过程监测：控制打桩过程中的桩身应力；选择沉桩设备和确定工艺参数；选择桩端持力层。在相同施工工艺和相近地质条件下，试打桩数量不应少于 3 根。

3）混凝土桩的桩身完整性检测的抽检数量应符合下列规定：

① 柱下三桩或三桩以下的承台抽检桩数不得少于 1 根。

② 设计等级为甲级或地质条件复杂。成桩质量可靠性较低的灌注桩，抽检数量不应少于总桩数的 30%，且不得少于 20 根；其他桩基工程的抽检数量不应少于总桩数的 20%，且不得少于 10 根。

注：对端承型大直径灌注桩，应在上述两款规定的抽检桩数范围内，选用钻芯法或声波透射法对部分受检桩进行桩身完整性检测。抽检数量不应少于总桩数的 10%。地下水位以上且终孔后桩端持力层已通过核验的人工挖孔桩，以及单节混凝土预制桩，抽检数量可适当减少，但不应少于总桩数的 10%，且不应少于 10 根。

4）对单位工程内且在同一条件下的工程桩，当符合下列条件之一时，应采用单桩竖向抗压承载力静载试验进行验收检测：设计等级为甲级的桩基；地质条件复杂、桩施工质量可靠性低；本地区采用的新桩型或新工艺；挤土群桩施工产生挤土效应。抽检数量不应少于总桩数的 1%，且不少于 3 根；当总桩数在 50 根以内时，不应少于 2 根。

9.2　单桩竖向抗压静载试验

9.2.1　单桩竖向抗压静载试验概述

单桩竖向抗压静载试验采用接近于竖向抗压桩的实际工作条件的试验方法，确定单桩竖向抗压承载力，是目前公认的检测基桩竖向抗压承载力最直观、最可靠的试验方法。适用于能达到试验目的的刚性桩（如素混凝土桩、钢筋混凝土桩、钢桩等）及半刚性桩（如水泥搅拌桩、高压旋喷桩等）。

单桩竖向抗压静载试验法技术简单，还能提供可靠度较高的实测数据，能够较直接地反映出桩在实际工作中的状况。但是，单桩竖向抗压静载试验检测周期较长，对工期有一定的影响，费用较高，对检测环境要求高，设备安装与搬运极为不便。对承载力较高的桩，检测费用也急剧增加，有时也很难实现采用静载荷试验来检测承载力很高的大直径灌注桩。

单桩竖向抗压静载试验主要用于确定单桩竖向抗压极限承载力；判定竖向抗压承载力是否满足设计要求；通过桩身内力及变形测试测定桩侧、桩端阻力、验证高应变法及其他检测方法的单桩竖向抗压承载力检测结果。单桩竖向抗压静载试验和工程验收为设计提供依据。

9.2.2 桩的极限状态和破坏模式

1. 桩基础的承载力

单桩承载力的确定是桩基设计的重要内容，而要正确地确定单桩承载力又必须了解桩—土体系的荷载传递，包括桩侧摩阻力和桩端阻力的发挥性状与破坏机理。

2. 桩的荷载传递机理

地基土对桩的支承由两部分组成：桩端阻力和桩侧摩阻力。实际上，桩侧摩阻力和桩端阻力不是同步发挥的。

竖向荷载施加于桩顶时，桩身的上部首先受到压缩而发生相对于土的向下位移，于是桩周土在桩侧界面上产生向上的摩阻力。荷载沿桩身向下传递的过程就是不断克服这种摩阻力并通过它向土中扩散的过程。

对 10 根桩长为 27～46 m 的大直径灌注桩的荷载传递性能的足尺试验表明，桩侧发挥极限摩阻力所需要的位移很小，黏性土为 1～3 mm，无黏性土为 5～7 mm；除两根支承于岩石的桩外，其余各桩（桩端持力层为卵石、砾石、粗砂或残积粉质黏土）在设计工作荷载下，端承力都小于桩顶荷载的 10%。

3. 单桩荷载传递的基本规律

基础的功能在于把荷载传递给地基土。作为桩基主要传力构件的桩是一种细长的杆件，它与土的界面主要为侧表面，底面只占桩与土的接触总面积的很小部分（一般低于 1%），这就意味着桩侧界面是桩向土传递荷载的重要的甚至是主要的途径。

竖向荷载施加于桩顶时，桩身的上部首先受到压缩而发生相对于土的向下位移，于是桩周土在桩侧界面上产生向上的摩阻力。荷载沿桩身向下传递的过程就是不断克服这种摩阻力并通过它向土中扩散的过程。如图 9.2 所示。

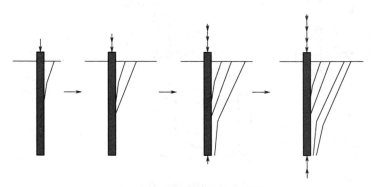

图 9.2 桩基荷载扩散过程图

设桩身轴力为 Q，桩身轴力是桩顶荷载 N 与深度 Z 的函数，$Q=f(N、Z)$。

桩身轴力 Q 沿着深度而逐渐减小；在桩端处 Q 则与桩底土反力 Q_p 相平衡，同时，桩端持力层土在桩底土反力 Q_p 作用下产生压缩，使桩身下沉，桩与桩间土的相对位移又使摩阻力进一步发挥。随着桩顶荷载 N 的逐级增加，对于每级荷载，上述过程周而复始地进行，直至变形稳定为止，于是荷载传递过程结束。

由于桩身压缩量的累积，上部桩身的位移总是大于下部，因此，上部的摩阻力总是先于下部发挥出来；桩侧摩阻力达到极限之后就保持不变；随着荷载的增加，下部桩侧摩阻力被逐渐调动出来，直至整个桩身的摩阻力全部达到极限，继续增加的荷载就完全由桩端持力层土承受；当桩底荷载达到桩端持力层土的极限承载力时，桩便发生急剧的、不停滞的下沉而破坏。

桩的长径比 L/d 是影响荷载传递的主要因素之一，随着长径比 L/d 的增大，桩端土的性质对承载力的影响减小，当长径比 L/d 接近 100 时，桩端土性质的影响几乎等于零。发现这一现象的重要意义在于纠正了"桩越长，承载力越高"的片面认识。希望通过加大桩长将桩端支承在很深的硬土层上以获得高的端阻力的方法是很不经济的，增加了工程造价但并不能提高很多的承载力。

桩的破坏模式主要取决于桩周围的土的抗剪强度以及桩的类型。大体可分为 5 种破坏模式。如图 9.3 所示。

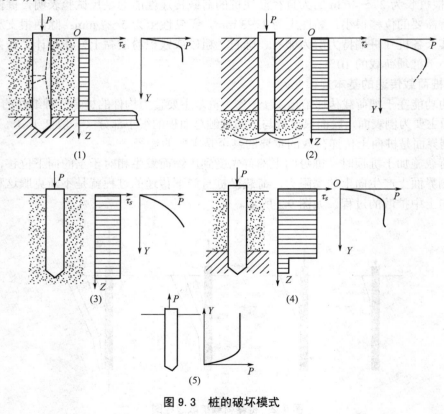

图 9.3　桩的破坏模式

第（1）种情况：桩端支撑在很硬的地层上，桩周土层太软弱，对桩体的约束力或侧向抵抗力很低，桩的破坏类似于柱子的压屈。

第（2）种情况：桩（桩径相对较大）穿过抗剪强度较低的土层，达到高强度的土层。假如在桩端以下没有较软弱的土层，那么，当荷载 P 增加时将出现整体剪切破坏，因为桩端以上的软弱土层不能阻止滑动土楔的形成。桩杆摩阻力的作用是很小的，因为下面的土层将阻止出现大的沉降。荷载沉降曲线类似于密实土上的浅基础。

第（3）种情况：桩周土的抗剪强度相当均匀，很可能出现刺入破坏。在荷载—沉降曲线上没有竖直向的切线，没有明确的破坏荷载。荷载由桩端阻力及表面摩阻力共同承担。

第（4）种情况：上部下层的抗剪强度较大，桩尖处的土层软弱。桩上的荷载由摩阻力支撑，桩端阻力不起作用。这种情况下是不适于采用桩基的。

第（5）种情况：桩上作用着拔出荷载，桩端阻力为零。

9.2.3 仪器设备及桩头处理

1. 单桩竖向静载试验设备

静载试验设备主要包括钢梁、锚桩或压重等反力装置；千斤顶、油泵加载装置；压力表、压力传感器或荷载传感器等荷载测量装置；百分表或位移传感器等位移测量装置组成。

（1）反力装置

静载试验加载反力装置包括锚桩横梁反力装置、压重平台反力装置、锚桩压重联合反力装置、地锚反力装置、岩锚反力装置、静力压机等，最常用的有压重平台反力装置和锚桩横梁反力装置，可依据现场实际条件来合理选择。

1）钢梁。压重平台反力装置的主梁和次梁是受均布荷载作用，而锚桩横梁反力装置的主梁和次梁则受集中荷载作用。主梁的最大受力区域在梁的中部，所以，在实际加工制作时，一般在主梁的中部占 1/4～1/3 主梁长度处进行加强处理。

2）锚桩横梁反力装置。锚桩横梁反力装置就是将被测桩周围对称的几根锚桩用锚筋与反力架连接起来，依靠桩顶的千斤顶将反力架顶起，由被连接的锚桩提供反力，是大直径灌注桩静载试验最常用的加载反力系统，由试桩、锚桩、主梁、次梁、拉杆、锚笼、千斤顶等组成。锚桩、反力梁装置提供的反力不应小于预估最大试验的 1.2～1.5 倍。当采用工程桩作锚桩时，锚桩数量不得少于 4 根。当要求加载值较大时，有时需要 6 根甚至更多的锚桩，应注意监测锚桩的上拔量。

3）压重平台反力装置。压重平台反力装置就是在桩顶使用钢梁设置一承重平台，上堆重物，依靠放在桩头上的千斤顶将平台逐步顶起，从而将力施加到桩身。压重平台反力装置由重物、次梁、主梁、千斤顶等构成，常用的堆重重物为砂包和钢筋混凝土构件，少数用水箱、砖、铁块等，甚至就地取土装袋。反力装置的主梁可以选用型钢，也可以用自行加工的箱梁，平台形状可以依据需要，设置为方形或矩形。压重不得少于预估最大试验荷载的 1.2 倍，且压重宜在试验开始之前一次加上，并均匀稳固地放置于平台之上。《规范》要求压重施加于地基土的压应力不宜大于地基土承载力特征值的 1.5 倍，有条件时宜利用工程桩作为堆载支点。

4）锚桩压重联合反力装置。锚桩压重联合反力装置应注意两个方面的问题：一是当各锚桩的抗拔力不一样时，重物应相对集中在抗拔力较小的锚桩附近；二是重物和锚桩反力的同步性问题，拉杆应预留足够的空隙，保证试验前期锚桩暂不受力，先用重物作为试验荷载，试验后期联合反力装置共同起作用。当试桩最大加载量超过锚桩的抗拔能力时，可在横梁上放置或悬挂一定重物，由锚桩和重物共同承受千斤顶加载反力。

5）地锚反力装置。地锚反力装置根据螺旋钻受力方向的不同可分斜拉式和竖直式，斜拉式中的螺旋钻受土的竖向阻力和水平阻力，竖直式中的螺旋钻只受土的竖向阻力，是适用于较小桩（吨位在 1 000 kN 以内）的试验加载。这种装置小巧轻便、安装简单、成本较低，但存在荷载不易对中、油压产生过冲的问题，若在试验中一旦拔出，地锚试验将无法继续下去。

（2）加载和荷载测量装置

静载试验均采用千斤顶与油泵相连的形式，由千斤顶施加荷载。荷载测量可采用以下两种形式：一是通过放置在千斤顶上的荷重传感器直接测定；二是通过并联于千斤顶油路的压力表或压力传感器测定油压，根据千斤顶率，定曲线换算荷载。

1）千斤顶。目前市场上有两类千斤顶，一类是单油路千斤顶，另一种是双油路千斤顶。不论采用哪一类千斤顶，油路的"单向阀"应安装在压力表和油泵之间，不能安装在千斤顶和压力表之间，否则压力表无法监控千斤顶的实际油压值。选择千斤顶时，最大试验荷载对应的千斤顶出力宜为千斤顶量程的 30%～80%。当采用两台及以上千斤顶加载时，为了避免受检桩偏心受荷，千斤顶型号、规格应相同且应并联同步工作。工作时，将千斤顶在试验位置点正确对正放置，并使千斤顶位于下压和上顶的传力设备合力中心轴线上。

2）压力表。精密压力表使用环境温度为 (20 ± 3) ℃，空气相对湿度不大于 80%，当环境温度太低或太高时应考虑温度修正。采用压力表测定油压时，为保证静载试验测量精度，压力表准确度等级应优于或等于 0.4 级，不得使用 1.5 级压力表作加载控制。根据千斤顶的配置和最大试验荷载要求，合理选择油压表（量程有 25 MPa、40 MPa、60 MPa、100 MPa 等）。最大试验荷载对应的油压不宜小于压力表量程的 1/4，也不宜大于压力表量程的 2/3。

3）荷重传感器和压力传感器。选用荷重传感器和压力传感器要注意量程和精度问题，测量误差不应大于 1%。压力表、油泵、油管在最大加载时的压力不应超过规定工作压力的 80%。

（3）移位称测量装置

1）基准梁。基准梁宜采用工字钢，高跨比不宜小于 1/40，一端固定在基准桩上，另一端简支于基准桩上，以减少温度变化引起的基准梁挠曲变形。不应简单地将基准梁放置在地面上，或不打基准桩而架设在砖上。在满足规范规定的条件下，基准梁不宜过长并应采取有效遮挡措施以减少温度变化和刮风下雨、振动及其他外界因素的影响，尤其在昼夜温差较大且白天有阳光照射时更应注意。一般情况下，温度对沉降的影响为 1～2 mm。

2）基准桩。《规范》要求试桩、锚核压重平台支墩边和基准桩之间的中心距离大于 4 倍试桩和锚桩的设计直径且大于 2.0 m。考虑到现场试验中的困难，《规范》对部分间距的规定放宽为"不小于 3D"（D 为试桩、锚桩或地锚的设计直径或边宽，取其较大者）。

3）百分表和位移传感器。沉降测量宜采用位移传感器或大量程百分表。常用的百分表量程有 50 mm、30 mm、10 mm，《规范》要求沉降测量误差不大于 0.1%FS，分辨力优于或等于 0.01 mm。沉降测定平面宜在桩顶 200 mm 以下位置，最好不小于 0.5 倍桩径，测点表面需经一定处理，使其牢固地固定于桩身；不得在承压板上或千斤顶上设置沉降观测点，避免因承压板变形导致沉降观测数据失实。在量测过程中要经常注意即将发生的位移是否会很大，以致可能造成测杆与测点脱离接触或测杆被顶死的情况，所以要及时观察调整。

2．桩头处理

静载试验前需对试验桩的桩头进行加固处理。混凝土桩桩头处理应先凿掉桩顶部的松散破碎层和低强度混凝土，露出主筋，冲洗干净桩头后再浇筑桩帽。

1）桩帽顶面应水平、平整、桩帽中轴线与原桩身上部的中轴线严格对中，桩帽面积大于等于原桩身截面面积，桩帽截面形状可为圆形或方形。

2）桩帽主筋应全部直通至桩帽混凝土保护层之下，如原桩身露出主筋长度不够时，应通过焊接加长主筋，各主筋应在同一高度上，桩帽主筋应与原桩身主筋按规定焊接。

3）距桩顶 1 倍桩径范围内，宜用 3～5 mm 厚的钢板围裹，或距桩顶 1.5 倍桩径范围内设置箍筋，间距不宜大于 150 mm。桩帽应设置钢筋网片 3～5 层，间距为 80～150 mm。

4）桩帽混凝土强度等级宜比桩身混凝土提高 1～2 级，且不低于 C30。

5）新接桩头宜用 C40 的混凝土将原桩身接长。在接桩前必须将原桩头浮浆及泥土等清理干净且打毛至完整的水平截面，以保证新接桩头与原桩头紧密结合；浇筑混凝土时必须充分振捣，以保证接桩质量。

9.2.4 检测技术

单桩竖向抗压静载试验如下：

1．现场检测

现场检测应符合以下规定：

1）试验桩的桩型尺寸、成桩工艺和质量控制标准应与工程桩一致。

2）试验桩桩顶部宜高出试坑底面，试坑底面宜与桩承台底标高一致。

3）对作为锚桩用的灌注桩和有接头的混凝土预制桩，检测前宜对其桩身完整性进行检测。

2．试验加、卸载方式应符合下列规定

1）加载应分级进行，采用逐级等量加载；分级荷载宜为最大加载量或预估极限承载力的1/10，其中，第一级可取分级荷载的两倍。

2）卸载应分级进行，每级卸载量取加载时分级荷载的两倍，且应逐级等量卸载。

3）加、卸载时应使荷载传递均匀、连续、无冲击，且每级荷载在维持过程中的变化幅度不得超过分级荷载的±10%。

3．慢速维持荷载法试验

1）加载应分级进行，每级荷载施加后按第 5 min、第 15 min、第 30 min、第 45 min、第60 min 测读桩顶沉降量，以后每隔 30 min 测读一次。

2）试桩沉降相对稳定标准：每一小时内的桩顶沉降量不超过 0.1 mm，并连续出现两次（从分级荷载施加后第 30 min 开始，按 1.5 h 连续三次每 30 min 的沉降观测值计算）。

3）当桩顶沉降速率达到相对稳定标准时，再施加下一级荷载。

4）卸载时应分级进行，每级荷载维持 1 h，按第 15 min、第 30 min、第 60 min 测读桩顶沉降量后，即可卸下一级荷载。卸载至零后，应测读桩顶残余沉降量，维持时间为 3 h，测读时间为第 15 min、第 30 min，以后每隔 30 min 测读一次桩顶残余沉降量。

4．快速维持荷载法

1）加载应分级进行，每级荷载施加后按第 5 min、第 15 min、第 30 min 测读桩顶沉降量，以后每隔 15 min 测读一次。

2）试桩沉降相对稳定标准：加载时每级荷载维持时间不少于 1 h，最后 15 min 时间间隔的桩顶沉降增量小于相邻 15 min 时间间隔的桩顶沉降增量。

3）当桩顶沉降速率达到相对稳定标准时，再施加下一级荷载。

4）卸载应分级进行，每级荷载维持 15 min，按第 5 min、第 15 min 测读桩顶沉降量后，即可卸下一级荷载。卸载至零后，应测读桩顶残余沉降量，维持时间为 2 h，测读时间为第 5 min、第 10 min、第 15 min、第 30 min，以后每隔 30 min 测读一次。

5. 终止加载条件

当出现下列情况之一时，可终止加载：

1）某级荷载作用下，桩顶沉降量大于前一级荷载作用下沉降量的 5 倍，且桩顶总沉降量超过 40 mm。

2）某级荷载作用下，桩顶沉降量大于前一级荷载作用下沉降量的两倍，且经 24 h 尚未达到相对稳定标准。

3）已达到设计要求的最大加载值且桩顶沉降达到相对稳定标准。

4）当荷载沉降曲线呈缓变形时，可加载至桩顶总沉降量 60～80 mm；当桩端阻力尚未充分发挥时，可根据具体要求加载至桩顶累计沉降量超过 80 mm。

6. 试验资料记录

静载试验资料应准确记录。试验前应收集工程地质资料、设计资料、施工资料等，填写桩静载试验概况表。概况表包括三部分信息：一是有关拟建工程资料；二是试验设备资料；三是受检桩试验前后表观情况及试验异常情况的记录。试验过程记录表可按表 9.1 记录，应及时记录百分表调表等情况，如果沉降量突然增大，荷载无法稳定，还应记录桩"破坏"时的残余油压值。

表 9.1　桩静载试验概况

工程名称		工程地点		建设单位		委托单位	
承建单位		质量监督机构		设计单位		勘察单位	
监理单位		基桩施工单位		结构形式		层数	
建筑面积/m²		工程桩总数		混凝土设计强度等级			
桩型		持力层		单桩承载力特征值/kN			
桩径/mm		设计桩长/m		试验最大荷载/kN			
千斤顶编号及校准公式				压力表编号			

7. 单桩静载试验报告

单桩静载试验结束后，提供试验报告，报告中应包含以下内容：工程概况，工程名称，工程地点，试验日期，试验目的，检测仪器设备，测试方法和原理简介，工程地质概况，设计资料和施工记录，桩位平面图，有关检测数据、表格、曲线，试验的异常情况说明，检测结果及结论，相关人员签名加盖检测报告专用章和计量认证章。

9.2.5　检测数据分析

确定单桩竖向抗压承载力时，应绘制竖向荷载-沉降（Q—s）曲线、沉降-时间对数（s-lg$t$）曲线，也可绘制 s-lg$Q$、lg$s$-lg$Q$ 等其他辅助分析所需曲线。

单桩竖向抗压极限承载力应按下列方法分析确定：

1）根据桩顶沉降随荷载的变化特征确定，对于陡降型 Q—s 曲线，应取其发生明显陡降段的起点所对应的荷载值。

2）根据桩顶沉降随时间的变化特征确定，应取（s-lg$t$）曲线尾部出现明显向下曲折的前一级荷载值。

3）当出现上述 5.终止加荷条件中第 2）情况时，宜取前一级荷载为极限承载力。

4）对于缓变型 Q—s 曲线，宜根据沉降量，宜取 s=40 mm 对应的荷载值；当桩长大于 40 m 时，宜考虑桩身弹性压缩量；对直径大于或等于 800 mm 的桩，可取 s=0.05D（D 为桩端直径）对应的荷载值。

9.2.6　静载试验中的若干问题

1．休止时间的影响

桩在施工过程中不可避免地对桩周土造成扰动，引起土体强度降低，引起桩的承载力下降，以高灵敏度饱和黏性土中的摩擦桩最显。随着休止时间的增加，土体重新固结，土体强度逐渐恢复提高，桩的承载力也逐渐增加。成桩后桩的承载力随时间而变化的现象称为桩的承载力时间（或歇后）效应，我国软土地区这种效应尤为明显。研究资料表明，时间效应可使桩的承载力比初始值增长 40%～400%。其变化规律一般是起初增长速度较快，随后逐渐减慢，待达到一定时间后趋于相对稳定，其增长的快慢和幅度与土性和类别有关。除非在特定的土质条件和成桩工艺下积累大量的对比数据，否则很难得到承载力的时间效应关系。另外，桩的承载力包括两层含义，即桩身结构承载力和支撑桩结构的地基岩土承载力，桩的破坏可能是桩身结构破坏或支撑桩结构的地基岩土承载力达到了极限状态，多数情况下桩的承载力受后者制约。如果混凝土强度过低，桩可能产生桩身结构破坏而地基土承载力尚未完全发挥，且桩身产生的压缩量较大，检测结果不能真正反映设计条件下桩的承载力与桩的变形情况。因此，对于承载力检测，应同时满足地基土休止时间和桩身混凝土龄期（或设计强度）双重规定，若验收检测工期紧无法满足休止时间规定时，应在检测报告中注明。

2．压重平台对试验的影响

压重平台由主梁及副梁组成，主梁及副梁为不同型号的工字钢。千斤顶与主梁接触，千斤顶上的力与压重平台相互作用形成反力施加于基桩。由于作用于桩或复合地基上的加载点为千斤顶与主梁的接触面，所以，主梁工字钢的厚薄、数量多少、长短很重要。如果主梁工字钢太薄，在加载后期承受不了千斤顶向上的顶力，容易产生变形、扭曲、弯曲；如果主梁工字钢数量少，将不能承受压重平台的重量，产生向下的变形，同时在加载后期也会扭曲变形，影响平台的平衡及安全；如果压重平台太小，堆载高度太高，不安全也不便于操作，而且需选用大型号的工字钢，不经济也不便于搬运。

3. 边堆载边试验

为了避免试验前主梁压实千斤顶，或出现安全事故，可边堆载边试验，应满足《规范》规定的"每级荷载在维持过程中的变化幅度不得超过分级荷载的 10％"，试验结果应该是可靠的。在实际操作中应注意：试验过程中继续吊装的荷载一部分由支撑墩来承担，一部分由受检桩来承担，桩顶实际荷载可能大于本级要求的维持荷载值，若超过规定应适当卸荷。

4. 偏心问题

造成偏心的因素：制作的桩帽轴心与原桩身轴线严重偏离；支墩下的地基土不均匀变形；用于锚桩的钢筋预留量不匹配，锚桩之间承受荷载不同步；采用多个千斤顶，千斤顶实际合力中心与桩身轴线严重偏离。是否存在偏心受力，可以通过四个对称安装的百分表或位移传感器的测量数据分析得出。四个测点的沉降差不宜大于 3～5 mm，不应大于 10 mm。

5. 防护问题

试验梁就位后应及时加设防风、防倾支护措施，该设施不得妨碍梁体加载变形。对试验用仪表、电器应设有防雨、防摔等保护措施。加载试验时，应注意观察试验台及试验梁的变形。卸载必须统一指挥，分级同步缓慢卸载；不得个别顶严重超前卸载，以免造成卸载滞后顶受力过大而发生人身、设备事故。

9.3 钻芯法检测

9.3.1 钻芯法检测概述

1. 钻芯法简介

采用岩芯钻探技术的施工工艺在桩身上沿长度方向钻取混凝土芯样及桩端岩土芯样，通过对芯样的观察和测试，用以评价成桩质量的检测方法称为钻孔取芯法，简称钻芯法。

在桩体上钻芯法是比较直观的，它不仅可以了解灌注桩的完整性，查明桩底沉渣厚度以及桩端持力层的情况，而且还是检验灌注桩混凝土强度的唯一可靠的方法，由于钻孔取芯法需要在工程桩的桩身上钻孔，所以不属于无损检测，通常适用于直径不小于 800 mm 的混凝土灌注桩。钻芯法是检测现浇混凝土灌注桩的成桩质量的一种有效手段，不受场地条件的限制，特别适用于大直径混凝土灌注桩。钻芯法不仅可以直观测试灌注桩的完整性，而且能够检测桩长、桩底沉渣厚度以及桩底岩土层的性状。钻芯法还是检验灌注桩桩身混凝土强度的可靠的方法，这些检测内容是其他方法无法替代的。

在桩身完整性检测的多种方法中，钻芯法最为直观、可靠。但该法取样部位有局限性，只能反映钻孔范围内的小部分混凝土质量，存在较大的盲区，容易以点代面造成误判或漏判。钻芯法对查明大面积的混凝土疏松、离析、夹泥、空洞等比较有效，而对局部缺陷和水平裂缝等判断就不一定十分准确。另外，钻芯法还存在设备庞大、费工费时、价格昂贵的缺点。因此，钻芯法不宜用于大面积大批量的检测，而只能用于抽样检查，或作为对无损检测结果的验证手段。

2. 钻芯法的检测目的

钻芯法属于一种局部破损检测，它在对人工挖孔桩的完整性及承载力检测中得到广泛的采用。其检测的目的有以下三个：一是对芯样混凝土的胶结情况、有无气孔、蜂窝麻面、松散、断桩及强度检测，综合判定桩身完整性；二是判断桩底沉渣及持力层的岩土性状（强度）和厚度是否满足设计或《规范》要求；三是测定实际桩长与施工记录桩长是否一致。

3. 钻芯法的优点与缺点

（1）钻芯法的优点

钻芯法检测可以直接观察桩身混凝土的情况，而且还能检测桩的实际长度与桩身混凝土实际抗压强度。可以准确判断和检测桩底沉渣厚度及其他缺陷，也直接观察桩身混凝土与持力层的胶结状况。若钻至桩底适当深度后，可判断持力层及其以下岩土性状，若为基岩还可做抗压试验判断岩石的饱和单轴抗压强度标准值以判定岩石的承载力。

（2）钻芯法的缺点

钻芯法检测时间长、费用高、技术难度较高且属于有损检测，不适宜做普查检测；开孔位置不能任意选择，且对某些局部缺陷（缩径、扩径等）难以检测出，也有可能对局部微弱的缺陷夸大为严重缺陷而导致最后的误判，因此，其代表性存在争议；若桩长太长钻芯过程中可能会造成孔斜导致钢筋断裂无法修补，且对桩身及桩底持力层的局部破损，经修补后很难达到原始效果。

9.3.2 钻芯设备及检测技术

1. 钻芯设备

钻孔取芯法所需的设备随检测的项目而定。如仅检测灌注桩的完整性，则只需钻机即可；如要检测灌注桩混凝土的强度，则还需有锯切芯样的锯切机、加工芯样的磨平机和专用补平器，以及进行混凝土强度试验的压力机。

（1）钻机

混凝土桩钻取芯样宜采用液压操纵的高速钻机。钻机应具有足够的刚度、操作灵活、固定和移动方便，并应有循环水冷却系统。水泵的排水量应为 50～160 L/min，泵压应为 1.0～2.0 MPa。严禁采用手把式或振动大的破旧钻机。钻机主轴的径向跳动不应超过 0.1 mm，工作时的噪声不应大于 90 dB。钻机应配备单动双管钻具以及相应的孔口管、扩孔器、卡簧、扶正稳定器和可捞取松软渣样的钻具。钻杆应顺直，直径宜为 50 mm。钻机宜采用国际 $\phi 50$ mm 的方扣钻杆，钻杆必须平直。钻机应采用双管单动钻具。钻机取芯宜采用内径最小尺寸大于混凝土集料粒径两倍的人造金刚石薄壁钻头（通常内径为 100 mm 或 150 mm）。钻头胎体不得有肉眼可见的裂纹、缺边、少角、倾斜和喇叭口变形等。钻头的径向跳动不得大于 1.5 mm。钻机设备参数应符合以下规定：额定最高转速不低于 790 r/min；转速调节范围不少于 4 挡；额定配用压力不低于 1.5 MPa。

（2）锯切机、磨平机和补平器

锯切芯样试件用锯切机应具有冷却系统和牢固夹紧芯样的装置，配套使用的金刚石圆锯片应具有足够刚度。

磨平机和补平器除保证芯样端面平整外，还应保证芯样端面与轴线垂直。

（3）压力机

压力机的量程和精度应能满足芯样的强度要求，压力机应能平稳连续加载而无冲击。压力机的承压板必须具有足够刚度，板面必须光滑，球座灵活轻便。承压板的直径应不小于芯样的直径，也不宜大于直径的两倍，否则，应在上、下两端加辅助承压板。压力机的校正和检验应符合有关计量标准的规定。

1）压力机主要技术要求：

① 试验机最大试验力为 2 000 kN；

② 油泵最高工作压力为 40 MPa；

③ 示值相对误差±2%；

④ 承压板尺寸为 320 mm×320 mm；

⑤ 承压板最大净距为 320 mm；

⑥ 测量范围为 0～800 kN 或 0～2000 kN；

⑦ 刻度量分度值：0～800 kN 时为 2.5 kN/格或 0～2 000 kN 时 5 kN/格。

2）仪器年检。压力试验机每年应至少检定一次。

2. 钻芯法检测方法

钻孔取芯的检测按以下步骤进行：

1）钻芯孔数、位置的确定及桩头处理：根据相关规定，当桩的直径 $D<1.2$ m 时，钻 1 孔，孔位距桩中心距离 10～15 cm 为宜；桩径 D 为 1.2～1.6 m 时，钻 2 孔，桩径 $D>1.6$ m 时，钻 3 孔，宜在距桩中心 0.15～0.25 D 位置开孔且均匀对称布置。对每根受检桩桩端持力层的钻探不应少于一孔，还应满足设计要求的钻探深度。

为了准确地测出桩中心，桩头最好开挖露出，否则应用经纬仪找出桩中心。确定钻孔位置：灌注桩的钻孔位置，应根据需要与委托方共同商议确定。一般当桩径小于 1 600 mm 时，宜选择在桩中心钻孔，当桩径大于或等于 1 600 mm 时，钻孔数不宜小于 2 个。

2）安置钻机：钻孔位置确定以后，应对准孔位安置钻机。钻机就位并安放平稳后，应将钻机固定，以便工作时不致产生位置偏移。固定方法应根据钻机构造和施工现场的具体情况，分别采用顶杆支撑、配重或膨胀螺栓等方法。在固定钻机时，还应检查底盘的水平度，以保证钻杆以及钻孔的垂直度。

3）施钻前的检查：施钻前应先通电检查主轴的旋转方向，当旋转方向为顺时针时，方可安装钻头。并调整钻机主轴的旋转轴线，使其成行走状态。

4）开钻：开钻前先接水源和电源，将变速钮拨到所需转速，正向转动操作手柄，使合金钻头慢慢地接触混凝土表面，待钻头刃部入槽稳定后方可加压进行正常钻进。

5）钻进取芯：在钻进过程中，应保持钻机的平衡，转速不宜小于 140 r/min，钻孔内的循环水流不得中断，水压应保证能充分排除孔内混凝土料屑，循环冷却水出口的温度不宜超过 30 ℃，水流量宜为 3～5 L/min。每次钻孔进尺长度不宜超过 1.5 m。钻到预定深度后，反向转动操作手柄，将钻头提升到混凝土桩顶，然后停水停电。提钻取芯时，应拧下钻头和胀圈，严禁敲打卸取芯样。卸取的芯样应冲洗干净后标上深度，按顺序置于芯样箱中。当钻孔接近可能存在断裂或混凝土可能存在疏松、离析、夹泥等质量问题的部位以及桩底时，应改用适当的钻进方法和工艺，并注意观察回水变色、钻进速度的变化等。

灌注桩钻孔取芯检测的取芯数目视桩径和桩长而定。通常至少每 1.5 m 应取 1 个芯样，沿桩长均匀选取，每个芯样均应标明取样深度，以便判明有无缺陷以及缺陷的位置。对于用于判明灌注桩混凝土强度的芯样，则根据情况，每一试桩不得少于 10 个。钻孔取芯的深度应进入桩底持力层不小于 1 m。

6）补孔：在钻孔取芯以后，桩上留下的孔洞应及时进行修补，修补时宜用高于桩原来强度等级的混凝土来填充。由于钻孔孔径较小，填补的混凝土不易振捣密实，故应采用坍落度较大的混凝土浇灌，以保证其密实性。已硬化的混凝土，实际强度到底有多少，能否满足工程安全使用，是人们普遍关心的问题。在施工过程中，虽留有混凝土试样及试样的强度，但由于样品的制型的方式、养护条件等因素，导致样品与原状态有差异，往往不能反映工程的真实情况。因此，为了测定已建工程混凝土的实际强度，提供工程质量评定的科学依据，工程中经常采用钻孔取芯法来测定实际混凝土的强度。

9.3.3 芯样试件制作与抗压试验

1．芯样试件的制作

（1）芯样试件的检测资料

采用钻芯法检测结构混凝土强度前，宜具备下列资料：

1）工程名称（或代号）及设计、施工、监理、建设单位名称。

2）结构或构件种类、外形尺寸及数量。

3）设计采用的混凝土强度等级。

4）检测龄期，原材料（水泥品种、粗集料粒径等）和抗压强度试验报告。

5）结构或构件质量状况和施工中存在问题的记录。

6）有关的结构设计图和施工图等。

（2）芯样试件取样部位

芯样应由结构或构件的下列部位钻取：

1）结构或构件受力较小的部位。

2）混凝土强度质量具有代表性的部位。

3）便于钻芯机安放与操作的部位。

4）避开主筋、预埋件和管线的位置。

（3）混凝土芯样试件截取原则

《规范》中规定截取混凝土抗压芯样试件应符合下列规定：

1）当桩长小于 10 m 时，每孔可截取 2 组芯样；当桩长大于 30 m 时，每孔截取芯样不少于 4 组；当桩长为 10～30 m 时，每孔截取 3 组芯样。

2）上部芯样位置距桩顶设计标高不宜大于 1 倍桩径或超过 2 m，下部芯样位置距桩底不宜大于 1 倍桩径或超过 2 m，中间芯样宜等间距截取。

3）缺陷位置能取样时，应截取一组芯样进行混凝土抗压试验。

4）同一基桩的钻芯孔数大于 1 个，其中一孔在某深度存在缺陷时，应在其他孔的该深度处，截取 1 组芯样进行混凝土抗压试验。

5）当桩底持力层为中、微风化岩层且岩芯可制作成试件时，应在接近桩底部位 1 m 内截取岩石芯样；如遇分层岩性时，宜在各分层岩面取样。

6）每组混凝土芯样应制作 3 个芯样抗压试件。

（4）芯样试件的记录与保存

提取芯样时，需按正常的程序拧下钻头与扩孔器，禁止敲打取芯。对于岩石芯样需及时包装浸泡水中，以保证其原始性状。取出芯样后，应按回次顺序由上而下依次放入芯样箱，芯样侧面上需清出标示出回次数、块号、本回次总块数，并及时记录桩号及孔号、回次数、起至深度、块数、总块数。并对桩身混凝土芯样进行详细描述，主要包括混凝土钻进深度、芯样的连续性、完整性、胶结情况、表面光滑情况、断口吻合程度、混凝土芯是否为柱状、集料大小分布情况、气孔、蜂窝麻面、沟槽、破碎、夹泥、松散的情况，以及取样编号和取样位置；对桩端持力层的描述主要包括持力层钻进深度、岩土名称、芯样颜色、结构构造、裂隙发育程度、坚硬及风化程度，以及取样编号和取样位置，分层岩层应分别描述。最后进行拍照记录。

（5）芯样试件的加工与测量

芯样试件加工应用双面锯切机，加工时需固定芯样，锯切平面应与芯样轴线垂直，锯切过程中还需淋水冷却锯片。若锯切后试件无法满足平整、垂直度要求时，应在磨平机上进行端面磨平，或者用水泥砂浆（或水泥净浆）、硫磺胶泥（或硫磺）等材料在专用补平装置上补平。试压前，需对芯样以下几何尺寸进行测量：平均直径，用游标卡尺在芯样中部两个相互垂直的位置进行测量，取两次算术平均值，精确至 0.5 mm；芯样高度，用钢卷尺或钢板直尺进行测量，精确至 1 mm；垂直度，用游标量角器测量两个端面与母线的夹角，精确至 0.10°；平整度，用钢板尺或角尺紧靠在芯样端面上，一面转动钢板尺，一面用塞尺测量与芯样端面之间的缝隙。

所选试件还应满足以下要求：为了减少计算时对芯样高径比的修正，要求芯样高径比（h/d）应 0.95～1.05；芯样试件沿高度任一截面直径与平均直径之间差值不应超过 2 mm；试件端面平整度是影响抗压强度的重要因素，因此，平整度在 100 mm 长度内应低于 0.1 mm；端平面与轴线的不垂直度应低于 20；试件平均直径应大于最大粒径的粗集料的两倍。

2．芯样试件的抗压试验

（1）芯样试件的试压

依据《规范》可知，芯样试件加工完成后就可立马进行抗压试验。试验需均匀地加荷：当混凝土强度等级小于 C30 时，加荷速率为 0.3～0.5 MPa/s；岩石类芯样试件和混凝土强度等级不小于 C30 时，加荷速率为 0.5～0.8 MPa/s。抗压后若发现混凝土试件平均直径低于其粗集料最大粒径的两倍且强度值不正常时，判该试件无效，其测出的强度值也无效，如条件许可，可重新截取试件做抗压，否则以其他两个强度的算术平均值为该组芯样抗压强度值，但是需在最后的报告中加以说明。

（2）芯样试件检测分析与判定

芯样试件一般应在自然干燥状态下进行抗压试验。芯样试件的含水量对强度有一定影响，含水越多则强度越低。一般来说，强度等级高的混凝土强度降低较少，强度等级低的混凝土强度降低较多。因此，建议自然干燥状态与潮湿状态两种试验情况。当结构工作条件比较潮湿，需要确定潮湿状态下混凝土的强度时，芯样试件宜在（20±5）℃的清水中浸泡 40～48 h，从水中取出后立即进行试验。

混凝土芯样试件抗压强度应按下列公式计算：

$$f_{cu} = \frac{4P}{\pi d^2} \tag{9.1}$$

式中 f_{cu} ——混凝土芯样试件抗压强度（MPa），精确至 0.1 MPa；

P ——芯样试件抗压试验测得的破坏荷载（N）；

d ——芯样试件的平均直径（mm）。

（3）成桩质量评价应按单桩进行

（4）芯样检测报告

芯样检测完毕要出具芯样检测报告，检测报告应结论正确、用词规范。检测报告应包括下列内容：

1）钻芯设备情况。

2）检测桩数、钻孔数量、架空高度、混凝土芯进尺、持力层进尺、总进尺、混凝土试件组数、岩石试件组数、圆锥动力触探或标准贯入试验结果。

3）芯样每孔柱状图。

4）芯样单轴抗压强度试验结果。

5）芯样彩色照片。

6）异常情况说明。

[课后习题]

1. 单桩按照受力情况可以分为哪几类？

2. 根据成桩方法对周围土层的影响，单桩可以划分为哪几类？钻孔灌注桩属于哪一类？

3. 桩基检测的方法有哪些？

4. 单桩收到竖向荷载时如何传递？

5. 单桩静载试验的仪器设备有哪些？

6. 什么是桩的钻芯法检测？

7. 混凝土芯样试件抗压强度如何计算？

8. 混凝土芯样试件抗压强度代表值如何确定？

9. 钻芯法桩身完整性判别有哪几类？

第10章 结构混凝土检测

[案例背景]

某中学教学楼为五层的框架的结构，在主体结构验收中，对三层柱混凝土强度有怀疑，柱断面为 450 mm×450 mm，设计强度等级为 C30。

[问题]

采用回弹法对混凝土的抗压强度进行检测的步骤是什么？

[学习目标]

1）熟悉回弹法测强曲线的建立；

2）学会结构或构建混凝土强度的计算；

3）熟悉检测技术及数据处理的方法；

4）了解结构混凝土无损检测技术的相关知识。

[能力目标]

1）帮助学生掌握结构混凝土检测的知识体系；

2）培养学生进行结构混凝土检测实践的能力。

10.1 概述

10.1.1 结构混凝土无损检测技术的形成和发展

混凝土无损检测（NDT：Nondestruetive Testing）是指在不破坏混凝土内部结构和使用性能的情况下，利用声、光、热、电、磁和射线等方法，直接在构件或结构上测定混凝土某些适当的物理量，并通过这些物理量推定混凝土强度、均匀性、连续性、耐久性和存在的缺陷等的检测方法。

我国在 20 世纪 50 年代中期开始研究结构混凝土无损检测技术，开始引进瑞士、英国、波兰等国的回弹仪和超声仪，并结合工程应用开展了许多研究工作。20 世纪 60 年代初即开始批量生产回弹仪，并研制成功了多种型号的超声检测仪，在检测方法方面也取得了许多进展。20 世纪 70 年代以后，我国曾多次组织力量合作攻关，20 世纪 80 年代着手制定了一系列技术规程，并引进了许多新的检测技术，大大推进了结构混凝土无损检测技术的研究和应用。随着电子技术的发展，仪器的研制工作也取得了新的成就，并逐步形成了自己的生产体系。20 世纪 90 年代以来，无损检测技术继续向更深的层次发展，许多新技术得到应用，检测人员队伍不断壮大，素质迅速提高。纵观整个发展历程，我国无损检测技术的发展是非常迅速的，我们可以从下面几个方面叙述这一发展的过程。

1. 在测试技术方面的发展

（1）测强方面

超声测强的主要影响因素：石子的品种、粒径、用量；钢筋的影响及修正；混凝土湿度、养护方法的影响及修正；测试距离的影响及修正；测试频率的影响及修正等。

（2）测裂缝方面

平测法测裂缝及修正距离的研究；钢筋的影响及修正；钻孔法测裂缝的研究和应用；斜测法测裂缝的研究及应用等。

（3）测缺陷方面

概率判断法的进一步改进和完善；斜测交汇法的研究应用；缺陷尺寸估计；多参数综合判断的应用；波形方面的研究；频率测量方面的研究和应用；衰减系数、频谱分析应用和测定方法的研究；火灾后损伤层厚度的测定方法等。

在这时期，许多地区通过试验研究，制定了本地区的强度换算曲线，推动了超声回弹综合法的提高和应用。

随着超声检测技术的发展、应用的范围不断扩大、研究深度不断加深，从 20 世纪 50～60 年代主要在地上结构检测发展到地上和地（水）下，包括一些隐蔽工程，如灌注桩、地下防渗墙、水下结构的检测、坝基及灌浆效果的检测等；从一般两面临空的梁、柱、墩结构检测发展到单面临空的大体积检测；探测距离从 1～2 m 发展到 10～20 m；从以声速一个参数为主发展到声速、振幅、频率、波形多参数的综合运用。特别在超声探测缺陷、裂缝方面，形成了从测试方法、数据处理到分析判断的一整套技术，在实际工程应用中取得了良好效果，许多重大工程都采用了超声检测。

在应用的发展方面，20 世纪 80 年代中期有一个重大发展，这就是超声检测混凝土灌注桩。1984 年，湖南大学和河南省交通厅等单位首次运用超声法在灌注桩预埋钢管中进行检测，在郑州黄河大桥的灌注桩检测中取得成功并提出另一种判断桩内缺陷的方法，声参数—深度曲线相邻两点之间的斜率与差值之积，简称 PSD 判据。其后，还出现了其他一些判断分析方法。随后，许多单位都相继开展超声波检测混凝土灌注桩的研究和应用。由于声波法测桩具有不受桩长桩径的影响，探测结果精确、可靠，很快在国内普遍推广应用，特别是大型桥梁的桩基检测中已普遍采用声波法，取得了很好的社会和经济效益，成为超声法检测混凝土的一个新热点。

20 世纪 80 年代，除超声、回弹等无损检测方法日趋成熟外，中国建筑科学研究院又进行了钻芯法研究，哈尔滨建筑大学进行了后装拔出法的研究，使无损检测的内容进一步扩大。

作为上述研究成果的必然结果，我国在 20 世纪 80 年代开始制定了一系列有关混凝土无损检测的技术规程并进行了多次修订，其中包括《回弹法检测混凝土抗压强度技术规程》（JGJ/T 23—2001）、《超声回弹综合法检测混凝土强度技术规程》（CECS02：88）、《超声法检测混凝土缺陷技术规程》（CECS21：2000）、《后装拔出法检测混凝土强度技术规程》（CECS69：94）、《基桩低应变动力检测规程》（JGJ/T 93—1995）、《水运工程混凝土试验规程》（JTJ 270—1998）及《水工混凝土试验规范》（SD 105—1982）等行业标准和协会标准。随后，一些省市也编制了相应的地方规程。各项规程的不断完善，大大促进了无损检测技术的工程应用和普及。

进入 20 世纪 90 年代以来，我国建设工程质量管理引起广泛关注并提出一系列重大举措，从而进一步加强了无损检测技术在建设工程质量管理中的作用和责任，也进一步推动了检测方法方面的蓬勃发展，已有方法更趋成熟和普及，同时新的方法不断涌现。其中，雷达技术、红外成像技术、冲击回波技术等都进入了实用阶段，在声学检测技术方面的最大进展，则体现在对检测结果分析技术方面的突飞猛进，例如，在测缺技术方面，其分析判断方法由经验性判断上升为数值判据判断，又由数值判据上升为成像判断。测试仪器也由模拟型仪器发展成为数字型仪器，为信号分析提供了物质基础。

2. 检测仪器方面的发展

混凝土声测仪器与混凝土声测技术是在相互制约而又相互促进的过程中得到发展的，我国混凝土声测仪器的发展大致经历了四个阶段。

20 世纪 60 年代是声波检测技术的开拓阶段，声测仪是电子管式的仪器，如 UCT-2 型、CIS-10 型等，现已被淘汰。

20 世纪 70 年代是超声检测方法研究及推广应用阶段，声测仪是晶体管化集成电路模拟超声仪，首先推出的是湘潭无线电厂的 SYC-2 型岩石声波检测仪，之后相继推出的是天津建筑仪器厂的 SC-2 型和汕头超声电子仪器厂的 CTS-25 型等，这类仪器一般具有示波及数码管显示装置，手动游标读取声学参量，市场拥有量约有几千台，为推动我国混凝土声测技术的发展发挥了重要作用。在 20 世纪 70 年代中期我国生产的非金属超声仪及其配套使用的换能器与国外同类仪器相比（如美国 CNC 公司的 Pundit 型、波兰的 N2701、日本 MARUT 公司的 Min-1150-03 型等），在技术性能方面已达到或超过它们的水平。

20 世纪 80 年代是进一步发展与提高阶段，20 世纪 80 年代初期国外推出了计算机控制的声波检测仪（如日本 OYO 公司的 5217A 型等），混凝土超声仪进入了数字化仪器阶段，数字化声学信号数据处理技术的应用，推动了声测技术的发展，而我国却由于多种原因在计算机的应用方面落后国外水平。20 世纪 80 年代末期，我国开始数字化混凝土超声仪的研究，之后以很快的速度发展，整机化的由计算机控制的声测仪产生于 20 世纪 80 年代末到 90 年代初，这批仪器均采用 Z80CPU，通过仪器与计算机的联系，实现了不同程度的声参量的自动检测，并具有一定的处理能力，使现场检测及后期数据处理速度大大加快。但由于受到数据采集速度以及存储容量和软件语言等方面的限制，无法实时动态地显示波形变化，难以承担需要大量处理单元和高速运算能力支持的信息处理工作，也不便于软件的再开发。作为初级数字化超声仪的代表型号为 CTS-35 型、CTS-45 型和 UTA2000A 型。

20 世纪 90 年代是追赶并超过国际水平的阶段，随着声测技术的发展，检测市场的扩大以及计算机技术的深入应用。自 20 世纪 90 年代中期以来，我国各种型号的数字式超声仪相继问世，首先推出的是北京市市政工程研究院（北京康科瑞公司）的 NM-2A 型，随后该型仪器不断更新，形成了 NM 系列。NM 系列超声仪的最大特点是在计算机和数据采集系统之间，通过高速数据传输（DMA）方式，实现了波形的动态实时显示，并以软硬件相结合的方式，创造性地解决了声学参量的自动判读技术，从而在高噪声、弱信号的恶劣测试条件下，仍然可快速准确地完成自动检测，大大提高了测试精度和测试效率，对超声检测技术的推广是有力的推动。之后相继推出的有岩海公司的 RS-UTOIC 型、同济大学的 U-Sonic 型、岩土所的 RSM—SY2 等。

在超声检测仪迅速发展的同时，其他检测方法的仪器也有了很大发展，其中包括各种型号的数显式回弹仪，轻便型钻孔取芯机、拔出仪、射钉仪、贯入仪、钢筋保护层厚度测定仪、钢筋锈蚀仪、脉冲瞬变电磁仪等。

总之，各种检测设备的研制和生产，为混凝土无损检测技术提供了良好的物质基础。

3. 学术交流的发展

自 20 世纪 70 年代后期，在中国建筑科学研究院的主持下，成立无损检测技术协作组以来，无损检测技术的学术交流活动从未间断。1985 年，中国建筑学会施工学术委员会下的混凝土质量控制与非破损检测学组成立，挂靠单位为中国建筑科学研究院。其中，非破损检测部分后来改为属于中国土木工程学会混凝土及预应力混凝土学会下的建设工程无损检测委员会。1986 年，中国水利学会施工专业委员会无损检测学组成立，挂靠南京水利科学研究院。中国声学学会下属的检测声学委员会，挂靠同济大学。

这些学术组织都在混凝土声学检测方面做过大量工作，组织多次学术交流会，出版论文集，推动了声波检测技术的发展。例如，土木工程学会建设工程无损检测委员会，从 1984 年起就主持召开过 7 次全国性的无破损检测学术交流会，出版了多期论文集。委员会还组织委员们翻译国外研究文集，编辑出版了两本国际土木工程无损检测会议论文集。另外，还邀请罗马尼亚、日本等国的专家来华讲学、交流。我国从事混凝土无损检测的工程技术人员也以各种形式参与国际交流，其中包括访问、进修、参加学术会议，参与实际工程检测及仪器展览等。这些交流活动无疑为我国混凝土无损检测技术的发展起了推动作用。

10.1.2 结构混凝土无损检测技术的工程应用

随着人们对工程质量的关注，以及无损检测技术的迅速发展和日臻成熟，促使无损检测技术在建设工程中的作用日益明显。它不但已成为工程事故的检测和分析手段之一，而且正在成为工程质量控制和构筑物使用过程中可靠性监控的一种工具。可以说，在整个施工、验收及使用过程中都有其用武之地。在以往的研究中主要集中在强度检测和缺陷探测两方面，为了满足新的需要还应进一步开拓新的检测内容，例如，混凝土耐久性的预测、已建结构物损伤程度的检测、早期强度检测，高性能混凝土强度及脆性的检测等。

10.1.3 结构混凝土常用无损检测方法的分类和特点

1. 结构混凝土常用无损检测方法的分类

依据无损检测技术的检测目的，通常可将无损检测方法分为五大类：

1）检测结构构件混凝土强度值。

2）检测结构构件混凝土内部缺陷如混凝土裂缝、不密实区和孔洞、混凝土结合面质量、混凝土损伤层等。

3）检测几何尺寸如钢筋位置、钢筋保护层厚度、板面、道面、墙面厚度等。

4）结构工程混凝土强度质量的匀质性检测和控制。

5）建筑热工、隔声、防水等物理特性的检测。

应当指出，从当前的无损检测技术水平与实际应用情况出发，为达到同一检测目的，可以选用多种具有不同检测原理的检测方法，例如，结构构件混凝土强度的无损检测，可以利用回弹法、超声—回弹综合法、超声脉冲法、拔出法、钻芯法、射钉法等。这样为无损检测工作者提供了多种可能并可依据条件与趋利避害原则加以选用。

现将按检测目的、检测原理及方法综合分类列表，见表 10.1。

表 10.1　按检测目的、检测原理及方法方法综合分类

按检测目的分类	按检测原理及方法名称分类	测试量
①混凝土强度检测	压痕法	压力及压痕直径或深度
	射钉法	探针射入深度
	嵌试件法	嵌注试件的抗压强度
	回弹法	回弹值
	钻芯法	芯样抗压强度
	拔出法	拔出力
	超声脉冲法	超声脉冲传播速度
	超声回弹综合法	声速值和回弹值
	声速衰减综合法	声速值和衰减系数
	射线法	射线吸收和散射强度
	成熟度法	度、时积
②混凝土内部缺陷检测	超声脉冲法	声时、波高、波形、频谱、反射回波
	声发射法	声发射信号、事件记数、幅值分布能谱等
	脉冲回波法	应力波的时域、频域图
	射线法	穿透缺陷区后射线强度的变化
	雷达波反射法	雷达反射波
	红外热谱法	热辐射
③混凝土几何尺寸检测（如混凝土结构厚度、钢筋位置、钢筋保护层厚度检测）	冲击波反射法	应力波的时域
	电测法	混凝土的电阻率及钢筋的半电池电位

按检测目的的分类	按检测原理及方法名称分类	测试量
③混凝土几何尺寸检测（如混凝土结构厚度、钢筋位置、钢筋保护层厚度检测）	磁测法	磁场强度
	雷达波反射法	雷达反射波
④混凝土质量匀质性检测与控制	回弹法	回弹值
	敲击法	固有频率、对数衰减率
	声发射法	声发射信号、幅值分布能谱等
	超声脉冲法	超声脉冲传播速度
⑤建筑热工、隔声等物理特性检测	红外热谱法	热辐射
	电测法	混凝土的电阻率
	磁测法	磁场强度
	射线法	射线穿过被澜体的强度变化
	透气法	气流变化
	中子散射法	中子散射强度
	中子活化法	卢射线与丁射线的强度、半衰期

显然，从宏观角度分类，也可从对结构构件破坏与否的角度出发，分为三大类：

1）无损检测技术；

2）半破损检测技术；

3）破损检测技术。

本书所指的无损检测技术包括上述的无损检测技术及半破损检测技术两类。表10.1各种检测方法均可归纳进上述三种宏观分类检测技术中，在此不再赘述。至于破损检测，是指荷载破坏性检测，因费用昂贵、耗时较长，是在特别重要的结构，在十分必要时才予以采用，本书未包括此类试验内容。

2．结构混凝土常用无损检测方法的特点

（1）回弹法

回弹法是以在混凝土结构或构件上测得的回弹值和碳化深度来评定混凝土结构或构件强度的一种方法，它不会对结构或构件的力学性质和承载能力产生不利影响，在工程上已得到广泛应用。

回弹法使用的仪器为回弹仪，它是一种直射锤击式仪器，是用一弹击锤来冲击与混凝土表面接触的弹击杆，然后弹击锤向后弹回，并在回弹仪的刻度标尺上指示出回弹数值。回弹值的大小取决于与冲击能量有关的回弹能量，而回弹能量则反映了混凝土表层硬度与混凝土抗压强度之间的函数关系，即可以在混凝土的抗压强度与回弹值之间建立起一种函数关系，以回弹值来表示混凝土的抗压强度。回弹法只能测得混凝土表层的质量状况，内部情况却无法得知，这便限制了回弹法的应用范围，但由于回弹法操作简便，价格低廉，在工程上还是得到了广泛应用。

回弹法的基本原理是利用混凝土强度与表面硬度之间的关系，通过一定动能的钢杆件弹击混凝土表面，并测得杆件回弹的距离（回弹值），利用回弹值与强度之间的相关关系来推定混凝土强度。

回弹法适用于工程结构普通混凝土抗压强度（以下简称混凝土强度）的检测，检测结果可作为处理混凝土质量问题的依据之一。回弹法不适用于表层与内部质量有明显差异或内部存在缺陷的混凝土结构或构件的检测。

利用回弹仪检测普通混凝土结构构件抗压强度的方法简称回弹法。回弹仪是一种直射锤击式仪器。回弹值大小反映了与冲击能量有关的回弹能量，而回弹能量反映了混凝土表层硬度与混凝土抗压强度之间的函数关系，反过来说，混凝土强度是以回弹值 R 为变量的函数。

回弹值使用的仪器为回弹仪，回弹仪的质量及其稳定性是保证回弹法检测精度的重要技术关键。这个技术关键的核心是科学的规定并保证回弹仪工作时所应具有的标准状态。国内回弹仪的构造及零部件和装配质量必须符合国家计量检定规程《回弹仪检定规程》（JJG 817—2011）的要求。回弹仪按回弹冲击能量大小分为重型、中型、轻型。普通混凝土抗压强度≤C50 时通常采用中型回弹仪；混凝土抗压强度≥C60 时，宜采用重型回弹仪。轻型回弹仪主要用于非混凝土材料的回弹法。由于影响回弹法测强的因素较多，通过实践与专门试验研究发现，回弹仪的质量和是否符合标准状态要求是保证稳定的检测结果的前提。在此前提下，混凝土抗压强度与回弹法、混凝土表面碳化深度有关，即不可忽视混凝土表面碳化深度对混凝土抗压强度的影响。

此外，对长龄期混凝土，即对旧建筑的混凝土还应考虑龄期影响因素。

为规范回弹检测混凝土抗压强度，保证必要的检测质量，我国建设部（2008 年改为住房和城乡建设部）颁布了《回弹法评定混凝土抗压强度技术规程》（JGJ/T 23—1985），于1985 年 8 月实施，经过先后几次修订，现行最新规范为《回弹法检测混凝土抗压强度技术规程》（JGJ/T 23—2011）。

（2）超声法检测混凝土强度

通过超声法检测实践发现，超声在混凝土中传播的声速与混凝土强度值有密切的相关关系，于是超声法检测混凝土缺陷扩展到检测混凝土强度，其原理就是声速与混凝土的弹性性质有密切的关系，而混凝土弹性性质在相当程度上可以反映强度大小。从上述分析，可以通过试验建立混凝土由超声声速与混凝土强度产生的相关关系，它是一种经验公式，与混凝土强度等级、混凝土成分、试验数量等因素有关，混凝土中超声声速与混凝土强度之间通常呈非线性关系，在一定强度范围内也可采用线性关系。

显而易见，混凝土内超声声速传播速度受许多因素影响，如混凝土内钢筋配置方向、不同集料及粒径、混凝土水胶比、龄期及养护条件、混凝土强度等级，这些影响因素如不经修正都会影响检测误差大小，建立超声检测混凝土强度曲线时应加以综合考虑影响因素的修正。

（3）超声回弹综合法检测混凝土强度

综合法检测混凝土强度是指应用两种或两种以上单一无损检测方法（力学的、物理的），获取多种参量，并建立强度与多项参量的综合相关关系，以便从不同角度综合评价混凝土强度。

超声回弹综合法是综合法中经实践检验的一种成熟可行的方法。顾名思义，该法是同时利用超声法和回弹法对混凝土同一测区进行检测的方法。它可以弥补单一方法固有的缺欠，做到互补。例如，回弹法中的回弹值主要受表面硬度影响，但当混凝土强度较低时，由于塑性变形增大，表面硬度反应不敏感，又如当构件尺寸较大，内外质量有差异时，表面硬度和回弹值难以反映构件实际强度。相反，超声法的声速值是取决于整个断面的动弹性，主要以其密实性来反映混凝土强度，这种方法可以较敏感地反映出混凝土的密实性、混凝土内集料组成以及集料种类。此外，超声法检测强度较高的混凝土时，声速随强度变化而不敏感，由此粗略剖析可见，超声回弹综合法可以利用超声声速与回弹值两个参数检测混凝土强度，弥补了单一方法在较高强度区或在较低强度区各自的不足。通过试验建立超声波脉冲速度—回弹值—强度相关关系。

超声回弹综合法首先由罗马尼亚建筑及建筑经济科学研究院提出，并编制了有关技术规程，同时在罗马尼亚推广应用。中国从罗马尼亚引进这一方法，结合中国实际进行了大量试验，并在混凝土工程检测中广泛应用，在此基础上于，1988年由中国工程建设标准化协会组织编制并发布了《超声回弹综合法检测混凝土强度技术规程》（CECS02: 88）。

这种综合法最大的优点就是提高了混凝土强度检测精度和可靠性。许多学者认为综合法是混凝土强度无损检测技术的一个重要发展方向。目前，除上述超声回弹综合法已在我国广泛应用外，已被采用的还有超声钻芯综合法、回弹钻芯综合法、声速衰减综合法等。

（4）钻芯法

利用钻芯机、钻头、切割机等配套机具，在结构构件上钻取芯样，通过芯样抗压强度直接推定结构构件强度或缺陷，无需通过立方体试块或其他参数等环节。它的优点是直观、准确、代表性强，其缺点是对结构构件有局部破损，芯样数量不可太多，而且价格也比较昂贵。钻芯法在国外的应用已有几十年历史，一般来说发达国家均制定有钻芯法检测混凝土强度的规程，国际标准化组织（ISO）也发布了《硬化混凝土芯样的钻取及抗压试验》（ISO / DIS 7034）国际标准草案。

我国从20世纪80年代开始，对钻芯法钻取芯样检测混凝土强度开展了广泛研究，目前，我国已广泛应用并已能配套生产供应钻芯机、人造金刚石薄壁钻头、切割机及其他配套机具，钻机和钻头规格可达十几种。中国工程建设标准化协会发布了《钻芯法检测混凝土强度技术规程》（CECS03: 88），现行最新版本为《钻芯法检测混凝土强度技术规程》（CECS03—2007）。

钻芯法除用以检测混凝土强度外，还可通过钻取芯样方法检测结构混凝土受冻、火灾损伤深度、裂缝深度以及混凝土接缝、分层、离析、孔洞等缺陷。

钻芯法在原位上检测混凝土强度与缺陷是其他无损检测方法不可取代的一种有效方法。因此，国内外都主张把钻芯法与其他无损检测方法结合使用，一方面利用无损检测方法检测混凝土的均匀性，以减少钻芯数量，另一方面又利用钻芯法来校正其他方法的检测结果，以提高检测的可靠性。

（5）拔出法检测混凝土强度

拔出法是指将安装在混凝土中的锚固件拔出，测出极限拔出力，利用事先建立的极限拔出力和混凝土强度之间的相关关系，推定被测混凝土结构构件的混凝土强度的方法。这种方法在国际上已有五十余年的历史，方法比较成熟。拔出法分为预埋（或先装）拔出法和后装拔出法两种。顾名思义，预埋拔出法是指预先将锚固件埋入混凝土中的拔出法，它适用于成批的、连续生产的混凝土结构构件，按施工程序要求及预定检测目的预先预埋好锚固件。例如，确定现浇混凝土结构拆模时的混凝土强度；确定现浇冷却后混凝土结构的拆模强度；确定预应力混凝土结构预应力张拉或放张时的混凝土强度；预制构件运输、安装时的混凝土强度；冬期施工时混凝土养护过程中的混凝土强度等。后装拔出法指混凝土硬化后，在现场混凝土结构上后装锚固件，可按不同目的检测现场混凝土结构构件的混凝土强度的方法。

尽管对极限拔出力与混凝土拔出破坏机理看法还不一致，但试验证明，在常用混凝土范围（≤C60），拔出力与混凝土强度有良好的相关关系，检测结果与立方体试块强度的离散性较小，检测结果令人满意。

拔出法在北欧、北美国家得到广泛应用，被认为是现场应用方便、检测费用低廉，尤其适合用于现场控制。

国际上不少国家和国际组织发表了拔出法检测规程类文件。例如，美国著名的组织 ASTM 发表的《硬化混凝土拔出强度标准试验方法》（ASTMC—900—99）、国际标准化组织（ISO）发表了《硬化混凝土拔出强度的测定》（ISO/DIS 8046）、中国工程建设标准化协会发布了协会标准《拔出法检测混凝土强度技术规程》（CECS69—2011）。

从以上分析可见，拔出法虽是一种微破损检测混凝土强度方法，但具有进一步推广与发展的前景。

（6）超声法检测混凝土缺陷

超声法检测混凝土缺陷的基本概念是利用带波形显示功能的超声波检测仪和频率为 20～25 knz 的声波换能器，测量与分析超声脉冲波在混凝土中传播速度（声速）、首波幅度（波幅）、接收信号主频率（主频）等声参数，并根据这些参数及其相对变化，以判定混凝土中的缺陷情况。

混凝土结构，因施工过程中管理不善或者因自然灾害影响，致使在混凝土结构内部产生不同种类的缺陷。按其对结构构件受力性能、耐久性能、安装使用性能的影响程度，混凝土内部缺陷可区分为有决定性影响的严重缺陷和无决定性影响的一般缺陷。鉴于混凝土材料是一种非匀质的弹黏性各向异性材料，要求绝对一点缺陷都没有的情况是比较少见的，用户所关心的是不能存在严重缺陷，如有严重缺陷应及时处理。超声法检测混凝土缺陷的目的不是在于发现有无缺陷，而是在于检测出有无严重缺陷，要求通过检测判别出各种缺陷种类和判别出缺陷程度，这就要求对缺陷进行量化分析。属于严重缺陷的有混凝土内有明显不密实区或空洞，有大于 0.05 mm 宽度的裂缝；表面或内部有损伤层或明显的蜂窝麻面区等。以上缺陷是易发生的质量通病，常常引起甲乙双方争执的问题，故超声法检测混凝土缺陷受到了广大检测人员的关注。加拿大的莱斯利（1eslied）、切斯曼（Cheesman）和英国的琼斯（Jons）、加特弗尔德（Garfield）率先把超声脉冲检测技术用于混凝土检测，开创了混凝土超声检测这一新领域。由于技术进步，超声仪已由 20 世纪 50～60 年代笨重的电子管单示波显示型发展到目前半导体集成化、数字化、智能化的轻巧仪器，而且测量参数从单一的声速发展到声速、波幅和频率等多参数，从定性检测发展到半定量或定量检测的水平。我国于 1990 年发布了《超声法检测混凝土缺陷技术规程》（CECS21：90），2000 年又发布了新修订的《超声法检测混凝土缺陷技术规程》（CECS 21—2000），这是当前超声法检测混凝土缺陷的技术依据。

（7）冲击回波法

在结构表面施以微小冲击产生应力波，利用应力波在结构混凝土中传播时遇到缺陷或底面产生回波的情况，通过计算机接收后进行频谱分析并绘制频谱图。频谱图中的峰值即是应力波在结构表面与底面间或结构表面与内部缺陷间来回反射所形成的。由此，根据其中最高的峰值处的频率值可计算出被测结构的厚度，根据其他峰值处频率可推断有无缺陷及其所处深度。

冲击回波法是 20 世纪 80 年代中期发展起来的一种无损检测新技术，这种方法利用声穿透（传播）、反射，不需要两个相对测试面的原理，而只需在单面进行测试即可测得被测结构如路面、护坡、衬砌等厚度，还可检测出内部缺陷（如空洞、疏松、裂缝等）的存在及其位置。

美国在 20 世纪 80 年代研究了利用冲击回波法检测混凝土板中缺陷、预应力灌浆孔道中的密实性、裂缝深度、混凝土中钢筋直径、埋设深度等，均取得了令人满意的检测结果。

我国南京水利科学研究院在 20 世纪 80 年代末研制成功 IES 冲击反射系统，并在大型模拟试验板及工程实测实践中取得了成功，使冲击回波法在我国进入实用阶段。

（8）雷达法

雷达法是利用近代军事技术的一种新检测技术。"雷达（radar）"是"无线侦察与定位"的英文缩写。由于雷达技术始于军事需要，受外因限制，雷达技术用于民用工程检测，在国内起步很晚，一直到 20 世纪 90 年代才开始。起先是上海用探地雷达探测地下管线、旧老建筑基础的地下桩基、古河道、暗浜等。

雷达法是以微波作为传递信息的媒介，依据微波传播特性，对被测材料、结构、物体的物理特性、缺陷作出无破损检测诊断的技术。

雷达法的微波频率为 300 MHz～300 GHz，属电磁波，处于远红外线至无线电短波之间。

雷达法引入无损检测领域内大大增强了无损检测能力和技术含量。利用雷达波对被测物体电磁特性敏感特点，可用雷达波检测技术检测并确定城市市政工程地下管线位置、地下各类障碍物分布、路面、跑道、路基、桥梁、隧道、大坝混凝土裂缝、孔洞、缺陷等质量问题；配合城市顶管、结构等施工工程不可或缺的有效手段。可以想象，雷达波测检技术会在今后城市地下空间开发领域大有用武之地。我国已在路面、跑道厚度检测，市政工程建设中开始应用并取得良好效果。

（9）红外成像无损检测技术

红外成像无损检测技术是建设工程无损检测领域又一新的检测技术。将红外成像无损检测技术移植进建设工程领域是建设工程无损检测技术进步的一个生动体现，也是必然的发展结果。

红外线是介于可见红光和微波之间的电磁波。红外成像无损检测技术是利用被测物体连续辐射红外线的原理，概括被测物体表面温度场分布状况形成的热像图，显示被测物体的材料、组成结构、材料之间结合面存在的不连续缺陷，这就是红外成像无损检测技术原理。

红外成像无损检测技术是非接触的检测技术，可以对被测物体上下左右进行非接触的连续扫描、成像，这种检测技术不仅能在白天进行，而且在黑夜也可正常进行，故这种检测技术非常实用、简便。

红外成像无损检测技术，检测温度范围为 -50 ℃～2 000 ℃，分辨率可达 0.1 ℃～0.02 ℃，精度非常高。

红外成像无损检测技术在民用建设工程中，可用于电力设备、高压电网安全运营检查、石化管道泄漏、冶炼设备损伤检查、山体滑坡检查、气象预报。在房屋工程中对房屋热能损耗检测，对墙体围护结构保温隔热性能、气密性、水密性检查更是具有其他方法无法替代的优点；利用红外成像无损检测技术是贯彻实施国家建设部（2008年改为住房和城乡建设部）要求实现建筑节能50%要求的有力和有效的检测手段。

（10）磁测法

根据钢筋及预埋铁件会影响磁场现象而设计的一种方法，目前常用于检测钢筋的位置和保护层的厚度。

10.2　回弹法检测混凝土强度

10.2.1　回弹法的基本知识

1．回弹法的简介

混凝土表面硬度与混凝土极限强度之间存在一定关系，物件的弹击重锤被一定弹力打击在混凝土表面上，其回弹高度和混凝土表面硬度存在一定关系。回弹法是用回弹仪弹击混凝土表面，并测出重锤被反弹回来的距离，以回弹值（即反弹距离与弹簧初始长度之比）作为与强度相关的指标来推定混凝土强度的一种方法。由于这种测量是在混凝土表面进行，所以应属于一种表面硬度法，是基于混凝土表面硬度和强度之间存在相关性而建立的一种检测方法。目前，回弹法也是国内应用最为广泛的结构混凝土抗压强度检测方法。但回弹法适用于普通混凝土抗压强度的检测，不适用于表层与内部质量有明显差异或内部存在缺陷的混凝土结构或构件的检测。

回弹法也具有其不可避免的缺点：不适用于表层与内部质量有明显差异或内部存在缺陷的混凝土结构或构件的检测；受水泥品种、集料粗细、集料粒径、配合比、混凝土碳化、龄期、模板、泵送、高强等诸多因素的影响，精度相对较低。

2．回弹规则在我国的发展

1985年1月，我国第一本非破损方法检验混凝土质量的专业标准《回弹法评定混凝土抗压强度技术规程》（JGJ 23—1985）（以下简称《规程》）经建设部（2008年改为住房和城乡建设部）批准，于同年8月起正式施行。此《规程》总结了我国三十年来使用回弹法检验混凝土强度的经验和存在的问题。在此基础上于1992年和2001年又分别进行了修订，分别为《回弹法检测混凝土抗压强度技术规程》（JGJ/T 23—1992）和《回弹法检测混凝土抗压强度技术规程》（JGJ/T 23—2001）。

中华人民共和国住房和城乡建设部2011年发布的最新标准《回弹法检测混凝土抗压强度技术规程》（JGJ/T 23—2011），其主要修订内容包括增加了数字式回弹仪的技术要求和泵送混凝土测强曲线及测区[1]强度测算表。

---

1 测区：检测构件混凝土强度时的一个检测单元。

3．回弹仪

（1）回弹仪的工作原理

回弹仪的基本原理是用弹簧驱动重锤，重锤以恒定的动能撞击与混凝土表面垂直接触的弹击杆，使局部混凝土发生变形并吸收一部分能量，另一部分能量转化为重锤的反弹动能，当反弹动能全部转化成势能时，重锤反弹达到最大距离，仪器将重锤的最大反弹距离以回弹值（最大反弹距离与弹簧初始长度之比）的名义显示出来。回弹仪的构造如图 10.1 所示。

回弹仪具有以下特点：轻便、灵活、价廉、不需电源、易掌握、按钮采用拉伸工艺不易脱落、指针易于调节摩擦力，是适合现场使用的无损检测的首选仪器。

计算弹击锤回弹距离的距离 L' 和弹击锤脱钩前距弹击杆后端平面的距离 L 之比，并乘以 100，即得回弹值 R，回弹值由仪器壳的刻度尺给出。

$$R=100 \times L'/L \qquad (10.1)$$

式中　R——回弹值；

　　　L'——弹击锤向后弹回的距离；

　　　L——冲击前弹击锤距弹击杆的距离。

（2）影响回弹仪检测性能的主要因素

1）机芯主要零件的装配尺寸。

2）主要零件的质量。

3）机芯装配质量。

（3）仪器的检定

1）回弹仪检定周期为半年，当回弹仪具有下列情况之一时，应由法定计量检定机构按行业标准《回弹仪检定规程》（JJG 817—2011）进行检定：

① 新回弹仪启用前。

② 超过检定有效期限。

③ 数字式回弹仪数字显示的回弹值与指针值读示值相差大于 1。

④ 经保养后，钢砧率定值不合格。

⑤ 遭受严重撞击或其他损害。

2）回弹仪的率定试验应符合下列规定：

① 率定试验宜在干燥、室温为 5 ℃～35 ℃的条件下进行。

② 钢砧表面应干燥、清洁，并应稳固地平放在刚度大的物体上。

③ 回弹值取连续向下弹击三次的稳定回弹结果的平均值。

④ 率定试验应分四个方向进行，且每个方向弹击前，弹击杆旋转 90°，每个方向的回弹平均值应为 80±2。

3）回弹仪率定试验所用的钢砧应每两年送授权计

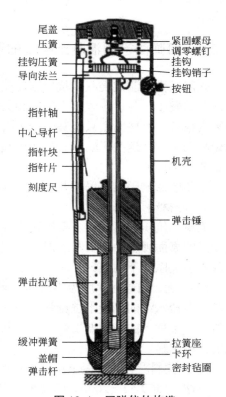

尾盖
压簧
挂钩压簧
导向法兰

指针轴
中心导杆
指针块
指针片
刻度尺

弹击拉簧

缓冲弹簧
盖帽
弹击杆

紧固螺母
调零螺钉
挂钩
挂钩销子
按钮

机壳

弹击锤

拉簧座
卡环
密封毡圈

图 10.1　回弹仪的构造

量检定机构检定或校准。

（4）回弹仪的保养

1）当回弹仪存在下列情况之一时应进行保养：

① 弹击超过 2 000 次；

② 在钢砧上的率定值不合格；

③ 对检测值有怀疑时。

2）回弹仪的保养应按下列步骤进行：

① 先将弹击锤脱钩，取出机芯，然后卸下弹击杆，取出里面的缓冲压簧，并取出弹击锤、弹击拉簧和拉簧座。

② 清洁机芯各零部件，并应重点清洗中心导杆、弹击锤和弹击杆的内孔和冲击面。清洗后，应在中心导杆上薄薄涂抹钟表油，其他零部件均不得抹油。

③ 清理机壳内壁，卸下刻度尺，检查指针，其摩擦力应为 0.5～0.8 N。

④ 对于数字回弹仪，还应按产品要求的维护程序进行维护。

⑤ 保养时不得旋转尾盖上已定位紧固的调零螺丝；不得自制或更换零部件。

⑥ 保养后应进行率定试验。

回弹仪使用完毕后，应使弹击杆伸出机壳，并应清除弹击杆、杆前端球面以及刻度尺表面和外壳上的污垢、尘土。回弹仪不用时，应将弹击杆压入机壳内，经弹击后按下按钮锁住机芯，然后装入仪器箱。仪器箱平放在干燥阴凉处。当数字式回弹仪长期不用时，应取出电池。

10.2.2　回弹法检测混凝土强度的影响因素

采用回弹仪测定混凝土抗压强度就是根据混凝土硬化后其表面硬度（主要是混凝土内砂浆部分的硬度）与抗压强度之间的相关关系进行的。通常，影响混凝土的抗压强度与回弹值的因素很多，有些因素只对其中一项有影响，而对另一项不产生影响或影响甚微。弄清有哪些影响因素以及这些影响因素的作用和影响程度，对正确制订及选择测强曲线、提高测试精度是非常重要的。

主要的影响因素有以下几种：

1. 原材料

混凝土抗压强度大小主要取决于其中的水泥砂浆的强度、粗集料的强度及二者的粘结力。混凝土的表面硬度除主要与水泥砂浆强度有关外，一般和粗集料与砂浆的粘结力以及混凝土内部性能关系并不明显。

1）水泥。当碳化深度为零或同一碳化深度下，用普通硅酸盐水泥、矿渣硅酸盐水泥及粉煤灰硅酸盐水泥的混凝土抗压强度与回弹值之间的基本规律相同，对测强曲线没有明显差别。自然养护条件下的长龄期试块，在相同强度条件下，已经碳化的试块回弹值高，龄期越长，此现象越明显。

2）细集料。普通混凝土用细集料的品种和粒径，只要符合《普通混凝土用砂质量标准及检验方法》（JGJ 52—2006）的规定，对回弹法测强没有显著影响。

3）粗集料。粗集料的影响，至今看法不统一，有的认为不同石子品种、粒径及产地对回弹法测强有一定影响，有的认为影响不大，认为分别建立曲线未必能提高测试精度。

2. 成型方法

只要成型后的混凝土基本密实，手工插捣和机振对回弹测强无显著影响。但对一些采用离心法、真空法、压浆法、喷射法和混凝土表层经过各种物理、化学方法处理成型的混凝土，应慎重使用回弹法的统一测强曲线，必须经过试验验证后方可使用。

3. 养护方法

标准养护与自然养护的混凝土含水率不同，强度发展不同，表面硬度也不同，尤其在早期，差异更明显。国内外资料都主张标准养护与自然养护的混凝土应有各自不同的校准曲线。蒸汽养护使混凝土早期速度增长较快，但表面硬度也随之增长，若排除混凝土表面湿度、碳化等因素的影响，则蒸汽养护混凝土的测强曲线与自然养护混凝土基本一致。

4. 湿度

湿度对回弹法测强有较大的影响。试验表明，湿度对于低强度混凝土影响较大，随着强度的增长，湿度的影响逐渐减小，对于龄期较短的较高强度的混凝土的影响已不明显。

5. 碳化

水泥经水化就游离出大约 35% 的 $Ca(OH)_2$，混凝土表面受到空气中 CO_2 的影响，逐渐生成硬度较高的 $CaCO_3$，这就是混凝土的碳化现象，它对回弹法测强有显著影响。随着硬化龄期的增长，混凝土表面一旦产生碳化现象后，其表面硬度逐渐增高，使回弹值与强度的增加速率不等，显著影响了 $f_{cu}—R$ 的关系。对于三年内不同强度的混凝土，虽然回弹值随着碳化深度的增大而增大，但当碳化深度达到某一数值如等于 6 mm 时，这种影响基本不再增长。

6. 模板

使用吸水性模板会改变混凝土表层的水胶比，使混凝土表面硬度增大，但对混凝土强度并无显著影响。

7. 其他

混凝土分层泌水现象使一般构件底边石子较多，回弹读数偏高；表层泌水，水胶比略大，面层疏松，回弹值偏低。

钢筋对回弹值的影响视混凝土保护层厚度、钢筋直径及其密集程度而定。

除以上所列影响因素以外，测试时的大气温度、构件的曲率半径、厚度和刚度以及测试技术等对回弹也有不同程度的影响。

10.2.3 回弹法测强曲线

1. 测强曲线的分类

测强曲线是指混凝土的抗压强度数值。一般规定，测强曲线可以分为以下三种类型：

1）统一测强曲线：由全国有代表性的材料、成型养护工艺配制的混凝土试件，通过试验所建立的曲线。此测强曲线适用于以下条件：

① 普通混凝土采用的水泥、砂石、外加剂、掺和料、拌合用水符合现行国家有关标准；

② 采用普通成型工艺；

③ 采用符合现行国家标准的模板；

④ 蒸汽养护出池后经自然养护 7 d 以上，且混凝土表层为干燥状态；

⑤ 自然养护龄期为 14～1 000 d;

⑥ 抗压强度为 10～60 MPa。

2）地区测强曲线：由本地区常用的材料、成型养护工艺配制的混凝土试件，通过试验所建立的测强曲线。

3）专用测强曲线：由与结构或构件混凝土相同的材料、成型养护工艺配制的混凝土试件，通过试验所建立的测强曲线。

地区和专用测强曲线只能在制定曲线时的条件范围内使用，如龄期、原材料、外加剂、强度区间等，不允许超出该使用范围。

2．各类测强曲线的误差值规定

1）统一测强曲线的强度误差值应符合下列规定：

① 平均相对误差（δ）不应大于±15.0%;

② 相对标准差（e_r）不应大于 18.0%。

2）地区测强曲线的强度误差值应符合下列规定：

地区测强曲线：平均相对误差（δ）不应大于±14.0%；相对标准差（e_r）不应大于 17.0%。

3）专用测强曲线的强度误差值应符合下列规定：

平均相对误差（δ）不应大于±12.0%；相对标准差（e_r）不应大于 14.0%。

3．测强曲线的选用原则

对有条件的地区和部门，应制定本地区的测强曲线或专用测强曲线，经上级主管部门组织审定和批准后实施。

各检测单位应按专用测强曲线、地区测强曲线、统一测强曲线的次序选用测强曲线。

10.2.4 检测技术及数据处理

1．检测技术

（1）检测技术的一般规定

采用回弹仪检测混凝土强度时应具有下列资料：工程名称、设计单位、施工单位；构件名称、数量及混凝土类型（是否泵送）、强度等级；水泥安定性，外加剂、掺合料品种；混凝土配合比；施工模板、混凝土浇筑、养护情况及浇筑日期；必要的设计图纸和施工记录；检测原因等。

回弹仪在工程检测前后，应在钢砧上做率定试验，并应符合要求，率定值为 80±2。

（2）检测类别

1）单个检测。对于一般构件，测区数不宜少于 10 个，相邻两测区的间距不应大于 2 m，测区面积不宜小于 0.04 m²，且应选在能够使回弹仪处于水平方向的混凝土浇筑侧面。

2）批量检测。对于混凝土生产工艺、强度等级、原材料、配合比、养护条件一致且龄期相近的一批同类构件的检测应采用批量检测。按批量进行检测时，应随机抽取，抽检数量不宜少于同批构件总数的 30%且构件数量不宜少于 10 件。当检验批构件数量大于 30 个时，抽样构件数量可适当调整，但不得少于国家现行有关标准规定的最少抽样数量。

（3）测量回弹值

测量回弹值时，回弹仪的轴线应始终垂直于混凝土检测面，并应缓慢施压，准确读数，快速复位。

检测泵送混凝土强度时，测区应选在混凝土浇筑侧面。

每一测区应读取 16 个回弹值，每一测点[1]的回弹值读数都应精确到 1。测定宜在测区范围内均匀分布，相邻两测点的净距离不宜小于 20 mm；测点距外露钢筋、预埋件的距离不宜小于 30 mm；测点不应在气孔或外露石子上，同一测点应只弹击一次。

（4）测量碳化深度值

回弹值测量完毕后，应在有代表性的位置上测量碳化深度值，测点数不应少于构件测区数的 30%，应取其平均值为该构件每测区的碳化深度值。当碳化深度值极差大于 2.0 mm 时，应在每一测区测量碳化深度值。

测量碳化深度值应符合下列规定：

1）可采用工具在测区表面形成直径约 15 mm 的孔洞，其深度应大于混凝土的碳化深度。

2）应清除孔洞中的粉末和碎屑，且不得用水擦洗。

3）应采用浓度为 1%～2% 的酚酞酒精溶液滴在孔洞内壁的边缘处，当已碳化与未碳化界线清楚时，应采用碳化深度测量仪测量已碳化与未碳化混凝土交界面到混凝土表面的垂直距离，并应测量三次，每次读数精确至 0.25 mm。

4）应将三次测量的平均值作为检测结果，并应精确至 0.5 mm。

（5）泵送混凝土

在旧标准中泵送混凝土是在非泵送混凝土强度换算的基础上加上泵送修正得到泵送混凝土强度值。

由于泵送混凝土在原材料、配合比、搅拌、运输、浇筑、振捣、养护等环节与传统的混凝土有很大的区别，为了适用于混凝土技术的发展，提高回弹法检测的精度，新标准把泵送混凝土进行单独回归。

按照最小二乘法的原理，通过回归得到的幂函数曲线方程为

$$f = 0.034\,488R^{1.9400}10^{(-0.0173d_m)} \tag{10.2}$$

式中　d_m——碳化深度平均值；

　　　R——回弹平均值。

其强度误差为：平均相对误差为 ±13.89%；相对标准误差为 17.24%。

2. 数据处理

（1）回弹平均值的计算

应从该测区的 16 个回弹值中剔除三个最大值和三个最小值，余下的 10 个回弹值应按下式计算：

$$R_m = \frac{1}{10}\sum_{i=1}^{10}R_i \tag{10.3}$$

式中　R_m——测区平均回弹值，精确至 0.1；

　　　R_i——第 i 个测点的回弹值。

（2）角度修正

非水平状态检测混凝土浇筑侧面时，测区的平均回弹值应按下列公式修正：

---

1 测点：测区内的一个回弹检测点。

$$R_m = R_{m\alpha} + R_{a\alpha} \tag{10.4}$$

式中 $R_{m\alpha}$——非水平状态检测时的测区平均回弹值，精确至 0.1；

$R_{a\alpha}$——非水平状态检测时的回弹修正值。

（3）检测面修正

水平方向检测混凝土浇筑顶面或底面时，测区的平均回弹值应按下列公式修正：

$$R_m = R_m^b + R_a^t \tag{10.5}$$

$$R_m = R_m^b + R_a^b \tag{10.6}$$

式中 R_m^t、R_m^b——水平方向检测混凝土浇筑表面、底面时，测区的平均回弹值，精确至 0.1；

R_m^t、R_a^b——混凝土浇筑表面、底面回弹值的修正值，测区的平均回弹值，精确至 0.1。

值得注意的是：当检测时回弹仪为非水平方向且测试面为混凝土的非浇筑侧面时，应先对回弹值进行角度修正，然后再对修正后的值进行浇筑面修正。即"先修角，后修面"。

10.2.5 结构混凝土强度的计算

1. 测区混凝土强度换算值

构件第 i 个测区混凝土强度换算值，由平均回弹值（R_m）和平均碳化深度值（d_m）查表得出。当有地区测强曲线或专用测强曲线时，混凝土强度换算值应按地区测强曲线或专用测强曲线换算得出。

2. 测区混凝土强度平均值、强度标准差的计算

构件的测区混凝土强度平均值应根据各测区的混凝土强度换算值计算。当测区数为 10 个及以上时，还应计算强度标准差。

平均值：
$$m_{f_{cu}^c} = \frac{\sum_{i=1}^{n} f_{cu,i}^c}{n} \tag{10.7}$$

标准差：
$$s_{f_{cu}^c} = \sqrt{\frac{\sum (f_{cu,i}^c)^2 - n(m_{f_{cu}^c})^2}{n-1}} \tag{10.8}$$

式中 $m_{f_{cu}^c}$——构件测区混凝土强度换算值的平均值（MPa），精确到 0.1 MPa；

$s_{f_{cu}^c}$——结构或构件测区混凝土强度换算值的标准差（MPa），精确到 0.1 MPa；

n——对于单个检测的构件，取该构件的测区数；对于批量检测的构件，取所有被抽检构件测区数之和。

3. 强度推定

构件的现龄期混凝土强度推定值（$f_{cu,e}$）是指相应于强度换算值总体分布中保证率不低于 95%的构件中混凝土抗压强度。此值应符合下列规定：

1）当该结构或构件测区数少于 10 个时：
$$f_{cu,e} = f_{cu,min}^c \tag{10.9}$$

式中 $f_{cu,min}^c$——构件中最小的测区混凝土强度换算值。

2）当该结构或构件的测区强度值中出现小于 10.0 MPa 时，应按下式确定：

$$f_{cu,e} < 10.0 \text{ MPa} \tag{10.10}$$

3）当该结构或构件测区数不少于 10 个时，应按下列公式计算：

$$f_{cu,e} = m_{f_{cu}^c} - 1.645 s_{f_{cu}^c} \tag{10.11}$$

4）当批量检测时，应按下列公式计算：

$$f_{cu,e} = m_{f_{cu}^c} - k s_{f_{cu}^c} \tag{10.12}$$

式中　k——推定系数，宜取 1.645。当需要进行推定强度区间时，可按国家现行有关标准的规定取值。

4．不能按批检测的情况

对按批量检测的构件，当该批构件混凝土强度标准差出现下列情况之一时，则该批构件应全部按单个构件检测：

1）当该批构件混凝土强度平均值小于 25 MPa 时，标准差大于 4.5 MPa；

2）当该批构件混凝土强度平均值不小于 25 MPa，且不大于 60 MPa 时，标准差大于 5.5 MPa。

[课后习题]

一、填空题

1．回弹法适用于普通混凝土抗压强度的检测，不适用于_____混凝土结构或构件的检测。

2．回弹仪检定周期为_____，钢砧应每_____年送授权计量检定机构检定或校准。

3．按批量进行检测时，应随机抽检构件。抽检数量：

1）不宜少于_____；

2）当检验批受检构件数量大于_____个时，抽样构件数量可适当调整，并不得少于国家现行有关标准规定的最小抽样数量。

4．单个构件的测区应符合下列规定：

1）对一般构件，测区数不宜少于_____；

2）当受检构件数量大于 30 个且不需提供单个构件推定强度或对某一方向尺寸小于 4.5 m 且另一方向尺寸小于 0.3 m 的构件，其测区数量可适当减少_____。

5．测区应选在使回弹仪处于水平方向检测混凝土浇筑_____。当不能满足这一要求时，可使回弹仪处于非水平方向检测混凝土浇筑_____ 。

6．测区宜选在构件的_____可测面上，也可选在一个可测面上，且应均匀分布。

7．测量回弹值时，回弹仪的轴线应始终_____于混凝土检测面。应缓慢施压，准确读数，快速复位。

8．每一测区应读取_____个回弹值，每一测点回弹值读数应精确至_____。测点不应在气孔或外露石子上，同一测点应只弹击一次。

9．当碳化深度值极差大于_____时，应在每个测区分别测量碳化深度值。

10．计算测区平均回弹值，应从该测区的 16 个回弹值中剔除_____最大值和_____最小值。其余 10 个回弹值按平均值计算，精确至_____。

11．对按批量检测的构件，当该批构件混凝土强度标准差出现下列情况之一时，则该批构件应全部按单个构件检测：

（1）当该批构件混凝土强度平均值小于 25 MPa 时，标准差_____；

（2）当该批构件混凝土强度平均值不小于 25 MPa 且不大于 60 MPa 时，标准差_____。

二、选择题

1. 回弹仪在洛氏硬度 HRC 为 60±2 的钢砧上，回弹仪的率定值应为（　　）。

A. 78±2　　　　　　B. 80±2　　　　　　C. 81±2　　　　　　D. 82±2

2. 数字式回弹仪的回弹值与指针直读示值不应超过（　　）。

A. 0°　　　　　　　B. 1°　　　　　　　C. 2°　　　　　　　D. 3°

3. 率定试验应分四个方向进行，且每个方向弹击前，弹击杆应旋转（　　），每个方向的回弹平均值均应为 80±2。

A. 30°　　　　　　　B. 60°　　　　　　　C. 90°　　　　　　　D. 180°

4. 三类测强曲线的选用顺序是（　　）。

A. 统一测强曲线、地区测强曲线、专用测强曲线

B. 地区测强曲线、统一测强曲线、专用测强曲线

C. 专用测强曲线、地区测强曲线、统一测强曲线

D. 统一测强曲线、专用测强曲线、地区测强曲线

5. 检测部位曲率半径小于（　　）mm 时，测区混凝土强度不得按规定进行强度换算。

A. 200　　　　　　　B. 250　　　　　　　C. 300　　　　　　　D. 350

三、简答题

1. 回弹仪的保养步骤有哪些？

2. 简述回弹法检测混凝土强度的影响因素。

3. 构件的现龄期混凝土强度推定值应符合哪些规定？

四、计算题

1. 某工程 10 个构件回弹结果见表 1，拟进行混凝土强度批量评定，试问：

1）可否进行批量评定？为什么？

2）进行构件 1、构件 8 和构件 9 的现龄期混凝土强度推定值计算。

2. 某构件 10 个测区回弹值见表 2，试进行该构件混凝土抗压强度计算。

表 1

编号	回 弹 值 R_i																回弹平均值 R	测区碳化深度 d_i/mm	测区混凝土换算值
	1	2	3	4	5	6	7	8	9	10	11	12	13	14	15	16			
测区1	42	45	41	36	39	36	45	39	39	44	42	45	37	45	35	40	40.8	0.50, 0.50, 0.50	41.6
测区2	43	37	37	43	34	42	41	35	34	41	40	37	45	40	38	41	39.4	0.75, 0.75, 0.50	38.8

续表

编号	回弹值 R_i																回弹平均值 R	测区碳化深度 d_i/mm	测区混凝土换算值
	1	2	3	4	5	6	7	8	9	10	11	12	13	14	15	16			
测区3	34	41	43	44	37	37	38	41	38	44	43	35	40	38	37	34	39.0	/	38.2
测区4	41	43	41	43	37	36	39	38	44	41	41	37	43	34	38	41		/	
测区5	43	43	37	34	36	40	42	43	34	44	39	43	36	38	44	44	40.4	0.50, 0.50, 0.50	40.7
测区6	43	38	34	39	39	35	45	43	38	41	39	36	42	42	44	44	40.4	/	40.7
测区7	34	42	37	39	43	34	35	39	35	34	39	39	44	45	45	40	38.8	/	37.9
测区8	35	34	40	44	40	39	44	41	35	37	37	43	36	37	35	38	38.0	/	36.4
测区9	38	41	44	40	34	43	44	35	38	41	38	34	43	35	45	39	39.6	/	39.1
测区10	41	38	39	42	39	43	42	38	39	43	36	35	43	42	34	40	40.0	/	39.9

表2

构件号	测区1换算值 MPa	测区2换算值 MPa	测区3换算值 MPa	测区4换算值 MPa	测区5换算值 MPa	测区6换算值 MPa	测区7换算值 MPa	测区8换算值 MPa	测区9换算值 MPa	测区10换算值 MPa	测区平均值 MPa	测区标准差 MPa
构件1	34.1	35.3	37.4	36.7	34.7	35.8	34.9	36.8	34.7	34.8	35.5	1.10
构件2	36.5	35.3	35.6	34.8	34.7	35.3	36.2	34.6	34.1	35.7	35.3	0.75
构件3	26.7	26.3	25.6	25.2	26.4	26.8	25.3	25.4	26.9	26.7	26.1	0.68
构件4	26.5	26.3	23.6	24.7	23.7	24.8	24.3	25.6	25.6	26.7	25.2	1.13
构件5	27.9	26.3	28.5	25.8	26.6	27.2	27.1	27.5	27.1	23.1	26.7	1.48
构件6	27.2	26.4	26.5	26.2	24.4	25.9	27.1	27.3	27.2	24.3	26.3	1.11
构件7	24.5	25.3	24.6	25.7	25.7	25.8	25.9	25.1	24.7	23.7	25.1	0.72

构件号	测区1换算值MPa	测区2换算值MPa	测区3换算值MPa	测区4换算值MPa	测区5换算值MPa	测区6换算值MPa	测区7换算值MPa	测区8换算值MPa	测区9换算值MPa	测区10换算值MPa	测区平均值MPa	测区标准差MPa
构件8	24.7	25.1	23.6	26.6	27.3	25.6	24.7	25.4	26.7	—	25.5	1.17
构件9	17.5	13.3	15.1	13.9	12.9	11.8	9.9	14.5	16.2	—	17.0	1.58
构件10	16.5	18.3	16.6	19.7	18.2	17.1	19.2	19.1	17.6	—	18.0	1.16

10 个构件测区强度平均值 26.3 MPa，10 个构件测区强度标准差 5.77 MPa

已知：

测区平均回弹值	测区强度换算值 MPa		
	碳化深度值 d_m / mm		
	0	0.5	1.0
39.8	41.2	39.6	38.0
40.0	41.6	39.9	38.3
40.2	42.0	40.3	38.6

标准差计算公式

$$s_{f_{cu}^c} = \sqrt{\frac{\sum (f_{cu,i}^c)^2 - n(m_{f_{cu}^c})^2}{n-1}}$$

建筑工程质量与安全实训篇

第 11 章　建筑工程质量管理实训

[案例背景]

某大学投资兴建一综合实验楼,结构采用现浇框架-剪力墙结构体系,地上建筑为 15 层,地下为 2 层,通过公开招标,确定了某施工单位为中标单位,双方签订了施工承包合同。

该工程采用人工挖孔桩基础,按流水施工方案组织施工,在第一段施工过程中,使用钢筋材料已送检,为了在雨期来临之前完成基础工程施工,施工单位负责人未经监理许可,在材料送检时,擅自施工,桩基浇筑完毕后,发现钢筋试验报告中某些检验项目质量不合格,导致部分桩基础评定为废桩。如果返工重做,将延误工期 50 天,经济损失为 23.1 万元。

某天凌晨两点左右,该综合实验楼发生一起 6 层悬臂式雨篷根部突然断裂的恶性质量事故,雨篷挂在墙面上,未造成人员伤亡。经事故调查、原因分析,发现造成该质量事故的主要原因是:在施工时将受力钢筋位置放错,使悬臂结构受拉区无钢筋而产生脆性破坏。

[问题]

1)施工单位未经监理单位许可即进行混凝土浇筑,该做法是否正确?如果不正确,施工单位应如何做?

2)为了保证该综合实验楼的工程质量达到设计和规范要求,施工单位对进场材料应如何进行质量控制?

3)案例中出现悬臂式雨篷根部突然断裂的质量事故,从技术上和管理上如何防范?

[学习目标]

1)了解建设工程在现场生产过程中关于质量方面的主控项目和一般控制项目的构成;

2)重点掌握主要工程部位、主要材料、主要工艺加工、主要施工方法在国家规范及行业规范中所要求的标准及其允许偏差;

3)熟悉主要工程部位的施工工艺,能独立判别质量问题发生的主要原因。

[能力目标]

1）能够具备主要工程部位、主要材料、主要工艺加工质量验收工作的相应技术能力，并能自行判别检验批是否达到合格标准；

2）对于现场常见的检测工具，要学会使用；

3）能够学会查阅规范，指出施工中不正确的施工工艺。

11.1　原材料、原材料加工工艺质量管理实训

1．钢筋原材料进场检查

1）进场钢筋应有出厂质量证明书或厂方试验报告单。

2）外观检查：钢筋表面及每捆（盘）钢筋均有标识，钢筋表面不得有裂纹、折痕和锈蚀现象。

3）按现行国家标准的规定抽取试样做力学性能的试验，合格后方可使用。并做好见证取样送检工作。

4）在钢筋进场检验时，批量应按下列情况确定：

频率：一般每批由同一牌号、同一炉罐号、同一规格的钢筋组成，每批重量不大于 60 t。

5）取样方法：

① 热轧光圆、热轧带肋钢筋应符合《钢筋混凝土用钢　第 1 部分：热轧光圆钢筋》（GB 1499.1—2008）和《钢筋混凝土用钢　第 2 部分：热轧带肋钢筋》（GB 1499.2—2007）的规定，取样方法见表 11.1。

表 11.1　热轧带肋钢筋、热轧光圆钢筋取样方法

序号	检测项目	取样数量	取样方法
1	拉伸	2	任选 2 根钢筋切取，长度约 450 mm
2	冷弯	2	任选 2 根钢筋切取，长度约 350 mm
3	尺寸偏差	逐支	一般就用力学性能试件做
4	重量偏差	不少于 5	从不同根钢筋上截取，长度不小于 500 mm

② 冷轧带肋钢筋应符合《冷轧带肋钢筋》（GB 13788—2008）的规定，取样方法见表 11.2。

表 11.2　冷轧带肋钢筋取样方法

序号	检测项目	取样数量	取样方法
1	拉伸	1	在每（任）盘中随机切取，拉伸长约 450 mm，弯曲长约 350 mm
2	弯曲（反复）	2	

③ 冷轧扭钢筋应符合《冷轧扭钢筋》（JG 190—2006）的规定，取样方法见表 11.3。

每批由同一型号、同一强度等级、同一规格尺寸、同一台（套）轧机生产的钢筋组成，

且每批不大于 20 t。

表 11.3　冷轧扭钢筋取样方法

序号	检测项目	取样数量	取样方法
1	拉伸	2	随机抽取，每根钢筋只能截取 1 根拉伸，1 根弯曲试样。先去掉钢筋端部 500mm 后，再截取试样。试样长度：取偶数倍节距，且不应小于 4 倍节距，同时不小于 500mm
2	冷弯	1	

2．钢筋接头试验检查

（1）闪光对焊

1）频率：同一台班内由同一焊工完成的 300 个同级别、同直径钢筋焊接接头为一批，当同一台班内焊接的接头数量较少，可在一周内累计计算，如累计仍不足 300 个接头，也应按一批计算。

2）取样方法：每批随机抽取 3 个长约 450 mm 接头做拉伸，抽取 3 个长约 350 mm 接头做冷弯。

（2）电弧焊、电渣压力焊、气压焊

1）频率：在一般构筑物中，以 300 个同牌钢筋、同形式接头为一批，在现浇钢筋混凝土结构中，在同一楼层中 300 个同牌号、同形式接头为一批，不足 300 个接头，按一批计算。

2）取样方法：电弧焊，每批随机抽取 3 个长约 450 mm 的接头做拉伸。电渣压力焊，每批随机抽取 3 个长约 450 mm 的接头做拉伸。气压焊，在柱、墙竖向钢筋连接及梁、板水平钢筋连接中，随机抽取 3 个接头做拉伸，在梁、板水平钢筋连接中，随机抽取 3 个接头做冷弯。

（3）钢筋机械连接

1）频率。

工艺检验：钢筋连接工程开始前及施工过程中，应对每批进场钢筋进行接头工艺检验；

现场检验：同一施工条件下采用同一批材料的同等级、同形式、同规格接头，以 500 个为一批。

2）取样方法。

工艺检验：每种规格钢筋接头的试件不应少于 3 个，钢筋母材抗拉强度试件不应少于 3 根，且应取自接头试件的同一根钢筋。

现场检验：在工程结构中随机截取 3 个接头做拉伸试件。

（4）钢筋焊接骨架及焊接网

1）频率：钢筋牌号、直径及尺寸相同的焊接骨架和焊接网应视为同一类型制品，且每 300 件作为一批，一周内不足 300 件也按一批计。由几种直径钢筋组合的焊接骨架或焊接网，应对每种组合的焊点做力学性能检验。

2）取样方法：热轧钢筋的焊点应做剪切试验，试件为 3 件，冷轧带肋钢筋焊点除做剪切试验外，尚应对纵向和横向冷轧带肋钢筋做拉伸试验，试件各为 1 件。剪切试件纵筋长度应大于或等于 290 mm，横筋长度应大于或等于 50 mm。拉伸件纵筋长度应大于或等于 300 mm。

焊接网剪切试件应沿同一横向钢筋随机切取，切取剪切试件时，应使制品中的纵向钢筋成为试件的受拉钢筋。

11.2 建筑工程质量管理实训

11.2.1 人工挖孔桩作业质量实训

1. 施工准备

1）熟悉施工图纸及场地的地下水质、水文、地勘等地质资料，编制施工组织设计交有关技术部门审批，并将批准的施工组织设计向施工人员进行技术交底和安全交底。

2）根据地下水位高低、水量大小、编制水下施工方案，对地下水位高、含流砂的场地，应采取周密的降低地下水位或排水、止水措施。

3）按基础平面图设置桩位线；桩孔四周撒灰线并用页岩砖砌好井圈，将轴线、标高及桩心控制线用双色油漆标于井圈上以便控制桩孔位置。测定高程水准点。放线工序完成后，办理预检手续。

4）按设计要求分段制作钢筋笼。

5）全面开挖之前，有选择的先挖试验孔桩，试孔数量不少于 2 个，分析土质、水文等有关情况，以此修正施工方案。

6）在地下水位比较高的区域，先降低地下水位至桩底以下 0.5 mm 左右。

7）开挖前对施工人员进行全面的质量技术交底。

2. 工艺流程

放线定桩位—砌筑井圈—在井圈上标设轴线、高程及桩心控制线—开挖第一节桩孔土方—支护壁模板（放附加钢筋）—浇筑第一节护壁混凝土—检查桩位（中心）轴线—浇筑护壁混凝土—拆第一节至第二节护壁模板（放附加钢筋）—开挖吊运第二节桩孔土方（修边）—浇筑第二节护壁混凝土—检查桩位（中心）轴线—逐层往下循环作业—架设垂直运输架—安装电动葫芦—安装吊桶、照明、活动盖板、水泵、通风机等—开挖扩底部分—检查验收—吊放钢筋笼—放混凝土串筒（导管）—浇筑桩身混凝土（随浇随振）—插桩顶钢筋。

3. 施工过程

1）测量质量控制：在场地"三通一平"的基础上，依据建筑物测量控制网资料和基桩平面布置图，测定桩位方格控制网和高程基准控制点。确定好桩位控制中心，以中心为圆心，以桩身半径加护壁厚度为半径画出上部（即第一步的圆周）。撒石灰线作为桩孔开挖尺寸线。桩位应定位准确，核对图纸要求的桩径，在桩位处地表面沿桩心外 150 mm 用 M5 水泥砂浆砌 240 厚至桩顶标高≥200 砖井圈，表面及内外壁 1:2.5 水泥砂浆抹灰平整，并将轴线、十字线引测到砖砌井圈平面上，用红油漆画"△"标识轴线，黄油漆画"△"标识桩孔中心十字线。桩位线定好之后，必须经有关部门进行复查，办好预检手续后开挖。

检查桩位（中心）轴线及标高：每节桩孔护壁做好以后，必须将桩位十字轴线和标高测设在护壁的上口，然后用十字线对中，吊线坠向井底投设，以半径尺杆检查孔壁的垂直平整度。随之进行修整，井深必须以基准点为依据，逐根进行引测。确保桩孔轴线位置、标高、截面尺寸满足设计要求。为避免可能产生垂直偏差，每挖好一节均应用锤球吊中检查垂直度，发现问题随时纠正，如图 11.1 所示。

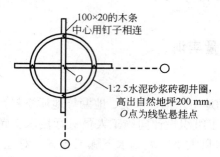

图 11.1　挖孔桩垂直度测量示意图

2）作业后吊放钢筋笼：钢筋笼按设计要求配置，运输及吊装应防止扭转弯曲变形，根据规定加焊内固定筋。钢筋笼放入前应绑好砂浆垫块，按设计要求为 50 mm（钢筋笼四周，在主筋上每隔 2 m 左右设一个 ϕ20 耳环，作为定位垫块；吊放钢筋笼时，要对准孔位，直吊扶稳、缓慢下沉，避免碰撞孔壁。钢筋笼放到设计位置时，应立即固定。遇到两段钢筋笼连接时，应采用双面焊接，接头数按 50% 错开，以确保钢筋位置正确，保护层厚度符合要求。为防止浇混凝土时柱插筋移位，在桩顶或承台顶用 ϕ25 的钢筋 4 根焊成"井"字形，夹紧柱插筋，并焊牢于桩或承台的钢筋笼上，再在基顶上部用 ϕ48 钢管将柱插筋固定牢固，如图 11.2 所示。

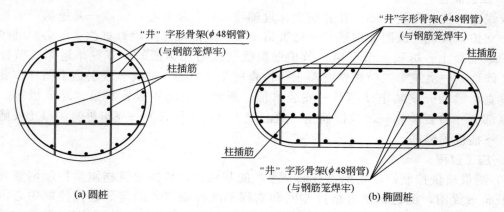

图 11.2　桩顶插筋示意图

3）浇筑桩身混凝土：用溜槽向桩孔内浇筑混凝土。当高度超过 3 m 时应用串筒，串筒末端离孔底高度不宜大于 2 m。桩孔深度超过 12 m 时，宜采用混凝土导管浇筑。浇筑混凝土应连续进行，分层振捣密实。一般第一步宜浇筑到扩底部位的顶面，然后浇筑上部混凝土。分层高度以捣固的工具而定，但不大于 1.5 m。水下浇灌应按水下浇灌混凝土的规定施工。

4）混凝土浇筑到桩顶时，应适当超过桩顶设计标高，以保证在剔除浮浆后，桩顶标高符合设计要求。桩顶上的插筋应保证设计尺寸，垂直插入。

5）雨期施工：雨天不宜进行人工挖孔桩的施工。如确需施工时，现场必须做好排水的措施，严防地面雨水流入桩孔内，致使桩孔塌方。

6）人工挖孔灌注桩质量必须符合《混凝土灌注桩（钢筋笼）工程检验批质量验收记录表》和《混凝土灌注桩工程检验批质量验收记录表》中的规定。

11.2.2　独立基础质量实训

1. 工艺流程

测量放线→基坑开挖→验坑→浇筑垫层→画线（弹墨水线）→钢筋网片安装→支模→浇筑混凝土。

2. 施工过程

1）按施工图进行精确放线，为确保位置及几何尺寸准确，可在基坑上口按挖孔桩井圈做法，砌筑坑圈并将轴线投测于坑圈上，用油漆做好标识。

2）基坑开挖时应注意坑底石质，当石质和深度达到设计要求应立即对坑底进行清理，并组织验收，合格后立即用混凝土垫层进行封闭处理。

3）当垫层达到 1.2 MPa 后，在其上进行弹线，铺放钢筋网片，支模。上下部垂直钢筋应绑扎牢固，柱插筋弯钩部分必须与底板筋成 45°绑扎，连接节点处必须全部绑扎，距底板 5 cm 处绑扎第一道箍筋，距基础顶 5 cm 处绑扎最后一道箍筋，作为标高控制筋及定位筋，柱插筋最上部再绑扎一道定位筋，上、下箍筋及定位箍筋绑扎完成后将柱插筋调整。

到位并用"井"字木架临时固定，然后绑扎剩余箍筋，保证柱插筋不变形走样，两道定位筋在基础混凝土浇完后，必须进行更换。

钢筋绑扎好后底面及侧面置保护层塑料垫块，厚度为设计保护层厚度，垫块间距不得大于 1 000 mm，以防出现露筋，造成钢筋移位。

4）模板：钢筋绑扎及相关专业施工完成后立即进模板安装，模板采用木模，利用架管或木枋加固。

5）浇筑现浇柱下基础时，应特别注意柱子插筋位置的正确，防止造成位移和倾斜。在浇筑开始时，先满铺一层 5～10 cm 厚的混凝土并捣实，便于柱子插筋下段和钢筋网片的位置基本固定，然后对称浇筑。在混凝土浇筑时如发现有变形、走动或位移时，立即停止浇筑并及时修整和加固模板，然后再继续浇筑。

6）混凝土浇筑完毕，外露表面应在 12 h 后浇水养护或者覆盖养护。常温下养护不得少于 7 昼夜。

11.2.3　钢筋直螺纹连接质量实训

1. 工艺流程

预接钢筋端面平头—剥肋滚压螺纹—丝头质量检验—利用套筒连接—接头检验；现场连接钢筋就位—拧下钢筋保护帽和套筒保护帽—接头拧紧—做标记—施工质量检验。

2．施工准备

由厂家根据其工艺要求对操作人员进行技术交底和技术培训，经考核合格发给上岗证后方可上岗操作。钢筋应先调直再加工，切口端面要与钢筋轴线垂直，端头弯曲、马蹄严重的要切去，但不得用气割下料。

3．施工工艺

1）钢筋丝头加工，按钢筋规格所需的调整试棒调整好滚丝头内孔最小尺寸。按钢筋规格更换涨刀环，并按规定的丝头加工尺寸调整好剥肋直径尺寸。调整剥肋挡块及滚压行程开关位置，保证剥肋及滚压螺纹的长度符合丝头加工尺寸的规定。

2）钢筋丝头加工完成检验合格后，要用专用的钢筋丝头保护帽或连接套筒对钢筋丝头进行保护，以防螺纹在钢筋搬动或运输过程中被损坏或污染。

3）使用扳手或管钳对钢筋接头拧紧时，只要达到力矩扳手调定的力矩值即可。钢筋端部平头最好使用台式砂轮片切割机进行切割。

4）连接钢筋注意事项：钢筋丝头经检验合格后应保持干净无损伤。所连钢筋规格必须与连接套规格一致。连接水平钢筋时，必须从一头往另一头依次连接，不得从两头往中间或中间往两端连接。连接钢筋时，一定要先将待连接钢筋丝头拧入同规格的连接套之后，再用力矩扳手拧紧钢筋接头；连接成形后用红油漆作出标记，以防力矩扳手不使用时将其力矩值调为零，以保证其精度。

5）检查钢筋连接质量：检查接头外观质量应无完整丝扣外露，钢筋与连接套之间无间隙。如发现有一个完整丝扣外露，应重新拧紧，然后用检查用的扭矩扳手对接头质量进行抽检，手检查接头拧紧程度。

11.2.4 墙体、框架柱钢筋质量实训

1．工艺要求

1）钢筋绑扎。根据钢筋的直径确定钢筋的连接方式。分别采用梯子筋、定距框、"∏"形内撑筋及保护层垫块等措施，来保证墙体、钢筋保护层的厚度。竖向梯子筋加工使用比墙体立筋大一个直径等级钢筋制作，代替墙体立筋使用。梯档横筋用ϕ10圆钢，长度为墙厚减2 mm，控制钢筋网片位置和墙体厚度尺寸作用，其设置间距为1.5 m且每段墙高不少于3个。

2）水平梯子筋加工水平梯形筋临时固定在墙体立筋上，当绑扎上层钢筋时，撤除整理后待用。水平梯子筋的纵向筋一般使用ϕ12钢筋制作，长度控制为墙长且不大于3 000 mm，梯档横筋用ϕ10圆钢，长度为墙厚减30 mm，距离同墙体立筋间距。

3）定距框加工。定距框是用于限制剪力墙暗柱和框架柱纵向主筋的工具，根据柱截面大小使用ϕ14钢筋制作定距框的框架，其余纵向钢筋挡点采用ϕ10圆钢制作，挡点长度取30 mm。

4）"∏"形内撑筋加工。"∏"形内撑筋是用于固定两层钢筋网片间距的定位工具，内撑筋绑扎于墙顶附加水平筋上（平模板上口），能防止混凝土浇筑时顶部墙体水平钢筋侧向位移。"∏"形内撑筋的支撑筋根据墙厚选用ϕ10钢筋制作，长度为墙厚减2 mm；墙体水平钢筋挡点选用ϕ8钢筋制作，长度为20 mm。为防止支撑筋端部锈蚀，可将端部磨成3 mm高的圆台

形并涂刷两层防锈漆。如图 11.3 所示。

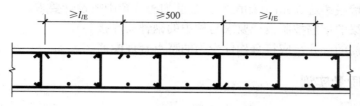

图 11.3　剪力墙构造做法示意图

5）套柱箍筋：按图纸要求间距，计算好每根柱箍筋数量，先将箍筋套在下层伸处的搭接筋上，然后立柱子钢筋，在搭接长度内，绑扣不少于 3 个，绑扣要向柱中心。如果柱子主筋采用光圆钢筋搭接时，角部弯钩应与模板成 45°角，中间钢筋的弯钩应与模板成 90°角。

6）搭接绑扎竖向受力筋：柱子主筋立起后，绑扎接头的搭接长度、接头面积百分率应符合设计要求。

7）箍筋绑扎：在立好的柱子竖向钢筋上画箍筋间距线，按图纸要求用粉笔画间距线。

8）柱箍筋绑扎：按已画好的箍筋位置线，将已套好的箍筋往上移动，由上往下绑扎，宜采用缠扣绑扎。

箍筋与柱筋要垂直，箍筋转角处与柱筋交点均要绑扎，柱筋与箍筋非转角部分的相交点成梅花交错绑扎。箍筋的弯钩叠合处应沿柱子竖筋交错布置，并绑扎牢固。

有抗震要求的地区，柱箍筋端头应弯成 135°，平直部分长度不小于 10 d（d 为箍筋直径），如箍筋采用 90°搭接，搭接处应焊接，焊缝长度单面焊缝不小于 10 d。

柱基、柱顶、梁柱交接处箍筋间距应按设计要求加密。柱上、下两端箍筋应加密，加密区长度及加密区内箍筋间距应符合设计图纸要求。如设计要求箍筋设拉筋时，拉筋应钩住箍筋。

柱筋保护层厚度应符合规范要求，柱筋外皮为 25 mm，垫块应绑在柱竖筋外皮上，间距一般为 1 000 mm，（或用塑料卡卡在外竖筋上）以保证主筋保护层厚度准确。当柱截面尺寸有变化时，柱应在板内弯折，弯后的尺寸应符合设计要求。

11.2.5　梁钢筋质量实训

1. 工艺流程

支设梁底模板—清理模板—模板上画线—绑梁下层、上层钢筋、腰筋—穿主梁箍筋并与主梁上、下层钢筋固定—穿次梁上、下层钢筋—穿次梁箍筋并与次梁上、下层钢筋固定。

2. 施工工艺

1）梁纵向受力钢筋出现双层或多层排列时，两排钢筋之间须垫以直径 25 mm 的短钢筋，间距不大于 2 m。如纵向钢筋直径大于 25 mm 时，短钢筋直径与纵向钢筋相同规格。

2）箍筋按设计要求弯钩均为 135°，且要统一，不得出现 180°或 90°弯钩。

3）在梁主筋底部垫大理石块，箍筋上加设塑料定位卡，保证梁钢筋保护层的厚度。

4）梁箍筋的接头（弯钩叠合处）须交错布置在两根架力钢筋上，箍筋转角与架力钢筋交叉点均须扎牢，绑扎箍筋时绑扣相互间须成八字形。

5）箍筋从距墙或梁边 5 cm 开始配置；箍筋加密区范围按设计要求。

6）钢骨梁中梁的钢筋按照设计要求与柱中的钢骨架焊接。

7）悬挑梁钢筋的绑扎，应符合构件受力的特点合理配筋。

11.2.6 板钢筋质量实训

1. 工艺流程

清理模板—模板上画线—绑板下部受力钢筋—绑上层钢筋。

工程开工前，对边坡工程施工可能存在的危险源进行辨识、评估，并采取控制措施。

2. 施工工艺

在高边坡施工中存在的危险源包括机械伤害、爆破伤害、触电伤害、坍塌和滑坡。

1）清扫模板上刨花、碎木、电线管头等杂物。模板上表面刷涂脱模剂后，放出轴线及上部结构定位边线。在模板上画好主筋、分布筋间距，用墨线弹出每两根主筋的线，依线绑筋。

2）按弹出的间距线，先摆受力主筋，后放分布筋。预埋件、电线管、预留孔等及时配合安装。绑扎板钢筋时，相交点必须全部绑扎八字扣。当板钢筋为双层双向时，为确保上部钢筋的位置，在两层钢筋间加设马凳筋，间距为 1 000 m。

3）当板上部筋为负弯矩筋，绑扎时在负弯矩筋端部拉通长小白线就位绑扎，保证钢筋在同一条直线上，端部平齐，外观美观。

4）为了保证楼板钢筋保护层厚度，采用混凝土垫块横、纵每间隔 500 mm 设置一个固定在楼板最下部钢筋上。

5）板中受力钢筋：从距墙或梁边 5 cm 开始配置；下部纵向受力钢筋伸至墙或梁的中心线，且不小于 5d（d 为受力钢筋直径）。板钢筋上层弯钩朝下，下层弯钩朝上。

6）板中分布筋：配置在受力钢筋弯折处（楼梯板等）及直线段内，梁截面范围内可不配置；截面面积不小于单位长度上受力钢筋截面面积的 10%，且间距≤300 mm。

7）板、次梁与主梁交叉处，板的钢筋在上，次梁的钢筋在中层，主梁钢筋在下。

8）板的下部钢筋短向钢筋在下，长向钢筋在上。

钢筋安装位置的允许偏差见表 11.4。

表 11.4　钢筋安装位置的允许偏差表（附）

项目		允许偏差/mm	检验方法
绑扎钢筋网	长、宽	±10	尺量
	网眼尺寸	±20	尺量连续三档，取最大偏差值
绑扎钢筋骨架	长	±10	尺量
	宽、高	±5	尺量
纵向受力钢筋	锚固长度	−20	尺量

项目		允许偏差 /mm	检验方法
纵向受力钢筋	间距	±10	尺量两端、中间各一点，取最大偏差值
	排距	±5	
纵向受力钢筋、箍筋的混凝土保护层厚度	基础	±10	尺量
	柱、梁	±5	尺量
	板、墙、表	±3	尺量
绑扎箍筋、横向钢筋间距		±20	尽量连续三档，取最大偏差值
钢筋弯起点位置		20	尺量
预埋件	中心线位置	5	尺量
	水平高差	+3, 0	塞尺量测

注：检查中心线位置时，沿纵、横两个方向量测，并取其中偏差的较大值。

11.2.7 混凝土浇筑质量管理实训

1．准备工作

1）在浇筑混凝土之前，应进行钢筋隐蔽工程验收，其内容包括：

① 纵向受力钢筋的品种、规格、数量、位置等；

② 钢筋的连接方式、接头位置、接头数量、接头面积百分率等；

③ 箍筋、横向钢筋的品种、规格、数量、间距等；

④ 预埋件的规格、数量、位置等。

2）混凝土浇筑部位的模板全部安装完毕，经检查符合设计要求，并办完隐检、预检手续。

3）模板内的杂物和钢筋上的油污等应清理干净，模板的缝隙和孔洞应堵严。

4）混凝土泵调试能正常运转，浇筑混凝土用的架子及马道已支搭完毕，并经检验合格。

5）已进行全面施工技术交底，混凝土浇筑申请书已被批准。

6）各专业已在混凝土浇筑会签单上签字。

7）夜间施工配备好足够的夜间照明设备。

2．墙、柱等竖向结构混凝土浇筑

1）墙、柱、梁、板混凝土一次性浇筑时必须分层浇筑，决不允许一次性倾倒浇筑，防止振捣不到位、出现质量通病。

2）混凝土浇筑时，采用地泵与布料杆共同进行混凝土输送。

3）墙混凝土浇筑前，先在底部均匀浇筑 50 mm 厚与墙体混凝土成分相同的水泥砂浆；柱混凝土浇筑前，先在底部均匀浇筑 100 mm 厚与柱混凝土成分相同的水泥砂浆。

4）混凝土分层厚度为 50 cm 左右，上、下层间隔时间不能大于 2 h；振动棒振点要均匀，防止漏振。

5）在进行柱混凝土浇筑时，严格控制下料厚度（每层浇筑厚度不得超过 40 cm）及混凝土振捣时间，杜绝蜂窝、孔洞。留置在梁底部的水平施工缝，标高要严格控制准确，不得有过低和超高的现象，并形成一个水平面，否则造成下一步梁板施工困难，同时影响其质量。

6）浇筑墙体洞口时，要使洞口两侧混凝土高度大体一致，振捣时振动棒应距洞边 300 mm 以上，并从两侧同时振捣，以防止洞口移位变形。大洞口下部模板应开口并补充振捣，然后再封口。

3．梁、板混凝土浇筑

1）梁、板混凝土应同时浇筑，浇筑方法由一端开始用"赶浆法"，即先浇筑梁，根据梁高分层浇筑成阶梯形，当达到板底位置时再与板的混凝土一起浇筑，随着阶梯形不断延伸，梁板混凝土浇筑连续向前进行。浇筑与振捣必须紧密配合，第一层下料慢些，梁底充分振实后再下第二层料，保持水泥浆沿梁底包裹石子向前推进，每层均应振实后再下料，梁底及梁帮部位要注意振实，振捣时不得触动钢筋及预埋件。

2）柱节点钢筋较密时，浇筑此处混凝土时用小粒径石子同强度等级的混凝土浇筑，并用 $\phi 30$ 振捣棒振捣。

3）由于本工程柱梁混凝土强度等级不同，所以，在浇筑前应用钢丝网隔开，钢丝网布置如图 11.4 所示。

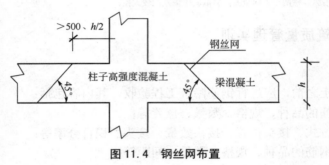

图 11.4　钢丝网布置

4）浇筑板混凝土的虚铺厚度应略大于板厚，用平板振捣器垂直浇筑方向来回拖动振捣，并用铁插尺检查混凝土厚度，振捣完毕后用木刮杠刮平，浇水后再用木抹子压平、压实。施工缝处或有预埋件及插筋处用木抹子抹平。浇筑板混凝土时不允许用振捣泵铺摊混凝土。

4．楼梯混凝土的浇筑

楼梯段混凝土自下而上浇筑，先振实底板混凝土，达到踏步位置时再与踏步混凝土一起浇捣，不断连续向上推进，并随时用木抹子将踏步上表面抹平。

11.3　常用基本建设程序实训

11.3.1　原材料报验制度

1．基本要求

1）工程材料、构配件、设备进场时且在用于工程前的时候，施工单位应将材料、构配件、设备的质量证明文件报送项目监理机构进行审批。

2）项目监理机构应按照有关规定、建设工程监理合同约定，对用于工程的材料、构配件、设备进行见证取样、平行检验。

项目监理机构对已进场经检验不合格的工程材料、构配件、设备，应要求施工单位限期将其撤出施工现场。

11.3.2 工序报验制度

1. 施工单位自检

施工单位应当对工程隐蔽部位进行自检，并经自检确认是否具备覆盖条件。

2. 检查程序

1）除专用合同条款另有约定外，工程隐蔽部位经施工单位自检确认具备覆盖条件的，施工单位应在共同检查前 48 小时书面通知监理人检查，通知中应载明隐蔽检查的内容、时间和地点，并应附有自检记录和必要的检查资料。

2）监理人应按时到场并对隐蔽工程及其施工工艺、材料和工程设备进行检查。经监理人检查确认质量符合隐蔽要求，并在验收记录上签字后，施工单位才能进行覆盖。经监理人检查质量不合格的，施工单位应在监理人指示的时间内完成修复，并由监理人重新检查，由此增加的费用和延误的工期由施工单位承担。

3）除专用合同条款另有约定外，监理人不能按时进行检查的，应在检查前 24 小时向施工单位提交书面延期要求，但延期不能超过 48 小时，由此导致工期延误的，工期应予以顺延。监理人未按时进行检查，也未提出延期要求的，视为隐蔽工程检查合格，施工单位可自行完成覆盖工作，并作相应记录报送监理人，监理人应签字确认。监理人事后对检查记录有疑问的，可按约定重新检查。

3. 重新检查

施工单位覆盖工程隐蔽部位后，建设单位或监理人对质量有疑问的，可以要求施工单位对已覆盖的部位进行钻孔探测或揭开重新检查，施工单位应遵照执行，并在检查后重新覆盖恢复原状。经检查证明工程质量符合合同要求的，由建设单位承担由此增加的费用和延误的工期，并支付施工单位合理的利润。

4. 施工单位私自隐蔽的处理

施工单位未通知监理人到场检查，私自将工程隐蔽部位覆盖的，监理人有权指示承包人钻孔探测或揭开检查，无论工程隐蔽部位质量是否合格，由此增加的费用和延误的工期均由施工单位承担。

11.4 关于建筑工程质量方面国家标准、行业标准索引目录

11.4.1 近年更新的标准

1）《钢筋焊接网混凝土结构技术规程》（JGJ 114—2014）；
2）《石灰石粉在混凝土中应用技术规程》（JGJ/T 318—2014）；
3）《自保温混凝土复合砌块墙体应用技术规程》（JGJ/T 323—2014）；
4）《装配式混凝土结构技术规程》（JGJ 1—2014）；
5）《砌体结构工程施工规范》（GB 50924—2014）；

6)《电气装置安装工程 电力变流设备施工及验收规范》（GB 50255—2014）；

7)《建筑工程绿色施工规范》（GB/T 50905—2014）；

8)《电动汽车充电站设计规范》（GB 50966—2014）；

9)《建筑工程裂缝防治技术规程》（JGJ/T 317—2014）；

10)《建筑幕墙工程检测方法标准》（JGJ/T 324—2014）；

11)《预应力高强钢丝绳加固混凝土结构技术规程》（JGJ/T 325—2014）；

12)《预拌混凝土绿色生产及管理技术规程》（JGJ/T 328—2014）；

13)《水泥土复合管桩基础技术规程》（JGJ/T 330—2014）。

11.4.2 现行标准

1. 地下结构、防水、测量

1)《工程测量规范》（GB 50026—2007）；

2)《岩土锚杆与喷射混凝土支护工程技术规范》（GB 50086—2015）；

3)《地下工程防水技术规范》（GB 50108—2008）；

4)《人民防空工程施工及验收规范》（GB 50134—2004）；

5)《建筑地基基础工程施工质量验收规范》（GB 50202—2002）；

6)《屋面工程质量验收规范》（GB 50207—2012）；

7)《地下防水工程质量验收规范》（GB 50208—2011）；

8)《建筑边坡工程技术规范》（GB 50330—2013）；

9)《屋面工程技术规范》（GB 50345—2012）；

10)《建筑变形测量规范》（JGJ 8—2007）；

11)《建筑地基处理技术规范》（JGJ 79—2012）；

12)《建筑桩基技术规范》（JGJ 94—2008）；

13)《建筑基桩检测技术规范》（JGJ 106—2014）；

14)《建筑基坑支护技术规程》（JGJ 120—2012）；

15)《建筑与市政降水工程技术规范》（JGJ/T 111—1998）；

16)《塔式起重机混凝土基础工程技术规程》（JGJ/T 187—2009）。

2. 主体结构

1)《建筑抗震鉴定标准》（GB 50023—2009）；

2)《砌体工程施工质量验收规范》（GB 50203—2011）；

3)《混凝土结构工程施工质量验收规范》（GB 50204—2015）；

4)《混凝土泵送施工技术规程》（JGJ/T 10—2010）；

5)《钢结构工程施工质量验收规范》（GB 50205—2001）；

6)《木结构工程施工质量验收规范》（GB 50206—2012）；

7)《建筑防腐蚀工程施工规范》（GB 50212—2014）；

8)《组合钢模板技术规范》（GB/T 50214—2013）；

9)《钢结构焊接规范》（GB 50661—2011）；

10)《混凝土结构工程施工规范》（GB 50666—2011）；

11）《钢结构工程施工规范》（GB 50755—2012）；

12）《钢-混凝土组合结构施工规范》（GB 50901—2013）；

13）《钢管混凝土结构技术规范》（GB 50936—2014）；

14）《型钢混凝土组合结构技术规程》（JGJ 138—2001）；

15）《钢筋焊接及验收规程》（JGJ 18—2012）；

16）《钢筋机械连接技术规程》（JGJ 107—2010）；

17）《混凝土小型砌块建筑技术规程》（JGJ/T 14—2011）；

18）《蒸压加气混凝土建筑应用技术规程》（JGJ/T 17—2008）；

19）《建筑工程冬期施工规程》（JGJ 104—2011）；

20）《混凝土结构后锚固技术规程》（JGJ 145—2013）；

21）《建筑抗震加固技术规程》（JGJ 116—2009）。

3．装饰装修与节能

1）《建筑地面工程施工质量验收规范》（GB 50209—2010）；

2）《建筑装饰装修工程质量验收规范》（GB 50210—2001）；

3）《建筑防腐蚀工程施工规范》（GB 50212—2014）；

4）《建筑内部装修设计防火规范》（2001 修订版）（GB 50222—1995）；

5）《建筑防腐蚀工程质量检验评定标准》（GB 50224—2010）；

6）《建筑工程施工质量验收统一标准》（GB 50300—2013）；

7）《民用建筑工程室内环境污染控制规范》（GB 50325—2010）；

8）《住宅装饰装修工程施工规范》（GB 50327—2001）；

9）《建筑内部装修防火施工及验收规范》（GB 50354—2005）；

10）《硬泡聚氨酯保温防水工程技术规范》（GB 50404—2007）；

11）《建筑节能工程施工质量验收规范》（GB 50411—2007）；

12）《建筑施工场界环境噪声排放标准》（GB 12523—2011）；

13）《玻璃幕墙工程技术规范》（JGJ 102—2003）；

14）《塑料门窗工程技术规程》（JGJ 103—2008）；

15）《建筑玻璃应用技术规程》（JGJ 113—2015）；

16）《外墙饰面砖工程施工及验收规程》（JGJ 126—2015）；

17）《外墙外保温工程技术规程》（JGJ 144—2004）；

18）《建筑涂饰工程施工及验收规范》（JGJ/T 29—2015）。

4．钢结构

1）《厚度方向性能钢板》（GB 5313—2010）；

2）《建筑结构用钢板》（GB/T 19879—2015）；

3）《低合金高强度结构钢》（GB/T 1591—2008）；

4）《碳素结构钢》（GB/T 700—2006）；

5）《碳素结构钢和低合金结构热轧厚钢板和钢带》（GB/T 3274—2007）；

6）《花纹钢板》（GB/T 3277—1991）；

7）《热轧钢板和钢带的尺寸、外形、重量及允许偏差》（GB 709—2006）；

8）《热轧钢板表面质量的一般要求》（GB/T 14977—2008）；

9）《热轧型钢》（GB/T 706—2008）；

10）《热轧 H 型钢和部分 T 型钢》（GB/T 11263—2010）；

11）《直缝电焊钢管》（GB/T 13793—2008）；

12）《结构用无缝钢管》（GB/T 8162—2008）；

13）《一般工程用铸造碳钢件》（GB/T 11352—2009）；

14）《焊接结构用铸件》（GB/T 7659—2010）；

15）《钢结构用扭剪型高强度螺栓连接副、技术条件》（GB/T 3632—2008）；

16）《六角头螺栓 C 级》（GB/T 5780—2016）；

17）《六角头螺栓》（GB/T 5782—2016）；

18）《钢结构用高强度大六角头螺栓》（GB/T 1228—2006）；

19）《钢结构用高强度大六角螺母》（GB/T 1229—2006）；

20）《钢结构用高强度垫圈》（GB/T 1230—2006）；

21）《电弧螺栓焊用圆柱头栓钉》（GB/T 10433—2002）；

22）《非金属钢及细晶粒钢焊条》（GB/T 5117—2012）；

23）《低合金钢焊条》（GB/T 5118—2012）；

24）《埋弧焊用碳钢焊丝和焊剂》（GB/T 5293—1999）；

25）《气焊保护电弧焊用碳钢、低合金钢焊丝》（GB/T 8110—2008）；

26）《埋弧焊用低合金焊丝和焊剂》（GB/T 12470—2003）；

27）《钢结构钢材选用与检验技术规程》（CECS 300—2011）；

28）《钢结构防火涂料》（GB 14907—2002）；

29）《钢结构防火涂料技术规范》（CECS 24—1990）；

30）《钢结构工程施工规范》（GB 50755—2012）；

31）《钢结构焊接规范》（GB 50661—2011）；

32）《栓钉焊剂技术规程》（CECS 226—2007）；

33）《钢结构制作工艺规程》（DG/TJ 08—216—2007）；

34）《钢结构制作与安装规程》（DG/TJ 08—216—2007）；

35）《埋弧焊的推荐坡口》（GB/T 985.2—2008）；

36）《钢结构工程施工规范》（GB 50755—2012）；

37）《钢结构工程施工质量验收规范》（GB 50205—2001）；

38）《金属熔化焊焊接接头射线照相》（GB/T 3323—2005）；

39）《焊缝无损检测 超声检测 技术、检测等级和评定》（GB/T 11345—2013）；

40）《钢结构高强度螺栓连接技术规程》（JGJ 82—2011）。

[课后习题]

1. 隐蔽工程在隐蔽前，应提前多长时间通知现场监理工程师？如果在隐蔽验收通知的规定时间之内，施工单位未经过监理工程师现场验收擅自隐蔽覆盖，请简要阐述责任划分及处理原则。

2. 请简要说明梁、板、柱在混凝土强度不一致的交接处，在浇筑混凝土时的施工处理方法。

3. 墙柱钢筋容易在混凝土浇筑时，发生钢筋轴线偏位的现象，如果你是施工单位项目技术负责人你应该制定怎样的技术措施保证钢筋轴线不偏位？

4. 钢筋原材料进场后，应该重点检查哪些原始资料？其取样频率是怎样规定的？

5. 请简要叙述人工挖孔桩的施工工艺流程。

6. 请结合本书实训手册，填写一份梁板钢筋自检合格的检验批隐蔽验收资料。

7. 简要说明如何检查人工挖孔桩桩身垂直度及轴线位置。

8. 简要说明独立基础在混凝土浇筑完毕后如何进行混凝土养护。

9. 混凝土的浇筑会发生"离析"现象，请简要说明该现象发生的原因及防治的办法。

第 12 章　建筑工程安全管理实训

[案例背景]

　　某写字楼工程外墙装修用脚手架为一字形钢管脚手架，脚手架东西长 68 m，高 36 m。2013 年 10 月 10 日，项目经理安排 3 名工人对脚手架进行拆除，由于违反拆除作业程序，当局部刚刚拆除到 24 m 左右时，脚手架突然向外整体倾覆，架子上作业的 3 名工人一同坠落到地面，后被紧急送往医院抢救，2 人脱离危险，1 人因抢救无效死亡。经调查，拆除脚手架作业的 3 名工人刚刚进场两天，并非专业架子工，进场后并没有接受三级安全教育，在拆除作业前，项目经理也没有对他们进行相应的安全技术交底。

　　[问题]

　　1）何谓特种作业？建筑工程施工哪些人员为特种作业人员？

　　2）何谓三级安全教育？请简述三级安全教育的内容和课时要求。

　　3）建筑工程施工安全技术交底的基本要求及应包括的主要内容有哪些？

[学习目标]

　　掌握一些工程管理相关知识的重要训练。初步掌握现场对工程安全的控制过程，使学生的专业知识与实践技能得到训练，满足学生毕业后尽快适应生产实际的需要。

[能力目标]

　　培养学生具有进行建筑施工安全控制与管理的能力。

12.1　基础施工安全管理实训项目

　　基础工程（foundation works），根据全国科学技术名词审定委员会的权威定义，是指采用工程措施，改变或改善基础的天然条件，使之符合设计要求的工程。

12.1.1 挖土机械作业安全

1. 作业前

1）作业前应检查挖掘机的工作装置、行走机构、各部位的安全防护装置、各种仪表、液压传动部件以及电气装置等，确认齐全、完好，方可启动作业。

2）检查或加注燃油时，禁止吸烟或接近明火，对漏油处应及时补漏。燃油着火时，应用干粉灭火器或砂扑灭，严禁浇水。

3）新作业面开工前，必须了解周围有无地下管线，以及地下建筑物的埋藏情况，作业时，若遇有实际问题（如发现危险品或可疑物品）或当现场情况不明时，要积极采取保护措施，并立即停止作业，通知施工负责人。严禁野蛮施工。

4）作业前，作业面周围应无行人和障碍物。发动机启动后，铲斗内、臂杆、履带和机棚上严禁站人。正式作业前，应先鸣号，并试挖，确认正常后，方可正式作业。

5）禁止挖掘机在未经爆破的五级以上岩石或冻土作业地区作业。

6）作业场地松软，应垫道木或垫板，沼泽地段应先做路基处理或更换专用履带。

7）挖掘悬崖时，应采取防护措施，作业面不得留有伞沿及松动大块石，若发现有塌方危险应立即处理。

2. 作业时

1）作业时，挖掘机工作位置必须平坦、稳固，机身应保持水平位置，并将行走机构制动住。

2）作业时，必须待机身停稳后再挖土。铲斗起落不得过猛，当铲斗未离开工作面时，不得做回转、行走等动作。在满斗时，不得悬空行驶。

3）遇到较大石块或障碍物时，应待清除后方可挖掘，不得用铲斗破碎石块，或用单边硬啃。

4）向运土车辆装土时，应待汽车司机离开驾驶室后进行。卸土时，在确保不撞击汽车任何部位的情况下，铲斗应尽量放低，不准在高空向汽车卸料，防止砸坏车厢或偏载。回转时，禁止铲斗从驾驶室顶上越过。装满料后，应鸣号通知对方。

5）禁止用机械的回转动作带动车辆和重物。

6）作业时，禁止任何人员在机械臂铲回转半径内工作、停留或通过，否则必须立即停止动作。禁止无关人员进入操作室，而且室内不准放置妨碍操作的任何物件。作业中禁止进行任何保养润滑和修理工作。

7）挖掘机作业时，应注意液压缸的伸缩极限，当需制动时，应将变速阀置于低速位置。

8）如发现挖掘力突然变化，应停机检查，找出原因，及时处理，严禁自行提高分配阀压力。

9）行走或作业时，严禁靠近架空输电线路。挖掘机行走时，遇电线、交叉道、管道和桥梁时，须有专人指挥，挖掘机与高压电线的安全距离不得少于 6 m，应尽可能避免倒车行走。

10）挖掘机行走路线与路面、沟渠、基坑等保持足够的安全距离，以免滑翻。挖掘机在坑顶进行挖基出土作业时，机身距坑边的安全距离应视基坑深度、坡度、土质情况而定，一般应不小于 1 m。

11）作业时要注意选择和创造合理的工作面，严禁掏洞挖掘。作业中操作人员必须随时注意机械各部件的运转情况，发现异常应立即停机，及时修理。

3. 作业后

1）挖掘机司机离开驾驶室时，不论时间长短，必须将铲斗落地。

2）挖掘机作业后应停放在坚实、平坦、安全的地方，将机身转正，铲斗落地，并将所有操纵杆放到空挡位置，各部位制动器制动，关好门窗，操作人员方可离开。

4. 安全技术交底

1）挖掘机作业人员必须持有效的操作证件。

2）挖掘机工作时，应检查路堑和沟槽边坡的稳定情况，以防止挖掘机倾覆。

3）发动机启动和开始操作前应发出信号。装载作业时，应待汽车停稳后，再进行装料。卸料时，在不碰击自卸汽车的情况下，铲斗应尽量降低，并禁止铲斗从汽车驾驶室上越过。

4）作业时，禁止任何人上下机械和传递物件。

5）作业时应注意选择和创造合理的工作面，严禁掏洞挖掘。

6）禁止用铲斗击破坚固的物体，禁止用挖掘机动臂拖拉位于侧面的重物，禁止用工作装置突然下落冲击的方式进行挖掘。

7）禁止在电线等架空物下作业，不准将满载铲斗长时间滞留在空间。

8）禁止用铲斗杆或铲斗油缸全伸出顶起挖掘机。铲刀没有离开地面时，挖掘机不能做横向行驶或回转运动。

9）作业时，如遇到较大石块或坚硬物体时，应先清除再继续作业，禁止挖掘未经爆破的五级以上的岩石。

10）行走时动臂应与履带平行，回转台应止住，铲斗离地面 1 m 左右。下坡应用低速行驶，禁止变速和滑行。

11）挖掘机需在斜坡停车时，铲斗必须降落到地面，所有操纵杆置于中位，停机制动。

12）夜间施工时，要有良好的照明设施。

13）施工现场有高压线时，为了确保安全，在打雷下雨的时候禁止施工。

14）挖掘机在施工时，操作室内严禁载人。

15）工作结束后，应将机身转正，将铲斗放落到地面，停在安全、平坦、坚实且不妨碍交通的地方，不得停放在有纵坡的地方，并按规定进行例保和检查工作。

5. 挖掘机

1）挖掘机司机必须经过专业培训，经考核合格持证上岗。

2）机操人员必须熟悉机械性能，并按产品说明书中规定进行操作和保养。

3）操作人员应熟练各操纵的作用和用途，操作时手柄应平顺移动，急剧移动会使机车受到强烈振动，特别是动臂下降时更不得中途猛停。

4）机械在斜坡移动时，臂杆应转向离坡的一边，以增加机械稳定性。

5）操作人员应随时检查和紧固，回转机构及悬架固定螺栓，不能使它松动。

6）挖掘机履带与基坑边缘至少应保持 1.5 m 的安全距离。

7）作业前重点检查工作装置、行走机构、各部安全防护装置、液压传动部件及电气装置等，确认齐全、完好，方可启动。

8）作业时，周围应无行人和障碍物，要了解地下有无水电煤管线等障碍物，挖掘前先鸣号并试挖数次，确认正常方可正式作业。

9）作业时遇有较大的坚硬的石块和障碍物时，须待清除后方可挖掘，不得用铲斗破碎石块或用斗齿硬啃。

10）装车时铲斗要尽量放低，不得碰汽车任何部分，在汽车未停稳或铲斗必须越过驾驶室而司机未离开前不得装车。

11）在作业和行走时，严禁靠近架空输电线路，机械与架空线的安全距离应符合有关部门的规定。

12）机操工离开司机室时，不论时间长短，必须将铲斗放地面上。

13）行走时主动轮应在后面，臂杆与履带平行，回转必须制动住，铲斗离地 1 m 左右，上下坡不得超过本机允许最大坡度，下坡用慢速进行，严禁变速和空挡滑行。

14）挖掘机作业后应停放在坚实、平坦、安全的地带将铲斗落地，做好各项保养工作或接班手续后方可离岗。

6．推土机

1）推土机机操人员必须经过专业培训，经考核合格持证上岗。

2）机操人员必须熟悉机械性能，并按产品说明书中规定进行操作和保养。

3）在公路上行驶应遵守交通管理的有关规定和公路管理的有关规定。

4）发动前检查油箱和水箱的油与水是否足量，并将操纵杆及排挡和主离合器放在空挡位置上。检查行走，发动机等各部是否正常。进行保养检修或加油时，必须关闭发动机并放下推铲。维修保养如需要抬高推铲时，必须用道木将推铲垫实后方可进行，以防推铲突然落下而发生事故。

5）推土机铲推土前，如工作地区有大块石头障碍物和坑穴时，应预先清除和填平。

6）机械运转时，不得进行任何紧固、保养、润滑工作。严禁在陡坡上进行保养和修理作业。

7）行驶中，操作人员和指挥人员不得上、下机械和站在司机室以外的地方，起步前、行驶和转弯中，应观察四周有无行人和障碍物。

8）推土机上坡时，坡度不能超过 25°，下坡时不能超过 30°，在横坡上行驶坡度不能超过 10°，并不得在坡度上转弯。

9）数台推土机在同一地方作业，前后相距应大于 10 m，左右相距应大于 3 m，雾天应停止作业。

10）推土机下坡时，应挂挡低速行驶，严禁空挡滑行。

11）工作完毕，将机械开到平坦、安全的地方，机械顺履带方向正面停妥，熄火停车后做好每班保养工作，并关门窗上锁后方可离开工作岗位。

12.1.2　边坡防护安全

1．边坡施工规定

1）施工生产区域应实行封闭管理，主要进出口处应设有明显的施工警示标志和安全文明生产规定、禁令。与施工无关的人员、设备不得进入施工区。

2）作业人员应严格遵守劳动纪律，服从领导和安全检查人员的指挥，工作时思想集中，坚守岗位，未经许可不得从事本工种之外的工作。严禁酒后上班，不得在禁止烟火的地方吸烟、动火。

3）进入施工现场必须按照作业要求正确穿戴个人防护用品，严禁赤脚或穿高跟鞋、硬底鞋、带钉易滑的鞋和拖鞋进入施工现场。

4）在施工现场行走应注意安全，不得在边坡下方休息或停留。

5）临边、危险区域、易燃易爆场所，变压器周围应设置围栏和安全警示牌，夜间设红灯示警。施工现场各种防护设施、警示标志未经施工负责人批准，不得移动和拆除。

6）从事高边坡作业人员应定期体检，经医生诊断凡患高血压、心脏病、贫血病、癫痫病以及其他不适于高空作业的，不得从事高边坡作业。

7）作业所用材料要堆放平稳，工具应随手放入工具袋内，上下传递物件不得抛掷。

8）遇有影响施工安全的恶劣气候时，禁止进行高边坡作业。

2．边坡施工

高边坡施工做好土石方开挖与支护挡加固工程施工的有机结合和进度协调，坚持"分级开挖，分级防护"的原则，自上而下，开挖一级防护一级，工序衔接紧凑，严禁一挖到底。

高边坡开挖应贯彻"动态设计、信息化施工"的原则，在开挖过程密切注意核对地质情况，发现实际地质情况与设计不符时，或地质有异常变化的，应立即通报有关部门。

3．坡面开挖、整形

1）土石方开挖采用挖机开挖，分级进行。开挖前，用木板按设计坡率做好坡度架，安排专人指挥边坡开挖，保证边坡不陡于设计，坡面平顺、平整。坡面整形主要以机械施工为主，局部人工配合修整。对松散岩土及全强风化岩层直接安排液压反铲挖掘机修整，对于硬度较大的微风化、弱风化类岩层，要采用爆破方法。

2）坡面整形的目的是尽快为坡面防护工程施工提供完整的作业面，坡面整形从上而下逐级进行，开挖一级支护一级。

4．危险源的控制

（1）风险规划和控制

工程开工前，对边坡工程施工可能存在的危险源进行辨识、评估，并采取控制措施。

（2）危险源种类

在高边坡施工中存在的危险源包括：机械伤害、爆破伤害、触电伤害、坍塌和滑坡。

（3）危险源辨识和风险评估

从人的不安全行为、作业活动的不安全因素、设备设施和周围环境的不安全状态等方面，对高边坡施工可能存在的危险进行识别一般危险源。除预防措施不能防止事故发生的，很可能造成人员伤亡的之外，其他伤害的判断为一般危险源。

（4）风险控制和管理

1）对评价出的危险源制定控制措施，有针对性地进行安全技术交底。

2）建立工程项目施工安全重大危险源的台账，加强重大危险源的监控管理。对本工程项目的施工安全重大危险源应予以公告，并在其部位悬挂安全警示标志。

3）项目部对重大危险源实施动态管理，项目管理人员、专职安全管理人员要全面、准确地掌握工程项目的施工安全重大危险源，加强对施工安全重大危险源的检查。

5．预防措施

（1）覆盖层开挖

1）在施工前应按照设计要求清理完边坡的风化岩块、堆积物、残积物和滑坡体，并在适当位置修筑拦渣坎，保证下部施工安全。

2）在开挖前按设计要求完成截水、排水沟的施工，验证排水效果，防止地表水和地下水对施工的影响。

3）覆盖层开挖应按设计边坡坡比自上而下分级进行，坡面按设计要求做成一定的坡势，以利排水。

4）坡面随开挖下降及时进行清坡，按设计要求或根据现场实际情况采取适当的措施加以支护，保证施工安全。支护主要采取锚固、护面和支挡几种形式。

5）做好汛期防水、边坡保护措施，防止边坡坍塌造成事故。

6）对于边坡易风化崩解的土层，若开挖面不能及时支护时，应预留保护层，在有条件支护时再进行保护层开挖。

7）需人工开挖的坡面覆盖层，应在开挖范围内按照每人控制 2.5 m 的水平距离，作业人员系安全带，从高处分条带向下逐层依次清理，相邻 5 人之间最大高差不得大于 1.5 m，所有人员之间最大高差不得大于 3 m，对于块体较大、人工无法撬动的孤石，宜爆破后清除。

8）在覆盖层开挖过程中，如出现裂缝或滑移迹象，应立即暂停施工并将施工人员及设备撤至安全区域，在查清原因、采取可靠的安全措施后方可恢复施工。

（2）边坡石方开挖

1）边坡石方开挖采取自上而下的开挖方式。同时，应做好边坡开口线上下一定范围内的锁口和锚固工作。对于需要支护的边坡，采用边开挖边支护的方法，永久支护中的系统锚杆和喷混凝土与开挖工作面的高差不大于一个梯段高度，永久支护中的预应力锚索与开挖工作面的高差不大于两个梯段高度。

2）边坡开挖时，不得采用对坡面产生破坏的爆破方法，可在坡面 3～5 m 以内预留保护层；也可先进行坡面预裂爆破再进行主体石方开挖爆破，一般采用梯段加预裂爆破一次开挖。严格控制一次最大单药量，质点振动速度必须满足设计要求。

3）对于边坡易风化破碎或不稳定的岩体，应先做好施工安全防护，边开挖边支护。在有断层和裂隙发育等地质缺陷的部位，应在支护作业完成后才能进行下一层的开挖。

4）在开挖面靠近平台设计高程时，各级平台预留 1.5～2 m 的保护层，保护层开挖严格按照保护层开挖技术要求进行，并在平台外侧，分别设置护栏及其他挡渣措施，以免石渣滑落。

5）在靠近其他建筑物边沿或电杆、电缆、电线、风水管等附近开挖时，应由技术部门根据实际情况，制定出专门的安全防护措施。

6）边坡开挖的分层厚度应根据地形地质条件、两马道间的高差、钻孔设备和装载机械的技术参数等因素确定。

6．土石方挖运

1）进入高边坡部位施工的机械，应全面检查其技术性能，不得带病作业。

2）施工机械进入施工区前，应对经过线路进行检查，确认路基基础、宽度、坡度、弯度、桥梁、涵洞等能满足安全条件后方可行进。

3）施工机械工作时，严禁一切人员在工作范围内停留；机械运转中人员不得上、下车；严禁施工机械（运输车辆）驾驶室内超载，出渣车车厢内严禁载人。

4）挖掘机械工作位置要平整，工作前履带要制动，挖斗回转时不得从汽车驾驶室顶部通过，汽车未停稳不得装车。

5）机械在靠近边坡作业时，距边沿应保持必要的安全距离，确保轮胎（履带）压在坚实的地基上。

6）装载机行走时，驾驶室两侧和铲斗内严禁载人。

7）推土机在作业时，应将其工作水平度控制在操作规程的规定以内。下坡时，严禁空挡滑行。拖拉大型钻孔机械下坡时，应对钻机阻滑。

8）运输车辆应保证方向、制动、信号等齐全、可靠。装渣高度不得高出车箱，严禁超速超载。

9）施工机械停止作业时，必须停放在安全可靠、基础牢固的平地，严禁在斜坡上停车，临时在斜坡上停车必须用三角木等对车轮阻滑。

10）施工设备应进行班前班后检查，加强现场维护保养，严禁"带病"运行，不得在斜坡上或危险地段进行设备的维修保养工作。

7．预应力锚索作业安全技术措施

1）设置专职安全检查人员，随时检查安全隐患，发现问题及时解决。

2）锚索造孔采用潜孔锤风动钻进时，应采取必要的除尘措施。开孔时，对孔口松动岩块应进行清除，以避免冲击钻进时岩体掉块伤人。

3）钢绞线通过特制的放料支架下料，防其弹力将人员弹伤，往孔内安装锚索时，应由专人统一协调指挥。

4）锚索张拉时，在千斤顶伸长端设置警戒线，以防张拉时出现异常伤人。

5）锚索施工时，高压风管、高压油管的接头应连接牢固；造孔、张拉机械的传动与转动部分均需设置完备的防护罩。

8．安全管理

1）项目成立以项目经理为组长的安全领导小组。

2）项目部必须经常组织各施工队职工学习安全生产的有关知识、文件，并做好文字记录。

3）参加施工的所有人员必须进行上岗前的安全教育，经考试合格后，方可上岗作业。

4）项目经理、安质部每月组织一次全面的安全的检查，检查的重点是遵章施工、爆破施工安全防护措施及爆炸物品、施工用电以及各工种是否按操作规程操作等。对查出的事故隐患及事故苗头，有关部门制定计划限期整改。

5）进场作业人员必须遵守劳动安全纪律，戴好安全帽，高空作业必须系安全带，严禁穿硬底鞋、拖鞋、高跟鞋或赤脚进入施工现场，非工作人员不得随意进入施工现场。

6）施工各现场必须设置各种防护设施、安全标志。

7）发生伤亡事故后，应当保护事故现场，有关人员应立即上报，采取措施组织抢救，防止事故扩大，尽量避免人员伤亡和财产损失。

8）在项目安全生产工作中，项目部将对安全生产班组和个人给予表扬和奖励，对安全事故责任人按有关条例进行处罚，对违背施工现场安全管理的人员处以50～100元的罚款。对造成重大财产损失和人员伤亡的，将直接追究肇事者的经济和法律责任，追究施工队负责人的领导责任。

9．安全监测

1）为了确保施工期的安全施工，应进行安全监测。监测的部位包括开挖结构面和开口线上部岩体，通过人工巡视检查和对观测数据进行整理、分析，掌握边坡岩体内部作用力和外部变形情况，评估和判断高边坡的稳定状况。

2）施工期巡视检查。定期进行边坡的巡视检查工作，检查内容包括边坡是否出现裂缝，以及裂缝的变化情况（裂缝的深度及宽度）、是否出现掉渣或掉块现象，坡面有无隆起或下陷，排、截水沟是否通畅，渗水量及水质是否正常等，并做好巡视记录。

3）边坡外部变形监测。在边坡重点部位，布置变形观测墩，施工期的变形观测应结合永久观测进行。通过大地测量法监测边坡变形情况，包括平面变形测量和高程变形测量。有条件的宜采用较为先进的全球定位（GPS）变形测量系统。

4）表面裂缝监测。主要监测断层、裂隙和层面的变化情况，通过在边坡裂缝表面安装埋设监测仪器来反映边坡裂缝的开合情况。

5）深层变形监测。通过在边坡内部深层安装埋设监测仪器来反映边坡内部变形情况。主要采用测斜仪、多点位移计、滑动测微计等。

6）支护效应监测。主要是对锚杆、锚索应力监测，通过在典型部位锚杆、锚索上安装监测仪器，对锚杆、锚索的应力进行监测，反映锚杆及锚索的支护情况及支护效果。主要采用锚杆应力计及锚索测力计进行监测。

7）爆破震动及声波测试。在边坡开挖过程中，由于爆破震动影响，有可能造成边坡失稳，通过爆破振动监测及声波测试以控制爆破规模。采用设备宜为爆破震动测试记录仪、声波仪等。

8）边坡渗流监测。通过对地下水位和渗流量的变化情况来判断边坡的稳定状态。采用的设备为渗压计及测压管等。

9）应做好边坡施工安全监测成果的整理、反馈工作，以指导施工。边坡的变形数据的处理分析，是边坡监测数据管理系统中一个重要内容，用于对边坡未来的状况进行预报、预警，并对边坡的稳定现状进行科学的评价，预测可能出现的边坡破坏，应做好边坡施工安全监测成果的整理、反馈工作，以指导施工。

12.1.3　降水设备与临时用电安全

1．管理方案

根据本工程的特点和北京市的具体情况制定下列管理方案：

1）强化临时机电设施管理，配合工程正常进行：

① 临时用电及大型机械安装有专业设计及技术交底，并由自己的专业队伍负责实施。

② 临时机电管理人员要有相应的资质和经验。

2）机电设备的布置选型原则上按照施工组织方案执行，部分变化根据实际情况进行调整。

3）工作质量标准：根据 ISO 9001 系列要求，建立起组织、职责、程序、过程和资源五位一体的质量保证体系。质量保证示意图如图 12.1 所示。

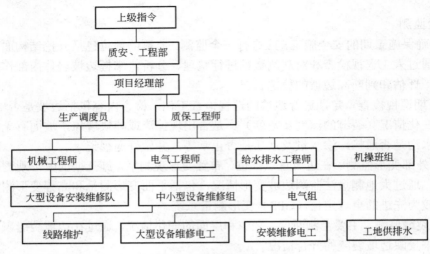

图 12.1　质量保证示意图

4）执行规范及标准要求：除遵照甲方、上级指令外，还必须遵守国家、地方政府的下列规范和标准：《施工现场临时用电安全技术规范》《建筑机械使用安全技术规范》《建筑机械技术试验规程》《起重机械安全管理规程》。

5）管理制度：

① 专业施工制度：针对起重设备、临时用电设施的特殊性，组建专职安装维修队和专业电气组，建立一套完整的工作体系，以确保工作的质量和安全。

② 施工交底制度：所有临时用电及机械拆装施工均编制施工方案和作业指导书，采用层层审批和层层交底，落实好责任，保证质量。

③ 安全责任制度：安全工作实行层层责任制，并定期和不定期进行安全技术培训、检查，所有作业中都有明确的安全责任人。

④ 持证上岗制度：特殊作业、特殊工种通过培训考核全部持有政府部门颁发的"特殊作业上岗证书"，杜绝无证上岗。

⑤ 验收检查制度：对于重要设施的实施过程采用三方验收制度，责任到人，资料齐全。

⑥ 维修保养制度：定期和不定期对所有设备、安全用电进行维修、保养、检验。分别为日检、周检、月检、季检、年检，并有书面记录和责任人签名。

2．安全用电措施

1）电气设备的设置、安装、防护、使用与维修及电气设备的操作必须符合《施工现场临时用电安全技术规范》（JGJ 46—2005）的规定。

2）建立临时用电施工组织设计和安全用电技术措施的编制、审批制度，并建立相应的技术档案。

3）建立安全技术交底制度。

4）建立安全检测制度。

5）建立电气维修制度。

6）建立安全检查和评估制度。

7）建立安全用电责任制，对临时用电工程各部位的操作、监护和维修，分片、分批落实到人，并辅助必要的奖惩制度。

8）建立安全教育培训制度。

9）用电领导体制，改善电气技术联合会素质。

3．电气防火措施

1）合理配置、整理、更换各种保护器，对电路和设备的过载、短路故障进行可靠的保护。

2）电气装置和线路周围不得堆放易燃、易爆、强腐蚀介质，并建立易燃、易爆等危险品的管理制度。

3）电气装置相对集中的场所应配置灭火器材，并禁止烟火。

4）加强电气设备相间、相地绝缘，防止闪烁。

5）建立电气防火教育制度，经常进行电气防火知识培训。

6）建立电气防火检查制度，发现问题及时解决。

7）强化电气防火领导体制，建立电气防火制度。

12.1.4 防水施工过程的防火防毒

1．防火

制定消防、防火制度，成立消防、防火领导小组和义务消防队，划分现场消防包干区，并落实到人。

1）现场施工道路兼作消防道路，各临时设施、机械、材料堆放不占用施工道路。

2）每个建筑物附近场所设置两点消火栓箱，作用半径为 50 m，其供水由施工用水线路保障，由于压力不够，故采用在进场用水回路处增设消防用临时加压回路，由于加压要求，管材采用镀锌管材。

3）按施工区、后期要求设置灭火器材。钢筋加工棚、木工棚、仓库、办公用房、安装用房以及各建筑单位每楼层、脚手架上均按规定设置灭火器。

4）工地明火要实行特审批制度，工地严禁使用电炉，严禁在楼层内吸烟。

2．雨期防雷施工措施

1）施工重点是设防雪设施，不得利用结构钢筋作引下线。

2）现场机电设备应做好防雨、防漏电工作。

3．防毒、防爆措施

1）易燃、易爆、剧毒物品不得进入现场，确需使用的少量物品按规定要求堆放，专人保管。

2）现场可燃气体，如乙炔和氧气、汽油、油漆等要设专人负责保管，不得混堆乱放，防止露天暴晒。工地明火要实行特审批制度，氧气瓶与乙炔按规定隔开。

3）使用亚硝酸钠进场后要妥善保管，严格发放制度来防止发生误食中毒事故。

4）食堂做到生熟分开、严格食堂管理制度，配置齐全卫生设备，食堂吊顶，墙面贴嵌，地面贴地砖，注意食品卫生，以防中毒事件。避免高温期间作业，以防中暑。

12.2　结构施工安全管理实训项目

结构工程是土木工程的六个二级学科之一，是研究土木工程中具有共性的结构选型、力学分析、设计理论、建造技术和管理的学科。结构工程学是用力学的方法来分析建筑物（如房屋、桥梁、水坝等）和构筑物（如挡土墙、烟囱、构架等）在各种荷载作用下的内力和变形，通过控制结构的内力和变形，达到结构在施工和使用过程中保证一定安全可靠度的目的。

12.2.1　内外脚手架及洞口和临边防护

1．内外脚手架

（1）施工准备阶段控制内容

1）审查施工单位签订的工程项目施工安全协议书。

2）审查专业分包单位和劳务分包单位的安全生产许可证和资质等级。

3）审查二类人员资格证书和专业架子工上岗证书。

4）督促施工总承包单位检查各分包单位的安全生产制度和安全管理人员到位情况。

5）审查扣件、钢管脚手架专项施工方案。

6）程序性审查：方案是否经施工单位技术负责人签认。

7）符合性审查：方案是否符合国家法律、法规和工程建设强制性标准规定《建筑施工扣件式钢管脚手架安全技术规范》（JGJ 130—2011）以及《建筑施工安全检查标准》（JGJ 59—2011），并附有合格的安全验算结果，以及紧急救援措施、紧急救援预案。

8）针对性审查：方案是否符合本工程所处周边环境、管理模式、地质情况等特点，具有较强可操作性。

9）新钢管须有产品质量合格证、质量检验检测报告，多次重复使用的旧钢管须有抽样检测合格报告。

10）扣件须有产品质量合格证、质量检验检测报告和生产许可证，多次重复使用的或无产品标识的旧扣件须有抽样检测合格报告。

11）检查施工单位安全技术交底及安全技术交底记录。

（2）施工阶段控制内容

1）检查扣件、钢管脚手架是否按施工方案进行搭设。

2）在扣件、钢管脚手架搭设和使用过程中做好巡视、旁站工作，发现事故隐患的及时要求施工单位整改；情况严重的，要求施工单位局部暂时停止施工，并及时报告建设单位，拒不整改或继续施工的，经建设单位授意及时报告有关主管部门，并首先从专项方案和安保体系上查找原因。

3）检查扣件、钢管脚手架搭设过程中，督促施工单位指定专职安全管理人员进行现场监督。

4）扣件、钢管脚手架使用过程中，严禁拆除主节点处的水平杆、扫地杆和连墙体及隔离措施。

5）扣件、钢管脚手架采取租赁形式或专业施工单位进行脚手架搭设施工的，应明确总包单位对其搭设过程负有督促落实各项安全措施的义务。

6）扣件、钢管脚手架搭设完毕后，施工单位（总包及分包）的验收合格后填写"符合大中型施工机械、安全设施安全许可验收手续表"（扣件、钢管脚手架）报安全监理工程师复核确认并签字后方可使用。

7）扣件、钢管脚手架采用租赁形式或专业施工单位进行脚手架搭设施工的，使用前必须督促办理移交手续，有搭设单位和使用单位双方进行签字认可。

8）扣件、钢管脚手架验收合格后，应分段检查后在架体醒目处悬挂验收合格牌、限载牌以及安全操作规程。

9）扣件、钢管脚手架拆除应按方案分层逐步拆除，各类管配件严禁抛掷地面。

（3）扣件钢管使用规定

1）钢管、扣件生产企业应严格按照国家标准组织生产，扣件生产企业还应获得其相应产品的国家工业产品生产许可证。

2）租赁企业采购的钢管、扣件应符合国家相关质量要求，对使用归还后需再次使用的钢管、扣件应逐件进行外观质量检查，并按批次进行抽样检查力学性能，符合质量要求的方可向建设工程出租，发现质量问题且无法修复的应及时报废销毁。

3）施工总包单位对工程现场使用的钢管、扣件质量全面负责，并建立钢管、扣件租赁企业的合格供应商名单。

4）工程现场的钢管、扣件应按不同租赁单位的进料批次有序堆放，使用单位应建立进场及使用台账，记录租赁企业、生产企业、产品规格、数量、质量保证书、生产许可证编号、查验退货情况、质量检测情况等。

5）钢管、扣件在使用前使用单位应进行质量检查，并按《钢管脚手架扣件》（GB 15831—2006）、《低压流体输送用焊接钢管》（GB/T 3091—2015）或《直缝电焊钢管》（GB/T 13793—2008）标准，在工程监理单位见证下对现场钢管、扣件抽样，委托相关检测机构进行复验。钢管复验应包括尺寸（外径、壁厚）、抗拉、弯曲等指标；扣件复验应包含外观、尺寸、抗滑、刚度、抗破坏、抗拉等指标。复验不合格的钢管、扣件不得在工程现场使用。承重荷载设计计算应根据实际尺寸进行，并严格按有关规定进行论证和审批。

6）严格监控工程现场的钢管、扣件质量，在确认复试合格后方可同意使用；未经监理单位审核的钢管、扣件不得使用。

（4）安全监理资料管理内容

1）安全监理人员应在监理日记中如实记录当天施工现场安全生产和安全监理工作情况，记录发现和处理的安全施工问题，总监应定期审阅并签署意见。

2）安全监理月报中对当月施工现场的安全施工现状和安全监理工作作出评述。

3）用音像资料记录施工现场安全生产重要情况和施工安全隐患，并摘要载入安全监理月报。

4）复核施工单位报送的安全设施安全许可手续表。

5）安全监理资料必须真实完整，并装订成册。

（5）悬挑脚手架搭设时安全细则

1）检查扣件、钢管脚手架是否按施工方案进行搭设。

2）在扣件、钢管脚手架搭设和使用过程中做好巡视、旁站工作，发现事故隐患的及时要求施工单位整改；情况严重的要求施工单位局部暂时停止施工，并及时报告建设单位，拒不整改或继续施工的，经建设单位授意及时报告有关主管部门，并首先从专项方案和安保体系上查找原因。

3）检查扣件、钢管脚手架搭设过程中，督促施工单位指定专职安全管理人员进行现场监督。

（6）悬挑脚手架使用时安全细则

1）脚手架不能作为外模板支模用。

2）不得利用脚手架吊物。

3）不得在脚手架上推车。

4）不得在脚手架上拉接吊装线缆。

5）不得任意拆除和移动脚手架上的杆件及松动扣件螺帽。

6）不得任意拆除水平连墙拉结支撑。

7）不得任意拆除脚手架上的防护措施。

8）不得在脚手架上往外抛物。

9）不得在脚手架上打闹。

10）定期观察脚手架的倾斜程度，如脚手架倾斜或者下沉，要检查原因后及时整改。

11）经常检查各扣件是否松动，杆件是否滑移。

12）检查脚手架竹笆是否完好，如有损坏要立即更换。

13）检查安全网是否完好，如有漏扎要及时扎好，有空洞的要更换。

14）检查水平连墙支撑是否完好，如有被拆要立即修复。

15）经常清理架体上的垃圾，保持架体整洁。

16）对台风季节水平连墙支撑应增加一倍以上。

17）禁止任意开挖脚手架地基和松动挑架支撑结构。

18）配备足够灭火器。

（7）悬挑脚手架拆除时安全细则

1）脚手架拆除前，对全体操作人员要作技术安全交底。

2）脚手架拆除前应对脚手架做一次全面检查，对薄弱部位先加固，后拆除；清理步层内的建筑垃圾。

3）拆除期间画好明显的警戒标志，并有人监护。

4）操作人员在拆除过程中要互相配合，组织严密，服从指挥。

5）拆除工作必须由上而下按顺序拆除，应与架体同步拆除。

6）拆除过程中废物不能任意向外抛掷。

7）拆除的扣件和杆件不能往下抛，应堆放整齐、稳固，用塔式起重机或电梯运至地面，如无塔式起重机应在步层内站好人，把长杆件传至地面。

8）拆除过程应保护好建筑产品，不能碰伤碰坏，如外墙、门窗等建筑产品。

9）操作人员应戴好安全帽，穿软底胶鞋，班前不能喝酒。

10）大风六级以上（包括六级）、大雨、大雪、夜间不得拆除作业。

11）落地架拆至 1 步时，应先拆除归地杆，再拆第一步横杆，应多人配合，防止倒架。

12）挑脚手架拆到底部支撑时需要气割，做好消防措施，配备消防器材。

13）拆下的钢管扣件要堆放整齐，及时运走。

14）当天未拆完的架体要保留扶手和挡脚杆，下班前检查周围情况，清理架上的物品，拆到一半的杆件要加固或者拆除方可下岗。

2．"三宝四口"防护措施

1）参加施工的工人应熟悉本工种的安全技术规程，操作中应坚守岗位，严禁酒后操作。

2）电工、焊工、起重机司机及指挥各种车辆司机，须经过专门培训，考试合格后领取操作证方能独立操作。

3）正确使用个人防护用品和安全防护设施，进入现场须戴安全帽。距地面 2 m 以上要有防护栏杆、挡板或安全网，安全网、安全帽应按规定使用，定期检查，不符合要求的严禁使用。

4）施工现场的洞、坑、沟、预留洞口、升降口、电梯口、通道口等危险处要设有盖板、围栏、安全网等防护设施及明显标志。

5）管道井口设置活动栅门（常闭），井内每隔 10 m 设置一道安全平网防护。

6）楼板上边长不于 1.5 m 的洞口，采用七夹板盖死并固定牢靠，边长小于 1.5 m 的洞口，四周设防护栏杆，洞下张拉设安全平网。

7）在坑洞周边、阳台、料台、挑平台、楼层周边、楼梯段边等处安装临时栏杆，采用双道栏杆，按规范设置，上料平台口设置活动防护栏杆。

8）在各施工通道入口处搭设双层防护棚，以钢管做集料，上盖夹板或竹脚板，并固定牢靠。

9）搅拌机、砂浆机搭设双层防护棚，防雨防砸，上层盖九夹板或竹片，下层盖石棉瓦，进料口搭设双层防护棚（搭法同通道防护棚）。

10）施工现场要有交通指示标志。交通频繁的交叉路口应指挥。危险地区要悬挂"危险牌"或"禁止通行牌"夜间设红灯示警。

11）施工现场的各种机具设备、材料、构件设施等要按施工平面图堆放布置，保持现场整洁。

12）施工现场要设消火栓，备有足够的、有效的灭火器材、用水方便、道路畅通。木工棚、宿舍区要设灭火器和消防箱、焊接切割等明火作业前办理动火申请，并派专人监护，严禁在易燃、易爆品的附近用火或吸烟。

13）施工现场应设有门卫、做好"四防"。

14）现场的安全设施、安全标志和警示牌非以现场施工负责人同意不得擅自拆动。

15）不得光脚或穿拖鞋、高跟鞋进入施工现场，不穿裙子进入作业，不准在施工时任意抛掷工具，不准在作业时打闹、戏耍。

16）超过 4 m 高的建筑须有上下走道，严禁施工人员爬梯子或坐高空起重吊篮。

3．结构施工安全防护

1）首层结构周围，交圈支搭 6 m 宽、距地面高度不低于 5 m 的双层水平安全网，支柱必须牢固、可靠。往上每隔三层设一道 3 m 宽的水平安全网，外边要明显高于里面，支搭的平网内不得有任何杂物，要经常进行清理。

2）预留孔洞口大于 200 mm×200 mm 的应埋钢筋网或加固定盖板，超过 1 500 mm×1 500 mm 的洞口，四周应必须支搭两道防护栏杆，并且在中间支挂水平安全网。

3）楼梯口和休息平台口必须设两道牢固的护身栏。

4）出入口处应搭设长 3～6 m、宽于出入通道两侧各 1 m 的防护棚，防护棚棚顶应满铺 5 cm 厚的木手板，两侧用立挂安全网作封闭。

5）阳台口栏板应及时随结构安装，不能安装时应临边搭设两道防护栏，并立挂安全网作封闭。

4. 结构工程

1）安全防护：结构施工时外防护拟采用挂架；装修施工时外防护采用工具式吊篮。严格按规定支设安全网，首层支设 6 m 宽水平兜网，操作层下加随层网。搭设方案必须向操作人员进行交底方可施工。架子工必须持证上岗，严禁无证操作。

2）在无防护的高处进行作业时，必须按规定系好安全带，安全带应高挂低用。

3）高层建筑物出入口处必须搭设长 6 m、宽于出入通道两侧各 1m 的防护棚，两侧用密目安全网封闭。

4）外用电梯一侧首层进料口应搭设长度不小于 6 m 的防护棚，另三个侧面必须采用封闭措施，每层卸料平台应有防护门，两侧应绑两道护身栏杆，并设挡脚板。

5）施工人员进入施工现场必须戴好安全帽，特殊工种要做到持证上岗，进场新工人（包括民工）必须进行安全教育。

6）施工机械不得带病运转，安全装置齐全、有效。各种机械必须遵照安全操作规程进行操作，垂直运输工具的安装、使用必须严格按机械管理部门的技术方案进行施工。

7）分项工程施工前必须结合现场编写安全技术措施，向操作人员进行交底并履行签字手续。

5. "四口及临边"防护

1）楼梯口防护：楼梯及休息平台临边设两道 ϕ48 mm×3.5 mm 脚手管搭设为 0.6 m、1.2 m 高的牢固护身栏杆。

2）预留洞口防护：

① 1 500 mm×1 500 mm 以下的洞口，应加固定盖板。

② 1 500 mm×1 500 mm 以上的洞口四周必须支设两道防护栏杆，中间支挂水平安全网。

3）施工现场临时用电，按照三相五线制，实行两级漏电保护的规定，合理布置临时用电系统，现场所用配电箱应符合部颁标准的规定，并经检查验收后使用。配电箱必须设置围栏，并配以安全警示标志。

4）施工中使用的卸料平台护栏高度不得低于 1.5 m，用密目网封严，护栏上严禁搭放物品，并设置限载标志牌。

5）电梯必须安装工具式可开启的金属防护门，井道内每隔 4 层设水平网，封闭网内的杂物应及时清理。

6）竖向管道间、管道竖井必须安装防护门或护栏，高度不低于 1.5 m，并设红色警示灯。

6. 安全防护措施

（1）电梯井洞口防护措施

电梯井口设置不低于 1.2 m 高的开启式防护门，用 ϕ12 的带肋钢筋按水平间距 30 cm、竖向间距 40 cm 焊制而成，并在防护门上要刷漆、上锁、挂牌。

电梯井筒内每隔一层在入口处设置一个用 $\phi5$ 钢筋、钢管及木板搭设的平台，中间一层用钢筋支托安全网一道，网上及平台上均不得存有杂物。电梯井内不准做垂直运输通道或垃圾通道。

（2）结构临边防护措施

在结构四周边线内 50 cm 处设置全封闭式护身栏，使用材料均采用 $\phi48$ mm×3.5 mm 钢管。其高度不低于 1.2 m、立杆间距不大于 2.5 m、竖向每隔 0.6 m 设一道通长大横杆、每隔一根立杆设一道三脚架。

沿钢管长度方向刷红白间隔的油漆、挂醒目标志牌；护身栏杆四周满挂密目安全网、白天设警示牌、夜间设红色标志灯；临边四周 1 m 范围内不准堆料、停放机具。

（3）楼梯间防护措施

楼梯的侧边利用脚手架做安全防护，架子立管从梯井内搭设，侧边沿楼梯坡度方向做一道 1.2 m 高的护身栏，侧边底部设 18 cm 高的挡脚板。

7．临边、洞口及高处作业安全防护技术措施

（1）基本要求

高处作业中所用的物料均要堆放平稳，不妨碍通行和装卸。工具要随手放入工具袋；作业中的走道、通道板和登高用具，要随时清扫干净；拆卸下的物件及余料和废料均要及时清理运走，不得任意乱置或向下丢弃，传递物件禁止抛掷。

（2）临边作业

1）基坑周边尚未安装栏杆或栏板的阳台、斜台与挑平台周边，雨篷与挑檐边，天外脚手的屋面与楼层周边都必须设置防护栏杆。

2）头层墙高度超过 3.2 m 的二层楼面周边，以及天外脚手的高度超过 3.2 m 的楼层周边，必须在外围架设安全平网一道。

3）各种垂直运输接料平台，除两侧设防护栏杆外，平台口还要设置安全门或活动防护栏杆。

（3）洞口作业

1）板与墙的洞口，必须设置牢固的盖板、防护栏杆、安全网或其他防坠落的防护设施。

2）桩孔、基础上口，未填土的坑槽，以及人孔、天窗、地板门等处均要按洞口防护设置稳固的盖件。

3）施工现场通道附近的各类洞口与坑槽等处，除设置防护设施与安全标志外，夜间还要设红灯警示。

（4）钢筋绑扎时的悬空作业

1）绑扎钢筋和安装钢筋骨架时，必须搭设脚手架和车道。

2）绑扎圈梁、挑梁、挑檐、外墙和边柱等钢筋时，要搭设操作台架和张挂安全网。悬空大梁钢筋的绑扎，必须在满铺脚手板的支架或操作平台上操作。

3）绑扎立柱和墙体钢筋时，不得站在钢筋骨架上或攀登骨架上下。

（5）混凝土浇筑时的悬空作业

1）浇筑离地 2 m 以上框架、过梁、雨篷和小平台时，要设操作平台，不得直接站在模板或支撑件上操作。

2）特殊情况下如无可靠的安全设施，必须系好安全带并扣好保险钩，或架设安全网。

（6）预应力张拉的悬空作业

1）进行预应力张拉时，要搭设站立操作人员和设置张拉设备用的牢固可靠的脚手架或操作平台。雨天张拉时，还要架设防雨篷。

2）预应力张拉区域要标示明显的安全标志，禁止非操作人员进入。

张拉钢筋的两端必须设置挡板。挡板要距所张拉钢筋的端部 1.4～2 m，且要高出最上一组张拉钢筋 0.5 m，其宽度要距张拉钢筋两外侧各不少于 1 m。

3）孔道灌浆要按预应力张拉安全设施的有关规定进行。

8．个人安全防护

进入施工现场所有人员戴好安全帽，凡从事 2 m 以上的无法采取可靠防护设施的高处作业人员必须系好安全带，从事电气焊作业人员要使用面罩或护目镜，特殊作业人员持证上岗，并佩戴相应的劳动保护用品。

9．高处临边洞口作业建立安全生产责任制

1）项目经理对高处作业安全技术负总责，并负责防护措施的具体实施。

2）开工前，逐级进行安全技术教育和交底，落实所有安全技术措施和防身防护用品、用具。高处作业中的安全标志、工具和各种设备须认真检查，确认完好方可投入使用。

3）高处作业人员及搭设高处作业安全设施的人员，必须经过专业技术培训及专业考试合格，持证上岗。

4）雨雪天气进行高处作业时，采取可靠的防滑、防寒、防冻措施。雪水、冰霜均及时清除。

5）遇六级以上强风、浓雾等气候，不得进行露天攀登与悬空高处作业。暴风、雪、雨后，对高处作业安全设施逐一加以检查，发现松动、变形、脱落等问题，立即修理完善。

6）因作业需要，临时拆除或变动安全防护设施时，须经过施工负责人同意，并采取相应的可靠措施，作业后立即恢复。

7）防护棚搭设与拆除时设警戒区，派专人监护，严禁上下同时拆除。

10．高处临边作业防护措施

1）临边高处作业防护设置位置：

① 基坑周边、尚未安装栏杆或栏板的阳台、料台与挑平台周边，无外脚手架的屋面与楼层周边及屋顶饰物等处，均设置防护栏杆。

② 二层楼面四周边以及无外脚手架的高度超过 3.2 m 的周边，均在外围架设安全平网一道。

③ 分层施工的楼梯口和梯段边，须安装临时护栏。顶层楼梯口随工程结构进度安装正式防护栏杆。

④ 井架物料提升机和脚手架与建筑物通道的两侧边，设防护栏杆。地面通道上部应装设安全防护棚。

⑤ 垂直运输的接料平台，除两侧设防护栏杆外，平台口还须设置安全门或活动防护栏杆。

2）临边防护栏杆杆件的规格及连接要求：

① 钢筋横杆上杆直径不小于 16 mm，下杆直径不小于 14 mm，栏杆柱直径不小于 18 mm，采用电焊或镀锌钢丝绑扎固定。

② 钢管横杆及栏杆柱均采用 $\phi 48$ mm×3.5 mm 的管材，以扣件或电焊固定。

③ 防护栏杆应由上、下两道横杆及栏杆柱组成，上杆离地高度为 1.2 m，下杆离地度为 0.4 cm。坡度大于 1:2.2 的屋面，防护栏杆应高 1.5 m，并加挂安全立网。横杆长度大于 2 m 时，须加设栏杆柱。

3）栏杆柱的固定要求：

① 在基坑四周固定时，采用钢管并打入地面 50～70 cm 深。钢管离边口的距离为 50 cm。

② 在混凝土楼面、屋面或墙面固定时，可用预埋件与钢管或钢筋焊牢。采用木栏杆时，在预埋件上焊接 30 cm 长的 L50 mm×5 mm 角钢，其上下各钻一孔，然后用 10 mm 螺栓与木杆件拴牢。

③ 在砖或砌块等砌体上固定时，预先砌入规格相适应的 80 mm×6 mm 弯转扁钢作预埋铁的混凝土块，然后用上述方法固定。

④ 栏杆柱的固定及其与横杆的连接，其整体构造应使防护栏杆在上杆任何处，能经受任何方向的 1 000 N 外力。

4）防护栏杆必须自上而下用安全立网封闭，或在栏杆下边设置严密固定的高度为 18 cm 的挡脚板。接料平台两侧的栏杆，自上而下加挂安全立网。

11．高处洞口作业防护措施

1）洞口作业防护设施设置部位：

① 板与墙的洞口，设置牢固的盖板、防护栏杆、安全网或其他防坠落的防护设施。

② 人孔、管道井口等处，均应按洞口防护设置稳固的盖件。

③ 施工现场通道附近的各类洞口与坑槽等处，除设置防护设施与安全标志外，夜间还应设红灯示警。

2）洞口设置防护栏杆、加盖件、张挂安全网的技术要求：

① 楼板、屋面和平台面上短边尺寸小于 25 cm，但长边大于 25 cm 的孔口，必须用坚实的盖板覆盖。盖板能够防止挪动移位。

② 楼板面边长在 25～50 cm 的洞口、安装预制构件时的洞口及缺件临时形成的洞口，用木盖板盖住洞口。盖板能四周搁置均衡，并有固定其位置的措施。

③ 边长在 50～150 cm 的洞口，设置以扣件扣接钢管而成网格，并在其上满铺脚手板。也可采用贯穿于混凝土板内的钢筋构成防护网，钢筋网格间距不大于 20 cm。

④ 边长在 150 cm 以上的洞口，四周设防护栏杆，洞口下张设安全平网。

⑤ 井道和烟道，应随楼层的砌筑或安装而消除洞口，或参照预留洞口做防护，管道井施工时，除按上款办理外，还应加设明显的标志。如有临时性拆移，需经施工负责人核准，工作完毕后必须恢复防护设施。

⑥ 墙面处的竖向洞口，凡落地的洞口、下边沿至楼板或底面低于 80 cm 的窗台加设 1.2 m 高临时防护栏杆，下设挡脚板。

⑦ 对邻近的人与物有坠落危险性的其他竖向的孔、洞口，均予以盖没或加以防护，并有固定其位置的措施。

12．攀登作业

现场登高应借助建筑结构或脚手架上的登高设施，也可采用载人的垂直运输设备。进行攀登作业时可使用梯子或采用其他攀登设施。作业人员应从规定的通道上下，不得在阳台之间等非规定通道进行攀登。

13．悬空作业安全防护

1）悬空作业处必须有牢靠的立足点，并配置防护栏网、栏杆或其他安全设施。悬空作业所用的索具、脚手板、吊篮、吊笼、平台等设备，均需经过技术鉴定或检验方可使用。

2）模板支撑和拆卸时的悬空作业规定要求：

① 支模应按规定的作业程序进行，模板未固定前不得进行下一道工序。严禁在连接件和支撑件上攀登上下，并严禁在上下同一垂直面上装、拆模板。结构复杂的模板，装、拆应严格按照施工组织设计的措施进行。

② 支设高度在 3 m 以上的柱模板，四周应设斜撑，并设立操作平台；低于 3 m 时，可使用马凳操作。

③ 支设悬挑形式的模板时，应有稳固的立足点。支设临空构筑物模板时，应搭设支架或脚手架。模板上有预留洞时，在安装后将洞口盖没。混凝土板上拆模后形成的临边或洞口，按上述要求进行防护。拆模高处作业，应配置登高用具或搭设支架。

3）钢筋绑扎时悬空作业的规定要求：

① 绑扎钢筋和安装钢筋骨架时，必须搭设脚手架。

② 绑扎圈梁、挑檐、外墙和边柱钢筋时，须搭设操作台架和张挂安全网。悬空大梁钢筋的绑扎，必须在满铺脚手板的支架或操作平台上操作。

③ 绑扎立柱和墙体钢筋时，不得站在钢筋骨架上或攀登骨架上下。3 m 以内的柱钢筋，可在地面或楼面上绑扎，整体竖立；绑扎 3 m 以上的柱钢筋，必须搭设操作平台。

4）混凝土浇筑时悬空作业的规定要求：

① 浇筑离地 2 m 以上框架、过梁、雨篷和小平台时，须设操作平台，不得直接站在模板或支撑件上操作。

② 特殊情况下如无可靠的安全设施，必须系好安全带并扣好保险钩，或架设安全网。

5）悬空进行门窗作业时的规定要求：

① 安装门窗，油漆及安装玻璃时，严禁操作人员站在樘子、阳台栏板上操作。门窗临时固定，封填材料未达到强度，以及电焊时，严禁手拉门窗进行攀登。

② 在高处外墙安装门窗，无外脚手架时须张挂安全网。无安全网时，操作人员须系好安全带，其保险钩应挂在操作人员上方的可靠物件上。

③ 进行各项窗口作业时，操作人员的重心应位于室内，不得在窗台上站立，必要时应系好安全带进行操作。

14．操作平台安全防护

1）操作平台由现场专业技术人员按现行的相应规范进行设计。

2）装设轮子的移动式操作平台，轮子与平台的接合处应牢固、可靠，柱底端离地面不得超过 80 mm。

3）操作平台采用 ϕ48 mm×3.5 mm 钢管以扣件连接，也可采用门架式或承插式钢管脚手架部件，按产品使用要求进行组装。平台的次梁间距不大于 40 cm，台面满铺 3 cm 厚的木板。

4）操作平台四周必须按临边作业要求设置防护栏杆，并布置登高扶梯。

15．交叉作业安全防护

1）支模、粉刷、砌墙等各工种进行上下立体交叉作业时，不得在同一垂直方向上操作。

下层作业的位置，必须处于依上层高度确定的可能坠落范围半径之外。不符合以上条件时，设置安全防护层。

2）模板、脚手架拆除时，下方不得有其他操作人员。

3）模板部件拆除后，临时堆放处离楼层边沿不小于 1 m，堆放高度不得过高。楼层边口、通道口、脚手架边缘等处，严禁堆放任何拆下物件。

4）结构施工自二层起，凡人员进出的通过口（包括物料提升机进出口），均设安全防护棚。高度超过 24 m 的层次上的交叉作业，设双层防护。

5）由于上方施工可能坠落物件或处于起重机把杆回转范围之内的通道，在其受影响的范围内，搭设顶部能防止穿透的双层防护廊。

16. 高处作业安全防护设施的验收

1）建筑施工进行高处作业前，应进行安全防护设施的逐项检查和验收。验收合格后，方可进行高处作业。验收也可分层进行或分阶段进行。

2）安全防护设施，由工程负责人验收，并组织有关人员参加。

3）安全防护设施的验收，按类别逐项查验，并作出验收记录。

12.2.2　模板及现场堆料倒塌安全

在中小型建筑工程施工中，多数采用原木现浇钢筋混凝土模板的支撑。支撑属受压构件，除了满足强度和刚度要求外，还必须满足稳定性要求。工程施工中的混凝土坍塌事故，究其原因，均属模板支撑系统失稳造成的。因此，对模板支撑的安全性能应引起足够的重视。

1. 模板支撑失稳的原因

1）支撑材料的质量不合格。工地上常见的有：用腐朽变质或干裂、虫蛀木材制作的支撑。

2）支撑不够平直。检查时，常发现轴心偏移达 5 cm 以上的原木也用来制作支撑，使支撑的受力状态由轴心受压变成偏心受压。

3）支撑的长度不符合要求。为了节约材料，一些工地在安装模板支撑时，采用"长杆短用"或"短杆长用"，致使支撑倾斜或在其底部垫上石块、砖块。

4）支撑的基地处理不好。有的支撑支承在松软的土层上，使个别支撑受力后下沉，增大了附近支撑的荷载而致失稳；也有的支撑在砂土上，一场大雨冲走砂土，使支撑失去支承。

5）支撑的直径太小，支撑间的拉杆不可靠。工地上常发现有小头 $\phi 5 \sim \phi 6$ 的原木支撑；也有用小树枝或边角料拼凑而成的水平拉杆和剪刀撑；且多数水平拉杆不与墙、柱拉结。

6）对大跨度或高支模工程，支撑安装前没有根据实际工程情况进行稳定性验算。《建筑施工安全检查标准》（JGJ 59—2011）规定，模板施工前，要进行模板支撑设计、编制施工方案，并经上一级技术部门和工程监理单位批准。对大跨度或高支模工程，这项工作相当重要。很多坍塌事故分析原因，大多是无模板支撑的方案设计或设计不合理造成的。

7）质检人员对安装好的模板工程没有进行认真检查，埋下了事故的隐患。

8）在浇筑混凝土过程中，没有派出专门人员在下层巡视、观察模板支撑受力后的变形情况，使事故隐患不能及时发现。

9）施工作业人员在浇筑混凝土时工作粗放、蛮干，加大了施工荷载。

2. 预防支撑失稳的措施

1）支撑的选材应按现行《木结构设计规范》（GB 50005—2003）或《钢结构设计规范》（GB 50017—2003）的有关规定执行，用木材作支撑时，材质不宜低于Ⅲ等材。

2）应尽量选择较为平直的材料作模板的支撑，安装时要垂直，若采用多层支模，上下层立柱要垂直，并应在同一垂线上，防止"长杆短用"和"短杆长用"，安装时严禁在支撑的底部采用砖块垫高的办法进行加固。

3）立柱底部支承结构必须具有支承上层荷载的能力。支撑的基底要进行妥善处理，如支承在基土上，基土应整平夯实，支撑下加垫木楔子和通长木垫板，禁止使用砖及脆性材料铺垫，并做好排水措施。

4）木支撑的选材不能过细，常用小头直径不小于 8～12 cm 的原木，其间距应通过计算确定；纵、横方向应设相互垂直的水平拉杆，一般离地 50 cm 设一道，然后每隔 1.5～2 m 设一道，立柱每增高 1.5～2 m 时，除再增加一道水平支撑外，还应每隔两步设置一道水平剪刀撑；拉杆的材料及其与支撑的连接应满足计算，作为铰支承点的要求；当层高大于 5 m 时，应选用桁架支模或多层支架支模的方法；对于高度、跨度较大的工程要适当设置剪刀撑，以增强支撑的整体稳定性。

5）支撑安装前应编制施工方案，现浇式整体模板的施工荷载一般按 2.5 kN/m² 计算，并以 2.5 kN 的集中荷载进行验算，现浇的混凝土按实际厚度计算重量。当模板上荷载有特殊要求时，按施工方案设计要求进行检查。要根据具体工程进行必要的稳定性验算，并报上一级技术部门和工程监理部门审批。

6）审批后的施工方案应严格执行，模板工程安装后，应由现场技术负责人组织，按照施工方案进行验收。对验收结果应逐项认真填写，并记录问题和整改后达到合格的情况。

7）施工过程中，要派出专人在下层观察支撑的受力变形情况。模板上荷载堆料和施工设备合理分散堆放，不应造成荷载过分集中。教育施工作业人员文明施工，操作轻放，以减小实际的施工荷载。

8）应建立模板拆除的审批制度，模板拆除前应有批准手续，防止随意拆除发生事故。模板安装和拆除工作必须严格按施工方案进行，正式工作之前要进行安全技术交底，确保施工过程的安全。

3. 支撑计算应注意事项

1）关于支撑控制设计的条件：任何结构、构件要使其安全、可靠，满足使用要求，必须满足强度、刚度和稳定性要求。模板和支撑系统的设计计算、材料规格、接头方法，构造打样及剪刀撑的设置要求等均应详细注明并绘制施工详图。

2）关于支撑计算长度的取值问题：支撑的刚度及其稳定性与水平拉杆的间距、刚度及其与支撑联结的可靠性关系极大。工地上常见用一些小树枝或边角料以铁钉钉在支撑上作水平拉杆。这种拉杆虽然起到一定的作用，但却不能形成可靠的横向支撑的铰结点。因此，在确定支撑的计算长度时，必须考虑水平拉杆的刚度及其与支撑连接的可靠性，使计算简图与实际的支撑情况接近，否则虽有设计方案，也不能保证支撑的稳定性。

12.2.3 机械设备使用安全

1. 起重机械

1) 通用规定：各种起重机械运行时均需遵守执行的安全操作规程，各种起重机械（包括塔式起重机、履带吊、汽车吊、轮胎吊、桥吊、龙门吊、少先吊、台灵吊以及电动葫芦等起重机械）的所有操作人员，如司机、指挥以及有关人员均需首先熟悉并严格执行，在此基础上再学习并遵守有关机种的专业安全操作规程。

通用规定（起重机械安全操作规程）内容如下：

① 各类起重机司机、指挥等操作人员必须经过专业学习了解操作机械的构造、性能、熟悉操作方法和维护保养规定，以及各种指挥信号，经考试合格后持证上岗。助手或实习人员必须在司机或正式（有证）操作人员的指导监护下操作。

② 各类操作人员均需严格执行起重机械的"十不吊"规定。

③ 操作人员应思想集中，认真操作，听从指挥，严禁在操作室内看书报或编织物件，严禁酒后操作或指挥。

④ 严禁无指挥操作，操作人员必须严格按指挥信号执行操作。如指挥信号不清或信号错误可拒绝操作，严禁指挥不到位、到位不指挥，严禁多人指挥或不听从指挥，私自开机。如由于指挥失误造成事故应由指挥人员承担责任，对远距离起吊物件或无法直视吊物的起重操作可设两级指挥，并配有效通信。

⑤ 机上人员应按规定做好本机各项保养工作，并做好记录。

作业前仔细检查：机械构件外观情况，连接件是否松动，液位、油位、油压是否正常，索具、夹具吊钩滑轮是否完好，检查传动机构是否正常，发现异常情况后必须排除，处置后方可投入工作，严禁吊机带病运转。

⑥ 作业前操作人员必须对工作现场周围环境、行驶道路以及作业区内的建筑物、架空线及其他障碍物做全面了解。对电动机械应了解本机受电压必须在规定值内。

⑦ 操作人员在操作回转、变幅、行走、起吊动作前应鸣笛示意。

⑧ 遇有恶劣天气，如大雨、大雪、大雾或六级大风应停止作业，夜间施工应有足够照明。

⑨ 新机或大修后首次使用的机械必须经检验试吊合格后方可使用。

⑩ 各种限位、防护及保险装置必须齐全完好，并定期检测，不得任意拆除，不得利用限位控制器来操纵机械运行。

⑪ 操作人员必须控制起吊物件的重量，严禁起吊超过额定重量的物件。

⑫ 起吊重负荷时应先将物件吊高地面 20 cm 左右时，悬停、检查机械工作是否稳定，制动是否可靠，物件绑扎是否牢固，确认无误后才可起吊到位。

⑬ 操纵电气变速开关时，应以零位（空挡）开始逐渐增减挡位，严禁跳挡，当需反向时，应把挡位逐级退到零位，待电机停转后，再扳到反向挡，不得突然反向，操纵动作应平稳、柔和，严禁急开急停。

⑭ 动臂式起重机严禁变幅与其他动作同时进行，接近满载或满载时严禁下降起重臂。

⑮ 吊运物件放置时要注意地面平整，防止歪斜倾倒，起重机停止工作休息时，应将吊重卸下，不得悬停在空中。

⑯ 作业结束后做好保养，切断电源、动力源，锁好操纵箱驾驶室。

2）起重机械"十不吊"规定：

① 斜吊不吊。

② 超载不吊。

③ 散装物装得太满或捆扎不牢不吊。

④ 指挥信号不明不吊。

⑤ 吊物边缘锋利无防护措施不吊。

⑥ 吊物上站人不吊。

⑦ 埋在地下的构件不吊。

⑧ 安全装置失灵不吊。

⑨ 光线阴暗看不清吊物不吊。

⑩ 六级以上强风不吊。

各类起重机械，包括塔式起重机、汽车吊、履带吊、桥吊、少先吊、台灵吊及其他所有吊机的操作人员均应严格遵守"十不吊"规定。

2. 塔式起重机（塔式起重机）

1）各类塔式起重机装拆、升降、加节必须由专业人员承担负责，装拆人员必须按照有关规定进行培训，熟悉操作要领和操作规定。在操作施工过程中各操作人员要明确分工各负其责。

2）塔式起重机在装拆、升降节或固定就位时均应有专人负责安全监护。

3）塔式起重机的升降、装拆过程中以及在此过程中使用的吊机，如汽车吊、台灵吊、独脚吊等均应由一名指挥统一指挥操作。且在此期间，指挥与各相关操作人员如塔式起重机司机、吊车司机、升降节操作人员等无论在地面或高空均应保持通信联络畅通。

4）大型塔式起重机在做自身升降动作时必须在吊钩上吊适当数量的重量以保持平衡，小型塔式起重机在起扳或放倒时必须在转台上放置足量压重。

5）各类塔机在起扳、放倒以及做自身升降加节、降节操作时，严禁做回转动作。

6）操作塔机前应检查供电电缆，确认无破损、电源电压应符合施工要求、接地可靠，检查各控制器应在零位，接通电源后，金属结构部分应无漏电，空车运转检查所有动作的制动器、安全限位、防护装置应有效、可靠，方可作业。

7）集中思想，认真操作，发现机械异声立即停车检查，严禁机械带病运转，在操作中应特别做到：

① 塔式起重机运行前司机应鸣笛示意，使有关人员避让后再作业，起重钢索、吊物应保持呈铅垂状态，缓慢作提升动作，待起重钢丝绳承重后方可使吊物上升。

② 吊钩升降接近终点或大小车行走近终端时，应降速缓行，吊钩上升高度终端安全限位，距离不得小于 2 m。

③ 对动臂式塔式起重机，其起重、回转、行走三动作中，可允许两个动作同时进行，但变幅及驾驶室升降必须每个动作单独进行，在满负荷或接近满负荷时不得变幅。

④ 两台机械同在一作业点作业时，两吊钩吊物间最小水平间距不得小于 5 m。

⑤ 严格执行有关部门的安全交底规定内容。

8）作业完毕后，做好下列事宜：

① 动臂式塔机应在路轨中部顺轨停置，高塔应把吊钩收高到最高点，并把起重臂转至顺风方向，放松制动器。

② 将各控制开关扳到零位，依次断开各路开关，关闭驾驶室门窗，下机后断开电源开关，打开高空指示灯。

③ 行走式塔机锁紧夹轨器，使塔机固定于路轨上。

④ 按交接班要求做好记录和交接班工作。

3．履带式起重机（履带吊）

1）吊机工作时必须防止碰触架空电线，吊臂吊重与架空电线间垂直距离至少 2.5 m，水平距离至少 6 m。

2）吊机各动作应缓和、平稳进行，严禁吊重骤停或骤然变向。

3）禁止在斜坡上吊物作业，防止吊机倾覆，臂杆最大仰角不得超过制造厂规定，如无资料可查时不得超过 78°。

4）双机抬吊重物时，应尽量选用起重能力相近的吊机，载重应分配合理，单机承重不得超过本机额定起重量的 80%，抬吊作业统一指挥，双机动作配合协调。

5）所有调整、润滑、保养或修理工作均应在空钩无吊重并切断动力源停机的状态下进行。

6）吊机行走时必须注意：

① 臂杆仰角应 10°～30°，收紧并系牢吊钩，以免其摆晃发生意外事故，转台、起重臂、卷扬机均应刹住制动器，防止意外。

② 上、下坡坡度不得超过使用规定，并不得在上、下坡时做回转动作。

③ 吊机下坡必须挂挡行驶，不得空挡下滑，以防失控造成事故。

④ 吊机不得快速行驶或转弯过急，当转弯角较大时应分次转弯，防止链轨脱落或造成翻车事故。

⑤ 吊机通过松软地带时应使路基夯实或铺设专用跑板。

7）作业完毕后应注意：

① 将吊钩升起（如系液压或气压制动则应将吊钩放下）起重臂杆仰角置于 40°～60°，如遇大风并应转至顺风方向，刹住各制动器，操纵杆置于空挡，切断电源或一切动力源，释放气压、油压，关窗锁门后方可离机。

② 吊机转移工作地点一般应用平板车拖运，上下车跳板不得大于 15°，上车后用三角木楔紧前后履带板刹，住制动器，扎紧车体，对后部配重如可卸则卸下，不可卸则用枕木垫实。

4．汽车式起重机（汽车吊）和轮胎式起重机（轮胎吊）

1）驾驶员必须持有交通部门颁发的驾驶证并严格执行交通管理部门的一切规定，并遵守《载重汽车安全操作规程》，吊机工和指挥必须经培训持证上岗。

2）吊机必须停置于地面坚实的场地，作业前全部伸出支腿，调整各支腿使吊机呈水平状态，严禁在斜坡作业，严禁不伸出支腿进行任何回转、变幅、伸臂式卷扬操作。

3）启动后应将发动机和液压油预热 5～10 min，严寒季节可适当延长。

4）起重作业的各项参数，均应在吊机工作规范内选择，不得超负荷作业。

5）吊物正式起吊前应作微动试吊，以检查是否超载并观察吊机工作情况。

6）吊机开始工作或变更动作前应鸣笛示意。

7）吊机满负荷或接近满负荷时禁止外伸起重臂杆，对液压伸缩起重臂杆的吊机带载伸缩起重臂杆时，实际工作负荷不得大于该工况下额定负荷的 60%。

8）使用起重副臂时，必须将副臂插销紧并安装牢靠，主副臂全部伸出时，务使其仰角不小于规定值。

9）吊物不得超越驾驶室上方。

10）吊钩无负荷时方可自由降落，特殊情况下需自由降落时，负荷应小于额定负荷的 30%，并使用制动控制降落速度，严禁高速自由溜放或高速降落中突然制动。

11）吊机不得带轨行走，倒车时应有人监护，作业中如发现吊机倾斜支腿变形等不正常现象，应立即卸载停车，调整处理正常后方可继续作业。

12）作业完毕后应切断动力源，各部件制动固定，释放气、液压，关门上锁。

5. 桥式起重机（桥吊）和龙门式起重机（龙门吊）

1）在做维护、保养工作时必须切断电源，严禁在运行中做维修、保养。

2）吊钩吊重必须提升到超过最高障碍物一米以上运行。

3）大、小车运行靠近轨道端部时，必须低速缓行。

4）操作人员不得使用限位开关或安全装置操纵机械动作。

5）起重机械及其电气设备的金属外壳和轨道必须有良好的接地，并经常检查。

6）工具索具和备件不得乱放在大、小车或吊车梁上。

7）吊车运行中，如突然制动闸失效，应开动卷扬机使重物以常速下降，不致突然落下造成事故。如遇突然断电司机应立即把所有控制器扳至零位，并拉开总开关，如此时吊钩上有重物，应及时通知重物下人员立即撤离。

8）作业完毕后应停置于规定位置，各操纵器扳至零位空挡，切断电源，关门上锁。

本规定也适用于电动葫芦式起重机。

6. 少先式起重机（少先吊）

1）工作前检查电气设备性能是否良好，接地应安全、可靠，离合器、制动器应灵敏、可靠，钢丝绳、夹具、索具应符合使用要求。

2）检查工作场地是否有应清除或避让的障碍物。

3）起重臂仰角不得大于 45°，臂杆回转应平稳。

4）吊物应使用动力以常速下降，不得无动力自由下落。

5）吊机满载或接近满载时严禁下降起重臂。

6）严禁吊机边运行边进行维修保养，在进行维修保养时应切断总电源。

7）作业完毕应切断电源，锁好操纵室。

7. 台灵式起重机（台灵吊）

1）台灵吊必须按产品使用要求进行安装，安装完毕后，必须经分公司检验、试吊、验收，符合使用要求后方可投入使用，在分公司验收前，安装部门及人员应检查电器设备应性能良好，接地可靠，制动及安全装置灵敏、有效，钢丝绳、夹具、索具应符合使用规定。

2）检查场地内有无应排除或避让的障碍物。

3）吊机的起吊、变幅、回转动作必须单独运行，严禁任何两个动作同时进行。

4）满载或接近满载时严禁起重臂下降。

5）重物必须使用动力以常速下降，不得无动力自由下落，接近就位点时应缓慢下降。

6）工作完毕后，起重臂仰角应在 40°～60°锁定回转，顺风停置，切断电源、锁上操纵箱。

8. 施工电梯

1）严禁酒后上岗操作电梯运行或擅离岗位，由其他人操作运行。

2）作业前应检查梯笼、标准节及其连接构件完好，无开焊、弯折变形，连接螺栓无松动，安全门及各限位装置应齐全、完好，附臂牢固、接地可靠，电缆完整、无损，制动器灵敏、有效，控制器置于零位，钢丝绳符合使用要求。

3）在安装、拆卸及加降节过程中，严禁梯笼作载人、载物非正常电梯施工运行。

4）严格遵守额定载重载人规定，严禁超载。

5）电梯运行时需经常注意电缆是否滑出电缆筒或电缆支架以及钢丝绳运行情况。

6）做坠落试验时梯笼内及其顶上严禁载人。

7）遇大风（六级以上）、大雨或大雾天气电梯应停止运行，并将梯笼降到底层，切断电源，暴风雨后作业前应对各安全装置检查一次。

8）电梯上下运行时，安全门由驾驶员负责关闭，安全门未关好电梯不得开动运行。

9）不得以上下终端限位开关来操作电梯运行停层。

10）定期检查限速器，不得使用失效限速器。

11）作业完毕，将电梯降到最底层，操作器扳到零位，切断电源、关窗锁门，做好交接和记录。

9. 井架

1）严禁操作人员酒后上岗或擅离岗位由其他人员操作井架运行。

2）操作前应检查电气设备性能是否良好，接地是否可靠；检查钢丝绳及夹头是否符合规定；制动及安全装置是否灵敏、有效；缆风绳及附墙连接是否达到要求；卷扬机锚固是否稳定、安全，并检查吊篮运行区内是否有障碍物。

3）井架内或吊篮内有人时严禁启动运行。

4）严禁超载作业，细长物件严禁伸出吊篮外。

5）严禁一人操作两台以上井架。

6）卷扬机工作时任何人不得跨越地面钢丝绳。

7）对高速卷扬机除应在操作中遵守上述规定外，并应严格遵守其相应有关规定。

8）作业完毕后吊篮应放置到地面，切断电源，做好保养。

10. 载重汽车安全操作规定

1）驾驶员必须符合国家颁发的有关文件规定和要求，并需持有车辆监理部门发给的驾驶证方可单独驾驶，严禁无证人员驾驶车辆。

2）驾驶人员必须严格遵守国家颁发的有关交通法令、规章制度，遵守交通规则，服从交通警察指挥。

3）不准驾驶与证件规定不相符的车辆。

4）驾驶员在行车前要有充分的休息睡眠，严禁酒后驾驶。

5）驾驶员在行驶中严禁谈笑、吸烟、饮食和东张西望。驾驶室内不允许超过规定乘人和放置妨碍操作的杂物。

6）货车载人，应按车辆监理部门规定执行。

7）在坡道上临时熄火停车时，应拉紧手制动器，并挂好低速挡（上坡挂前进一挡，下坡挂倒挡），再用三角木将车轮楔好。

8）发生交通事故，应立即停车抢救受伤人员，保护现场及时向公安交通管理机关报告。

9）行车前注意事项：

① 必须做好出车前的各项例保工作。

② 将变速杆放在空挡位置上并拉紧手制动器，仔细检查转向器及制动器是否灵敏、可靠。

③ 冬季启动发动机前，必须先用手摇柄摇动发动机几圈后，再打开电门启动。

④ 使用起动机时，每次时间不得大于 5 s，再次启动间隔不得少于 15 min，当三次启动不成功时，应查明原因。处理后再启动，以防止蓄电池大量放电而损坏或使发动机过载发热而烧坏。

⑤ 发动后要仔细检查运转情况有无异常，保持怠速运转 5～10 min 后方可鸣号，用低速起步。

10）行车中注意事项：

① 行驶中，司机要有高度责任感，应中速行驶，安全礼让，不得抢行，通过各种特殊路段，做到"一慢二看三通过"，确保行车安全。

② 严禁不踏离合器换挡，发动机温度没有达到正常值时，不得挂高速挡，不允许长时间分离离合器来轰车，也不许在汽车行驶中把脚放在离合器踏板上。

③ 车辆在正常行驶中，不得无故猛踩制动器。

④ 由前档变为倒挡或倒挡变为前进挡时，需待汽车完全停稳后方可换挡，并观察四周有无障碍物。

⑤ 汽车正常行驶时，水温应保持 75 ℃～90 ℃，若出现发动机温度过高或散热器"开锅"时，发动机应降低到怠速运转，水温降低后再加水，禁止在高度水温下猛加冷水。

⑥ 涉及过河的水深不得超过各车的规定值，情况不明的水深处严禁行驶。

11）工作后注意事项：

① 车辆在工作完毕下班停驶后，应及时切断电源，冬季气温在 0 ℃时要放尽冷却水，以防积水冻坏缸体。

② 严格执行清洁、润滑、紧固等保养工作。

③ 认真填写机械履历书和工作任务单。

11. 自动倾卸汽车

自动倾卸汽车除应遵守载重汽车安全操作规程各项规定外，还应遵守下列规定：

1）自卸汽车出车前应检查倾斜液压机构的液压，油量值是否正常，做一次空载车厢的起落试验，确认正常后方能投入运行。

2）行车前，应将倾卸操纵杆放在空挡位置上。

3）当挖掘机向自卸车上料时，汽车事前要停稳刹住。

4）上料时司机室内禁止停留任何人员，以防挖斗内的土、石料突然下落而伤人。

5）倾卸前，应检视上空和附近有无障碍物和电线及行人，以防造成事故。

6）禁止边行车边起落车厢，禁止将车厢停留在倾卸状态下行车，在修理倾卸装置时应用支撑杆支住车厢，防止突然下落。

7）倾卸汽车在基坑边作业时，必须与坑边保持足够的安全距离，防止塌方而翻车。不得在斜坡上向后方及侧方倾卸。

8）倾卸完毕后，应用保险板锁牢倾卸门，将操纵杆放在空挡位置上。

12．叉车

1）叉车驾驶员必须经过专业培训，经有关部门考核合格持证上岗。

2）驾驶员必须熟悉该机的技术性能，严格按产品说明书进行操作和保养。

3）驾驶员除要遵守载重汽车安全、操作安全规程的有关规定外，还应注意下列规定：

① 出车前检查液压系统，必需工作正常方可投入工作。

② 叉装物件时必须明确被装物件重量在该机装载量的允许范围内。

③ 叉装物件尽量靠近起落架，重心应地起落架中间，确认无误，方可提升物件。

④ 物件提升到离地 10～30 cm，并将起落架后倾方可行驶。

⑤ 严禁叉车载人，驾驶室除规定操作人员外，他人不得进入或在司机室处搭乘。

⑥ 严禁在易燃易爆的仓库内作业。

⑦ 作业后，将叉车停放在平坦、坚实的地方，并使叉齿落地，将车轮制动住。

13．混凝土输送泵

1）混凝土输送泵机操工必须经过专业培训考核合格持证上岗。

2）机操工必须熟悉机械性能和原理，按产品使用说明书中的规定操作和保养。

3）工作前，检查泵和基座各部位是否连接牢固。

4）泵在运转时，禁止对机械进行检修、保养工作。

5）作业前，应先泵送水泥砂浆，以润滑管道。

6）泵在运转中不准去掉料斗防护罩，没有防护罩者不准作业。

7）严禁在搅拌机运转时，去清洗受料斗或清除搅拌斗中的混凝土。

8）泵投入工作后，原则上不要停车，若非停车不可，时间不宜过长，且在停车时间内每隔一定时间作几次往复泵送动作，以防凝结。

9）发现机械有故障和异声时，应停车检查排除，严禁带病作业。

10）垂直方向输送混凝土时，直立管道要固定牢靠。

11）冬期施工时，应对输送管采取保温措施，以免冻结。

12）锁按上的扳手应当关得越紧越好，且应用卡栓拴牢。

13）工作完毕必须将料斗、管内混凝土全部输送完毕，并加以清洗，做好每班保养工作。

14．混凝土搅拌机

1）机操工经考核合格持证方可上岗操作，并遵守本机使用规则。

2）作业前必须检查传动部分装置、操作装置，各部连接紧固、可靠，进行空车运转润滑良好，确认正常方准作业。

3）进料时（包括清洗时），严禁将头或手伸入料斗与机架之间察看或探摸进料情况。

4）料斗升起时，严禁在其下方工作或停留，停用或清理料坑时，必须将料斗用链条扣牢及将操纵杆保险保牢。

5）严禁超荷使用，满负载时严禁中途停机及满载启动。

6）禁止在运转中维修，如需进入筒内必须切断电源，并专人监护。

7）作业后，对搅拌机应进行全面清洁保养。电源切断后操作人员方可离开。

15．砂浆机

1）砂浆机操操作工必须经专业培训考试合格持证上岗。

2）作业前检查砂浆机的传动部分，工作装置、防护装置等均应牢固、可靠。

3）检查电气装置，漏电跳闸是否可靠、灵敏。

4）检查钢丝绳夹头、料斗保险钩是否符合使用规定。

5）启动时先进行空车运转，查看拌叶方向是否正确，确认正常后，再进行作业。

6）作业中，严禁用棍、棒等进行搅拌敲打、手去探摸。

7）禁止在运转中维修，如需进入筒内维修、保养，必须切断电源，并专人监护。

8）作业后，对机械应全面清洁保养，料斗必须扣好保险钩，切断电源，操作人员方可离开。

16．混凝土振捣器

1）操作人员必须穿胶靴鞋戴绝缘手套。

2）作业前操作人员必须了解熟悉振捣器的使用规定，并按其规定进行作业和保养。

3）使用前应检查各部连接是否牢固，旋转方向是否正确。

4）电源线必须采取保护措施，禁止人踩车轧、乱拉乱拖或与物体碰擦。

5）电源开关箱距实际操作点不得超过 25 m，电源线必须有漏电跳闸控制，并检查漏电跳闸性能，确认可靠。

6）移动振捣器必须切断电源。

7）在操作中进行的小距离移动，需使电动机电线保持有足够的长度和松弛，勿使其拉紧，以免电源线头被拉断。

8）工作完毕，拉开开关，用干布将粘在振动器上的灰浆和灰尘擦净，严禁用水清洗，各连接头不要被混凝土粘住。

9）检查振动器各部有无损坏、松脱，进行必要的保养和修理。

17．井点泵

1）操作人员必须经过专业培训，熟悉所操作的机械性能，并按产品说明书规定进行操作和维护保养，不得擅离岗位。

2）开机后，机器上不准站人、坐人，机器传动系统周围不得堆放工具、料具等杂物。

3）进行机器检查和保养时，必须关机，确保安全。

4）每小时一次对降水管进行巡回检查，如发现漏气等现象应及时处理。

5）检查、监督不在井管上攀拉浪风钢丝绳，以免损坏井管。

6）冲打井管必须严格执行井点降水工法，不留死井。

7）拔井管时，必须经常检查工具、索具，确保安全拔出，井管要及时清理修复。

18．水磨石机

1）操作人员应穿胶靴鞋，戴上绝缘手套上岗工作，不准赤脚工作。

2）检查电气部位是否良好，漏电跳闸性能是否良好，确认正常、可靠后方能投入使用。

3）操作人员应熟悉本机械和电器原理，按产品使用说明书的使用规定进行操作、保养。

4）电缆导线必须采取保护措施，严禁乱拖乱拉、人踩车轧，防止绝缘层损坏而漏电。

5）工作前应试运转数分钟，待电动机齿轮箱运转正常后方可开始工作。

6）工作中如电动机过热时应暂停工作，待其冷却后方可继续使用。

7）工作中如发现零件松动或异声时，应立即停机切断电源，停机检查和保养维修。

8）休息或工作结束时应切断电源，必要时卸下熔断器。

9）工作完毕切断电源，将机械清洗干净，停放干燥处，做好保养工作及防雨、防尘措施。

19．蛙式打夯机

1）机操人员必须熟悉该机械性能、电器性能，按产品说明书的规定进行操作和保养。

2）使用前对机械各部分和电气装置必须检查，确认正常后方可投入使用。

3）机械电源线未经过漏电跳闸控制，不得投入使用。

4）操作时操作人员必须戴绝缘手套。

5）进行试运转时要检查夯头与偏心部位是否与电缆缠绕。

6）运行时要注意电缆是否长度足够，随时注意，以防电缆拉断。

7）运行时应注意前方是否有电缆、水管等硬件，以免造成事故与损坏机械。

8）几台打夯机同时作业应保持一定距离，并行时要保持 5 m，前后应保持 10 m 左右。

9）连续工作 2 小时后，即应停机检查各部螺丝是否紧固、传送带是否松弛、电机是否发热等，故障未排除不得继续投入使用。

10）搬运时如移位困难，必须切断电源，清除底盘内土渣。

11）工作完毕应立即切断电源，盘好电缆，做好机械保养工作，将机械妥善盖好，防止电器、电动机受潮。

20．钢筋切断机

1）钢筋切断机操作人员必须熟悉产品的机械性能，并按制造厂的使用说明书中的规定进行操作保养。

2）安装钢筋切断机时应选择坚实的地面，放平放稳，铁轮前后须用三角木对称楔紧，机械的周围有足够的场地堆放钢筋。

3）机械的电源必须进行漏电跳闸控制，使用前必须检查漏电跳闸，确认牢靠后方能投入使用。

4）使用前必须检查刀片有无裂纹，固定刀片的螺丝是否坚固，皮带轮侧面的防护栏和传动部分的保护罩是否齐全，油杯、油眼应检查是否已加满润滑油。

5）机械未达到正常转速时不得切料。切料时，应注意刀片来往间隙，双手紧握钢筋迅速插入，并向定刀片一侧稍用力压紧，操作者的手只准握在靠身边一端的钢筋上，不准在刀片两侧分别握钢筋俯身送料。

6）禁止切断直径超过机械铭牌规定的钢筋和烧红的钢筋。

7）工作完毕，必须切断电源，清理周围碎料，清洁好机械，做好保养工作。

21．钢筋弯曲机

1）钢筋弯曲机操作人员必须熟悉机械性能，并按机械使用说明书中的规定操作和保养。

2）安装钢筋弯曲机时，应选择较为坚实、平整的地面放置平稳，设备周围应有足够的场地。

3）机械要有可靠的安全接地和漏电跳闸，确认可靠后才能投入使用。

4）无关人员禁止进入工作区域，以免扳动钢筋时碰伤。

5）使用前应机件齐全，检查所选变速是否和所弯钢筋直径与转速相符合，固定销子是否紧密、牢固，以及检查转盘转向与开关转向方向一致，按规定加注足够的润滑油，试运转正常后投入使用。

6）操作时，应将钢筋需弯的一头插入转盘固定销子的间隙内，注意钢筋放入销子的位置和回转方向，不得放错方向，以免伤人。

7）应正确确定弯曲点的位置，保持钢筋平直，不可倾斜。

8）转盘倒向时，必须在前一种转向停止后方许倒转。

9）不直的钢筋禁止在弯曲机上弯曲，防止发生安全事故。

10）工作完毕应切断电源，将工作场地和机械清理干净，做好保养工作。

22．钢筋调直机

1）钢筋调直机操作人员必须熟悉机械性能，按机械使用说明书中规定进行操作保养。

2）钢筋调直机应安装在坚固、平整的场地，放置平稳。

3）禁止调直超过该设备规定调直直径以上的钢筋。

4）进行调直工作时，不许无关人员站在机械附近，各部安全护板和保护等装置必须安装齐全、牢固，并经常检查，确认可靠再投入使用，机械电源未进行漏电跳闸控制，性能不可靠不得投入使用。

5）工作前应空转 3 分钟，查听机械各部是否有异常情况，确认正常后方可投入使用。

6）在导向筒的前部应安装一根一米左右长的钢管，被调直钢筋先穿入钢管再穿入导向筒和调直筒，以防每盘钢筋接近调完后弹出伤人。

7）在调直块未固定时、防护罩未盖好前，不得穿入钢筋，以防开动机械时调直块飞出伤人。

8）工作完毕后要切断电源，进行各齿轮润滑和机械清洁工作，调直筒内不准卡放钢筋，做好一切保养工作。

23．普通机床

1）车床机操人员必须经过培训后方能上岗。

2）机操人员要熟悉该机械性能，并按该机使用说明书中的规定进行操作与保养。

3）工作前要穿戴好劳动保护用品，作业中不准戴围巾、手套，女工应戴帽子，长发不得外露。

4）工作前应检查开关、电源电器接地是否良好、可靠，各机械部位是否紧固，润滑油是否按规定加足，传动防护装置是否齐全、完好。

5）定期检查皮带松紧程度，经常清洗滤油器。

6）工件应充分夹紧，严防吃刀后松脱。卡盘扳手用完应立即取掉，不得放在卡盘上、车床等轨上，不得放置工件、材料与工具等物。

7）加工偏心工件时，应加平衡物，以使旋转平衡。

8）车头变速必须先停车，停车及长时间离开车床前，应先退刀。

9）使用锉刀时必须有牢固的木柄，工作时应站在锉刀的侧面，注意锉刀与卡盘的距离，防止发生碰撞事故。

10）进行以下工作时必须把床鞍移到安全位置：

① 用砂布打磨工件时；

② 使用锉刀和乱刀时；

③ 转动小刀架时；

④ 工件找正时。

11）切过长切屑必须及时清理，防止伤人。

12）作业完毕必须切断电源，做好规定的保养工作，方可离岗。

24．刨床

1）刨床操作工必须经过专业培训后方能上岗。

2）机操工必须熟悉机械性能，并按产品说明书中规定进行操作和保养。

3）工作前应检查电器、电源线、漏电跳闸、安全接地是否灵敏、可靠，并进行试车运转，确认正常后方可使用。

4）刀架螺丝要随时紧固，以防突然脱落。

5）刨床在运转中不准将头部或手放在牛头滑枕（牛头刨）或工作台（龙门刨）的行程范围内。

6）刨床刀具不宜突出过长。

7）龙门刨的行程范围内及牛头刨床头往复范围内，不可站人和堆物。

8）工件必须夹紧，开车前应调整好吃刀深度，提升刨刀后再行开车。

9）夹板不得过长，龙门刨床的加工件不准伸出工作台床面的两侧。

10）加工零件飞边毛刺或尖凸部分时，必须加安全保护板。

11）工作完毕做好清洁、紧固、润滑等保养工作，切断电源后方可离岗。

25．镗床

1）镗床机械必须由经过专业培训后方能上岗。

2）机械工必须熟悉该机械性能，按产品说明书中规定进行操作和保养。

3）作业前应检查电器，电源线应性能良好、绝缘可靠，漏电跳闸应安全接地，灵敏、可靠。

4）检查机床各系统应安全、可靠，各手轮摇把的位置和限位挡铁的安设应正确，快速进刀应无障碍。

5）每班启动后，必须低速运转 3～5 min，再行作业。

6）严禁在运转时测量工件，不得将头过分贴近加工孔观察进刀情况，也不得在隔着转动中的镗杆递取物件。

7）在每次移动部件和进给前，刀具及各手柄应在需要的位置上，确认移动部位方向正确后方可启动，严禁突然开动快速移动手柄。

8）镗刀和工件装卡应牢固，压板必须平稳，垫铁不宜过高，块数不宜过多。

9）使用平旋刀盘或自制刀盘镗削时，必须上紧螺丝，不得站在刀具对面或伸头观察，必须注意防止衣物被绞造成事故。

10）启动工作台自动回转时，必须将镗杆缩回，工作完结时做好保养工作，切断电源方可离岗。

26．磨床

1）磨床机械操作工人必须由经专业培训后方能上岗。

2）机操工必须熟悉该机械性能，并按产品说明书中规定进行操作和保养。

3）开车前应先检查机床各部是否完好，砂轮有无裂纹、松动、固定是否牢靠，做好各项润滑工作，磨床上所使用的砂轮必须经过平衡。

4）工件必须装夹牢固，砂轮安装必须紧固适度，不能过分拧紧，磨削前应先校正防护罩。

5）操作人员不得站在砂轮旋转的切线方向。

6）开始进给工件时，进给速度要缓慢，不得猛烈撞击砂轮，以免砂轮碎裂。

7）磨削工作结束时，应关闭冷却液，再使砂轮空转数分钟，甩尽存水方可停车。

8）工作时不得离开机床，经常检查电器、电线、接地线，漏电跳闸是否正常、良好、可靠，工作完毕必须切断电源，做好保养工作。

27．钻床

1）钻床机械必须由经专业培训后方能上岗。

2）机操工必须熟悉该机械性能，并按产品说明书中规定进行操作和保养。

3）工作前需检查电器、电源线性能是否良好，绝缘是否可靠，漏电跳闸是否灵敏、有效，接地是否安全、可靠。

4）钻孔前应先空车运转，确认正常然后开始工作，严禁戴手套操作。

5）工作时钻头要卡牢，装卸钻头必须在停止运转后进行。

6）摇臂钻床在自动上下起落时，必须留出 25～50 mm 空头，以防造成齿轮及大小轴损坏。

7）操作人员头部不要靠近机床旋转部位，机床开动时不得离岗，加工薄件时，下面应垫木板，并使用平头钻，不得手扶钻头对孔或手持薄工件加工。

8）工作完毕时做好机床清洁、润滑等保养工作，切断电源方可离岗。

28．冲剪机

1）冲剪机操作工必须经过专业培训后方能上岗。

2）操作工必须熟悉该机机械性能，严格按产品说明书中规定进行操作与保养。

3）启动前检查离合器，制动器应灵敏、可靠，安全防护装置齐全、完好，传动的齿轮中无小铁块及杂物，电器接地，电源线等性能要好，绝缘可靠，并用手盘动确认各方面正常后方可通电启动。

4）启动后，应空运转 1～2 min，如有异常或故障，要立即停车。

5）调换剪刀片，必须在切断电源机械停止运转后进行，更换模具也必须停车进行，模具应卡紧，不得松动。

6）作业中严禁将手伸到模具中取工件或调整工件，剪冲大料应有专人指挥，做到步调一致，角钢冲孔时必须用特别的扳手将角铁稳定后方可进行。

7）作业完毕应切断电源，做好清洁与保养工作。

29．剪板机

1）剪板机工必须经过培训后方能上岗。

2）机械操作工必须熟悉机械性能，并按产品说明书规定进行操作和保养。

3）工作前应检查电器、电源线性能是否良好，绝缘是否可靠，漏跳闸、安全接地是否灵敏、有效。

4）启动前应检查各部润滑、紧固情况，刀口不得有缺口，进行空运转确认正常后方可作业。

5）剪刀的钢板厚度不得超过剪板机规定的能力。

6）制动装置应根据磨损情况及时调整。

7）操纵开关人员须待指挥人员发出信号方可开动，送料时要待上剪刀停止后进行，严禁将手伸进垂直压力装置的内侧。

8）进料时应放正、放平、放稳，手指不得接近剪刀和压板。

9）剪切大料时要有专人指挥，并做到步调一致。

10）工作完毕，做好机械保养工作及周围清洁工作，切断电源后方可离岗。

30. 空气压缩机

1）3 立方米以上空压机必须持证上岗。

2）机操人员必须熟悉该机性能，按产品使用书规定进行操作与保养。

3）空压机应保证水平安装，否则会由于润滑不良而导致机件损坏。

4）启动前要检查油位线，不能低于指示器下限或超过上限。

5）检查电气线路、电源等电气设备是否良好、正常。

6）检查三角皮带、张力是否适度。

7）检查安全阀、电磁阀、压力表是否完好、可靠。

8）启动空气压缩机，须核对风扇的旋转方向，如方向不对要调整。

9）操作过程中如发现机械有异声，应停机排除故障后作业。

10）空气压缩机 10 m 范围之内不许烧电焊、乙炔和其他加温工作。

11）空压机附近严禁堆放油料、炸药等易燃易爆物品。

12）运行中如冷却水中断，应停止运转，关闭冷却水源，待气缸冷却后方可通水再次启动。

13）严禁带负荷启动。

14）工作完毕切断电源，做好保养工作，盖好机械，以免机械、电器受潮。

15）空气压缩机每年一次外部检测，每三年做一次内外检测，合格后方可投入使用。

31. 直流电焊机

1）直流电焊机机操人员必须经过专业培训，经考核合格持证上岗。

2）机操人员必须熟悉该机机械性能，按机械说明书中的规定进行操作与保养。

3）严格执行焊割作业的"十不烧"规定。

4）使用前检查各接线是否符合规定，机壳是否接地且接地电阻不大于 4 Ω。

5）雨天不得露天电焊，在潮湿地带工作时操作工必须穿好绝缘鞋。

6）硅整流电焊机严禁用摇表测试电焊机主要变压器的次级线圈和控制变压器的次级线圈。

7）硅整流电焊机不得在不通风情况下进行焊接工作，以免硅元件烧毁。

8）当焊机发生故障时应切断电源。

9）焊机使用完毕，应避免放在高温处，以防金属部分及线圈凝露造成绝缘性能降低。

32. 交流电焊机

1）交流电焊机操作人员必须经专业培训，经考核合格持证上岗。

2）机操人员必须熟悉机械性能，按机械使用说明书规定使用和保养机械。

3）焊机外壳必须接地，必须安装二次空载降压保护器或触电保护器。若几台焊机集中在一个接地装置上，要采取并联方法，禁止采用串联方法。

4）焊机不允许在高温度、高湿度、易燃易爆物、水蒸气、浓烟、灰尘等场所作业。

5）露天作业，焊机应放在避雨、通风较好的地方。

6）严格执行焊割作业"十不烧"的规定。

7）应注意初、次级线不可接错，输入电压必须符合电焊机铭牌规定，严禁接触初级线路带电部分。

8）临时离开工作场所、工作完毕及维修保养设备，必须切断电源进行，严禁机械带病作业。

33．对焊机

1）对焊机机操工必须持证上岗并熟悉机械性能，按机械使用说明书中的规定进行操作和保养。

2）作业前应检查电源、电器是否正常、良好，接地是否可靠。

3）作业前检查对焊机的压力机构是否灵活，夹具是否牢靠。

4）通电前必须通水，使电板及次级绕组冷却，同时检查有无漏水现象，发现漏水现象严禁使用。

5）焊接车间现场不许堆放易燃物品，作业人员应戴好有色防护眼镜及帽子、手套，站的地方要有绝缘材料垫好。

6）禁止焊接超过对焊机规定直径的钢筋。

7）焊机所有活动的部位应定期加油，以保持良好的润滑。

8）冬期施工，室温不能低于 8 ℃。

9）在焊接时，配合搬运钢筋的作业人员应注意避免火花烫伤。

10）工作完毕后，必须切断电源，清除钳口周围及焊渣溅末，收拾好夹具、工具，并对设备和周围做好保养清洁工作。

34．点焊机

1）点焊机机操人员必须持证上岗，并熟悉该机机械性能，按机械说明书中的规定进行操作和保养。

2）机操人员必须要遵守交流电焊机的安全操作规程。

3）作业前，应给转动部分添加少量的润滑油。

4）作业前和作业过程中，应经常清除上下两电极的油锈和电极烧灼的痕迹。

5）用试电笔检查电气设备、机械外壳有无漏电现象，接地必须良好。

6）在作业中，如发现点焊头漏电时，应立即更换焊头，否则禁止使用。

7）刚焊完的点焊处严禁用手触摸，以免烫伤。

8）工作时，操作人员必须穿戴好劳动保护用品，站在正确的位置，以免被火花烫伤。

9）焊机在气温达到 0 ℃以下停止作业时，必须用压缩空气排除冷却系统的存水。

10）工作完毕，必须清除杂物和焊渣溅末，电极触头保持光洁，切断总电源，放尽冷却水，按规定做好各项保养工作。

35．电动砂轮机

1）不懂机电设备者严禁使用该机械。

2）操作人员操作时应戴好劳动保护品口罩、眼镜等。

3）工作前应检查电源线，开关、漏电跳闸、安全接地，绝缘是否良好、灵敏、可靠，进行空车运转，确认正常再投入使用。

4）工作前应检查砂轮是否安装牢固，有无裂纹等，检查砂轮转动是否平稳。

5）操作人员应站在砂轮侧面操作，工件应缓慢接触砂轮，逐步施加压力。

6）砂轮机的防护罩不得随意拆下，未装防护罩的砂轮机不得使用。

7）工作完毕做好清洁保养工作，并切断电源。

36．套丝切管机

1）不懂机电知识，不懂该机械技术性能人员严禁操作，操作人员必须按产品说明书中规定进行操作与保养。

2）机具要安放在固定的基础和稳定的基架上。

3）检查电源线是否良好，接地线是否可靠，漏电跳闸是否灵敏、有效，确认各方面正常后方可作业。

4）按加工管径选用扳牙头和扳牙，扳牙应按顺序放入，作业中应经常用油润滑扳牙。

5）工件伸出卡盘端面的长度过长时，后部要用辅助托架，并调整好高度。

6）切断作业时，不得在旋转手柄上加长力臂，切平管端时不得进刀过快。

7）加工件的管径和椭圆度较大时，必须要两次进刀。

8）作业完毕后要清除杂物，做好清洁保养工作，切断电源后方可离岗。

37．圆锯机

1）圆锯机操作人员必须熟悉机械性能，按机械说明书规定进行操作和保养。

2）圆锯机必须要有可靠的安全接地和漏电保护器，作业前操作人员必须进行检查，确认正常可靠后再投入使用。

3）锯片上方必须装置保险防护罩，传动部位必须装有保险挡板，不得随意拆除。

4）机械启动后，应待锯片转速正常后方可锯料，锯到接近端头时，应用下手拉料进锯，上手不得用手直接送料，应用木板推送。

5）锯料时，不准将木料左、右扳动或抬高，送料不宜用力过猛，遇木节要减速进锯，以防木节弹出伤人。

6）圆锯作业场所严禁火种，严禁吸烟。

7）操作人员不准站在与锯片同一直线上操作，手臂不准跨越锯片工作。

8）锯片温度过高时，应用水冷却，直径 600 mm 以上锯片，在操作中应喷水冷却。

9）作业完毕应切断电源，清理木屑，整理场地，做好机械保养工作，圆锯平台严禁坐人，以防意外事故发生。

38．平面刨机

1）平面刨机操作人员应熟悉机械性能，严格按机械说明书规定进行操作和保养。

2）作业前，应检查各项安全装置、保险装置是否齐全、完好，机械安全接地是否可靠，漏电跳闸是否牢靠，确认正常后方可投入使用。

3）作业场所严禁火种带入，严禁吸烟。

4）刨料时保持身体稳定，并需用双手持料，手应按在料的上面，手指必须离开刨口 50 mm，严禁用手在后端推送工件跨越刀轴等待切削。

5）被刨木料的厚度小于 30 mm，长度小于 400 mm，应用压杆或压棍推进，厚度在 15 mm、长度在 250 mm 以下的木料，不得在刨机上加工。

6）机械运转时，不得将手伸进安全挡板里侧移动挡板，严禁戴手套作业，严禁不切断电源维修保养机械。

7）刨料时要去除钉子杂物，刀片的重量厚度必须一致。

8）作业完后，应切断电源，清理木屑，整理场地，做好机械保养工作，平刨机平台上严禁放物、坐人。

12.2.4 临时用电和消防安全

1. 配电箱、开关箱内的开关电器安装

配电箱、开关箱内的开关电器安装均应符合技术要求，按规定工作位置安装端正、牢固，不得倒置、松动、摇晃，对移动配电箱、开关箱还应安装在坚实、稳定的支架上，禁止将配电箱、开关箱置于地面并随意拖拉。配电箱、开关箱的安装高度应能适应操作，承受并能尽量避开意外撞击。通常规定固定式配电箱、开关箱的下底面安装高度以 1.3～1.5 m 为宜，移动式配电箱、开关箱下底面安装支架高度以 0.6～1.5 m 为宜。

2. 配电箱、开关箱的进出导线的防护

配电箱、开关箱的导线进出口处是漏电的多发点之一，常因导线绝缘材料损坏而发生碰接箱壳短路漏电事故，因此，在敷设进出导线时应在导线进出口处加强绝缘、卡牢，并经常注意检查，同时为了防止风沙雨水浸入箱内，导线一律从箱体的下底面进出，不得从箱体的上面、背面、侧面进出，更不应从箱门的缝隙中引进导线，配电箱、开关箱的进出导线不得承受超过导线荷载拉力，防止超负荷烧毁或因拉拽使箱内接头脱开，发生漏电伤人事故。

3. 配电箱、开关箱内的连接导线

配电箱、开关箱内的连接导线一般都是带电部分，所以必须采用绝缘良好的绝缘导线，不得使用裸导线或绝缘有损伤的导线，为了保证导线与导线之间、导线与开关电器之间具有可靠的电气连接，所有接头必须牢固而不得松动，也不得有外露导电部分，特别是铝导线接头，如果接头松动，容易在接头处因接触不良而发生高温，甚至电火花，使接头处绝缘烧毁而导致短路故障。对于专用保护零线，为了使做保护接零时有可靠的电气连接，应一律采用绝缘铜线，而不得采用铝线或铁线。

4. 配电箱、开关箱内的保护接零

为了确保一旦发生漏电时配电箱、开关箱铁制体以及其内部，所有正常不带电的金属部件为零电位，配电箱、开关箱的金属箱体应做可靠的保护接零，即与专用保护零线做可靠的电气连接，箱内所有开关电器的正常不带电的金属基座、外壳等则应与铁质箱体做可靠的金属性连接，或直接与专用保护零线做电气连接。为了能一目了然，保护零线应按标准采用绿/黄双色线，并通过专用接线端子板连接，且与工作零线相区别。

配电箱、开关箱内的开关电器应能保证在正常故障情况下可靠地分断电路，在漏电的情况下可靠地使漏电设备脱离电源，为此，配电箱、开关箱内的开关电器应保证以下技术条件：

1）所有开关电器必须是合格产品，不论选用新电器，还是沿用旧电器必须完好无损，动作灵活、可靠，绝缘性能良好，严禁使用破损电器。

2）配电箱、开关箱必须设置在任何情况下能够分断，隔离电源的开关电器设备。

3）手动开关电器一般用作空载情况下通断电器，对在正常负载和故障情况下以及频繁通、断电则一般采用自动开关电器，如接触器、自动空气开关等。

4）开关箱与用电设备之间实行"一机、一闸、一保险"，禁止"一闸多机"。开关箱的开关电器额定值应与用电设备额定值符合。

5）进入配电箱和开关箱的电源线必须做固定连接，严禁通过插销等活动连接，防止因电

源插头插销脱落而造成带电部位裸露，导致意外触电和短路事故。

6）进出配电箱和开关箱的导线选用绝缘良好的导线，移动式配电箱和开关箱，其进出导线应采用橡套绝缘电缆，以保障绝缘性能和抗磨损性能。

5．施工现场的电动建筑机械和手持电动工具

这些用电设备在使用过程中容易发生导致人体触电的事故，在使用过程中应采取以下措施：

1）用电设备配电线路易被机械或人为意外触碰的线路采取穿管、埋地搭设防护架，防护棚保护。

2）经常检查更换或淘汰老化、破损、受潮、腐蚀造成金属机座、外壳漏电的用电设备和电气设备。

3）施工机械保持"一机一闸一保险"，严禁使用一个开关控制多台机械和多闸共用一组保险器或一闸控制多个插座。

4）用电机械设备的外壳设置可靠的接零接地保护，工作零线和保护零线分开。所有移动电动机具保持在漏电开关的保护之中。严禁不用插头而用导线直接插入插座内，经常对电器设备进行检查，发现温升过高绝缘下降时，及时查明原因，消除事故隐患。

5）电动施工机械和手持电动工具的外壳应接地接零，使用绝缘的橡套软线，露天使用的开关设备及时做好防雨水措施。

6）电动机械设备拆除后不应留下有可能带电的导线。如果必须保留的电线应切断电源，并将裸露的电路线端包上绝缘布带。

7）停电工作时，在切断电源的开关上挂上"有人工作，不准合闸"的警告标志牌，并将不带电的部分线路直接接地，未经挂牌人同意，在任何情况下不得合闸，更不能将警告牌自行摘除。

6．照明装置

为了从技术上保证现场工作人员免受发生在照明装置上的触电伤害，必须对照明装置采取如下技术措施：

1）照明开关箱中的所有正常不带电的金属部件都必须做保护接零，所有灯具金属外壳必须保护接零。

2）照明开关箱应装置漏电保护器。

3）照明线路的相线必须经过开关才能进入照明灯具，不得直接进入灯具，否则，在照明线路不停电的情况下，即使灯具不亮灯头也是带电的，这样即造成事故的隐患。

4）灯具的安装高度既要符合施工现场的实际要求，又要符合安装规定的要求，室外灯具距地不得低于 3 m，室内灯具距地不得低于 2.4 m。

5）移动临时照明灯具电源线严禁使用花绞线和塑像导线，应使用橡套软线，严禁在作业面上乱拉、乱压。为防止因一处漏电而影响全部，尽可能采取分组控制和单独控制。

6）灯具安装需架设在升降机架体上时，要做好绝缘处理和接地接零处理，导线与金属架体应用绝缘瓷瓶固定，防止外力影响与金属架体磨擦破损，发生漏电事故。

7．电气设备

为了在施工过程中增强电动设备和电气设备保护，防止意外触电事故，从技术上得到进一步保证用电设备和作业人员的用电安全，施工机械和电气设备的金属外壳设工作接地、保护接地，重复接地和防雷接地，以及为了保障施工用电和生活用电的消防安全，贯彻执行"预

防为主，消防结合"的方针，从技术的角度上重视防止电气设备发生火灾，必须做到以下几点：

1）配电房要保持干燥，通风良好，门向外开。室内禁止堆放易燃易爆物品和放置与用电毫不相干的物品，保持室内设备的清洁，无污染、灰尘，并配备干粉灭火器和干砂箱。

2）凡易发生电弧或火花的用电设备必须采取相应的防护措施。

3）木工机械要经常清理木屑刨花，防止堆积埋没电机，使之温升过高引起火灾。

8．配电箱和开关箱的管理

1）为加强对配电箱和开关箱的管理，防止误操作带来的危害，所有配电箱和开关箱应在其箱门处标注其编号、名称、用途和分路情况。所有配电箱和开关箱必须专箱专用，不得随意另行挂接其他用电设备。

2）为防止停、送电时电源手动隔离开关带负荷操作，以及便于对用电设备在停、送电时进行监护，停电时配电箱和开关箱之间操作顺序应当为：开关箱—分配电箱—总配电箱。送电时操作顺序为：总配电箱—分配电箱—开关箱。对于配电箱内的开关电器来说，也应遵循相应的操作顺序，即在正常情况下，停电时先分开自动开关电器，后分断手动开关电器，送电时应先合手动开关电器后合自动开关电器。当发生电器故障或人体触电伤害事故时，可以就地就近开关分断停电。

3）为了确保配电箱和开关箱的正确使用，应及时发现使用过程的问题和隐患，及时维修以防止电气事故的发生，操作者需持证上岗。

9．防火安全检查制度

1）日常消防检查结合安全生产检查进行。

2）项目部防火检查每月不少于两次，由项目部防火责任人组织执行。

3）岗位防火检查由安全员或兼职安全员结合清洁卫生、文明生产对防火安全随时进行检查。

4）对查出的火险隐患要定时整改，本班组难以解决的要及时按级上报。

5）安全部门要把每次安全检查的情况进行记录，把火险隐患的整改措施备案并存于防火档案。

10．项目部防火责任人职责

1）负责对本项目部的防火安全教育工作，普及消防知识，保证各项防火安全制度的贯彻执行。

2）每月组织一次防火安全检查，发现隐患立即督促整改。

3）配置本项目部的消防器材，保证器材完整好用，不得随便挪用。

4）本项目部内发生火灾事故，必须负责查明原因、分清责任，对事故责任者提出处理意见，并及时上报公司。

5）每季度召开各班组防火责任人会议，分析防火安全工作情况，布置下季的防火安全工作。

11．班组级防火责任人职责

1）落实项目部所布置的防火工作，检查和监督本班组人员执行防火安全制度情况。

2）负责检查本班组成员所操作电气机械设备的防火安全装置、运转和安全使用，并监督和检查易爆物品的使用管理工作。

3）督促做好本班组日常防火安全检查工作，发现问题及时处理。

4）发生事故立即补救，并及时向项目部防火责任人汇报。

12. 易燃、易爆、剧毒物品管理制度

1）漆类、油类类等到各种易燃品进工地后必须立即进专用仓库，并按指定位置存放，各领用部门严格控制限额领料，施工现场内易燃品不宜存放过量，不用物品应退回仓库，不准到处乱放。

2）氧气要注意安全运输，进工地后由电焊工负责保管，氧气瓶使用后应做好标记，不准乱放。

3）如有违者或不负责任而造成损失，根据情节轻重给予罚款 500～1 000 元。

13. 焊工防火安全管理制度

1）焊工必须经过专门培训，经考核合格后持证上岗。

2）焊工在工地现场操作时，必须按有关规定要求执行，严格执行动火审批制度。

3）对存有危险性物资的场所，焊工应采取相应的防爆电气设备，掌握防爆电气设备的原理。

14. 仓库保管员防火安全管理制度

1）仓库内物资储存要分类、分堆、分垛，各类物资需标有标识，主通道不小于 1.5 m，次通道不小于 0.5 m，严禁超储。

2）仓库要有足够的消防器材和充足的消防水源，在消防设施的附近严禁堆放其他物品，库管员会使用各类消防器材。

3）仓库内要保持清洁，可燃废物要及时清除。

15. 消防器材的管理制度

1）消防器材要放在指定位置，不准随意移动和挪作他用。

2）要加强检查和保养，每月检查一次，每半年保养一次，发现消防器材损坏，缺少应及时上报，并及时恢复良好。

12.3 装修施工安全管理实训项目

装饰工程是指房屋建筑施工中包括抹灰、油漆、刷浆、玻璃、裱糊、饰面、罩面板和花饰等工艺的工程，它是房屋建筑施工的最后一个施工过程，其具体内容包括内外墙面和顶棚的抹灰，内外墙饰面和镶面、楼地面的饰面、房屋立面花饰的安装、门窗等木制品和金属品的油漆刷浆等。

12.3.1 室内多工种多工序的立体交叉防护

1. 交叉作业的概念

交叉作业指两个以上生产经营单位在同一作业区域内进行生产经营活动。包括立体交叉作业和平面交叉作业。

2. 交叉作业的范围

在建筑施工过程中，在同一作业区域内进行施工活动，都可能危及对方生产安全和干扰施工的问题。主要表现在土石方开挖、爆破作业、设备（结构）安装、起重吊装、高处作业、模板安装、脚手架搭设拆除、焊接（动火）作业、施工用电、材料运输、其他可能危及对方生产安全作业等。

3．交叉作业的特点和危害

两个以上单位在同一作业区域内进行施工作业，因作业空间受限制、人员多、工序多、机械设备、物料（转移）存放，所以作业干扰多，需要配合、协调的作业多，现场的隐患多，造成的后果严重。可能发生高处坠落、物体打击、机械伤害、车辆伤害、触电，火灾等。

4．交叉作业的管理要求

为保证双方或多方的施工安全，避免安全生产事故的发生，《安全生产法》第四十条规定："两个以上生产经营单位在同一作业区域内进行生产经营活动，可能危及对方生产安全，应当签订安全生产管理协议，明确各自的安全生产管理职责和应当采取的安全措施，并指定专职安全生产管理人员进行安全检查与协调"。

5．交叉作业的管理方式

两个以上施工单位在同一作业区域内进行生产经营活动，可能危及对方生产安全的，应当进行安全生产方面的协作。协作的主要形式是签订并执行安全生产管理协议。各单位应当通过安全生产管理协议互相告知本单位生产的特点、作业场所存在的危险因素、防范措施以及事故应急措施，以使各个单位对该作业区域的安全生产状况有一个整体上的把握。同时，各单位还应当在安全生产管理协议中明确各自的安全职责和应当采取的安全措施，做到职责清楚、分工明确。为了使安全生产管理协议真正得到贯彻，保证作业区域内的生产安全，施工各方还应当指定专职的安全生产管理人员对作业区域内的安全生产状况进行检查，对检查中发现的安全生产问题及时进行协调、解决。

6．交叉作业的管理原则

1）施工各方在同一区域内施工，应互相理解、互相配合，建立联系机制，及时解决可能发生的安全问题，并尽可能为对方创造安全施工条件、作业环境。干扰方应向被干扰方提供施工计划，被干扰方据此提前安排施工，以减少干扰所带来的损失。如双方无法协调一致，或被干扰方必须停工时，则应报请项目部帮助协商解决。

2）在同一作业区域内施工应尽量避免交叉作业，在无法避免交叉作业时，应尽量避免立体交叉作业。双方在交叉作业或发生相互干扰时，应根据该作业面的具体情况共同商讨制定安全措施，明确各自的职责。

3）因施工需要进入他人作业场所，必须以书面形式（交叉作业通知单）向对方申请，说明作业性质、时间、人数、动用设备、作业区域范围、需要配合事项。其中，必须进行告知的作业有：土石方开挖、爆破作业、设备（结构）安装、起重吊装、高处作业、模板安装、脚手架搭设拆除、焊接（动火）作业、施工用电、材料运输、其他作业等。

4）双方应加强从业人员的安全教育和培训，提高从业人员作业的技能、自我保护意识，完善预防事故发生的应急措施和提高综合应变能力，做到"三不伤害"。

5）双方在交叉作业施工前，应当互相通知或告知对方本班施工作业的内容、安全注意事项。当施工过程中发生冲突和影响施工作业时，各方要先停止作业，保护相关方财产、周边建筑物及水、电、气、管道等设施的安全，由各自的负责人或安全管理负责人进行协商处理。

施工作业中各方应加强安全检查，对发现的隐患和可预见的问题要及时协调解决，消除安全隐患，确保施工安全和工程质量。

7．交叉作业的安全措施

1）双方单位在同一作业区域内进行高处作业、模板安装、脚手架搭设拆除时，应在施工作业前对施工区域采取全封闭、隔离措施，应设置安全警示标识、警戒线或派专人警戒指挥，防止高空落物、施工用具、用电危及下方人员和设备的安全。

2）在同一区域内进行土石方开挖时，必须按设计规定坡比放坡，做好施工现场的防护，设置安全警示标志，做好现场排水措施，并及时清理边坡浮碴，不准堵塞作业通道，确保畅通，弃碴堆放应安全可靠（必须有防石头滚落措施，如防护网、挡碴墙、滚石沟等）。

3）在同一区域内进行爆破作业时，爆破作业单位必须提前24小时书面通知邻近组织、相关单位和人员。被干扰方应积极配合做好人员撤离、设备防护等工作，在被干扰方未做好防护措施前，不准进行爆破作业，并在爆破前30分钟进行口头通知，确认人员和设备撤离完成。确定爆破指挥人员、爆破警戒范围和人员、爆破时间。爆破时，应尽量采用松动爆破，特殊部位应采用覆盖或拉网，防范飞石伤人毁物。

4）在同一作业区域内进行起重吊装作业时，应充分考虑对各方工作的安全影响，制定起重吊装方案和安全措施。指派专业人员负责统一指挥，检查现场安全和措施符合要求后，方可进行起重吊装作业。与起重作业无关的人员不准进入作业现场，吊物运行路线下方所有人员应无条件撤离。指挥人员站位应便于指挥和瞭望，不得与起吊路线交叉，作业人员与被吊物体必须保持有效的安全距离。索具与吊物应捆绑牢固、采取防滑措施，吊钩应有安全装置。吊装作业前，起重指挥人通知有关人员撤离，确认吊物下方及吊物行走路线范围无人员及障碍物，方可起吊。

5）在同一作业区域内进行焊接（动火）作业时，施工单位必须事先通知对方做好防护，并配备合格的消防灭火器材，清除现场易燃易爆物品。无法清除易燃物品时，应与焊接（动火）作业保持适当的安全距离，并采取隔离和防护措施。上方动火作业（焊接、切割）应注意下方有无人员、易燃、可燃物质，并做好防护措施，遮挡落下焊渣，防止引发火灾。焊接（动火）作业结束后，作业单位必须及时、彻底清理焊接（动火）现场，不留安全隐患，防止焊接火花复燃，酿成火灾。

6）各方应自觉保障施工道路、消防通道畅通，不得随意占道或故意发难。凡因施工需要进行交通封闭或管制的，必须报项目部审批，且一般应在30分钟内恢复交通。运输超宽、超长物资时必须确定运行路线，确认影响区域和范围，采取防范措施（警示标识、引导人员监护），防止碰撞其他物件与人员。车辆进入施工区域，须减速慢行，确认安全后通行，不得与其他车辆、行人争抢道。

7）同一区域内的施工用电，应各自安装用电线路。施工用电必须做好接地（零）和漏电保护措施，防止触电事故的发生。各方必须做好用电线路隔离和绝缘工作，互不干扰。敷设的线路必须通过对方工作面应事先征得对方得同意。同时，应经常对用电设备和线路进行检查维护，发现问题及时处理。

8）施工各方应共同维护好同一区域作业环境，切实加强施工现场消防、保卫、治安，文明施工管理，必须做到施工现场文明整洁，材料堆放整齐、稳固、安全可靠（必须有防垮塌，防滑、滚落措施）。确保设备运行、维修、停放安全。设备维修时，按规定设置警示标志，必要时采取相应的安全措施（派专人看守、切断电源、拆除法兰等），谨防误操作引发事故。

12.3.2 外墙面装修防坠落安全

1. 安全生产管理体系

坚持"安全第一，预防为主"的安全施工方针，根据国家现行的《建筑施工安全检查标准》要求，建立完整、系统的安全管理体系，杜绝事故发生，确保安全生产，实现安全施工达标的管理目标。

认真贯彻"打防并举，标本兼治，重在治本"的综合方针，切实搞好项目现场社会治安综合的管理，保障项目施工安全、有序、顺利，根据本项目的特点与特定环境制定相应的综合治理目标和保证措施，纳入项目安全管理体系。

作为项目安全管理体系内容的环境保护，项目部严格遵照市政府颁布的有关安全文明施工和环境保护的有关法规、规章执行实施，切实抓好施工现场的文明卫生和环境保护。

2. 安全生产管理的原则

预防工作为重点，安全问题一票否决制。

3. 安全生产管理目标

杜绝重大伤亡事故，一般事故发生率控制在1‰以内。

4. 安全生产保证措施

1）建立以安全生产责任制为中心的安全管理制度，根据"管理生产必须安全""安全生产人人有责"的原则，明确项目经理、各职能部门负责人、作业工长和班组长在施工活动中应负的责任。

2）建立二级安全检查制度。由企业安全生产监察部门或项目经理部对贯彻国家安全生产法律、法规的情况、安全生产情况、劳动条件、事故隐患等进行检查。项目经理定期对施工项目的安全生产责任制、安全保证计划、安全组织机构、安全保证措施、安全技术交底、安全教育、安全持证上岗、安全设施、安全标识、操作行为、违章管理、安全记录进行检查，确保项目安全计划的实施。

3）安全生产实行总包负责制，对分包单位进行统一领导、综合管理。吸收分包单位负责人参加现场安全领导小组，统筹协调施工现场的安全管理，分包单位的安全管理工作须服从总包单位的监督检查。

4）建立施工安全生产教育制度，定期对施工人员进行安全知识、安全技能、设备性能、操作规程、安全法规的安全教育轮训，对新技术、新工艺、新设备的采用和调换工作岗位时，也要进行安全教育，未经安全教育培训的施工人员一律不得上岗操作。使全体施工人员真正认识到安全施工的重要性和必然性，懂得安全生产和文明施工的科学知识，牢固树立安全第一的思想，在施工中自觉遵守各项安全施工法律、法规和规章制度。

5）认真执行安全技术交底制度，安全技术交底与施工技术交底同时进行，由项目技术负责人将本施工项目的施工作业特点和危险点及其危险点的具体预防措施、应注意的安全事项、相应的安全操作规程和标准、发生事故后应及时采取的应急措施向安全员、施工班组长和相关人员进行全面、详细的安全技术交底，并保存交底双方签字确认的安全技术交底记录。

6）根据工程特点，制定相应的安全技术措施，对工程施工全过程中的"人的不安全行为，物的不安全状态，作业环境的不安全因素和管理缺陷"进行针对性的控制，一旦发现上述安全隐患，即发出"安全隐患通知单"，通知责任人制定纠正和预防措施，限期整改，安全员跟踪验证。对事故发生的处理原则，坚持四个不放过：事故原因不清不放过、事故责任者和员工没有受到教育不放过、事故责任者没有处理不放过、没有制定防范措施不放过。

5．现场安全措施

1）管理人员和施工人员进入施工现场一律佩戴工作卡，无佩戴工作卡者一律不得进入施工现场上岗施工。

2）对所有参加施工的人员要进行施工前的三级施工安全教育和培训，经培训考试合格后才能上岗作业。

3）根据设计交底或现场调查情况和有关施工安全的政策法规，核对设计文件、设计图纸。从施工安全的角度对设计文件、图纸进行认真复核。

6．高空作业安全措施

1）凡参加高处作业人员必须经医生体检合格，方可进行高处作业。对患有精神病、癫痫病、高血压、视力和听力严重障碍的人员，一律不准从事高处作业。

2）登高架设作业（如架子工、安装拆除工等）人员必须进行专门培训，经考试合格后，持劳动安全监察部门核发的《特种作业安全操作证》方准上岗作业。

3）凡参加高处作业人员，应在开工前进行安全教育，并经考试合格。

4）参加高处作业人员应按规定要求戴好安全帽、扎好安全带，衣着符合高处作业要求，穿软底鞋，不穿带钉易滑鞋，并要认真做到"十不准"：一，不准违章作业；二，不准工作前和工作时间内喝酒；三，不准在不安全的位置上休息；四，不准随意往下扔东西；五，严重睡眠不足不准进行高处作业；六，不准打赌斗气；七，不准乱动机械、消防及危险用品用具；八，不准违反规定要求使用安全用品、用具；九，不准在高处作业区域追逐打闹；十，不准随意拆卸、损坏安全用品、用具及设施。

5）高处作业人员随身携带的工具应装袋精心保管，较大的工具应放好、放牢，施工区域的物料要放在安全、不影响通行的地方，必要时要捆好。

6）施工人员要坚持每天下班前清扫制度，做到工完料净场地清。

7）高空作业危险区域，应设围栏和警告标志，禁止行人通过和逗留。

8）夜间高处作业必须配备充足的照明。

9）尽量避免立体交叉作业，立体交叉作业要有相应的安全防护隔离措施，无措施严禁同时进行施工。

10）高处作业前应进行安全技术交底，作业中发现安全设施有缺陷和隐患必须及时解决，危及人身安全时必须停止作业。

11）在高处施工作业时，密切注意、掌握季节气候变化，遇有暴风雨雪及6级及以上大风、大雾等恶劣气候，应停止露天作业。

12）盛夏做好防暑降温工作，冬季做好防冻、防寒、防滑工作。

13）高处作业必须有可靠的防护措施。如悬空高处作业所用的索具、吊笼、吊篮、平台等设备设施均需经过技术鉴定或检验后方可使用。无可靠的防护措施绝不能施工。特别在特定的、较难采取防护措施的施工项目，更要创造条件保证安全防护措施的可靠性。在特殊施工环境安全带没有地方挂，这时更需要想办法使防护用品有处挂，并要安全、可靠。

14）高处作业中所用的物料必须码放平稳，对作业中的走道、通道板和登高用具等，必须随时清扫干净。拆卸下的物料、剩余材料和废料等都要加以清理及时运走，不得任意乱置或向下丢弃。各施工作业场所内凡有可能坠落的任何物料，都要一律先行拆除或者加以固定，以防跌落伤人。

15）实现现场交接班制度，前班工作人员要向后班工作人员交代清楚有关事项，防止盲目作业发生事故。

16）认真克服管理性违章。

17）高空作业应有牢靠的立足处，脚手架上不得任意搭设飞跳板，不得超重堆放物料，不准多人站立在脚手架上。

18）设置供施工人员上下使用的安全爬梯、扶梯或斜道，应有可靠的防滑措施。

12.3.3　临时用电和防火防毒安全

1. 装修临时用电安全管理规定

1）在正式运行的电源上所接的一切临时用电，应办理用电申请手续。

2）许可证办理程序：

施工单位负责人持《电工作业操作证》、施工作业单等资料到配电室，对下列施工用电管理规定签字确认后，办理《临时用电作业许可证》。

① 施工单位负责人应对本单位作业程序和安全措施进行确认，施工单位负责所接临时用电的现场运行、设备维护、安全监护和管理。

② 施工单位负责人应向施工作业人员进行作业程序和安全措施的交底。

③ 作业完工后，施工单位应及时通知配电室停电，施工单位拆除临时用电线路。

④ 安装临时用电线路的电气作业人员，应持有电工作业证。

⑤ 临时用电设备和线路应按供电电压等级和容量正确使用，所用的电气元件应符合国家规范标准要求，临时用电电源施工、安装应严格执行电气施工安装规范，并接地良好。

⑥ 在防爆场所使用的临时电源、电气元件和线路应达到相应的防爆等级要求，并采取相应的防爆安全措施。

⑦ 临时用电线路及设备的绝缘应良好。

⑧ 临时用电架空线应采用绝缘铜芯线。架空线最大弧垂与地面距离，在施工现场不低于2.5 m，穿越机动车道不低于 5 m。架空线应架设在专用电杆上，严禁架设在树木和脚手架上。

⑨ 对现场临时用电配电盘、箱应有编号，应有防雨措施，盘、箱、门应能牢靠关闭。

⑩ 临时用电设施，应安装符合规范要求的漏电保护器，移动工具、手持式电动工具应"一机一闸一保护"。

⑪ 施工单位应进行每天两次的巡回检查，建立检查记录和隐患问题处理通知单，确保临时供电设施完好。对存在重大隐患和发生威胁安全的紧急情况，配电室有权紧急停电处理。

⑫ 临时用电单位应严格遵守临时用电规定，不得变更地点和工作内容，禁止任意增加用电负荷或私自向其他单位转供电。

3）许可证管理：

① 《临时用电许可证》有效期限为一个作业周期，一式两联，一联由配电室留存，施工

单位持一联备配电室人员随时检查。

②　用电结束后，施工单位将《临时用电许可证》第二联交回配电室，配电室安排人员拆除电井线路、抄表结算费用。

4）管理范围：

①　物业工程部负责配电室至电井的接线箱的操作，电井加锁，物业工程部掌管钥匙。

②　各施工单位自备二级箱。负责二级箱及其线路安全。

临时用电许可证样表见表12.1。

表12.1　临时用电许可证

编　号		申请作业单位	
工程名称		施工单位	
施工地点		用电设备及功率	
电源接入点		工作电压	
临时用电人		电工证号	
临时用电时间	从　年　月　日　时　分至　年　月　日　时　分		

序号	主要安全措施	确认人签名
1	安装临时线路人员持有电工作业操作证	
2	在防爆场所使用的临时电源、电气元件和线路达到相应的防爆等级要求	
3	临时用电的单相和混用线路采用五线制	
4	临时用电线路架空高度在装置内不低于2.5 m，道路不低于5 m	
5	临时用电线路架空进线不得采用裸线，不得在树上或脚手架上架设	
6	暗管埋设及地下电缆线路设有"走向标志"和安全标志，电缆埋深大于0.7 m	
7	现场临时用电配电盘、箱应有防雨措施	
8	临时用电设施安有漏电保护器，移动工具、手持工具应"一机一闸一保护"	
9	用电设备、线路容量、负荷符合要求	
10	其他补充安全措施	

临时用电单位意见	配电室值班员意见	运行经理意见
年　月　日	年　月　日	年　月　日
完工验收	年　月　日　时　分	签名：

2．装修临时防火防毒

室内装饰装修使用易燃材料集中，施工现场分散以及部分施工人员缺乏安全防范意识，造成火灾、爆炸、中毒和人员伤害的隐患不容忽视。家庭装修要建立紧急安全预案，要注意做好六防：防火、防爆、防毒、防病、防水、防隐患。

（1）防火

1）注意在室内施工时的防火安全。现场禁止吸烟，不能动用明火；油漆、稀料等易燃品应存放在离火源远、阴凉、通风、安全的地方；施工现场应天天打扫，清除木屑、漆垢、残渣等可燃物品；保证室内出口安全畅通；必须配备消防器材；施工人员必须掌握消防常识。

2）要在装修中注意采用防火材料。木材、地毯、布艺、油漆等装饰材料，都属于易燃材料，为此，国家曾经制定了严格的标准，一定要按照标准等级要求选配装饰材料。室内吊顶应采用非可燃材料，墙面、地面和基层应采用非可燃或难燃材料，以尽量减少火灾危险性。制作厨具的木材一定要经过防火处理。

3）要注意家庭装修中的电路施工和电器安装。严格执行电气安装规程。所有电气线路均应穿套管，接线盒、开关、槽灯、吸顶灯及发热器件周围应用非燃材料做防火隔热处理。

（2）防爆

装修中大量使用的油漆、香蕉水、涂料及稀释剂等，易于挥发。室内通风不良，油漆挥发出的气体不易排出，集聚于室内。在此范围内，遇到明火就会爆炸。当达到其爆炸极限时，稍不注意，一拉电灯开头或者开启电动工具，产生的电火花便会带来严重的后果。所以，在进行施工时室内要有良好的通风，使易燃气体易于向室外扩散。

另外，煤气管道的私自改动和封包也极易造成煤气泄漏发生爆炸，由此给用户自己留下安全隐患。

（3）防毒

油漆、防水材料的主要成分多为树脂类有机高分子化合物，这类材料内含大量挥发性溶剂。在使用时，往往需用稀释剂调成合适黏度以方便施工。这些稀释剂挥发性强，大量弥散于空气中，成为施工中引起工人中毒的罪魁祸首。

应使用符合国家标准的无毒无害的装饰材料与工艺，如水性漆和其他无污染材料；加强作业场所劳动保护的管理，装修工人在封闭门窗的房间里油漆时必须佩戴防护用具，油漆工人不要在作业现场过夜。

（4）防病

现在，气温变化频繁，人体的免疫力在这样的环境中变得不那么强。加之，大部分工人在现场食宿，食品和餐具的卫生、现场环境极易产生疾病的流行。

因此，尽量不在施工现场居住。如果确实需要在现场居住，要做到一人一床，并注意房间通风和床具行李的消毒及卫生；注意施工现场的饮食卫生，做好炊具和餐具的消毒，实行分餐；注意施工现场生活垃圾和建筑垃圾的处理，要及时清理，分别装袋封闭后送到指定的地点，不得随意扔；注意个人卫生，适当注意休息，防止疾病的传播；注意施工现场的通风和空气消毒净化。

（5）防水

1）装修时防止破坏厨房卫生间的防水层。同时应认真检查，看防水层是否到位，有否破损，修补完后应注水试验。如果厨房卫生间位置有改动，就一定要重新做防水层。

2）有些人为了装修方便，擅自改动上下水和暖气系统，致使装修发大水的情况也很多。

3）避免装修时使用的劣质上下水管件造成跑水。

4）防止装修施工中管理不严跑水。

（6）防隐患

目前，由于野蛮装修造成工程质量隐患的问题很多。据了解，我国城市居民楼中发生的火灾等各种事故，很大一部分是由于野蛮装修留下的隐患造成的。即使不出现恶性事故，野蛮装修也会严重影响楼房的使用寿命，使商品房贬值。这些隐患包括随意在承重墙上穿洞、拆除连接阳台门窗的墙体；扩大原有门窗尺寸或者另建门窗；随意增加楼地面静荷载；在室内砌墙或超负荷吊顶、安装大型灯具及吊扇；任意刨凿顶板、钻孔，切断楼中受力钢筋；阳台功能被人为放大，超载现象严重；不经穿管直接埋设电线或者改线，以及变动水、暖、电、煤气等住宅配套设施。

［课后习题］

1．背景：

某市拟在第二大街地下 0.7 m 深处铺设一条污水管道，为不破坏路面，准备采用顶管施工，该工程由某建筑公司第一工程处承接。2004 年 9 月 4 日，项目经理电话安排 3 名工人进行前期准备工作，在南城立交桥北侧 100 m 处的污水管道井内，开出一条直径110 mm、长 12 m 的管道，将与道路东侧雨水收集井相连接。3 名工人到现场后，1 名工人下井到 1.2 m 深处电钻进行钻孔，工作不到 1 小时就出现中毒症状并晕倒在井下，地面上 2 人见状相继下井抢救，因未采取任何保护措施，也相继中毒窒息晕倒，3 人全部死亡。

问题：

1）请简要分析这起事故发生的主要原因。

2）建筑企业常见的主要危险因素有哪些？可导致何种事故？

3）请简述建筑工程施工危险源辨识的基本程序。

4）请简要说明应急预案应包括哪些核心内容？应急演练有哪几种方式？

2．背景：

焊工贾某、王某在市职业大学教学楼工地负责焊接一个 4.5 m×2 m×1.5 m 的水箱。两人在当天完成了 4/5 的工作量，下班后为了赶进度、抢工期，工地负责人又临时安排了一名油工加班施工，将水箱焊好的部分刷上了防锈漆。因箱顶离屋顶仅有 50 cm 高的间隔，通风不良，到第二天早上上班时，防锈漆根本就没有干。焊工上班后，工地负责人虽然明知水箱上的油漆未干，但因不愿误工，就又安排焊工继续施焊。作业过程中，贾某钻进水箱内侧扶焊，王某站在外面焊接，刚一打火，就听"轰"的一声，水箱上的油漆发生了爆燃，王某、贾某顿时被火焰吞噬在内，事后虽经救出，但两人均被深度烧伤，烧伤面积达 25%。

问题：

1）请针对这起事故发生的原因指出现场存在的主要问题有哪些？

2）请指出谁应对这起事故负主要责任？

3）施工现场定期安全检查应由谁来组织？

3．背景：

由某建设工程有限公司承建的某经济技术产业园区一通用钢结构厂房工程，建筑面积为 40 000 m²，于 2014 年 10 月份开工。进入到 11 月份以后，该地区天气已逐渐转冷，但由于该工地冬期施工各项工作准备不及时，一直拖到 12 月份。工地生活区宿舍内的取暖问题也没有得到解决。这期间，好多工人夜间在宿舍内用铁桶燃烧劈柴取暖，但工地现场始终无人过问和检查。2014 年 12 月 3 日，由于当天晚上雾大，气压较低，一宿舍内在燃烧劈柴取暖过程中发生集体一氧化碳中毒，到第二天凌晨其他人员发现时，宿舍内的 3 名工人已全部死亡。

问题：

1）请简要分析这起事故发生的主要原因。

2）请指出谁应对这起事故负主要责任？

3）冬期施工"六防"指的是哪六防？

4．背景：

某大厦装修改造工程由某市建工集团承包，该建工集团将建筑物的局部拆除工程转包给某建筑工程处（房建二级资质），该建筑工程处又雇用了一无资质施工队做劳务分包。2014 年 4 月 20 日，作业人员在拆除大厦 17 层④～⑩轴外檐悬挑结构时，采用先拆除⑤～⑨轴的外檐，然后再拆除④轴和⑩轴处的局部外檐。该悬挑外檐结构由悬挑梁和外檐板组成，总长 21.6 m，轴间距 3.6 m。上部结构为悬挑梁，外檐板在悬挑梁下部（板厚 80 mm，板高 5.0 m），由悬挑梁承力。但是在拆除之前，施工负责人没有讲明悬挑结构的承力部位，也没有说清楚拆除程序，作业人员错误地先凿除了⑤～⑨轴与柱相连接的悬挑梁混凝土。下午 4 时左右，主楼工长、安全员和监理人员检查时，对作业人员的危险施工进行了口头批评指正后离开。次日，作业人员继续凿除④轴和⑩轴处与柱相连接的悬挑梁混凝土，并切断其连接钢筋，此时，外檐板失去承力结构向外倾倒，砸坏外脚手架后整体塌落，造成裙房门厅支模人员 4 人死亡，5 人受伤。

问题：

1）请简要分析这起事故发生的主要原因。

2）请简要分析这起事故的性质。承包该项目的市建工集团是否负有责任？

3）在安全检查中，发现有即发性事故危险的隐患时，安全检查人员应如何进行处置？

4）对于违章指挥、违章作业、违反劳动纪律的行为，安全检查人员应如何进行处置？

5）安全检查应形成文字记录，对安全检查记录有哪些具体要求？

6）事故隐患整改要执行"三定"的原则，"三定"指的是什么？

实训 1 水泥试验

1. 试验目的

通过筛析法测定筛余量，评定水泥细度是否达到标准要求。水泥的凝结时间、安定性均受水泥浆稠、稀的影响。为了不同水泥具有可比性，水泥必须有一个标准稠度，通过此项试验测定水泥浆达到标准稠度时的用水量，作为凝结时间和安定性试验用水量的标准。通过水泥凝结时间的测定，得到初凝时间和终凝时间，与国家标准进行比较，判定水泥凝结时间指标是否符合要求。通过测定沸煮后标准稠度水泥净浆试样的体积和外形的变化程度，评定体积安定性是否合格。通过检验不同龄期的抗压强度、抗折强度，确定水泥的强度等级或评定水泥强度是否符合标准要求。

2. 主要仪器设备

（1）水泥细度检验方案

负压筛析仪、试验筛、水筛架和喷头、天平最大感量 100 g，分度值不大于 0.05 g。

（2）标准稠度用水量测定用水量测定试样方案

水泥净浆搅拌机、代用法维卡仪、标准维卡仪。

（3）水泥凝结时间检验方案

凝结时间测定仪、量水器、天平、温热养护箱。

（4）水泥安定性检验方案

雷氏夹、沸煮箱、雷氏夹膨胀值测定仪、水泥净浆搅拌机、湿热养护箱。

（5）水泥胶砂强度检验方案

行星式胶砂搅拌机、水泥胶砂试模、水泥胶砂试体成型振实台、抗折试验机、抗压试验机、抗压夹具。

水泥检验报告

委托编号：　　　　　　　　　　　　　　　　　　　　　　　　检验编号：

工　程　名　称				代　表　批　量		
委　托　单　位				出　厂　编　号		
使　用　部　位				收　样　日　期		年　月　日
检　验　性　质				检　验　日　期		年　月　日
样　品　来　源				报　告　日　期		年　月　日
见　证　单　位				见　证　人		
检　验　样　品 （厂家、品种、等级）				取　样　人		
检　验　依　据						

<table>
<tr><td colspan="9" align="center">检 验 项 目 及 结 果</td></tr>
<tr><td colspan="2">检 验 项 目</td><td>计量单位</td><td>标准要求</td><td colspan="3">单 块 值</td><td>平均值</td><td>单项判定</td></tr>
<tr><td rowspan="4">胶砂强度检验</td><td>抗折强度　3 d</td><td>MPa</td><td></td><td></td><td></td><td></td><td></td><td></td></tr>
<tr><td>28 d</td><td>MPa</td><td></td><td></td><td></td><td></td><td></td><td></td></tr>
<tr><td>抗压强度　3 d</td><td>MPa</td><td></td><td></td><td></td><td></td><td></td><td></td></tr>
<tr><td>28 d</td><td>MPa</td><td></td><td></td><td></td><td></td><td></td><td></td></tr>
<tr><td rowspan="7">物理性能检验</td><td>细　　度</td><td></td><td></td><td colspan="3"></td><td></td><td></td></tr>
<tr><td>标准稠度</td><td>%</td><td></td><td colspan="3"></td><td></td><td></td></tr>
<tr><td>凝结时间　初　凝</td><td>min</td><td></td><td colspan="3"></td><td></td><td></td></tr>
<tr><td>终　凝</td><td>min</td><td></td><td colspan="3"></td><td></td><td></td></tr>
<tr><td>安定性　雷氏法</td><td>mm</td><td></td><td colspan="3"></td><td></td><td></td></tr>
<tr><td>饼法</td><td>—</td><td>无弯曲裂缝</td><td colspan="3"></td><td></td><td></td></tr>
<tr><td colspan="2" rowspan="2">检验结论</td><td colspan="6"></td></tr>
<tr><td colspan="6"></td></tr>
<tr><td colspan="2">备　　注</td><td colspan="3"></td><td colspan="3">检验单位（盖章）</td></tr>
</table>

技术负责人：　　　　　　　　　校核人：　　　　　　　　　检验人：

水泥检验报告填写说明

1）本表是检测机构受委托单位委托，对水泥的有关技术参数进行检测后，用以确定所检参数是否符合相关标准的报告。

2）本表适用于硅酸盐水泥（P·I，P·Ⅱ）、普通硅酸盐水泥（P·O）、矿渣硅酸盐水泥（P·S·A，P·S·B）、火山灰质硅酸盐水泥（P·P）、粉煤灰硅酸盐水泥（P·F）及复合硅酸盐水泥（P·C）的有关技术参数的检测。

3）水泥检测报告中必须注明所用水泥品种。

4）不同品种水泥的强度应符合下表：

单位：MPa

品种	强度等级	抗压强度		抗折强度	
		3 d	28 d	3 d	28 d
硅酸盐水泥	42.5	17.0	42.5	3.5	6.5
	R42.5	22.0		4.0	
	52.5	23.0	52.5	4.0	7.0
	R52.5	27.0		5.0	
	62.5	28.0	62.5	5.0	8.0
	R62.5	32.0		5.5	
普通硅酸盐水泥	42.5	16.0	42.5	3.5	6.5
	R42.5	21.0		4.0	
	52.5	22.0	52.5	4.0	7.0
	R52.5	26.0		5.0	
矿渣硅酸盐水泥 火山灰质硅酸盐水泥 粉煤灰硅酸盐水泥 复合硅酸盐水泥	32.5	10.0	32.5	2.5	5.5
	R32.5	15.0		3.5	
	42.5	15.0	42.5	3.5	6.5
	R42.5	19.0		4.0	
	52.5	21.0	52.5	4.0	7.0
	R52.5	23.0		4.5	

5）水泥强度等级的确定：

① 抗折强度：以1组3个棱柱体（40 mm×40 mm×160 mm）抗折强度的平均值作为试验结果；当3个强度值中有1个超出平均值的±10%时，应剔除后再取平均值作为抗折强度试验结果。

② 抗压强度：以1组3个棱柱体上得到的6个抗压强度测定值的算术平均值为试验结果，如6个测试值中有一个超出6个平均值的±10%的，就应该剔除这个结果，而以剩下5个的平均数为试验结果；如5个测试值中有一个再有超出它们平均数±10%的，则

此组结果作废。

6）取样：每一编号水泥取样 20 kg，缩分为 2 等份，1 份进行检测，1 份签封保存 3 个月。

7）试验样品送样注意事项。水泥的技术指标应符合 GB 175 的规定。水泥按不同生产厂家、同一等级、同一品种、同一批号且连续进场的，袋装水泥不超过 200 t，散装水泥不超过 500 t 为一批，每批抽样 1 次。

不同等级、生产厂家、品种、出厂编号的水泥不得混存、混用。出厂日期超过 3 个月或受潮的水泥，必须经过试验，合格后方可使用。

对于袋装水泥：随机选择 20 个以上不同的部位，将取样管插入水泥适当深度，用大拇指按住气孔，小心抽取取样管，再倒入干净的搪瓷盘上或干净的容器内，经混拌缩分后取 12 kg。将所取样品放入洁净、干燥、不易受污染、防潮的容器中。

对于散装水泥：随机从不少于 3 个车罐中等量抽取，经混拌缩分后取 12 kg。将所取样品放入洁净、干燥、不易受污染、防潮的容器中。

样品标识必须填清楚工程名称、委托单位、使用部位、道路等级、水泥品种及强度等级、生产厂家、出厂编号、代表批量、委托检验项目等信息。

实训 2　细集料试验

1．试验目的

检测砂子各项指标包括颗粒级配、表观密度、堆积密度、紧密密度、空隙率、含泥量、泥块含量、有机物含量、石粉含量、坚固性、云母含量以及轻物质含量等，指导检测人员按规程正确操作，确保检测结果科学、准确。

2．主要仪器设备

1）GY64 鼓风烘箱（JC 411）：能使温度控制在（105±5）℃；

2）TGT-6 案秤（JC 072）：称量 10 kg，感量 5 g；

3）电子天平：编号 JC 601，精度 0.1 g；

4）T21 摇筛机（JC 391）；

5）方孔筛（JC 381）：孔径为 75 μm～9.50 mm 的筛共 8 只，并附有筛底和筛盖；

6）容器：要求淘洗试样时，保持试样不溅出（深度大于 250 mm）；

7）量具：500 mL 容量瓶；

8）容量筒：圆柱形金属筒，内径为 108 mm，净高为 109 mm，壁厚为 2 mm，筒底厚约为 5 mm，容积为 1L；

9）密度计；

10）放大镜：3～5 倍放大率；钢针；

11）搪瓷盘、毛刷、垫棒（直径为 10 mm，长为 500 mm 的圆钢）、直尺、漏斗或料勺、亚甲蓝溶液等。

砂子检验报告

委托编号：   检验编号：

工 程 名 称		代 表 批 量	
委 托 单 位		收 样 日 期	年　月　日
使 用 部 位		试 验 日 期	年　月　日
产 地、规 格		报 告 日 期	年　月　日
检 验 性 质		样 品 来 源	
见 证 单 位		见 证 人	
检 验 依 据		取 样 人	

颗 粒 级 配

筛孔尺寸/mm			10.0	5.00	2.50	1.25	0.63	0.315	0.16	试验结果
累计筛余%	标准级配	Ⅰ区	0	10～0	35～5	65～35	85～71	95～80	100～90	砂子级配属区
		Ⅱ区	0	10～0	25～0	50～10	70～41	92～70	100～90	细度模数 M_x：
		Ⅲ区	0	10～0	15～0	25～0	40～16	85～55	100～90	
	实测值									

试 验 项 目 及 结 果

试验项目	计量单位	标准要求	试验值	单项判定	备注
含 泥 量	%				
泥 块 含 量	%				
表 观 密 度	kg/m³				
堆 积 密 度	kg/m³				
试验结论			检验单位（盖章）		

技术负责人：   校核人：   检验人：

砂子检验报告填写说明

1）本表是检测机构受委托单位委托，对建筑用砂的有关技术参数进行检测后，用以确定所检参数是否符合相关标准的报告。

2）在依据标准一栏中应明确所采用标准，筛孔尺寸一栏中括号中的数字用于标准 JGJ 52。当砂检测报告同于混凝土配合比设计时，必须采用 JGJ 52。

3）砂的分类：

① 按细度模数分为粗、中和细三种，即粗：3.7～3.1；中：3.0～2.3；细：2.2～1.6。

② 按技术要求分为Ⅰ类、Ⅱ类和Ⅲ类，不同技术种类的砂，检测项目的限值不同。

Ⅰ类宜用于强度等级大于 C60 的混凝土；Ⅱ类宜用于强度等级大于 C30～C60 及抗冻、抗渗或其他要求的混凝土；Ⅲ类宜用于强度等级小于 C30 的混凝土和建筑砂浆。

4）砂的表观密度、堆积密度、空隙率应符合以下规定：表观密度大于 2 500 kg/m³，松散堆积密度大于 1 350 kg/m³，空隙率小于 47%。

5）颗粒级配应符合下表：

方孔筛 \ 累计筛余/% 级配区	1	2	3
10.0 mm	0	0	0
5.00 mm	10~0	10~0	10~0
2.50 mm	35~5	25~0	15~0
1.25 mm	65~35	50~10	25~0
630 μm	85~71	70~41	40~16
315 μm	95~80	92~70	85~55
160 μm	100~90	100~90	100~90

$$M_x = \frac{(A_2 + A_3 + A_4 + A_5 + A_6) - 5A_1}{100 - A_1}$$

M_x 为细度模数，取两次结果的平均值，如两次试验细度模数之差超过 0.20，需要新试验；A_1、A_2、A_3、A_4、A_5、A_6 分别为 4.75 mm、2.36 mm、1.18 mm、600 μm、300 μm、150 μm 筛的累计筛余百分率。

6）试验样品送样注意事项。普通混凝土用砂子的技术指标应符合《普通混凝土用砂、石质量及检验方法标准》（JGJ 52—2006）的规定，桥梁工程混凝土用砂子应符合《城市桥梁工程施工与质量验收规范》（CJJ 2—2008）第 7.13.8 条的规定。

购货单位应按同产地、同规格分批验收。用大型工具（如火车、货船或汽车）运输的，以 400 m³ 或 600 t 为一验收批。用小型工具（如马车、农用车）运输的，以 200 m³ 或 300 t 为一验收批。不足上述数量者以一批论。当砂质量比较稳定，进量又很大时，可以 1 000 t 为一验收批。

在料堆上取样时，取样部位应均匀分布。取样前，先将取样部位表层铲除，然后对各部位抽取大致相等的 8 份，组成一组样品。

通过皮带运输机的材料，应从皮带运输机上采集样品。取样时，可在皮带运输机骤停的状态下取其中一截的全部材料或在皮带运输机的端部连续接一定时间的料得到，将间隔 3 次以上所取的试样，砂为 4 份，组成一组样品作为代表性试样。

从火车、汽车和货船上取样时，应从不同部位和深度抽取大致相等的砂 8 份，组成一组样品。

砂子的缩分采用"四分法"。将所取每组样品置于平板上，在潮湿状态下拌和均匀，并堆成厚度约为 200 mm 的"圆饼"。然后，沿互相垂直的两条直径把"圆饼"分成大致相等的四份，取其对角的两份重新拌和均匀，再堆成"圆饼"。重复上述过程，直至缩分后的材料略多于进行试验所必需的量为止。

样品标识必须填清楚工程名称、委托单位、使用部位、道路等级、砂子产地、规格、代表批量和委托检验项目等信息。

实训 3　混凝土坍落度试验

1．试验目的

混凝土由各组成材料按一定比例配合、搅拌而成。混凝土拌合物的和易性是一项综合性的指标，它包括流动性、黏聚性和保水性三方面的性能。由于它的内涵较为复杂，根据我国现行标准规定，采用"坍落度"和"维勃稠度"来测定混凝土拌合物的流动性。这里先进行"坍落度"试验。（本试验适用于坍落度值不小于 10 mm，集料粒径不大于 40 mm 混凝土拌合物）

2．试验设备和仪器

用金属材料制成的标准坍落筒和弹头型捣棒、铁锹、直尺、镘刀、磅秤等。

3．试验步骤

1）先用湿布抹湿坍落筒、铁锹、拌和板等用具。坍落筒上口直径为 100 mm，下口直径为 200 mm，高为 300 mm，呈喇叭状。

2）称量材料：

① 42.5 级的普通硅酸盐水泥：5.6 kg；

② 砂子：11.2 kg；

③ 石子：20.7 kg（最大粒径不得超过 40 mm）；

④ 水：3.08 kg；

⑤ 含水率：10%。

3）按配合比拌制混凝土，先称取水泥和砂并倒在拌和板上搅拌均匀，再称出石子一起拌和。将料堆的中心扒开，倒入所需水的一半，仔细拌和均匀后，再倒入剩余的水，继续拌和至均匀。拌和时间为 4～5 min。

4）将坍落筒放于不吸水的刚性平板上，漏斗放在坍落筒上，脚踩踏板，拌合物分三层装入筒内，每层装填的高度约占筒高的 1/3。每层用捣棒沿螺旋线由边缘至中心插捣 25 次，不得冲击。各次插捣应在界面上均匀分布。插捣筒边混凝土时，捣棒可以稍稍倾斜。插捣底层时，捣棒应贯穿整个深度，插捣其他两层时，应插透本层并插入下层 20～30 mm。

5）装填结束后，用镘刀刮去多余的拌合物，并抹平筒口，清除筒底周围的混凝土。随即立即提起坍落筒，提筒在 5～10 s 内完成，并使混凝土不受横向及扭力作用。从开始装料到提出坍落筒整个过程应在 150 s 内完成。

6）将坍落筒放在锥体混凝土试样一旁，筒顶平放一个朝向拌合物的直尺，用卷尺量出直尺底面到试样最高点的垂直距离，即为该混凝土拌合物的坍落度，精确值 1 mm，结果修约至最接近的 5 mm。当混凝土试件的一侧发生崩坍或一边剪切破坏，则应重新取样另测。如果第二次仍发生上述情况，则表示该混凝土和易性不好，应记录。

7）当混凝土拌合物的坍落度大于 220 mm 时，用卷尺测量混凝土扩展后最终的最大直径和最小直径，在这两个直径之差小于 50 mm 的条件下，用其算数平均值作为坍落扩展度值，否则，此次试验无效。坍落扩展度精确值 1 mm，结果修约至最接近的 5 mm，坍落度试验的同时，可用目测方法评定混凝土拌合物的工作性能并予记录。

8）测定坍落度后，观察拌合物的性质并记录。

9）将拌制的混凝土分别制作混凝土试块：

试块 1：体积为 150 mm×150 mm×150 mm；

试块 2：体积为 40 mm×40 mm×40 mm。

10）试验完毕，清理场地，将试验仪器和设备清理，放回原处。

11）将制作的混凝土试块养护 28d 后，放在压力机上压，做混凝土强度试验。

4. 工作性能测定评价

1）棍度：按插捣混凝土拌合物时的难易程度评定。分"上""中""下"三级。

2）含砂情况，按拌合物外观含砂多少而评定，分"多""中""少"三级。

① 多：表示用镘刀抹拌合物表面时，一两次即可使拌合物表面平整、无蜂窝；

② 中：表示抹五六次才使表面平整无蜂窝；

③ 少：表示抹面困难，不易抹平，有空隙及石子外露等现象。

3）黏聚性：观测拌合物各组成成分相互黏聚情况。评定方法用捣棒在已坍落的混凝土锥体一侧轻打，如锥体在轻打后渐渐下沉，表示黏聚性良好；如锥体突然倒坍，部分崩裂或发生石子离析现象，则表示黏聚性不好。

4）保水性：坍落度筒提起后，如有较多稀浆从底部析出（淌浆），锥体部分混凝土拌合物也因失浆而集料外露，则表明混凝土拌合物保水性能不好；无稀浆或仅有少量稀浆自底部析出，则表示保水性良好。

5. 坍落度（流动性）的选择

根据坍落度的不同，可将混凝土拌合物分为：

1）低塑性混凝土（坍落度值为 10～40 mm）；

2）塑性混凝土（坍落度值为 40～90 mm）；

3）流动性混凝土（坍落度值为 90～150 mm）；

4）大流动性混凝土（坍落度值≥150 mm）。

混凝土坍落度试验报告

工程名称		试验单位	
试验规程		试验仪器	
结构物名称		取样地点	
设计强度		搅拌方式	
设计坍落度		试验日期	年　月　日

试验次数	坍落度/mm		梱度			含砂			黏聚性		保水性		
	单个值	平均值	上	中	下	多	中	少	良好	不好	多量	少量	无
		—											
		—											

自检意见		监理意见	

试验：　　　　　　　复核：　　　　　　　试验负责人：

混凝土试件抗压强度检测报告

工程编码：

委托单位		报告编号	
工程名称		样品状态	
检测依据		样品名称	
工程部位		送样日期	
环境条件		检测日期	
试验室地址		邮政编码	

检 测 内 容

检测编号	试件代表部位	强度等级	制作日期 试压日期	养护方法 龄期/天	规格 /mm	抗压强度/MPa			
						单个值	代表值	标准试件值	占设计强度/%

检测说明	检验结果仅对来样负责 检验类别：委托检验　　　委托人：

批准：　　　　　　　　　校核：　　　　　　　　　主检：（盖章）司

实训 4　砂浆稠度和分层度试验

1. 砂浆稠度试验

（1）试验目的

砂浆的稠度，也称流动性，用沉入度表示。本方法适用于确定配合比或施工过程中控制砂浆的稠度，以达到控制用水量的目的。

（2）试验仪具

1）砂浆稠度仪：由试锥、容器和支座三部分组成。试锥由钢材或铜材制成，试锥高度为 145 mm、锥底直径为 75 mm、试锥连同滑杆的质量应为 300 g；盛砂浆容器由钢板制成，筒高为 180 mm，锥底内径为 150 mm；支座分为底座、支架及稠度显示三个部分，由铸铁、钢及其他金属制成。

2）钢制捣棒：直径 10 mm、长 350 mm、端部磨圆。

3）秒表。

（3）试验方法

1）将盛浆容器和试锥表面用湿布擦干净，并用少量润滑油轻擦滑杆，然后将滑杆上多余的油用吸油纸擦净，使滑杆能自由滑动。

2）将砂浆拌合物一次装入容器，使砂浆表面低于容器口约 10 mm，用捣棒自容器中心向边缘插捣 25 次，然后轻轻地将容器摇动或敲击 5～6 次，使砂浆表面平整，随后将容器置于稠度测定仪的底座上。

3）拧开试锥滑杆的制动螺丝，向下移动滑杆，当试锥尖端与砂浆表面刚接触时，拧紧制动螺丝，使齿条测杆下端刚接触滑杆上端，并将指针对准零点上。

4）拧开制动螺丝，同时计时间，待 10 s 立即固定螺丝，将齿条测杆下端接触滑杆上端，从刻度盘上读出下沉深度（精确至 1 mm）即为砂浆的稠度值。

5）圆锥形容器内的砂浆，只允许测定一次稠度，重复测定时，应重新取样进行测定。

（4）结果处理及精度要求

取两次试验结果的算术平均值为试验结果测定值，计算值精确至 1 mm。两次试验结果之差如大于 20 mm，则应另取砂浆搅拌后重新测定。

2. 砂浆保水性试验

保水性是指砂浆保存水分的性能。若砂浆保水性不好，在运输、静置、砌筑过程中就会产生离析、泌水现象，施工困难且降低强度。

砂浆的保水性是用分层度表示。分层度的测定方法是将砂浆装入规定的容器中，测出沉入度；静置 30 min 后，再取容器下部 1/3 部分的砂浆，测其沉入度。前后两次沉入度之差即为分层度，以 cm 计。分层度越大，表明砂浆的保水性越差。

（1）试验目的

测定砂浆的分层度，以确定其保水的能力。

（2）试验仪具

1）砂浆分层度测定仪；

2）砂浆稠度仪；

3）其他：拌合锅、抹刀、木槌等。

（3）试验方法

1）将试样一次装入分层度筒内，待装满后，用木槌在容器周围距离大致相等的四个不同地方轻轻敲击 1～2 次，如砂浆沉落到低于筒口，则应随时添加，然后刮去多余砂浆，并抹平。

2）按测定砂浆流动性的方法，测定砂浆的沉入度值，以 mm 计。

3）静置 30 min 后，去掉上面 200 mm 砂浆，剩余的砂浆倒出，放在拌合锅中拌 2 min。

4）再按测定流动性的方法，测定砂浆的沉入度，以 mm 计。

（4）结果处理及精度要求

以前后两次沉入度之差定为该砂浆的分层度，以 mm 计。

砌筑砂浆的分层度不得大于 30 mm。保水性良好的砂浆，其分层度应为 10～20 mm。分层度大于 20 mm 的砂浆容易离析，不便于施工；但分层度小于 10 mm，硬化后易产生干缩开缝。

砂浆稠度、分层度试验检测记录表

试验室名称：　　　　　　　　　　　　　　　　　记录编号：

工程部位/用途		委托/任务编号	/
试验依据	JGJ/T 70—2009《建筑砂浆基本性能试验方法标注》	样品编号	
样品描述		样品名称	
试验条件		试验日期	
主要仪器设备及编号			
砂浆种类		搅拌方式	

稠度			
试验次数	设计值/mm	稠度测值/mm	稠度测定值/mm

分层度			
试验次数	未装入分层度仪前稠度/mm	装入分层度仪后稠度/mm	分层度测值/mm	分层度平均值/mm

备注：

试验：　　　　　　　　复核：　　　　　　　　　日期：　　年　　月　　日

砂浆试块抗压强度检验报告

工程名称				报告编号	
委托单位				委托日期	
施工单位		委托编号		报告日期	
砂浆种类		试块尺寸 /mm×mm×mm		检验性质	
养护方法		配合比报告编号		拌制方法	
见证单位		见证人		证书编号	
样品编号					
结构部位					
设计等级					
成型日期					
检验日期					
龄期/d					
序号	检验结果 /MPa		检验结果 /MPa		检验结果 /MPa
1					
2					
3					
4					
5					
6					
代表值					
检验仪器	仪器名称：检定证书编号：				
检验依据					
检验结论					
备注					

批准：　　　　　审核：　　　　　校核：　　　　　检验：

实训 5　降水与排水检验批质量

1. 实训目的

降水与排水基坑施工是一道非常重要的工序，不仅关系到地基与基础工程的质量要求，而且还与施工安全生产息息相关。在地基与基础分部工程施工过程中，作为工程建设管理人员，必须时时刻刻做好降水与排水的观察与记录，才能有效避免质量安全事故的发生。

通过现场踏勘，掌握降水与排水在施工过程中的质量控制要点，熟悉每个质量检查项目在规范中允许的偏差值。经实地量测判定降水与排水检验批能否达到验收合格要求。

2. 实训工具

可使用卷尺、钢尺等进行量测。

降水与排水检验批质量实训记录

工程名称		分项工程名称		项目经理	
施工单位		验收部位			
施工执行标准 名称及编号				专业工长 （施工员）	
分包单位		分包项目经理		施工班组长	

质量验收规范的规定			施工单位自检记录						监理（建设）单位验收记录						
检查项目		质量要求	实 测 值												
1	排水沟坡度	1‰～2‰													
2	井管（点）垂直度	1%													
3	井管（点）间距	≤150%													
4	井管（点）插入深度	≤200 mm													
5	过滤砂砾料填灌	≤5 mm													
6	井点 真空度	轻型 井点	>60 kPa												
		喷射 井点	>93 kPa												
7	电渗井点阴 阳极距离	轻型 井点	80~100 mm												
		喷射 井点	120~150 mm												
施工操作依据															
质量检查记录															

施工单位检查 结果评定	项目专业 质量检查员：	项目专业 技术负责人： 　　　　　　　　年　月　日
监理（建设） 单位验收结论	专业监理工程师： （建设单位项目专业技术负责人） 　　　　　　　　年　月　日	

实训 6 地下连续墙检验批质量

1. 实训目的

当基坑有支护形式时，地下连续墙为基坑施工的方法之一。地下连续墙可作为支护，也可作为主体结构的一部分，关系到地基与基础工程的质量要求，而且还与施工安全生产息息相关。

通过现场实测，掌握降水与排水在施工过程中的质量控制要点，熟悉每个质量检查项目在规范中允许的偏差值。经实地量测，判定地下连续墙检验批能否达到验收合格要求。

2. 实训工具

可使用卷尺、钢尺等进行量测。

地下连续墙检验批质量实训记录（地基基础工程）

工程名称			分项工程名称			项目经理		
施工单位				验收部位				
施工执行标准 名称及编号						专业工长 （施工员）		
分包单位				分包项目经理		施工班组长		

质量验收规范的规定				施工单位自检记录	监理（建设）单位验收记录
检 查 项 目			质量要求		

主控项目	1	墙体强度符合设计要求				
	2	垂直度	永久结构	1/300		
			临时结构	1/150		

一般项目	1	导墙尺寸	宽度	(W+40) mm		
			墙面平整度	＜5 mm		
			导墙平面位置	±10 mm		
	2	沉渣厚度	永久结构	≤100 mm		
			临时结构	≤200 mm		
	3	槽深		＋100 mm		
	4	混凝土坍落度		180~220 mm		
	5	钢筋笼制作见GB 50202—2002 表5.6.4-1				
	6	表面平整度	永久结构	＜100 mm		
			临时结构	＜150 mm		
			插入式结构	＜20 mm		
	7	永久结构时预埋件位置	水平向	≤10 mm		
			垂直向	≤20 mm		

施 工 操 作 依 据		
质 量 检 查 记 录		

施工单位检查 结 果 评 定	项目专业 质量检查员：	项目专业 技术负责人： 年 月 日
监理（建设） 单位验收结论	专业监理工程师： （建设单位项目专业技术负责人） 年 月 日	

实训 7　锚杆及土钉墙支护工程

1.　实训目的

锚杆及土钉墙支护为基坑支护施工方法之一，土钉墙应用于基坑开挖支护和挖方边坡稳定有以下特点：形成土钉复合体、显著提高边坡整体稳定性和承受边坡超载的能力。随基坑开挖逐层分段开挖作业，不占或少占单独作业时间，施工效率高，占用周期短。施工不需单独占用场地，对现场狭小、放坡困难、有相邻建筑物时，显示其优越性。土钉墙成本费较其他支护结构显著降低。施工噪声、振动小，不影响环境。锚杆及土钉墙支护关系到地基与基础工程的质量要求，而且还与施工安全生产息息相关。

通过施工现场实地检测，掌握锚杆及土钉墙支护在施工过程中的质量控制验收点，熟悉每个质量检查项目在规范中允许的偏差值。判定锚杆及土钉墙支护检验批能否达到验收合格要求。

2.　实训工具

可使用卷尺、钢尺等进行量测。水泥砂浆及混凝土的强度需通过试件盒子做试件，试件达到检测要求后，送符合资质的检测单位检验。

锚杆及土钉墙支护工程检验批质量实训记录

工程名称			分项工程名称			项目经理	
施工单位			验收部位				
施工执行标准名称及编号						专业工长（施工员）	
分包单位			分包项目经理			施工班组长	

质量验收规范的规定					施工单位自检记录										监理(建设)单位验收记录						
检查项目		质量要求																			
		单位	数值																		
主控项目	1	锚杆土钉长度	mm	±30																	
	2	锚杆锁定力	应符合设计要求																		
一般项目	1	锚杆或土钉位置	mm	±100																	
	2	钻孔倾斜度	°	±1																	
	3	浆体强度	应符合设计要求																		
	4	注浆量	大于理论计算浆量																		
	5	土钉墙面厚度	mm	±10																	
	6	墙体强度	应符合设计要求																		

施工操作依据	
质量检查记录	

施工单位检查结果评定	项目专业 质量检查员：　　　　　　　　项目专业 　　　　　　　　　　　　　　技术负责人： 　　　　　　　　　　　　　　　　　　　　　　　　年　　月　　日
监理（建设）单位验收结论	专业监理工程师： （建设单位项目专业技术负责人） 　　　　　　　　　　　　　　　　　　　　　　　　年　　月　　日

实训 8　混凝土灌注桩钢筋笼

1.　实训目的

混凝土灌注桩钢筋笼为混凝土灌注桩的组成部分，本次实训通过施工现场实地检测，掌握混凝土灌注桩钢筋笼在施工过程中的质量主控项目和一般控制项目。经实际测得的数据判定钢筋笼制作是否达到质量要求，验收合格的钢筋笼方可下放至桩孔中。

2.　实训工具

可使用卷尺、钢尺等进行量测。

混凝土灌注桩钢筋笼检验批质量实训记录

工程名称		分项工程名称		项目经理	
施工单位		验收部位			
施工执行标准名称及编号				专业工长（施工员）	
分包单位		分包项目经理		施工班组长	

质量验收规范的规定				施工单位自检记录	监理（建设）单位验收记录
检查项目			质量要求/mm		
主控项目	1	主筋间距	±10		
	2	长度	±100		
一般项目	1	钢筋材质检验	符合设计要求		
	2	箍筋间距	±20		
	3	直径	±10		
施工操作依据					
质量检查记录					
施工单位检查结果评定	项目专业质量检查员：		项目专业技术负责人：		
					年　月　日
监理（建设）单位验收结论	专业监理工程师：（建设单位项目专业技术负责人）				
					年　月　日

实训 9　钢筋原材料、钢筋加工、钢筋安装

1. 实训目的

钢筋原材料为工程建设中的常用材料，关于钢材原材料、钢筋加工、钢筋安装的验收也是施工过程中最为频繁的验收工作之一。

钢筋原材料、钢筋加工实训大多数检测项目无法在现场完成，需要借助专业检测单位的相关设备。经实地检测测判定钢筋原材料能否达到质量合格要求，质量合格的钢筋原材料可以下料使用，检测不合格及未经检测的钢筋原材不得投入使用。

钢筋安装则可以通过现场量测完成，通过实测，熟悉每个质量检查项目在规范中允许的偏差值。钢筋安装验收合格，方可进入下一道工序施工。

2. 实训工具

钢筋原材料、钢筋加工实训需借用检测单位的相关仪器。钢筋安装可使用钢尺量测。

钢筋原材料检验批质量实训记录

工程名称			分项工程名称		验收部位	
施工单位			专业工长		项目经理	
分包单位			分包项目经理		施工班组长	
施工执行标准 名称及编号		GB 50204—2015				

检查项目			质量验收规范的规定	施工单位自检记录	监理（建设）单位验收记录
主控项目	1	原材料抽检	钢筋进场时应按规定抽取试件作力学性能试验，其质量必须符合有关标准的规定(GB 50204—2015 第 5.2.1 条)		
	2	有抗震要求框架结构	纵向受力钢筋的强度应满足设计要求； 对一、二、三级抗震等级，检验所得的强度实测值应符合下列规定：① 钢筋的抗拉强度实测值与屈服强度实测值的比值不应小于1.25；② 钢筋的屈服强度实测值与强度标准值的比值不应大于1.3（GB 50204—2015 第 5.2.3 条）；③ 最大力下总伸长力不应少于 9 %		
	3		成型钢筋进场时，应抽取试件作屈服强度、伸长率和重量偏差检验，检验结果应符合国家现行有关标准的规定（GB 50204—2015 第 5.2.2 条）		
一般项目	1	钢筋表观质量	钢筋应平直、无损伤，表面不得有裂纹、油污、颗粒状或片状老锈（GB 50204—2015 第 5.2.4 条）		
	2	成型钢筋质量	成型钢筋的外观质量和尺寸偏差应符合国家现行有关标准的规定（GB 50204—2015 第 5.2.5 条）		
	3	钢筋机械连接套筒	钢筋机械连接套筒、钢筋锚固板以及预埋件等的外观质量应符合国家现行有关标准（GB 50204—2015 第 5.2.6 条）		
施工单位 检查结果评定			项目专业技术负责人： 年　月　日		
监理（建设） 单位验收结论			监理工程师（建设单位项目技术负责人） 年　月　日		

钢筋加工检验批质量实训记录

工程名称			分项工程名称		验收部位	
施工单位			专业工长		项目经理	
分包单位			分包项目经理		施工班组组长	
施工执行标准名称及编号		GB 50204—2015				

检查项目			质量验收规范的规定	施工单位自检记录	监理（建设）单位验收记录
主控项目	1	受力钢筋弯钩和弯折	① 光圆钢筋不应小于钢筋直径的 2.5 倍； ② 335MPa 级带肋钢筋，不应小于钢筋直径的 4 倍； ③ 500MPa 级带肋钢筋，当直径为 28 mm 以下时，不应小于钢筋直径的 6 倍；当直径为 28 mm 以上时，不应小于钢筋直径的 7 倍； ④ 钢筋弯折处尚不应小于纵向受力钢筋的直径（GB 50204—2015 第 5.3.1 条）		
	2	箍筋末端弯钩	纵向受力钢筋的弯折后半直段长度应符合设计要求。光圆钢筋末端做 180°弯钩时，弯钩的平直段长度不应小于钢筋直径的 3 倍（GB 50204—2015 第 5.3.2 条）		

一般项目	1	钢筋加工的允许偏差	项目	允许偏差/mm																				
			受力钢筋沿长度方向全长的净尺寸	±10																				
			弯起钢筋的弯折位置	±20																				
			箍筋外廓尺寸	±5																				

施工单位检查结果评定	
	项目专业质量检查员：　　　　　　　　　　　　　　　年　月　日
监理（建设）单位验收结论	
	专业监理工程师（建设单位项目技术负责人）　　　　年　月　日

钢筋安装检验批质量实训记录

工程名称		分项工程名称		验收部位	
施工单位		专业工长		项目经理	
分包单位		分包项目经理		施工班组长	
施工执行标准 名称及编号	GB 50204—2015				

检查项目			质量验收规范的规定			施工单位自检记录	监理（建设）单位验收记录
主控项目	1		钢筋安装时，受力钢筋的牌号、规格和数量必须符合设计要求（GB 50204—2015 第5.5.1条）				
	2		钢筋应安装牢固，受力钢筋的安装位置、锚固方式应符合设计要求（GB 50204—2015 第5.5.2条）				
一般项目	钢筋安装位置的偏差		项　目		允许偏差/mm		
		绑扎钢筋网	长、宽		±10		
			网眼尺寸		±20		
		绑扎钢筋骨架	长		±10		
			宽、高		±5		
		受力钢筋	锚固长度		±20		
			间距		±10		
			排距		±5		
			保护层厚度	基础	±10		
				柱、梁	±5		
				板、墙、壳	±3		
		绑扎箍筋、横向钢筋间距			±20		
		钢筋弯起点位置			20		
		预埋件	中心线位置		5		
			水平高差		+3.0		
施工单位检查结果评定		项目专业质量检查员： 　　　　　　　　　　　　　　　　　　　　年　月　日					
监理（建设）单位验收结论		专业监理工程师（建设单位项目技术负责人） 　　　　　　　　　　　　　　　　　　　　年　月　日					

实训 10 混凝土施工

1. 实训目的

通过实训，掌握混凝土施工的主控项目及一般控制项目在其规范内允许的偏差。经过现场见证，完成试块的制作。

掌握后浇带及施工缝的留置方法。

2. 实训工具

称重仪器、试块盒子、结构施工图。

混凝土施工检验批质量实训记录

工程名称		分项工程名称		验收部位	
施工单位		验收部位		项目经理	
分包单位		分包项目经理		施工班组组长	
施工执行标准 名称及编号	GB 50204—2015				

检查项目		质 量 验 收 规 范 的 规 定	施工单位自检记录	监理（建设）单位验收记录
主控项目	1	混凝土强度及试件取样留置	第 7.4.1 条		
一般项目	1	后浇筑的留设位置	第 7.4.5 条		
	2	养护	第 7.4.6 条		
	3				

施工单位 检查结果评定	
	项目专业质量检查员：　　　　　　　　　　　　年　　月　　日
监理（建设） 单位验收结论	
	专业监理工程师（建设单位项目技术负责人）　　　　　　　年　　月　　日

实训 11　砖砌体、混凝土小型空心砌块、填充墙砌体工程检验批质量

1. 实训目的

砌体、填充墙砌体及混凝土小型空心砌块砌体施工，涉及的检查项目较多。通过实训，掌握砖砌体施工的主控项目及一般控制项目在其规范内允许的偏差。验收合格的砌体，方可进入下一道工序的施工。

2. 实训工具

靠尺、弹线、皮数杆、百格网板、卷尺、钢尺、塞尺。涉及水泥砂浆强度的，需准备试块盒子。

砖砌体工程检验批质量验收记录

工程名称			分项工程名称			验收部位	
施工单位						项目经理	
施工执行标准名称及编号						专业工长	
分包单位						施工班组组长	

		质量验收规范的规定		施工单位检查评定记录	监理（建设）单位验收记录
主控项目	1	砖强度等级	设计要求 MU		
	2	砂浆强度等级	设计要求 M		
	3	斜搓留置	5.2.3 条		
	4	转角、交接处	5.2.3 条		
	5	直搓拉结钢筋及接搓处理	5.2.4 条		
	6	砂浆饱满度	≥80%（墙）		
			≥90%（柱）		
一般项目	1	轴线位移	≤10 mm		
	2	垂直度（每层）	≤5 mm		
	3	组砌方法	5.3.1 条		
	4	水平灰缝厚度	5.3.2 条		
	5	空间灰缝宽度	5.3.2 条		
	6	基础、墙、柱顶面标高	±15 mm 以内		
	7	表面平整度	≤5 mm（清水）		
			≤8 mm（混水）		
	8	门窗洞口高、宽（后塞口）	±10 mm 以内		
	9	窗口偏移	≤20 mm		
	10	水平灰缝平直度	≤7 mm（清水）		
			≤10 mm（混水）		
	11	清水墙游丁走缝	≤20 mm		
施工单位检查评定结果		项目专业质量检查员：项目专业质量（技术）负责任人　　　　　　　　　　　　　　　年　　月　　日			
监理（建设）单位验收结论		监理工程师（建设单位项目工程师）　　　　　　　　　　　　　　　　　　　　　　　年　　月　　日			

注：本表由施工项目专业质量检查员填写，监理工程师（建设单位项目技术负责人）组织项目专业质量（技术）负责人等进行验收。

混凝土小型空心砌块砌体工程检验批质量验收记录

工程名称			分项工程名称		验收部位	
施工单位					项目经理	
施工执行标准名称及编号					专业工长	
分包单位					施工班组组长	

		质 量 验 收 规 范 的 规 定		施工单位自检记录	监理（建设）单位验收记录
主控项目	1	小砌块强度等级	设计要求 MU		
	2	砂浆强度等级	设计要求 M		
	3	混凝土强度等级	设计要求 C		
	4	转角、交接处	6.2.3 条		
	5	斜槎留置	6.2.3 条		
	6	施工洞口砌法	6.2.3 条		
	7	芯柱贯通楼盖	6.2.3 条		
	8	芯柱混凝土灌实	6.2.4 条		
	9	水平缝饱满度	≥90%		
	10	竖向缝饱满度	≥90%		
一般项目	1	轴线位移	≤10 mm		
	2	垂直度（每层）	≤5 mm		
	3	水平灰缝厚度	8～12 mm		
	4	竖向灰缝宽度	8～12 mm		
	5	顶面标高	±15 mm 以内		
	6	表面平整度	≤5 mm（清水）		
			≤8 mm（混水）		
	7	窗口洞口	±10 mm 以内		
	8	窗口偏移	≤20 mm		
	9	水平灰缝平直度	≤7 mm（清水）		
			≤10 mm（混水）		

施工单位检查评定结果	项目专业质量检查员：项目专业质量（技术）负责任人 年　　月　　日
监理（建设）单位验收结论	监理工程师（建设单位项目工程师） 年　　月　　日

注：本表由施工项目专业质量检查员填写，监理工程师（建设单位项目技术负责人）组织项目专业质量（技术）负责人等进行验收。

填充墙砌体工程检验批质量验收记录

		质 量 验 收 规 范 的 规 定		施工单位自检记录	监理（建设）单位验收记录
主控项目	1	块材强度等级	设计要求 MU		
	2	砂浆强度等级	设计要求 M		
	3	与主体结构连接	9.2.2 条		
	4	植筋实体检测	9.2.3 条	见填充墙砌体植筋锚固力检测记录	
一般项目	1	轴线位移	≤10 mm		
	2	墙面垂直度（每层） ≤3 m	≤5 mm		
		>3 m	≤10 mm		
	3	表面平整度	≤8 mm		
	4	门窗洞口	±10 mm		
	5	窗口偏移	≤20 mm		
	6	水平缝砂浆饱满度	9.3.2 条		
	7	竖缝砂浆饱满度	9.3.2 条		
	8	拉结钢筋、网片位置	9.3.3 条		
	9	拉结钢筋、网片埋置长度	9.3.3 条		
	10	搭砌长度	9.3.4 条		
	11	灰缝厚度	9.3.5 条		
	12	灰缝宽度	9.3.5 条		

工程名称		分项工程名称		验收部位	
施工单位				项目经理	
施工执行标准名称及编号				专业工长	
分包单位				施工班组组长	

施 工 操 作 依 据	
质 量 检 查 记 录	

施工单位检查评定结果	项目专业质量检查员：项目专业质量（技术）负责任人 年　　月　　日
监理（建设）单位验收结论	监理工程师（建设单位项目工程师） 年　　月　　日

注：本表由施工项目专业质量检查员填写，监理工程师（建设单位项目技术负责人）组织项目专业质量（技术）负责人等进行验收。

参 考 文 献

[1] 住房和城乡建设部工程质量安全监督司. 建设工程安全生产技术 [M]. 北京：中国建筑工业出版社，2008.

[2] 住房和城乡建设部工程质量安全监督司. 建筑施工安全事故案例分析 [M]. 北京：中国建筑工业出版社，2010.

[3] 武凤银，崔政斌. 建筑施工安全技术（第2版）[M]. 北京：化学工业出版社，2009.

[4] 李钢强. 建筑施工安全生产条件评价操作实务 [M]. 北京：中国建筑工业出版社，2008.

[5] 刘利民，舒翔，熊巨华. 桩基工程的理论进展与工程实践 [M]. 北京：中国建材工业出版社，2002.

[6] 顾晓鲁，钱鸿给，刘惠珊. 地基与基础 [M]. 北京：中国建筑工业出版社，2003.

[7] 赵明华，何俊翘，曹文贵. 桩基竖向荷载传递模型及承载力研究 [J]. 长沙：湖南大学学报，2005.

[8] 徐松林，吴玉山. 桩土荷载传递的测试分析和模型研究 [J]. 武汉：岩土力学，1996.

[9] 曾常春，董秉国. 桩基检测存在的主要问题及改进措施 [J]. 北京：科技资讯，2007.

[10] 陈翔. 建筑工程质量与安全管理 [M]. 北京：北京理工大学出版社，2009.

[11] 廖品槐. 建筑工程质量与安全管理 [M]. 北京：中国建筑工业出版社，2008.

[12] 孟文清. 建筑工程质量通病分析与防治 [M]. 郑州：黄河水利出版社，2005.

[13] 王万德. 建筑工程质量与安全管理 [M]. 哈尔滨：哈尔滨工业大学出版社，2012.

[14] 彭圣浩. 建筑工程质量通病防治手册 [M]. 北京：中国建筑工业出版社，2002.

[15] 张元发，潘延平，唐民，邱震. 建设工程质量检测见证取样员手册 [M]. 北京：中国建筑工业出版社，1998.

[16] 中华人民共和国国家标准. 混凝土强度检验评定标准 [S]. 北京：中国计划出版社，2001.

[17] 中华人民共和国国家标准. GB/T 50081—2002 普通混凝土力学性能试验方法标准 [S]. 北京：中国建筑工业出版社，2002.

[18] 刘文众. 建筑材料和装饰装修材料检验见证取样手册 [M]. 北京：中国建筑工业出版社，2004.

[19] 韩铁圻. 建筑工程施工质量评价标准的应用探析 [J]. 北京：科技资讯，2012.

[20] 李芳. 工程项目建设过程中的质量控制方法初探 [J]. 北京：中小企业管理与科技，2010.

[21] 钟东儿. 试论工民建施工的工序质量控制 [J]. 北京：科技资讯，2010.

[22] 刘宇. 论建筑工程施工工序的质量控制 [J]. 北京：科技资讯，2010.

[23] 徐伟，陈东杰. 模板与脚手架工程详细图集 [M]. 北京：中国建筑工业出版社，2002.